航天推进技术系列专著

特种推进剂技术

庞维强　沈瑞琪　刘平安
樊学忠　黄海涛　　　　著

西北工业大学出版社
西安

【内容简介】 本书以特种推进剂(主要包括固液混合推进剂、富燃料固体推进剂、水反应金属燃料推进剂、铝冰低温固体推进剂、膏体推进剂和激光增强化学推进剂等)由自身主要性能到满足使用要求为主线,分章节对不同类型的特种推进剂的主要性能和在发动机中的应用以及最新研究进展进行系统的介绍和总结,重点阐述用于固液混合推进剂的新型燃料、水反应金属燃料推进剂的成型工艺、燃烧性能调节技术、铝冰低温固体推进剂的燃料性能调节和理论模型的建立等,总结特种推进剂的开发现状并展望特种推进剂的未来发展趋势。

本书可供从事含能材料、固体推进剂、膏体推进剂、富燃料固体推进剂和新概念推进剂科研、生产的专业技术人员参考,也可作为高等院校从事相关研究和教学工作的教师及研究生的参考书。

图书在版编目(CIP)数据

特种推进剂技术/庞维强等著 . —西安:西北工业大学出版社,2020.9
ISBN 978 - 7 - 5612 - 6417 - 1

Ⅰ. ①特… Ⅱ. ①庞… Ⅲ. ①特种燃料-推进剂-研究 Ⅳ. ①V51

中国版本图书馆 CIP 数据核字(2020)第 060349 号

TEZHONG TUIJINJI JISHU
特 种 推 进 剂 技 术

庞维强　沈瑞琪　刘平安　樊学忠　黄海涛　著

责任编辑:华一瑾	策划编辑:华一瑾	
责任校对:朱辰浩	装帧设计:高永斌　李　飞	

出版发行:西北工业大学出版社
通信地址:西安市友谊西路 127 号　　邮编:710072
电　　话:(029)88493844　88491757
网　　址:www.nwpup.com
印 刷 者:兴平市博闻印务有限公司
开　　本:787 mm×1 092 mm　　　1/16
印　　张:17.5
字　　数:459 千字
版　　次:2020 年 9 月第 1 版　　2020 年 9 月第 1 次印刷
书　　号:ISBN 978 - 7 - 5612 - 6417 - 1
定　　价:98.00 元

如有印装问题请与出版社联系调换

序　一

　　炸药、推进剂和烟火药作为含能材料,已经成为近几个世纪的研究主题。本专著阐述了不同类型的特种推进剂,强调了它们之间的关系,从概念层面上进行了含能材料的简明探索,并涉及不同类型的特种推进剂及其应用,包括固液混合推进剂、富燃料固体推进剂、膏体推进剂、水反应金属燃料推进剂和激光增强化学推进剂等。

　　本专著的作者在推进剂、炸药和有关含能材料领域具有丰富的理论知识和实践经验,尤其在其制造、燃烧和应用方面有多年工作经验,这里阐述的实际问题和可能的解决方案可作为火、炸药生产过程中的例证和延伸。

　　本专著的出版为科学家、研究人员、技术专家、教师和学生提供对特种推进剂技术的深刻理解,是对国际技术文献的重要贡献,对特种推进剂技术的发展将会有非常重要的作用。

杨·威迦[①]

2018 年 10 月 20 日

---

　　① 杨·威迦,中国工程院外籍院士,美国国家工程院院士,美国乔治亚理工学院教授,特种推进剂与燃烧专家。

Preface 1

Explosives, propellants, and pyrotechnics, collectively known as energetic materials, have been the subject of centuries of study; this monograph describes different types of special propellants and highlights the intricate relationships among them. The book offers a succinct exploration of energetic materials at a conceptual level, touching upon various particular special propellants and their applications, including hybrid, fuel-rich, and gel propellants; metal-fuel reactions with water, and laser-enhanced chemical propulsion. Readers, from college level beginners to veterans in the field, will find this book useful and informative.

The authors have vast practical experience in the fields of propellants, explosives, and related energetic materials, and have worked in manufacturing, combustion, and applications. Problems of practical interest and possible solutions are thus presented here as illustrations and extensions.

This monograph will be useful to scientists, researchers, technologists, teachers, and students, offering a thorough understanding of the basic and fundamental concepts of special propellants. The publication of this monograph is an important contribution to the international technical literature and will play a significant role in the theoretical development of special propellant technology.

Professor Vigor Yang

U.S. National Academy of Engineering

Georgia Institute of Technology

20 October, 2018

序　二

推进剂技术作为发动机的主要应用技术领域,经过几十年的发展,呈现出性能不断提高和品种日益细分的发展趋势。为适应未来新一代导弹用高超声速飞行器以快速、机动为目的的技术要求,必须发展质量轻、体积小、速度快、射程远且机动性好的动力装置,而固体火箭冲压发动机是解决该问题的最佳选择。鱼雷、水雷等以其便捷的发射或作战方式、优异的作战性能,成为当前海战中的反潜和反舰的主要武器品种,其主要以水反应金属燃料推进剂为推进能源。固液混合火箭发动机具有安全性和可靠性高、研制和生产费用低、推进剂及其燃烧产物毒性低、燃烧产物对环境污染小以及可实现推力调节和多次启动能力等优点,是国际上研究推进剂的热点方向之一。铝冰低温固体推进剂结合了固体火箭发动机和低温液体推进剂两项技术,兼备了固体推进剂的简单可靠和液体推进剂的高比冲性能双重优点,是固体火箭推进系统实现高性能的技术途径之一。近年来,随着科学技术的进步和新一代导弹用能源的快速发展,这些特种推进剂技术得到了快速发展,对其研究也受到国内外研究者的广泛关注。

《特种推进剂技术》是一本系统介绍不同类型特种推进剂的著作,主要介绍特种推进剂的分类、主要组成和性能特点,分章介绍固液混合推进剂的主要特点和关键技术,用于固液混合发动机的石蜡基燃料的最新研究成果,介绍不同类型的富燃料固体推进剂(含硼、镁铝和碳氢燃料)的性能特点,比较不同高能燃料对富燃料固体推进剂性能的影响及规律;理论设计并优化水反应金属燃料配方,总结并揭示其燃烧特性和燃烧机理;总结铝冰低温固体推进剂的性能特点,理论推导并分析铝冰低温固体推进剂的燃速模型和试验结果,系统阐述膏体推进剂的主要性能及在发动机中的应用;理论和实际相结合阐述激光增强化学推进剂燃烧特性和规律,总结激光推进技术在空间飞行器中的应用进展。最后论述新型含能材料和特种推进剂技术的开发,展望特种推进剂在军事上的发展趋势,具有一定的理论研究意义和参考价值,可为从事特种推进剂技术的科研工作者提供研究思路和方向。

该书的出版将对特种推进剂的理论技术发展发挥重要的作用。

阿隆·甘尼[1]

2018 年 10 月 20 日

---

[1]　阿隆·甘尼,以色列理工学院推进与燃烧实验室教授,特种推进剂专家。

Preface 2

Propellants are major components in engine technology. After decades of development, the trend of improvement of performance and increasing subdivision, components, and variations currently continues. Solid rockets are powerful, whereas ramjets (especially with solid fuel) feature high energetic performance, light weight, small volume, high velocity, large operating range, and good maneuvering capability. Hence, they may be most suitable as propulsion means for the future high supersonic new generation missiles. Torpedo and mine have become the main anti-submarine and anti-ship weapons in the current naval warfare with their convenient launch or combat mode and excellent combat performance. High energy water reactive metal fuel can serve as a major propelling component. The hybrid rocket engine has the advantages of high safety, reliability, low development and production cost, low toxicity of propellant and its combustion products and small environmental pollution. Hence, it is one of the hot topics in the international propulsion research. Aluminum-ice cryogenic solid propellant combines the technologies of the simple and reliable solid rocket propellant and high specific impulse performance of cryogenic liquid propellant, thus providing a technical way for obtaining high performance in a solid rocket propulsion system. In recent years, with the development of science and technology, these special propellants have drawn much attention by world-wide researchers and have undergone a rapid development.

The publication of *Special propellant technology* is a professional book systematically introducing the latest research progress in the area of hybrid propellant, fuel rich propellants, gel propellant, water reaction metal fuels and laser enhancement chemical propulsion. This publication coves the classification, main components and performance of special propellants. The main characteristics and key technologies of hybrid propellants are introduced and the latest results of paraffin-based fuels for hybrid engines are summarized. The performance of different types of fuel rich propellants such as boron, magnesium, aluminum and hydrocarbon fuels are introduced in detail, and the effects of different high energy fuels on the performance of fuel rich propellants are compared. The formulation of water reactive metal fuel is theoretically designed and optimized, and the regulation of its combustion properties and combustion mechanism are expounded. The characteristics of aluminum ice cryogenic solid propellants are summarized. The burning rate model and test results of aluminum ice cryogenic solid propellants are analyzed. The main properties of the paste propellant and the application progress in the engine are systematically conducted.

Moreover，combining theory with practice，the characteristics of laser enhanced chemical propulsion combustion are introduced，and the application progress of laser propulsion technology in space vehicles is summarized. At the end，the book summarizes the research progress of innovative energetic materials and special propellants and discusses the foreseeable development trends of military applications. This volume constitutes a collective scientific research achievement by the team of authors through referring to and summarizing recent domestic as well as international research findings in the relative field. Thus，it has a great value as both a theoretical research accomplishment thanks to the wide scope of its complication and a reference document thanks to the large amount of the reported experimental data.

The publication of this book is an important contribution to the international technical literature and will certainly play an important role in the theoretical as well as technological development of special propellants.

Professor Emeritus *Alon Gany*

Propulsion and Combustion Laboratory，
Israel Institute of Technology，Israel
20 October，2018

前　言

近年来,推进剂作为发动机的主要应用技术领域,经过几十年的发展,呈现出性能不断提高和品种日益细分的发展趋势。不同于传统的固体推进剂和液体推进剂,特种推进剂,如固液混合推进剂、富燃料固体推进剂、膏体推进剂、水反应金属燃料推进剂、铝冰低温固体推进剂和激光增强化学推进剂等作为推进剂的新品种,主要用于新型发动机中。如固体火箭冲压发动机以高比冲、可实现全程动力飞行、小体积、长工作时间、较好的机动性等优点被视为现代空-空导弹、反舰导弹等的最佳推进方案,其主要以富燃料固体推进剂为推进能源;鱼雷、水雷等以其便捷的发射或作战方式、优异的作战性能和骄人的战绩,成为当前海战中的反潜和反舰的主要武器品种,其主要以水反应金属燃料推进剂为推进能源;固液混合火箭发动机具有安全性和可靠性高、研制和生产费用低、推进剂及其燃烧产物毒性低、燃烧产物对环境污染小以及可实现推力调节和多次启动能力等优点,是国际上推进剂研究的热点方向之一,其主要以固液混合推进剂为推进能源;铝冰低温固体推进剂结合了固体火箭发动机和低温液体推进剂两项技术,兼备了固体推进剂的简单可靠和液体推进剂的高比冲性能双重优点,是固体火箭推进系统实现高性能的技术途径之一,其主要以铝冰低温固体推进剂为能量来源。迄今为止,尚未见到公开出版的系统论述特种推进剂技术的著作,仅有部分书中的某些章节涉及一些特种推进剂技术的概况。因此,本书的目的是试图将多年来在本领域应用基础研究中公开发表的部分文章进行系统的总结和提升,奉献给从事特种推进剂技术研究和应用的工程技术人员,为他们提供一部有借鉴作用的技术参考书。本书主要介绍具有不同应用背景的不同种类的特种推进剂的主要组成和性能,重点总结特种推进剂的能量性能、燃烧性能和应用等方面的研究结果,并展望特种推进剂技术的发展趋势。本书总结了特种推进剂技术的最新研究成果,对特种推进剂的研制工作具有重要的参考意义。

本书共分8章,以不同种类的特种推进剂由自身性能到满足使用要求为主线,分章对不同类型的特种推进剂的性能进行系统的阐述。第1章主要介绍特种推进剂的分类、主要组成、性能特点及其最新研究进展;第2章重点介绍固液混合推进剂的主要特点和关键技术,详细阐述用于固液混合发动机的石蜡基燃料的特点和研究成果,总结提高固液混合推进剂退移速率的技术途径;第3章重点介绍不同类型的富燃料固体推进剂(含硼、镁铝和碳氢燃料等)的性能特点,比较不同高能燃料对富燃料固体推进剂性能的影响及规律;第4章介绍水反应金属燃料推进剂的配方设计、推进剂燃烧性能的调节技术和途径以及水反应金属燃料推进剂的燃烧特性和机理;第5章介绍铝冰低温固体推进剂的性能特点,详细阐述铝冰低温固体推进剂燃速模型的推导和建立以及试验分析,展望低温固体推进剂的发展前景;第6章结合固体推进剂和液体推进剂特性,系统论述膏体推进剂的主要性能及其在发动机中的应用;第7章从理论和实际相结合的角度,论述激光增强化学推进剂技术,重点阐述激光增强化学推进剂燃烧特性和规律,并总结激光增强推进剂技术在空间飞行器中的设计和应用研究进展;第8章论述新型含能材料的应用和特种推进剂的开发,展望特种推进剂技术的发展趋势,为从事特种推进剂技术的科研工作者提供研究思路和方向。

本书由庞维强整理、统稿。庞维强参与了本书第 1～3 章、第 6 章和第 8 章部分内容的整理和撰写,沈瑞琪参与了第 1 章、第 7 章和第 8 章部分内容的整理和撰写,刘平安参与了第 1 章和第 5 章部分内容的撰写,樊学忠参与了第 1 章和第 8 章部分内容的撰写,黄海涛参与了本书第 1 章和第 4 章部分内容的撰写。

需要说明的是,鉴于篇幅和研究结果的深入程度等原因,本书并未全面覆盖特种推进剂技术的所有方面,特别是有关安全性能、储存老化性能及燃烧羽流特性等,还需要在以后工作中逐步深入并完善。

在本书编写的过程中得到了各方面的支持和悉心帮助。在此,特别感谢原总装备部国家国防科工局、燃烧与爆炸技术国防重点实验室基金、中国兵器四院所长创新基金、青年科技创新基金和技术开发等项目的资助。特别感谢特种推进剂研究领域的国际知名专家——美国乔治亚理工学院杨·威迦(Vigor Yang)教授和以色列理工学院阿隆·甘尼(Alon Gany)教授为本书作序。特别感谢北京理工大学的杨荣杰、陈甫雪、邹美帅和郭晓燕等人,南京理工大学化工学院的周伟良、吴立志、张伟等人,哈尔滨工程大学的王革、王登军等人,西北工业大学航天学院的胡松启,西安交通大学航天学院的陈刚和中国工程物理研究院化工材料研究所的张朝阳等人对本书提出的宝贵建议和在编写过程中给予的支持、帮助。感谢西北工业大学出版社的华一瑾编辑在本书的出版过程中提出的宝贵意见和付出的辛勤劳动。同时非常感谢西安近代化学研究所的赵凤起、李军强、冯昊、蔚红建、胥会祥、张伟和刘小刚等人,以及西安近代化学研究所的各级领导对本书的大力支持和悉心帮助。

在本书撰写过程中曾参考了一些图片、文献,在此向其作者表示诚挚的谢意!

由于学识所限,书中难免存在疏漏和不足之处,敬请广大读者不吝赐教。

但愿本书的出版对提升特种推进剂技术的研究有所帮助。

著 者

2018 年 7 月

目　　录

第1章 绪 论

1.1 概 述

近几年,为适应国际周边国防安全局势发展的需要,我军迫切需要超远程(射程 300 km 以上)火箭弹、火炮等压制性武器,以提高纵深打击能力。在火箭弹、火炮的冲压发动机增程、弹底排气增程、火箭增程、模块装药等技术之中,冲压发动机具有增程显著、高速及高机动性等优点,是各国增程技术发展的重点。为了应对南海周边国家的潜在威胁和美国对中国台湾问题的干涉,中国海军急需完成水中兵器的更新换代。只有具备水下攻击大型舰艇的能力,才能配合空中和水面舰艇完成全方位攻击任务。对于水下武器,其在海战中的作用不可替代,如大深度上浮水雷、远程自航水雷、自导水雷、导弹式水雷、深水炸弹、火箭助飞鱼雷和高速鱼雷等在现代海战中仍具有强大的攻击力和威慑力。由于水下超高速航行器能以极快的速度发动攻击,目前的防御手段都对其无可奈何,所以该武器将会大大改变海上的作战模式。因此,水下超高速航行技术近年来在国际上得到了普遍重视。并且,随着国防技术、航天发射和载人航天任务的拓展,人们对飞行器的动力系统提出越来越高的综合性能要求。良好的可控性、极低的成本、很高的安全性、很高的可靠性、可重复使用以及对环境无污染等目标,是未来飞行器动力系统发展的方向,而这些要求正好是固液混合火箭发动机所具备的潜在优势。因此,为了适应这些新兴的火箭推进系统,开发并研制特种发动机用的、能量驱动的特种推进剂迫在眉睫。

1.2 推进剂的分类

火箭推进剂一般以某种形式大量存储在推进剂容器中,以流体喷射物的形式大量从火箭发动机喷射出,产生推力做功。燃料推进剂往往与氧化剂推进剂燃烧,产生大量的高温气体,这些气体膨胀并从喷嘴喷出,不断加速,从火箭底部冲出,产生推力直到火箭达到极高的速度。有时推进剂不会燃烧,但可以从外部加热达到较好的效果。对于小型实验推进器,使用压缩气体通过推进喷嘴喷出以推动火箭。火箭推进剂主要有三种类型:固体推进剂、液体推进剂和混合推进剂。近年来,随着火箭发动机技术的不断发展和推进剂科学技术的不断进步,推进剂的类型也朝着多样化发展。在固体推进剂和液体推进剂发展的基础上,针对应用于不同类型的发动机,又出现了如固液混合推进剂、富燃料固体推进剂、水反应金属燃料推进剂、铝冰低温固体推进剂、膏体推进剂和激光增强化学推进剂等新型推进剂,本书将这些推进剂归于"特种推进剂",主要阐述这些特种推进剂的特性及研究进展。

1.2.1 固体推进剂

固体推进剂是一种具有特定性能的含能复合材料,是导弹、空间飞行器的各类固体发动机的动力源,是固体火箭发动机的动力源,在导弹和航天技术发展中起着重要的作用。固体推进剂通常可分为双基固体推进剂、改性双基固体推进剂、复合固体推进剂等。

1. 双基固体推进剂

双基固体推进剂是由硝酸纤维素、硝化甘油和一些添加剂组成的均质混合物,与枪炮用的双基发射药在基本组分上无区别,仅多了燃烧催化剂和燃烧稳定剂等。

2. 改性双基固体推进剂

改性双基固体推进剂是以硝化甘油增塑的硝化纤维素弹性体为黏合剂,加入氧化剂如高氯酸铵(AP)、高能炸药如奥克托金(HMX)、黑索金(RDX)和金属燃料如铝粉及其他添加剂所组成的多相异质混合物,可分为以下两类:一种是复合改性双基(Composite Modified Double Base,CMDB)固体推进剂,它是以硝化纤维素和硝化甘油塑溶胶为黏合剂,以高氯酸铵为氧化剂,并适当加入 HMX、Al 及其他添加剂所形成的一种不交联的固体推进剂;另一种是交联改性双基(Cross-Linked Modified Double Base,XLDB)固体推进剂,它是在 CMDB 固体推进剂中引入交联剂而形成的一种交联固体推进剂,既保持了 CMDB 固体推进剂的能量水平,也使其力学性能,特别是低温延伸率获得了明显的提高,可称为改性双基固体推进剂的一个新品种。近年来,能代表交联改性双基固体推进剂最新水平的是硝酸酯增塑聚醚(NEPE)固体推进剂,它是用硝酸酯增塑聚醚和乙酸丁酸纤维素取代硝化纤维素,其固体装填量高达 80% 左右,能量更高,力学性能也得到了显著的提高,被认为是一种具有很大发展前景的改性双基固体推进剂。

3. 复合固体推进剂

复合固体推进剂是以高聚物为基体,混有氧化剂、金属燃料和其他添加剂等组分的多相混合物,它是一种异质推进剂。根据黏合剂的种类不同,复合固体推进剂可分为三种:聚硫橡胶固体推进剂、聚氯乙烯固体推进剂和聚丁二烯固体推进剂,其中聚丁二烯固体推进剂又分为聚丁二烯丙烯酸固体推进剂、聚丁二烯丙烯酸丙烯腈固体推进剂、端羧基聚丁二烯(CTPB)固体推进剂和端羟基聚丁二烯(HTPB)固体推进剂等。

固体推进剂的发展历程如图 1.1 所示。

一直以来,固体推进剂的发展方向是高能量化、钝感化、低特征信号和洁净燃烧等,常见的有以下几种。

(1)硝酸酯增塑聚醚(NEPE)固体推进剂。NEPE 固体推进剂是当今世界上已获得应用的比冲最高且集复合与双基推进剂优点于一体的推进剂,标准理论比冲达 2 646 N·s·kg^{-1},密度达 1.86 g·cm^{-3},其系列产品已开始在战略、战术导弹上获得应用。NEPE 固体推进剂是高能推进剂研究的重大突破,其主要技术创新是在比较成熟的原材料基础上打破常规思路,将炸药组分加入固体推进剂中,充分利用大剂量含能增塑剂聚醚黏合剂体系优异的力学性能的特点,创造出一条打破炸药与火药的界限、综合双基与复合固体推进剂优点的新思路。通过增加新兴含能增塑剂含量及改善黏合剂性能,不断提高 NEPE 固体推进剂的能量性能和力学性能。与能量和燃速相近的 HTPB 固体推进剂相比,NEPE 固体钝感推进剂在慢速烤燃反应方面性能更好,而且具有较低的撞击和冲击波感度。NEPE 固体推进剂在较宽的温度范围内具有良好的力学性能及与衬层间良好的适应低温储存的黏结性能。

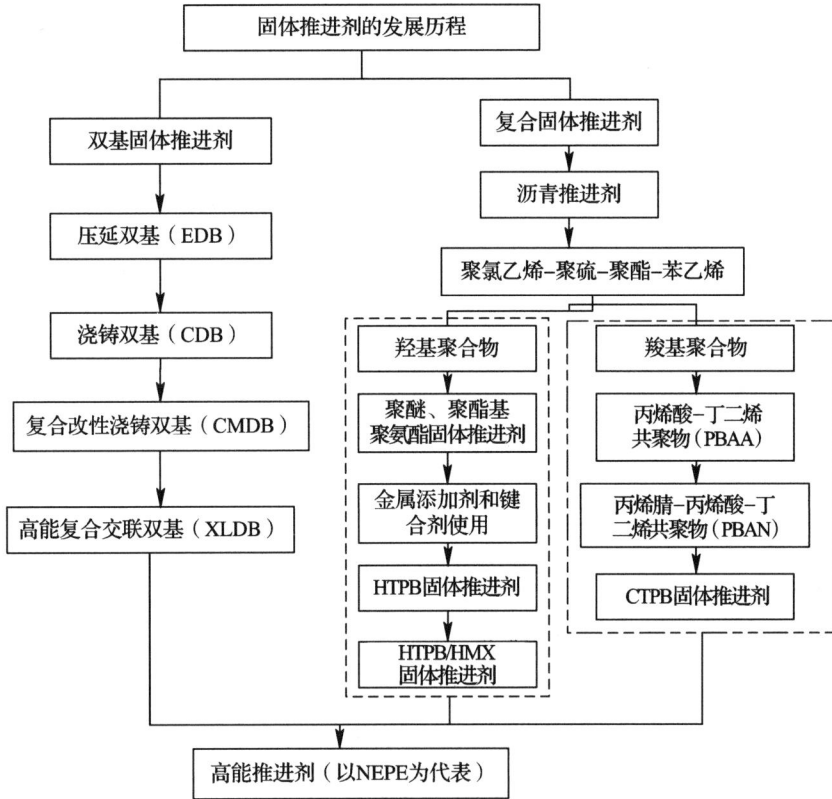

图 1.1 固体推进剂的发展历程

（2）端羟基聚醚预聚物（HTPE）固体推进剂。HTPE 固体推进剂是美国首先研制的以改善端羟基聚丁二烯（HTPB）复合固体推进剂的钝感特性为目的的战术导弹用固体推进剂，其力学性能和弹道性能与 HTPB 固体推进剂非常相似。在采用不同装药结构的各种缩比和全尺寸模型发动机的钝感弹药试验中，HTPE 固体推进剂都有良好的钝感特性。该推进剂表现出对极端刺激（加热、冲击波、机械撞击等）不敏感的性能。试验证明，HTPE 固体推进剂具有钝感弹药的特性，实现了该发动机的钝感目标，这种 HTPE 固体推进剂（HTPE/AP/Al 配方）已开始推广，并应用于发动机装药中，含 HTPE 固体推进剂装药的发动机也可望有良好的钝感特性。

（3）叠氮甘油缩水聚醚（GAP）固体推进剂。GAP 是一种侧链含有叠氮基团，主链为聚醚结构的含能聚合物，具有生成热为正、密度大、氮含量高、机械感度低、热稳定性好等优点，且能与其他含能材料和硝酸酯增塑剂相容，并可降低硝酸酯增塑剂的感度。把 GAP 加入推进剂中可提高推进剂的燃速、比冲，降低燃速压力指数，减少火箭推进剂燃烧时产生的烟焰。以 GAP 为黏合剂的推进剂受到各国的普遍重视，GAP 的钝感性能使其成为发展钝感推进剂的重要黏合剂之一。目前，研制的 GAP 钝感推进剂的主要途径是采用低感度的含能增塑剂，如 N‐丁基硝氧乙基硝胺（Bu‐NENA）、三羟甲基乙烷三硝酸酯（TMETN）、二缩三乙二醇二硝酸酯（TEGDN）和丁三醇三硝酸酯（BTTN）等，同时采用新型氧化剂代替 AP，如纯硝酸铵（AN）及各种相稳定的 AN（含质量分数为 3% 的金属相稳定剂 Ni_2O_3、CuO 或 ZnO），六硝基六氮杂异伍兹烷(CL-20)和二硝酰胺铵(ADN)及其他可能的钝感技术。

(4)交联改性双基(XLDB)固体推进剂。该推进剂是在改性双基推进剂组分中加入交联剂,使大分子主链间交联生成化学网状结构,从而使推进剂的力学性能得到改善。交联改性双基固体推进剂的高性能来源于填充量高,含能增塑剂(NG)含量高,改进了韧性和力学性能的预聚物黏合剂。美国已将交联改性双基固体推进剂应用于潜地"三叉戟"导弹一、二、三级发动机装药;"斧式"地地导弹,"陶-2"反坦克导弹,英国全天候中型低、中、高舰空导弹"海标枪"的助推器,法国空舰导弹"飞鱼"、反舰导弹 AS15 等使用的都是这类固体推进剂装药。

1.2.2　液体推进剂

对于现代推进剂而言,从液体推进剂向固体推进剂发展或从液体推进剂向固体推进剂和液体推进剂并存的方向发展。俄国的齐奥尔科夫斯基和德国的奥伯特等人创立了火箭理论,建立了许多火箭构造和星际航行的新概念,并提出了近代液体火箭发动机的再生冷却夹套燃烧室以及用氧、氢、汽油、酒精、柴油等作推进剂,他们为液体火箭的最初发展做出了奠基性的贡献。

1. 单组元液体推进剂

(1)肼。单组元液体推进剂一般用于提供控制力的发动机,常用的是肼。它是一种地面可储存单组元液体推进剂,其冰点高,热稳定性差,以往很少单独使用,而主要与甲基肼或一甲基肼(MMH)制成混肼燃料,与硝酸肼及 H_2O 组成单组元液体推进剂,并用催化分解方法,用于航天飞行器的姿控和轨道调整以及用在末助推器控制系统和气体发生器上。肼作为重要的工业原料之一,全世界年产量在 8 万吨左右。肼系列液体推进剂具有优越的脉冲式比冲,推力重复性好,响应特别灵敏,可靠性高。肼易于储藏,价格也低。

(2)偏二甲肼(UDMH)。它是肼类燃料中热稳定性最好的一种燃料,可以单独使用,也可与肼或二乙三胺或煤油等组成混合燃料(即混肼、胺肼、油肼燃料)。它主要的生产和使用国家是美国和俄罗斯,近年来法国也在生产。胺肼燃料既能降低室壁热流,改善冷却性能,又能提高比冲。胺肼-X/HNO_3-X 液体推进剂是一种性能优越的战术导弹推进剂。50% UDMH 与 50%肼的混合物称为混肼50,使用这种液体燃料的有美国"大力神Ⅱ"导弹和俄罗斯 SL-13 运载火箭。UDMH 与 N_2O_4 的组合是法国"阿里安"和俄罗斯 SS-18 及 SS-19 弹道导弹采用的液体推进剂,UDMH 也是俄罗斯战略导弹和航天运载火箭的主要燃料。

(3)甲基肼或一甲基肼(MMH)。它是一种全天候可储存液体推进剂,冰点低,可以单独使用,也可与肼或 UDMH 或与肼和硝酸肼组成混合燃料来使用。MMH 能量介于肼与 UDMH 之间,但毒性是三种肼中最高的一种,且生产复杂,价格也高。MMH 具有很宽的液态温度范围,其高温及高空性能都优于混肼50。

(4)硝基氧化剂。N_2O_4 液体推进剂一般含有 10%的 NO,它是火箭发动机常用的氧化剂,但其毒性较大,必须严格按安全规程进行生产和使用。液体推进剂的基本要求之一是希望点火延迟期短,这样点火可靠、启动快,关车后能重复启动,一般自燃液体推进剂点火延迟时间不超过 $0.02\sim0.03$ s。HNO_3/混肼点火延迟时间为 25 ms,HNO_3-275 和 N_2O_4/DMH 点火延迟时间为 4 ms,N_2O_4/无水肼点火延迟时间为 2 ms。

(5)三氟氧氯(ClF_3O)、五氟化氯(ClF_5)和液氟(LF_2)。ClF_3O 是一种空间可储存的液体氧化剂,是密度(1.865 g · cm^{-3})最大的液体氧化剂。ClF_5 是一种高能可储存的液体氧化剂,性能优于 N_2O_4,美国洛克达因公司曾把 ClF_5 用在空军战术导弹上。LF_2 也是一种空间可储存高能液体氧化剂,密度为液氧的 1.3 倍,具有自燃点火优点,但是使用过程技术问题较多,具有强烈毒性和腐蚀性。LF_2 是目前现有的能量最高的氧化剂,美国贝尔公司曾改进"阿金纳"发动机,使用 LF_2 发动机,在 $RL-10$ 氢氧发动机上用 LF_2 代替 LO_2 获得成功,日本也对 LF_2/肼发动机进行了研究。

(6)高热值、高密度烃类燃料。高密度烃类燃料的使用近年来发展很快,范围在不断扩大,其发展与加氢技术的发展是分不开的。目前,高热值、高密度烃类燃料有以下三类。

1)特殊人工合成的纯化合物。一类如用于巡航导弹上的 $RJ-6$,$RJ-10$,$JP-9$,$SI-80$ 等(以四氢甲基环戊二烯二聚体、四氢降冰片二烯聚体、四氢环戊二烯二聚体为基本组分的掺和物),另一类为金刚烷衍生物,由于其具有对称性和独特的骨架,因此密度大,热值高达 $11\ 318$ kcal · L^{-1}。

2)化工厂和炼油厂的石油加氢产物。

3)添加某些高热值的金属粉或碳粉的浆状燃料。含硼粉浆状燃料的热值高达 $17\ 710$ kcal · L^{-1},但其燃烧产物是固态;而含碳粉浆状燃料可克服金属粉浆状燃料的某些弊端,其燃烧产物是气态,所以碳浆液是理想的先进燃料。

2. 双组元液体推进剂

(1)LO_2/LH_2 液体推进剂。目前,采用的双组元液体推进剂有两大类,即低温液体推进剂和可储存液体推进剂。低温液体推进剂常用的是 LO_2/LH_2,LO_2/$RP-1$;可储存液体推进剂常用的有 N_2O_4/混肼,N_2O_4/UDMH,N_2O_4/MMH,HNO_3/DMH 和 HNO_3/肼。巡航导弹的容积有限,因此大多采用高密度、高能量的烃类燃料,如目前"战斧"巡航导弹用的就是 $RJ-4$。根据作战性能的要求,国外导弹都已采用可储存液体推进剂,而航天运载火箭则既用可储存液体推进剂,也用低温液体推进剂。如美国的大型"土星"火箭,其末级采用 LO_2/$RP-1$;欧洲的"阿里安"火箭,其第一、二级采用 N_2O_4/UDMH("阿里安-5"火箭的第一级为 LH_2/LO_2);而一些运载火箭的上面级和美国的航天飞机则使用 LO_2/LH_2 液体推进剂。在轨道或弹头机动系统和反作用控制系统中,大多使用液体推进剂为 N_2O_4/MMH 的发动机。LO_2/LH_2 是目前实用的比冲最高的火箭推进剂,在美国、法国、西欧、俄罗斯以及日本的氢氧火箭发动机上已大量使用。由于世界航天产业的不断发展,估计到 2025 年,世界氢用量将为目前的 $12\sim17$ 倍。

(2)MMH/N_2O_4 液体推进剂。MMH 与 N_2O_4 的组合可作为上面级火箭的姿控、速控和反作用控制发动机的液体推进剂,LO_2/MMH 也在 20 世纪 80 年代后期在航天系统中使用。国外通信卫星和广播卫星以及航天飞机的姿控和轨道机动推进系统均采用 LO_2/MMH 来替换肼推进系统,虽然 MMH 比肼的推力低,但是它具有良好的多次启动性能,且入轨精度高。另外,"民兵Ⅲ"、"和平保卫者 MX"的弹头母舱发动机和航天飞机的辅助发动机也使用了液体推进剂(N_2O_4/MMH)。

3. 三(多)组元液体推进剂

近年来,美国对未来大型运载器的助推发动机的方案进行了大量的概念性研究和原理性试验,认为在 LO_2/烃类燃料发动机中,以 LO_2/CH_4/LH_2 三元组液体推进剂为最佳,该类三组元推进剂可较大幅度地提高比冲,有利于解决点火、结焦、积碳和材料不相容等问题。另外,三组元液体推进剂发动机的另一个特性是能够把氢加到主燃烧室中燃烧。其他类型的三组元液体推进剂有 $LO_2/RP-I$（煤油）$/LH_2$ 和 $LO_2/C_3H_8/LH_2$ 等。

4. 液体推进剂的发展趋势

（1）无毒、无污染化。无毒推进剂的好处是巨大的，它包括降低工作费用、提高性能及降低对人类的危害。在工作过程中，可取消人员保护设备、复杂的遥测操作系统、专用设备及隔离要求，更为重要的是没有有毒介质溢出。从长远看，替换有毒推进剂是可行的，并能通过改进现有的运载系统来实现。

目前国外使用和正在研制的无毒无污染液体推进剂有如下几类。

1）LO_2/烃类无毒液体推进剂。它包括 LO_2/煤油、LO_2/甲烷、LO_2/丙烷和 LO_2/甲烷$/LH_2$ 等。

2）H_2O_2 类无毒液体推进剂。它包括 H_2O_2 单元推进剂、H_2O_2/乙醇和 H_2O_2/煤油等。

3）羟基单元无毒液体推进剂。它包括硝酸羟胺、硝酸三乙醇胺和水的混合物。

4）硝酸肼基无毒液体推进剂。它包括 H_2O-硝酸肼和肼-硝酸肼-H_2O 三元体系。

（2）可储存、不泄漏及减少使用维护。近年来，为了更简便、安全有效地使用液体推进剂，美国等国家对凝胶/膏体推进剂（Gelled Propellant/Pasty Propellant）进行了重点研究。通过在液体推进剂中加入超细金属或非金属粉末及添加胶化剂，从而实现了安全稳定的凝胶/膏体推进剂体系。这种推进剂在常温、常压下是胶状或膏状，在加压或升温情况下，胶态破坏后呈液态，可流动。

1.2.3　特种推进剂

目前，液体火箭发动机可以通过开机、关机来实现多次启动，还在一定范围内调节推力大小，但其泵、阀门和管路系统结构复杂，推进剂存在挥发和泄漏的隐患。液体推进剂的泄漏可能导致灾难性事故发生。此外，由于推进剂的地面加注等勤务处理复杂，且推进剂毒性较大，也在一定程度上限制了液体火箭发动机的应用范围。固体火箭发动机结构简单，反应迅速，可靠性高，地面勤务方便，不存在推进剂毒性挥发和泄漏问题，但多次启动和推力调节问题一直没有得到很好的解决，已成为固体火箭发动机的致命缺陷，严重影响了其应用范围。此外，固体火箭发动机的能量相对液体火箭发动机较低。鉴于固体火箭发动机和液体火箭发动机的缺点，发展新型化学推进剂技术势在必行。固液混合推进剂、富燃料推进剂、水反应金属燃料推进剂、铝冰低温固体推进剂、膏体推进剂和激光增强化学推进剂等是重要的新型化学推进剂，它们可以克服固体推进剂和液体推进剂的缺点，带来发动机的变革，有着广泛的发展前景。

1. 固液混合推进剂

固液混合式推进系统先由德国提出，并于 1937 年研制出了第一台固液混合发动机。从固液混合发动机的提出到现在已有 80 多年的历史。在其发展过程中，可粗略地分为以下四个阶段。

（1）第一阶段是 20 世纪 30 年代后期至 20 世纪 50 年代中期。这一阶段是固液混合发动机的初始研制时期，主要有德国和美国在研究，燃料为碳橡胶，氧化剂为一氧化二氮、过氧化氢和液氧，发动机燃烧效率很低，仅仅是对固液混合发动机进行探索性研究。

（2）第二阶段是 20 世纪 50 年代中期至 20 世纪 70 年代后期。这一阶段为固液混合发动机研制的全面展开时期，除德国、美国外，法国、瑞典、荷兰和意大利也加入了研究行列，固液混合发动机研制在世界范围内出现了一个高潮。该阶段对燃烧机理以及燃烧效率等关键技术进行了广泛深入的研究，取得了很好的进展。该阶段世界各国研究者们对多种推进剂组合进行了大量实验研究，液体氧化剂有 O_2，H_2O_2，F_2，HNO_3，N_2O_4，N_2O，ClF_3 和 ClO_3F 等。固体燃料有聚乙烯，聚氨酯，聚甲基丙烯酸甲酯，CTPB，丙烯腈-丙烯酸-丁二烯共聚物（PBAN），HTPB 以及含金属的高聚物等。在应用研究方面，固液混合发动机成功地应用于靶弹，一些小型混合式探空火箭也成功地进行了试验飞行。

（3）第三阶段是 20 世纪 70 年代后期至 20 世纪 80 年代中期。这一阶段是固液混合发动机研制的停滞时期，研究活动显著减少。其原因是由于固体和液体技术在这一时期取得较大突破，美国等国家的武器系统向全固体方向发展，运载火箭则使用了大型液体芯级。

（4）第四阶段是 20 世纪 80 年代中期至今。这一阶段为固液混合发动机研制的重新活跃时期。推进剂组合和发动机结构的研究多种多样，其中美国、日本在这个领域的研究比较超前。

固液混合发动机系统主要有三种体系：第一种是液体氧化剂-固体燃料方案，即正方案。第二种是反向的固液混合发动机概念，即固体颗粒的氧化剂和液体燃料方案，也就是反方案，这种方案还没有被普遍接受，因为存在固体颗粒潜在的安全问题和低性能。第三种是在固体推进剂和液体氧化剂之外，再附加液氢的方案，叫三组元推进剂方案。

2. 富燃料固体推进剂

固体火箭冲压发动机的概念于 20 世纪 50 年代中期提出，当时美国首先开展了这种发动机的研究，一直持续到 20 世纪 60 年代中期，因遇到一些技术难题而搁浅。固体火箭冲压发动机具有结构简单、比冲较高（6 000～12 000 N·s·kg^{-1}），且飞行高度、攻角变化时不易熄火等优点，因此，该类冲压发动机得到了广泛的关注和应用。固体火箭冲压发动机的发展推动了富燃料固体推进剂的研究。富燃料固体推进剂是当前广泛深入研究的一个固体推进剂新品种，这种推进剂最初是为适应固体火箭冲压发动机的需要而发展起来的。根据富燃料固体推进剂能量水平和尾烟的程度可分为三种类型：产生烟雾较多的添加金属燃料的配方、产生烟雾较少的添加碳的配方以及含碳氢燃料的配方。含硼富燃料固体推进剂和含镁铝富燃料固体推进剂是添加了金属燃料的推进剂，是目前研究的重点。

20 世纪 50 年代后期，苏联也开始进行固体火箭冲压发动机的研究，1967 年将金属镁燃料成功用于"萨姆-6"防空导弹。从 20 世纪 60 年代后期起，法国、德国、日本等也开始了固体火箭冲压发动机的研究。进入 20 世纪 80 年代后，固体火箭冲压发动机的优越性更加明显，各国都加强了这方面的研究。德国于 1981 年完成了 2 次论证性飞行试验，首次使用了含硼推进剂；1976 年法国开始进行论证计划，当时已进行了 2 次飞行试验，20 世纪 90 年代中期服役的新一代 ANS 反舰导弹即采用了含硼（质量分数 40%）推进剂的固体火箭冲压发动机；日本也于 1986 年完成了 1 次飞行试验。

（1）含硼富燃料固体推进剂。固体火箭冲压发动机适合使用富燃料固体推进剂，添加金属燃料是高能富燃料固体推进剂当前的一个重要发展方向。可选用添加的金属主要是一些高热值金属，如铝、镁、硼等。特别是硼，以其高热值及燃烧产物洁净等优点而成为首选添加金属。硼本身为非金属元素，但其具有金属的某些特性，因此，在燃料研究中习惯上把它划入金属燃料之列。硼以其高的质量热值(58.28 mJ·kg^{-1},分别是镁和铝的2.3倍和1.9倍)和体积热值(136.38 kJ·cm^{-3},分别是镁和铝的3.09倍和1.66倍)而成为最具有发展潜力的富燃料固体推进剂燃料之一。以硼为主要金属燃料的含硼富燃料固体推进剂的理论比冲可达8 000～12 000 N·s·kg^{-1},是现代高能固体推进剂的3～7倍,也是中能富燃料推进剂的1.6倍左右。硼有两种形态:无定形态硼为棕黄色粉末,性质活泼;结晶态硼为灰色光泽晶体,性质稳定,莫氏硬度高达9.3,不易制成很细的颗粒。硼与其他金属燃料的物理化学性质比较见表1.1。

表 1.1　几种金属燃料的性质比较

样品	相对原子质量	密度 g·cm^{-3}	熔点 ℃	沸点 ℃	燃烧热 kJ·mol^{-1}	汽化热 kJ·mol^{-1}	耗氧量 g·g^{-1}	理论比冲 s
Li	6.94	0.535	179	1 336	596.09	135.96	1.16	—
Be	9.01	1.960	1 285	2 970	611.16	309.35	1.77	280[①]
B	10.81	2.340	2 074	2 550	1 264.17	535.81	2.22	255[②]
Mg	24.31	1.740	650	1 117	602.11	136.13	0.66	260[③]
Al	26.98	2.700	660	2 447	1 670.59	284.44	0.88	265[④]

注:在理论比冲($p_t:p_e=70:1$)的测定中,①为(PU/AP/Be),②为(PU/AP/B),③为(PU/AP/Mg),④为(PU/AP/Al)。

虽然硼燃料具有许多优点,但它作为推进剂高能组分使用时也存在一些问题,主要表现为:①单质硼的熔点和沸点较高(高于2 000℃),难于熔化和汽化,而B_2O_3的沸点也较高,这就进一步增加了硼粒子点火的困难;②硼的燃烧效率低,耗氧量大,产生残渣多,无法发挥出它的高能量热值;③硼粒子表面存在B_2O_3和H_3BO_3等杂质,使得硼粒子与推进剂体系不相容。

另外,硼氢化合物作为含能材料,由于其热值高,燃烧产物分子质量低,在大推力火箭的研发中受到高度关注,将其应用于富燃料固体推进剂中可明显提高推进剂的燃烧热值。早在20世纪40年代,唐松青和Lormand等人指出,具有适度高体积密度的硼氢化合物是最有效的火箭燃料,它们燃烧完全,不发生爆燃,并可产生最高的喷气动力。Hansen等人基于硼烷化学的结构研究首次提出二电子三中心键新概念,大大促进了硼氢化合物化学的发展。硼氢化合物分为两大类,即电中性的共价型硼氢化合物(含取代硼烷)和离子型硼氢化合物(常见的是阴离子型硼氢化合物)。硼氢阳离子,如BH_2^+,通常稳定性低,常以氨或胺等络合阳离子形式存在。对推进剂及火炸药研究者来说,高度稳定的共价型硼氢化合物(如取代碳硼烷等)和阴离子型硼氢化合物(特别是闭笼型硼氢阴离子化合物)是主要关注的对象。

王毅等人通过分子轨道理论计算,第一次预测到稳定的硼氢化合物$B_{12}H_{12}$只能以阴离子形式存在。在2-碘代十硼烷与三乙胺反应中首次分离出十二氢十二硼酸双三乙胺盐\[Bis(Triethylammonium) Dodecahydrododeca – Borate\],并通过X射线分析确认了这种硼氢阴离子的二十面体闭笼型结构(见图1.2)。

在过去的50多年中,研究者对十二氢十二硼酸阴离子($B_{12}H_{12}^{2-}$)的制备方法不断改进,制备出了大量的$B_{12}H_{12}^{2-}$化合物,研究了它们的化学性能,并探索了此类化合物在火箭推进剂、储氢材料、液晶材料、光电材料、阻燃材料和医用材料等领域应用的可能性。事实证明,$B_{12}H_{12}^{2-}$化合物在国防、能源、医疗等方面有良好的应用前景。

多硼氢化合物是由硼原子组成的簇合物,它们有三种基本结构类型:闭笼型(closo -,见图1.3)、巢型(nido -,由闭笼结构失去一个硼原子生成)和网型(arachno -,由闭笼结构失去两个硼原子生成)。在一定条件下,它们可以发生点-点偶联、共边偶联和共面偶联等不同形式的反应,生成复杂的含众多硼原子的硼氢化合物。单自兴等人先后合成出中性硼烷络合物及网型 $B_3H_8^{2-}$、闭笼式 $B_{10}H_{10}^{2-}$ 和 $B_{12}H_{12}^{2-}$ 等多种类型的离子型硼氢化合物,得到部分新化合物的结构参数,初步测定了它们的热化学性质。与巢型和网型硼氢化合物不同,闭笼型硼氢阴离子化合物 $B_nH_n^{2-}$($n=6,7,8,9,10,11,12$)一般具有较高的稳定性,其中,具有规整的正二十面体闭笼型结构的 $B_{12}H_{12}^{2-}$(一些阳离子会引起一定程度的畸变)是热稳定性和化学稳定性最高的一类硼氢化合物。Mangun 利用先前报道的键能与键长的关系,计算了 $B_nH_n^{2-}$ 中各种 B – B 键的键能,给出多种闭笼型硼氢阴离子的热力学稳定性次序:($n=9$)<($n=8$)<($n=6$)<($n=10$)<($n=12$),从理论上阐明了 $B_{12}H_{12}^{2-}$ 是最稳定的多硼氢阴离子,并且得出随着温度的升高,其他闭笼型硼氢阴离子最终都将转化为 $B_{12}H_{12}^{2-}$ 离子的结论。

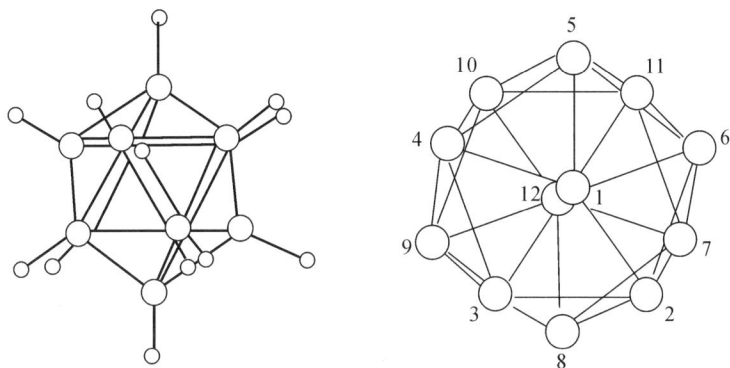

图 1.2　$B_{12}H_{12}^{2-}$ 阴离子的闭笼型结构

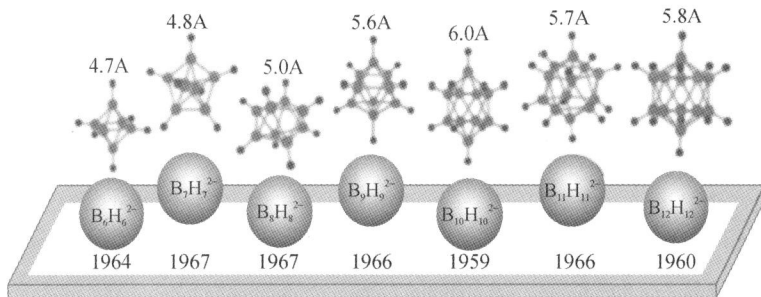

图 1.3　闭笼型硼氢阴离子 $B_nH_n^{2-}$($n=6\sim12$)的结构

(4.7A 为端氢原子间的最大距离;1964 为第一次制得阴离子的年份)

最简单的十二氢十二硼酸化合物是十二氢十二硼酸($H_2B_{12}H_{12}$),它通常由水溶性十二氢十二硼酸盐通过氢离子柱上交换制备,并常以二水合物($H_2O)_2B_{12}H_{12}$ 的形式存在。水合十二氢十二硼酸是一种强酸,可与金属、金属氧化物或金属碳酸盐以及氨、肼、链状或杂环有机胺、有机膦、有机硫等 Lewis 碱反应生成水溶性的或水难溶的、高度热稳定的十二氢十二硼酸盐。十二氢十二硼酸的轻金属盐、铵盐、低级胺盐、杂环富氮盐等具有良好的水溶性,故通过复分解反应可以方便地实现阳离子转换(见图 1.4)。

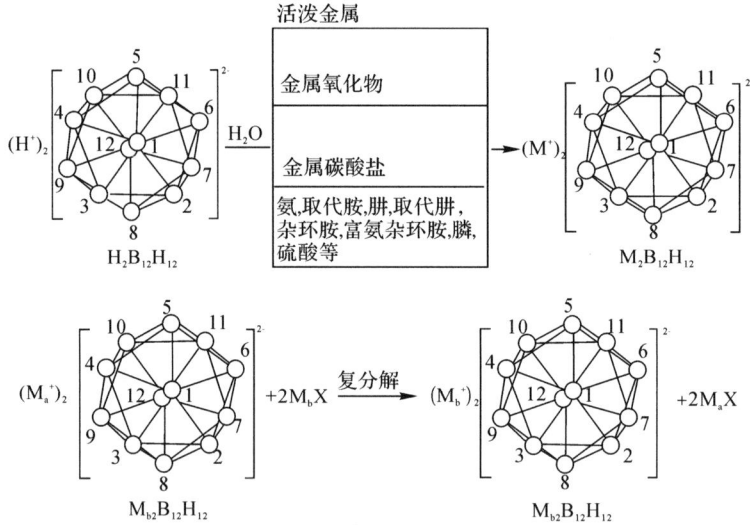

图 1.4　通过中和反应和复分解反应制备 $B_{12}H_{12}^{2-}$ 盐(M_a 为水溶性金属离子、铵离子等，
M_b 为水难溶性金属离子、铵离子、膦离子等)

(2)镁铝富燃料固体推进剂。苏联于 20 世纪 60 年代研制了装配第三代整体式固体火箭冲压发动机的 SA - 6 弹,发动机采用含镁铝固体富燃料推进剂,主要的成分 64% 为 Mg,24% 为 $NaNO_3$,热值约为 18.8 MJ·kg^{-1},比冲小于 4.9 kN·s·kg^{-1}。日本也开展了富燃料固体推进剂研制,根据已研制的 0%~70% 铝粉含量固体推进剂的燃烧性能,认为维持固体推进剂自燃的铝的最大含量为 50%,在发动机模拟试验中,通过 6 倍空气补燃,含铝推进剂在扣除残渣后计算得到 5.88~7.84 kN·s·kg^{-1} 的理论比冲。

Mg/Al 富燃料固体推进剂配方中 Mg/Al 金属为 40%,丁羟胶黏合剂体系为 17%~20%,氧化剂 AP 为 32%~38%,推进剂密度为 1.55~1.65 g·cm^{-3},推进剂热值为 22~24 MJ·kg^{-1},固体火箭冲压发动机比冲约为 5 500~7 000 N·s·kg^{-1},虽然低于使用煤油的液体冲压发动机(11~13 kN·s·kg^{-1})和高能含硼富燃料固体推进剂(9~10 kN·s·kg^{-1}),但 Mg/Al 富燃料固体推进剂与空气燃烧所需的理论空气量较低($L=3\sim4$),低于含硼富燃料固体推进剂($L=6\sim7$),因此能达到最高的推力系数和机动性。

铝粉热值界于硼粉和镁粉之间,而密度是三者中最大的,适用于中能富燃料固体推进剂,但一次燃烧温度较低(2 000 K 左右)。铝粉几乎不参与燃烧反应,一般只经过因氧化剂的燃烧而熔化,然后再凝结的物理过程。即使铝粉含量较低,也可能发生"烧结现象",铝粉的凝聚物将沉积于喷管和喷喉处,严重时将会造成燃气发生器的堵塞,这主要因为补燃室的温度远低于火箭发动机的燃烧温度,因而铝粉的燃烧效率也低于火箭发动机的燃烧效率。

为了提高铝粉的燃烧效率,主要的解决途径是添加镁粉,因为镁粉的沸点低,一次燃烧产物主要以气相存在,不仅能降低凝聚相的含量,而且 Mg 燃烧时需要的理论空气量是常用金属中最少的,以至于在发动机工作的极端情况下,镁仍能保持较好的燃烧效率,在补燃室能充分燃烧,燃烧时能为补燃室提供较高的燃温,促进铝化合物的充分燃烧。此外,在镁含量较高时,镁发生以下强烈的放热反应:

$$Mg(g) + CO(g) \rightarrow MgO(s) + C(s) \tag{1.1}$$

镁含量为 55% 以下,其含量增大不会造成燃气发生器的燃温下降。这是镁可作为辅助添加剂与其他燃料混合而提高补燃效率的原因之一。此外,Mg 粉含量不宜过高,否则会大大降低推进剂的热值、特征速度和比冲。增加镁粉含量引起的比冲下降主要是由于镁粉的燃烧热低于铝粉的燃烧热值,因而从提高推进剂能量角度出发:一方面,希望推进剂中镁粉含量越小越好;另一方面,推进剂燃烧性能的改善要求较高的镁粉含量。因此综合两方面的因素,Mg/Al 质量含量比为 1∶1 较为合适。

目前,Mg/Al 富燃料固体推进剂已通过氧化剂 AP 粒度级配和二茂铁催化剂解决了燃速调节技术,可实现 3 MPa 下 $2 \sim 20$ mm·s^{-1} 可调,较高含量的 HTPB 体系也使推进剂具有较好的工艺性能和力学性能,技术难点是提高燃速压力指数和降低燃烧残渣技术。

(3)碳氢富燃料固体推进剂。碳氢富燃料固体推进剂通过碳氢化合物、高分子化合物和黏合剂体系本身提高能量,如聚苯乙烯、碳黑等。与 Mg、Al 固体推进剂相比,碳氢富燃料固体推进剂的燃烧分解温度低,分解产生的 CH 碎片极易燃烧,补燃效率高,而且燃烧气体清洁,发动机羽流烟雾小,属于低特征信号富燃料固体推进剂。理论计算表明,含碳黑 30% 固体推进剂的热值比含镁 65% 的固体推进剂高 15%,而在实际燃烧中,其燃烧完全,将可能表现出更优异的性能。

碳氢富燃料固体推进剂的热值都较高(约为 41.8 MJ·kg^{-1}),但一般高分子化合物的密度远小于金属燃料,因而推进剂的密度较小,体积热值不会超过硼燃料,而且燃气发生器一次燃烧温度低,燃气在补燃室中不能自动点火,需要提供外部点火源。添加镁铝金属粉的多组元固体推进剂体积热值较高,发生器的一次燃温较高,在二次燃烧室可以自动点火。

目前有一种多环十一烷(PCU)烯烃二聚物 $C_{22}H_{24}$ 是高密度($\rho = 1.2 \sim 1.3$ g·cm^{-3})燃料,生成热(+231.5 kJ·mol^{-1})较高。仅有的数据表明,其在一定环境条件下稳定,适于室温下长期储存。尤为重要的是,在相同热力学条件和结构下,二聚物的点火时间比 HTPB 燃料快一个数量级,燃烧释放的热量也至少高 2 倍,其完全适合于固体冲压发动机,能够保证低压和高速横向气流中的点火和火焰稳定性燃料。

3. 水反应金属燃料推进剂

(1)水下超高速航行技术。鱼雷、水雷以其便捷的发射或作战方式和优异的战技性能成为当前海战中的反潜和反舰的主要武器品种,也常被用来封锁港口和狭窄水道。鉴于当今世界的局势及武器科技的发展,世界各国在水中兵器方面的发展特点均为航速快、航程远、命中率高、破坏性大,但由于水阻力远超过空气阻力(水下航行体受到的阻力约为空中飞行器受到阻力的 1 000 多倍),致使航速、航程和精度成为常规动力水中兵器的"软肋"。如俄罗斯 DST - 96 超大型反舰鱼雷、美国 MK50 鱼雷、意大利"黑鲨"(Black Shark)鱼雷、德国 DM2A4 "海鳕"主力重型鱼雷、英国 MK - 24"虎鱼"重型鱼雷等常规鱼雷的航速都在 $30 \sim 70$ kn(约 15 ~ 36 m·s^{-1})范围内。很难突破物体在水下运动速度的传统极限——70 kn。同样,自航式水雷是传统水雷与火箭发动机的有效结合,由于其较强的主动攻击能力和较大的作战半径受到各国的关注,目前自航式水雷航速也在 $50 \sim 80$ kn 范围内。随着现代舰艇速度的不断提高和机动性的不断增强,鱼雷、水雷在现代海战中的命中率大大下降。因此,研制新型的大功率、大冲量的推进系统一直是各装备强国研究的重点。

俄罗斯的第一代"暴风雪"超高速鱼雷(见图 1.5)航速达常规鱼雷的 $3 \sim 5$ 倍,大大提高了鱼雷的命中率和破坏力,具体参数见表1.2。超高速鱼雷的关键技术主要包括超空泡技术、水冲压发动机技术和水反应金属燃料推进剂技术。

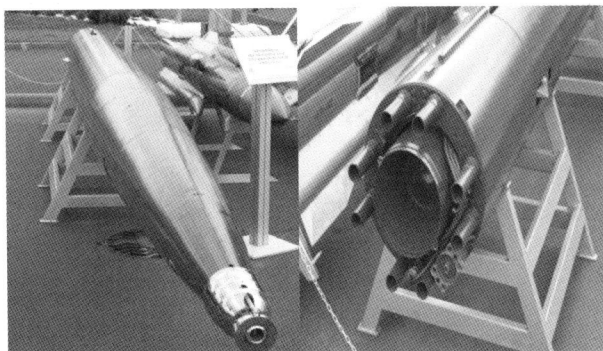

图1.5 俄罗斯"暴风雪"超高速鱼雷

表1.2 第一代"暴风雪"鱼雷的基本技术参数

技术参数	数值或说明	技术参数	数值或说明
引　信	碰撞/近炸	炸药类型	TNT
长度/ m	8.25	质量/ kg	2 697
直径/ m	0.53	最大速度/(m·s^{-1})	100
发射速度/(m·s^{-1})	25.00	射程/ km	10
战斗部装药/ kg	210.00	航深/ m	4～400

(2)超空泡技术。超空泡技术是一种革命性的减阻方法,它可以为水下高速运动的航行体获得90%的减阻量,是未来水下兵器降低阻力、提高航速、增大航程的重要技术途径。

超空泡是物体在水下高速运动时产生的一种物理现象。物体在水下运动时,随着物体速度的增加,液体内部局部压力不断降低。当物体速度增大到某一点时,液体内部局部压力就低于饱和蒸气压,此时,液体或固体与液体的交界面上会形成蒸气或气体的气泡,这一过程叫作空化(Cavitation),形成的气泡就是空泡。一定条件下形成的完全或几乎完全包围运动物体的空泡就是超空泡。超空泡形成后,运动物体完全或几乎完全被空泡包围,这样,运动物体接触的介质就由水变成空气,物体类似于在空气中运动,如图1.6所示。由于空气的密度只有水的1/800,因而运动物体所受的摩擦阻力能够得到显著降低,运动达到很高的速度。正是由于超空泡具有显著的减阻提速的特点,因此,超空泡技术具有提高水下武器作战效能的作用。

图1.6 水下航行体超空化现象

（3）水冲压发动机技术。目前,水下超高速航行技术利用了一种超空化现象,研制出水下高速运动发动机,其工作原理类似航空上的冲压发动机,国际上称作水冲压发动机,水冲压发动机伴随着"超空泡"武器的应用而诞生。水冲压发动机目前有多种工作形式,其中,燃气发生器式水冲压发动机工作简单、可靠性高、易于实现。燃气发生器式水冲压发动机采用金属基燃料推进剂,配方中含有高达 60％以上的易燃金属,如 Mg 和 Al,而氧化剂含量较少。这种仅带少量氧化剂的水冲压发动机用金属燃料推进剂的比冲是普通推进剂的 2～3 倍,将是水下推进较好的动力源。但金属粉含量的增大、氧化剂含量的减少,极大恶化了推进剂的燃烧性能,表现为不易点火、燃速低、燃烧残渣多和喷射效率低,而且燃料推进剂的工艺性能差,流平性和流动性降低,因此,目前的水反应金属燃料推进剂距离水冲压发动机的要求还很远,研制难度较大,是制约水冲压发动机研制的关键技术,发动机总体对水反应金属燃料推进剂技术具有明确和迫切的需求。

目前常规水下推进系统的极限航速约为 70 kn,无法达到生成"超空泡"所需的速度,而采用能量更高的喷气式推进系统——水冲压发动机推进系统,则可满足产生"超空泡"的推力和远航程要求。水冲压发动机技术与"超空泡"技术相结合,从提高发动机能量和减阻两个方面入手,能够成倍地提高鱼雷的航速,将改变未来鱼雷等水中兵器的作战模式,使得鱼雷快速突防、高速攻击、有效命中成为可能。基于水作氧化剂的水冲压发动机是实现超高速鱼雷高航速、大航程和维持"超空泡"稳定所需的必备条件,对超高速鱼雷的实现具有决定性作用,是超高速鱼雷发展的迫切需求。图 1.7 为采用"超空泡"和水冲压发动机技术的超高速鱼雷结构示意图。

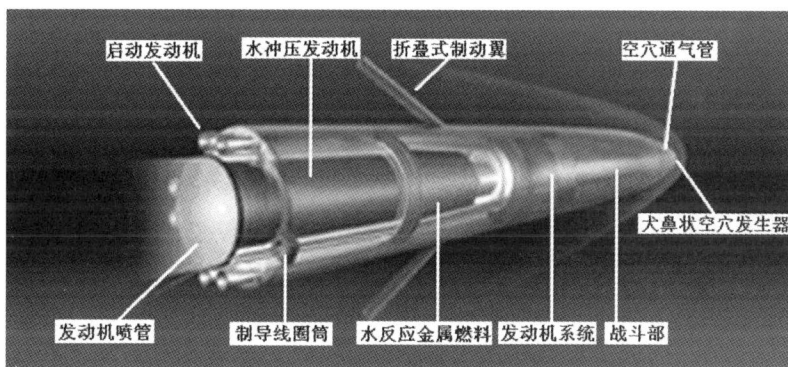

图 1.7　超高速鱼雷结构示意图

水冲压发动机的工作原理是将外部的海水引入燃烧室中,一部分作为主氧化剂与水反应金属燃料推进剂发生二次燃烧反应,产生高温高压燃气,另一部分作为冷却剂吸热蒸发为水蒸气,两者共同作为工质通过火箭喷管膨胀产生推力。水冲压发动机系统主要由海水管路与流量调节装置、喷注器、水反应金属燃料推进剂药柱、燃烧室和喷管等部件构成,其工作过程包括海水冲压、水流量调节控制、海水雾化与蒸发、水反应金属燃料推进剂一次燃烧、水与燃料一次燃烧产物的湍流掺混、燃料一次燃烧产物与水反应等物理化学过程。上述过程相互耦合,构成非线性动态响应系统,需要解决海水在管道中高速湍流流动压力和速度分布规律、海水在分配器中的流量特性、液滴在燃烧室中雾化蒸发动力学、海水与金属颗粒掺混特性、水反应金属燃料推进剂点火及燃烧机理、金属与水反应动力学特性和能量转化规律、气-液-固多相湍流流动与传热传质规律、燃烧产物与海水掺混特性、高温燃气喷管流动与能量转换规律等基础科学问题。

水冲压发动机及其水反应金属燃料推进剂的研究与超空泡武器(或称"空化"武器)的研究密切相关。俄罗斯"暴风雪"鱼雷就是利用火箭发动机在鱼雷头部生成大量的气泡空穴,使鱼雷完全被空穴包围,水的阻力大大减小,从而达到极高的航速。由于雷体不和水直接接触,因而水的阻力微乎其微,鱼雷便可以高速航行。据报道,"暴风雪"鱼雷质量为 2.7 t,直径为 533 mm,长度为 8.2 m,水中航速为 $100 \ m \cdot s^{-1}$(约 200 kn),有效射程为 $6 \sim 12$ km。它主要由鱼雷头部的空穴发生器和战斗部、中部的发动机系统、尾部的制导线圈筒和火箭发动机组成,因此可见俄罗斯的超级空化鱼雷已经达到实战应用阶段。

实现水下超高速运动的两个基本前提是维持稳定的超空泡以及强大的推进系统。水反应金属燃料推进剂是目前能量密度最高的推进剂,使用该类燃料是推进超高速航行器航行速度的最佳途径。由于采用水反应金属燃料推进剂,水下航行器可以仅携带金属燃烧剂,而氧化剂和冷却剂可取自于海水,这就极大地提高了能源的能量密度。

在空化武器研究方面,美国起步较晚,在超级空化鱼雷和超级空化弹丸两个领域开展了研究。1998 年美国开始研制的高速机载扫雷系统(RAMICS)中的反水雷弹(AMP)利用了超级空化现象。通常的机载扫雷方式是利用扫雷具先将连接绳切断,使水雷浮出水面,然后利用机关炮射击引爆水雷。这种方式对浅海水面下 $2 \sim 5$ m 处的水雷直接射击的命中率相当低,因为弹丸入水后和水高速摩擦,速度骤减,弹道改变,使得直接射击命中率降低。RAMICS 的 AMP 端部带有空化发生器,使弹丸入水后不减速,不改变弹道,因而即使是 6 m 深的水雷,也可由空中直接命中。美国已解决了超级空化武器小型化的技术难题,并于 1998 年成功进行了 20 mm 机关炮发射 AMP 弹的射击试验,目前,30 mm 超级反鱼雷兵器也在研究之中。

在 20 世纪 60 年代,苏联和美国就已有了研制水中火箭发动机的计划,在苏联时期该计划已完成。苏联用超细铝粉作为燃料来源,用双基药或专用配方组成,如锂铝氢氧化合物或铝的氢氧化合物,氧化剂用聚四氟乙烯。俄罗斯专家认为 Al 是较好的推进剂燃料,其价格相对低廉,燃烧易于控制。目前,俄罗斯研制出带有铝金属燃料的固体水冲压发动机,其比冲是普通固体火箭发动机的 $2.5 \sim 3$ 倍。美国宾夕法尼亚大学应用研究室曾进行了一种燃烧铝的"水冲压"系统试验,采用冲压发动机将铝粉注入水涡流中,涡流高速地旋转将铝粒子碾磨在一起,并去掉覆盖在铝粒子上的惰性氧化层,使其剧烈燃烧。铝粉燃烧产生的流注能够从火箭喷管中喷出产生推力或推动螺旋桨的涡轮机。推进螺旋桨的试验表明,螺旋桨提供的推力要比火箭推力高 20%。

(4)水反应金属燃料推进剂。目前,热动力鱼雷的主要燃料仍然是多组分或是带有氧化剂成分的单组元燃料,使用的 OTTO-Ⅱ 燃料能量密度较低,对储存和运输的条件要求较高;自航式水雷多采用传统双基或复合固体推进剂作为燃料,能量输出有限。

针对超高速鱼雷的动力推进系统的选择,苏联专家在对柴油发动机、电动机、核动力装置、高速柴油机和燃气轮机等多种动力装置进行比较之后,得出的结论如下:只有燃烧金属燃料(铝、镁、锰或锂),并利用海水作为氧化剂和燃烧产物的冷却剂的高效燃气轮机或喷气推进系统,才是"超高速"水下航行体实现最高速度的最佳途径。不同水下武器动力系统所用燃料的性能对比见表 1.3。

表 1.3 不同燃料的主要反应及能量特性

类 型	主要反应	体积能量密度/(kJ·cm⁻³)	理论比冲/s
水反应金属燃料	Al＋海水	14.6	最小值～600
	Mg＋海水	10.0	最小值～570
水雷燃料	16％Al＋73％AP＋11％HTPB	8.3	最小值～240
鱼雷燃料	OTTO-Ⅱ单组元	2.0	最小值～220

与传统鱼雷、水雷的燃料相比，水反应金属燃料推进剂能量密度和比冲较高，为水下航行器实现水下高速航行提供了有效保障。其主要优点有：①该类推进剂以活泼金属燃料为主要成分，仅携带少量氧化剂，可利用外部海水作为氧化剂和工质，具有非常高的能量密度，能够实现高比冲；②水反应金属燃料推进剂所用原料比较廉价，尤其是铝，对环境污染少，且便于运输和储存，降低了武器装备的使用成本；③该类燃料主要以从外界吸入的水作为氧化剂，为水中兵器争取了更多燃料储存空间，使发动机结构体积大大减小。

可与水反应放出能量和气体的金属燃料有很多，部分金属燃料与水反应的能量密度见表1.4。

表 1.4 部分金属燃料与水反应的能量密度

金 属	密度/(g·cm⁻³)	熔点/K	爆热/(kJ·g⁻¹)	密度爆热/(kJ·cm⁻³)
Be	1.85	1 560	36.03	66.67
B	2.34	2 450	18.81	44.02
Al	2.70	933	15.15	40.91
Mg	1.74	923	13.34	23.21
Li	0.53	454	28.61	15.16

由表 1.4 中可以看出，B/H_2O 和 Be/H_2O 比 Al/H_2O 有更高的能量。但是从价格和毒性方面来考虑：Al/H_2O 更有优势；锂的能量较高，且易于与水发生反应，但是存储较为困难；镁与水反应的缺点是能量密度比 Al/H_2O 体系的低，但是它的单位体积成气量大，密度也较高，储存性能较好，而且反应较易启动。因此，镁基水反应燃料推进剂和铝基水反应燃料推进剂是水冲压发动机用金属燃料推进剂的首选。

铝基水反应金属燃料推进剂能量虽然高于镁基水反应金属燃料推进剂，但铝表面覆盖了一层非常致密的氧化铝膜，使铝/水反应面临着以下困难：①启动 Al/H_2O 反应比较困难；②Al/H_2O 持续反应存在较大的困难，因为其反应产物 Al_2O_3 可以牢固地附着在铝表面上，阻止反应进一步进行。因此，为了保证燃烧的进行，须保证燃烧环境温度高于氧化铝的熔点。

基于以上问题，国外深入开展了铝水反应的新途径，如纳米铝粉的应用能获得较高的燃烧效率。在 2008 年，美国宾夕法尼亚大学报道了纳米 Al 粉/水混合物的燃烧性能和转换效率，其中，铝颗粒直径分别为 38 nm、50 nm、80 nm 和 130 nm，整体含量（$0.67<\varphi<1.0$）控制良好。研究发现，化学效率范围从 27％到 99％，这取决于粒子的大小和样品制备方法。降低粒子尺

寸时燃烧速度显著上升,在 4 MPa 时,含 38 nm 颗粒混合物可实现高达 8 cm·s^{-1}的燃速。含 38 nm、80 nm 和 130 nm 颗粒混合物的燃速压力指数分别为 0.47、0.27 和 0.31。2009 年,宾夕法尼亚大学报道了纳米 Al 粉与液态水的燃烧特征的理论预估,在研究中选用直径 38 nm 的铝颗粒,其表面有 3.1 nm 厚的氧化铝层,该研究的等值反应比由 0.5~1.25 变化。理论预估表明,当等值反应比从 0.5~1.25 变化时,在 3.65 MPa 下,线性燃速从 7 mm·s^{-1}增加到 81 mm·s^{-1},该预估燃速与试验测量值完全符合,表现出高活性纳米铝粉在金属/水反应体系良好的应用前景。

国内对水反应金属燃料推进剂的研究起步较晚,2000 年后才开始进入研究阶段,主要侧重于水冲压发动机的试验参数、发动机模型、工作原理及理论方面的研究。国内铝基水反应金属燃料推进剂和镁基水反应金属燃料推进剂的研究同时起步,但镁基水反应金属燃料推进剂凭借其优良的点火性能和燃烧性能率先成功应用于原理性水冲压发动机的地面试验,随着研究的深入,水冲压发动机的性能逐步提高。

郑邯勇等人研究了铝粉粒度、助燃剂、助燃剂种类和浓度以及黏合剂对铝水反应的影响。结果表明,由于不同的黏合剂在水中的溶解度不相同,导致铝粉与水的接触时间与反应速度也不一样。助燃剂的作用主要是破坏铝粉表面的氧化铝薄膜,若不添加助燃剂,铝水反应将无法进行;不同的助燃剂对铝水反应速度的影响不同,应选择在较短时间内就可以使铝水混合物温度达到较高温度的助燃剂,将有利于铝水反应的快速建立。铝水反应启动速度受铝粉粒度的影响不明显,增加助燃剂的浓度,将大大缩短铝水反应建立的时间。

万俊等人研究了将纳米铝粉与水反应应用于高速推进系统。利用高压反应釜联机系统对铝水反应过程进行实时监测,建立了铝水反应体系的评价分析方法与评估系统。结果表明,铝粉粒径越小,铝水反应的起始温度越低,反应速度越快,反应释放热量越高;当铝颗粒粒径大于 13 μm 时,温度在 300~520 K 范围内,铝粉几乎不与水发生反应。利用快速加热的方法使纳米铝粉与水反应在更短时间内发生。提出在高功率换热条件下,铝水燃料的最佳配方是采用纳米铝粉,铝粉与水的摩尔比在 1:2~1:2.2 之间,与碱性适中的水溶液反应。这种反应体系的优点是反应起始温度低,反应速率高,能量释放效率高,燃烧稳定性好。

全大明等人从电化学角度对不同粒径的铝粉与水反应进行了研究,研究了铝粉粒径(粒径分别为 50 nm、2 μm、13 μm 和 29 μm)和温度对铝水反应的影响。结果表明,铝粉粒径越小,铝水反应越剧烈;在所研究的温度范围(20~30℃)内,温度越高,铝水反应越剧烈;在室温环境中,2 μm 铝粉的铝水反应燃烧效率为 66.7%,50 nm 铝粉的铝水反应燃烧效率高达 90.6%,表明粒径越小,铝水反应燃烧效率越高。因此,纳米铝粉在实际应用中前景更广阔。

罗凯等人通过分析单次注水和二次注水的铝/水反应金属燃料推进剂水冲压发动机系统,得出了燃料质量配比、燃烧室温度、燃烧室压强、系统有效推力、效率等关键技术性能指标,指出了二次注水系统的优越性,并提出了一种二次注水系统的实施方案。

缪万波等人研究了水冲压发动机的基本性能,以含铝富燃料固体推进剂为例对燃气发生器式水冲压发动机、以铝金属燃料为例对漩流式水冲压发动机进行了不同工作状态下的热力计算,得出了发动机比冲与水燃比、工作压强等之间的定性关系。

甘晓松等人结合镁铝富燃料固体推进剂,根据水反应金属燃料推进剂的工作原理,研制了水冲压发动机原理性试验测试平台。试验采用中等含量的铝镁推进剂配方小药柱进行研究,推进剂中金属含量达到 43% 以上。试验过程中,水是环向加入的,且速度很小。试验结果表明,该发动机的燃烧效率可达 80.4% 以上,与空气冲压发动机相当。发动机实测推力从加水前的 60 N 提高到加水后的 425 N。燃气发生器温度在 1 700 K 左右,而补燃室最高温度达到 2 100 K。加水前后,补燃室温度增加约 200 K。试验结果表明,该推进剂在一次燃烧后,燃气中金属 A1,Mg 等粒子与水在二次补燃过程中发生了强烈反应,放出的热量不仅弥补了进水流量汽化吸收的热量,而且进一步升高了补燃室中燃烧产物的温度,有力证明了目前设计的燃气发生器式水冲压发动机的工作原理可行。

李芳等人对水反应金属燃料推进剂能量特性进行了热力学计算,并建立了水反应金属燃料推进剂双反应区模型,初步研究了水燃比对发动机的平衡温度、特征速度和理论比冲的影响规律。胡凡等人借鉴非壅塞燃气发生器式构型开展了镁基水反应金属燃料推进剂及其水冲压发动机稳定燃烧试验,计算得到了稳态工作时发动机流场参数分布、液滴蒸发过程及性能参数,考察了水燃比、燃料燃速对发动机燃烧效率和喷射效率的影响,通过试验验证了设计程序的可行性和可信性,分析了产生误差的原因。采用镁基水反应金属燃料推进剂某配方,在水燃比为 0.45 下进行试验研究,研究结果表明,推进剂点燃后,压强逐渐平稳上升,随注水腔压力建立,注水流量稳定后,发动机压强迅速上升至稳定燃烧段,并基本保持恒定至工作过程结束,加水后发动机性能显著上升,推力与压强变化趋势基本相同。试验过程中水流量恒定,因此发动机推力和压强变化主要由发动机内燃烧过程引起,并提出了采用实际测量温度和燃烧效率对燃气入口条件进行修正的方法,减小了模型计算误差。采用修正模型计算了发动机性能随一次水燃比变化规律,计算结果表明,存在最佳的一次水燃比。造成本次试验发动机性能下降的原因主要是一次注水量过大后,发动机燃烧室温度降低较多,水不能完全蒸发与镁发生反应,因此,燃烧组织时必须采用二次或多次进水方式,使总水燃比达到最佳。

李是良等人设计了水冲压发动机试验系统,采用非壅塞式构形实现了镁基金属燃料发动机一次加水试验,分析了镁基水反应金属燃料推进剂的热分解反应特性及其随氧化剂含量、Mg 粉平均粒径、Mg 粉含量及环境压强等参数的变化规律。试验选择了 Mg/AP/HTPB 质量比 65/20/15 作为燃料试验的基础配方,以 1 kg 基础配方燃料作为研究对象对其性能进行理论计算,结果表明,该配方水反应金属燃料推进剂的理论水燃比约为 0.6。未喷注水时,燃烧室的温度可以达到 1 500 ℃,远远高于镁的熔点(648.5℃)和沸点(1 107 ℃),有利于镁与水的反应。当 $W/F<0.6$ 时,燃烧产物的主要成分逐渐变成氢气,产物平均分子量逐渐减小;燃烧室温度逐渐升高,最高达到 2 300 ℃ 左右;理论比冲迅速升高,并采用 $\phi50$ mm 直连式发动机研究了一次水燃比和燃速对发动机燃烧性能的影响。装药方式为:固体药柱,端面燃烧。注水方式为:$4\times\phi0.2$ mm 注水孔垂直于燃烧室轴向,点火 8 s 后开始加水,总加水时间大于 30 s。水燃比为:$W/F=3.0$。一次水燃比在一定范围内变化时,发动机燃烧效率和喷射效率随水燃比增大而呈现先增后减的现象,增大燃速可提高发动机燃烧效率和改善发动机工作性能。试验中进水流量稳定,加水后燃烧稳定。结果表明,该试验系统和镁基水反应金属燃料推进剂能够进行水冲压发动机原理样机热试车。

此外,他们还采用单幅火焰照相、Ⅱ 形微热电偶等技术,研究了镁基水反应金属燃料推进剂一次燃烧的火焰特性,得到了燃烧波温度分布曲线及各温度区厚度等参数。结果表明,燃烧室压强为 1.0 MPa 时,燃面温度和气相火焰温度分别为 556℃ 和 1 270℃;随着燃烧室压强的增大,镁基水反应金属燃料推进剂凝聚相反应区厚度增大,燃面温度升高,气相火焰温度升高,火焰明亮程度增强;气相火焰中包含着镁的异相反应,产物中含有大量的镁蒸气,具有与水蒸气进行二次反应的能力较强。

刘冠鹏等人通过添加剂种类、添加剂含量、二次包覆处理对 Mg/H_2O 反应生成氢气量的影响,研究了低温下镁与水的反应。结果表明,NH_4F、NaF、KF、$ZrCl$ 和添加剂 A 等不同添加剂对 Mg 粉与水反应活性影响从大到小的顺序为[$ZrCl_4$]>[添加剂 A]>[NH_4F]>[NaF]≈[Mg]>[KF];随添加剂含量的增加,氢气的生成量有一定程度提高,但并非呈简单的线性关系。采用 2.5% 的包覆剂 A,再经 HTPB 二次包覆处理,得到具有核-壳-膜结构的样品。二次包覆处理后,样品与水反应生成的氢随反应温度升高,二次包覆样品与水反应产生氢气量的升高速率高于未包覆样品和一次包覆样品。研究认为,二次包覆处理不仅可使 Mg 粉与水产生氢气的量增加,而且还提高了 Mg 粉储存性能。初步分析认为,添加剂的加入改变了 Mg 与水反应体系的酸碱性,促进了该反应进行。刘冠鹏等人还对铝水燃料的制备以及铝水燃烧反应的发展现状进行了分析,认为通过使用超细化的铝粉(如纳米铝粉)并对铝粉表面进行包覆处理,可以提高铝粉的储存性能以及降低铝水反应的点火温度并提高化学反应速度,同时在进行铝水反应能量计算时,要考虑两相流的损失。

郑邯勇以水反应金属燃料推进剂在水蒸气环境下的稳态燃烧试验为基础,建立了金属镁含量大于 70% 的水反应金属燃料推进剂稳态燃烧模型。孙展鹏等人对铝水反应机理进行了初步探索,从化学的角度论证了铝水反应的可行性。为保证铝水反应顺利启动,提出了三种破坏铝颗粒表面氧化层的方法:提高外界温度使氧化层融化、利用外界机械应力使氧化层破裂和加入与氧化层反应的化学物质。同时,对铝金属燃烧时间进行了总结,认为铝颗粒燃烧时间不能简单地运用 D^2 定律,应根据试验数据对铝颗粒燃烧时间的计算公式进行修正。田维平和张运刚等人用高铝含量富燃料固体推进剂开展了铝基水反应金属燃料推进剂的研究,进行了水冲压原理发动机热试车,验证了该类发动机的理论可行性,尽管此水反应金属燃料推进剂中铝含量偏低,但为深入研究该类发动机性能提供了参考。

综上所述,国外关于水反应金属燃料推进剂燃烧性能的研究报道较少,水反应金属燃料推进剂与水反应特性的研究主要集中在金属颗粒与水的反应特性方面。国内采用固体药柱式水反应金属燃料推进剂进行了多种形式的原理性水冲压发动机试验,验证了水冲压发动机的原理可行性,但发动机性能与理论设计指标还有一定的距离,迫切需要进行水反应金属燃料推进剂的能量性能、制备工艺和燃烧性能及其调节方法的系统研究。

4. 铝冰低温固体推进剂

低温固体推进(Cryogenic Solid Propulsion,CSP)技术结合了固体火箭发动机和低温液体推进剂两项技术,兼备了固体推进剂的简单可靠和液体推进剂的高比冲性能双重优点,是固体火箭推进系统实现高性能的技术途径之一。铝冰低温固体推进剂是一种正在开发的新型化学火箭推进剂技术,R.E.Lo 和 A.Grosse 很早就提出了 CSP 的概念:如果不把"固体"的概念限定为在环境温度下是固态的,那么任何化学火箭推进剂(包括环境友好的绿色推进剂)都可用于固体火箭发动机。后来这一概念又被扩展为:化学推进剂在环境温度下是固态,但为了稳定化和储存,需要进行低温冷却,其主要特征是推进剂在低温下制造、储存和使用,氧化剂和燃料在低温下制成推进剂后,其中至少有一种的主要组分是固态。它是一种低温下的绿色高能固体推进剂技术,是一种新概念的推进技术,这一概念被认为是"潜在的化学推进技术革命",具有良好的应用前景。

早期研究的 CSP 推进剂是 H_2O_2 基的推进剂,以聚合物或活泼金属为燃料。文献[8]研究了冷冻的 H_2O_2 与 PE(聚乙烯)或 HTPB(端羟基聚丁二烯)组成的 CSP 推进剂及其加压环境下的燃烧性能,压强指数达到 0.155~0.165,这种低的压强指数对于火箭发动机的工作是有利的。多年来,以美国为首的世界各国相继展开了对铝冰固体推进剂的研究。结果表明,铝冰固体推进剂具有结构简单、制作方便、价格相对低廉、比冲高以及对环境友好等优点。近年来的深空探测发现,在月球和火星等外星球上有水与铝存在的痕迹,这意味着未来有可能在月球、火星或其他地方制备铝冰固体推进剂,深空探测有望在不返回地球的条件下进行燃料补给。因此,铝冰固体推进剂更适于作为外太空航行器的动力来源。

低温固体推进剂的燃料和氧化剂在常温下通常为气态或液态。已考虑的燃料有氢、航空煤油(RP-1)、甲烷、一氧化碳、肼、偏二甲肼、聚乙烯等,氧化剂有氧、过氧化氢、臭氧、四氧化二氮等。低温固体推进剂制造所需的低温取决于所使用的燃料和氧化剂,温度范围很宽,最低可达液氮区(-269~-271℃),最高则是常规的冷藏温度(-30~+25℃)。如固态过氧化氢和聚合物的低温固体推进剂储存温度在 -13℃ 左右,而固态氧和聚合物的低温固体推进剂储存温度在 -228.15℃ 左右。

低温固体推进剂有比冲高的特点,如采用固氢/固氧推进剂,比冲接近现有化学推进剂上限。此外,由于推进剂在低温冷冻状态下储存,这时组分活性低,过氧化氢、臭氧、O_2/O_3 等高能组分在这状态下变得钝感,因此,常温下的高感度推进剂有望得以应用,而且添加高能量密度物质如立方烷和多氮化合物将使低温化学推进剂产生更高的推力。

在美国国家航空航天局(National Aeronautics and Space Administration,NASA)的资助下,美国轨道技术公司研究了含低温固体推进剂的混合发动机。在 1991 年提出了低温固体推进剂在混合发动机上的应用前景,并于 1995 年开始进行低温混合发动机的点火试验。他们研究的混合发动机有 SO_x/GH_2、SCH_4/GO_2、SH_2/GO_2 和 SCH_4-Al/GO_2 等。研究发现,与常规的 HTPB 基燃料相比,低温混合推进剂的燃面退移速率可以提高一个数量级,提高到 20~40 倍,而且低温混合推进剂还具有高比冲、高密度、高安全性和结构简单等特点,有望作为发射系统的上面级和轨道转移发动机使用。

"铝冰"推进由冰冻的细铝粉和水的混合物制成,是美国空军资助研发的一种新型火箭燃料。美国空军科学研究办公室(AFOSR)和美国国家航空航天局 2009 年 8 月成功发射的"铝冰"推进剂小型探空火箭,标志着美国"铝冰"推进剂的研制获得了阶段性的成果。与传统推进剂相比,"铝冰"推进剂具有以下特点。

(1)制造简单,不受地点限制,有可能在月球上、火星上或者其他地方进行"铝冰"推进剂的生产。

(2)使用安全,意外点火的概率较小,可忽略静电放电带来的危险。

(3)使用"铝冰"推进剂的火箭发动机排出的是氢和铝的氧化物,毒性相对较低。

(4)生产成本低。虽然这种新型推进剂的性能并不优于现有的推进剂,但研究人员认为它是一种有前途的高效能推进剂,能够部分替代现有的液体或固体推进剂。当"铝冰"推进剂完全燃烧时,其性能将比传统推进剂更好,并且"铝冰"推进剂可通过加入氧化剂进行改进。如果

"铝冰"推进剂成为用于执行地球轨道任务以至未来月球和火星任务的固体推进剂,会省去将燃料运送至太空的高昂成本。

铝冰低温固体推进剂由于组分较少,因此具有高的可靠性和低的结构成本,低温固体推进剂综合了固体推进剂和低温液体推进剂的优点,其技术的可行性已经得到证实。

5. 膏体推进剂

膏体推进剂又称凝胶推进剂,它可用作各种火箭发动机动力源。它不仅在能量性能、燃烧性能、安全性能等方面能满足各种推进系统的要求,而且具有凝胶体系的特殊流变性能和存在状态,因而其在安全性能、能量性能和配方组分的选择范围方面较其他化学推进剂有不可比拟的优越性。它是为满足各种新型武器推进系统对推进剂性能更高的要求而发展起来的,其应用前景广阔。

国外主要是美国和俄罗斯(苏联)在对膏体推进剂进行研究,发展的膏体推进剂主要有单组元膏体推进剂和双组元膏体推进剂。苏联从20世纪70年代起,开始进行膏体推进剂和膏体推进剂火箭发动机的有关研究。苏联为适应不同应用的需要,积极开展多种膏体推进剂研究,并处于领先地位。美国大西洋公司申请的膏体推进剂专利主要配方为高氯酸铵、铝粉、挥发性较小的液体燃料以及凝胶剂。混合物有一定的稠度,类似于牙膏,小发动机试车燃烧很好。美、俄等研究的部分单组元膏体推进剂的配方见表1.5。

表 1.5　部分单组元膏体推进剂配方组成

推进剂组分	凝胶剂	添加剂
LO_x	二氧化硅(3.5%)	铝、镁(29%~35%)
肼 N_2H_4(57.5%)	硅胶(2.5%)	AP(40%)
肼 N_2H_4(30%~50%)	聚丙酰胺(2%~5%)	高氯酸肼(30%~50%)、铝(10%~25%)
高氯酸钠和高氯酸羟胺(40%,10%)	硅胶(5%)	硼(33%)、水(12%)
四氧化二氮(74%)	二氧化硅(1.5%)	B_4C(<25%)
加抑制剂的发烟硝酸(76%)	碳粉(3.5%)	B_4C(<21%)

对单组元膏体推进剂,其氧化剂和燃料同处于一个体系中,具有内在的不稳定性,安全性较差,尤其是高能单组元膏体推进剂。因此,为了满足火箭对推进剂高能、钝感的要求,发展双组元推进剂更为可行。对双组元膏体推进剂,国外的研究工作主要集中在以下几方面:金属等固体燃料的悬浮而不沉降,凝胶剂的制备并使其含量降低,膏体推进剂的化学稳定性和物理稳定性等。

美国宇航局路易斯研究中心着重研究 RP-1 煤油/Al 体系,已进入实用阶段。TRW公司获得了美陆军要求为通用模块化导弹和改进的海尔法导弹研制采用膏体推进剂发动机的合同。文献[88-89]用不同的凝胶剂和配方研制出12种RP-1煤油凝胶,再分别添加$5~\mu m$和$16~\mu m$铝粉,制成24种金属化 RP-1 煤油凝胶,进行流变学试验。文献[90]研究发现,与LH_2/LO_2液体推进剂相比,$LH_2/Al(60\%)/LO_2$膏体推进剂比冲增加了98 N·s·kg^{-1},燃料密度增加了90 kg·m^{-3};与RP-1/LO$_2$液体推进剂相比,RP-1/Al(50%)/LO$_2$膏体推进剂比冲增加了39.2 N·s·kg^{-1},燃料密度增加了454 kg·m^{-3};MMH/Al(50%)/N$_2$O$_4$膏体推进剂比不含铝粉的比冲增加了 245 N·s·kg^{-1},密度增加了 52%。印度 Birla 理工大学研究了偏二甲肼凝胶、抑制的红色发烟硝酸凝胶的形成机理和流变学特性,初步揭示了液体组分与凝胶剂的相互作用。美国还研究了膏体推进剂的安全和处理特点,准备进入实用化阶段。TRW 公司在此期间制定了先进凝胶技术研究计划,进行膏体推进系统危险性评价、触变膏体推进剂钝感弹药验证试验。

由以上内容可以看出,国外研究工作主要集中于 RP-I/Al/O$_2$(L),H$_2$(L)/Al/O$_2$(L),MMH/Al/N$_2$O$_4$ 等几个体系,并预计将有好的应用前景。膏体推进剂技术主要有以下几种研究方向。

(1)发展高效凝胶剂。随着新技术和新材料的发展,膏体推进剂的性能将更为完善,更适于实际应用。对凝胶剂而言,发展各种高效能的凝胶剂将会使推进剂更加稳定和高能。对于有机高聚物类凝胶剂,可以采用各种高分子合成及改性方面的新技术在凝胶剂分子中引入大量含能基团,使其成为含能组分;还可对凝胶剂进行改性,使其在液体燃料和氧化剂中的相溶性增大,进而可以悬浮大量的含能物质,增大推进剂的比冲。

(2)添加金属粉。金属粉作为能量添加剂在固体火箭推进剂中的应用已经十分广泛。使用铝粉可以提高固体推进剂的能量性能。大多数液体推进剂都可改性为金属化膏体推进剂。有资料报道,在液体推进剂中添加铝粉时,可以大幅度提高液体推进剂的比冲和燃烧效率。如 JP-10 添加 5% 的铝粉后,比冲由 3 207.76 N·s·kg^{-1}(327.1 s)增至 3 264.63 N·s·kg^{-1}(332.9 s),增幅达 1.77%;液体烃类燃料中添加约 5% 的铝粉后,燃料的密度增大 3%~4.5%。美国空军研制成了铝-肼、铍-肼两种凝胶燃料,此外,还进行了含碳药浆燃料的研究,并申请了 SFz 碳浆燃料(含碳的 JP-10)专利。美国海军则成功研制了 NOTSGEL-1(肼中含 60% 的铝)和 NOTSGED-2(肼中含 80% 的铝)两种高能推进剂,并利用三种烃类凝胶燃料进行了高能冲压发动机燃烧研究。

(3)添加纳米材料。含纳米材料的膏体推进剂易于分散并稳定储存,同时可以提高推进剂能量和燃烧效率。此外,添加纳米材料还可以减少胶凝剂在推进剂中的用量。若将配方中常用的固体燃料如铝、铍、硼等制成纳米级颗粒,则可以用作胶凝剂,从而实现固体燃料的多功能化。Argonide 公司发现,Alex 用在 RP-I 燃料中的含量较高时,Alex 类似一种凝胶剂,需要少量或不再需要凝胶剂体系就能达到稳定。另外,为了防止 Alex 粒子团聚,需要加入表面活性剂,非离子表面活性剂比阴离子和阳离子表面活性剂对纳米铝粉具有更好的润湿和分散效果,可防止纳米铝粉的团聚,有助于凝胶网络的形成。

(4)添加含能材料。在膏体推进剂中添加含能材料,可以提高推进剂的能量密度,添加的含能材料可以是液体,也可以是固体。能够添加的液体包括硝基烷类和硝酸酯类;能够添加的固体主要是固体含能材料,如 TNT、RDX 和 NC 等。随着高能量密度含能材料合成研究的深入开展,多硝基立方烷、多氮化合物等有望得到应用。

6. 激光增强化学推进剂

推进动力系统是航天器中必不可少的动力装置,主要完成航天器的轨道转移、姿态保持和姿态调整任务。目前空间推进技术主要包括冷气推进、电推进、化学推进和激光推进等四种类型,如图 1.8 所示。

这四种类型的推进技术在比冲、推力、体积和功耗上各有优缺点,见表 1.6。

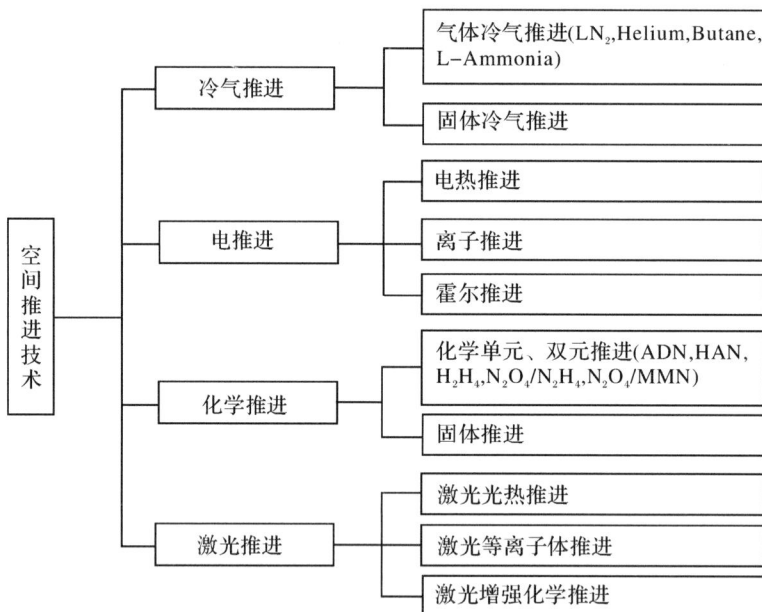

图 1.8　空间推进技术的谱系图

表 1.6　不同推进技术的优缺点

推进类型	工作效率	推力量级范围	比冲/s	可靠性	寿　命	燃料成本
激光推进	H	mN~N	100~1 000	VH	VH	VL
化学推进	L	N~100 N	低于 300	L	L	M
冷气推进	L	mN~N	低于 100	H	L	H
电推进	M	μN~mN	高于 1 000	L	M	VH

注：* VL 表示很低，L 表示低，M 表示中等，H 表示高，VH 表示很高。

冷气推进技术属于比较传统的推进技术,推进器采用储存在高压容器中的压缩空气推进,结构简单,推力可调范围大,但是体积大、质量大和效率低,比冲低于 100 s。电推进技术包括了电热推进、离子推进和霍尔推进等推进技术,其中电热推进的推力在 100 mN~N 量级,比冲较低,而离子推进和霍尔推进的推进效率高,比冲大于 1 000 s,但是推力在 μN~mN 量级,而且需要的电源功率高达 kW 量级。化学推进技术包括了固体推进技术、单元和双元推进技术,以及电化学推进技术等,推进器能够产生超过 N 量级的大推力,但是比冲一般不超过 300 s。激光推进技术包括了激光光热推进、激光等离子体推进和激光增强化学推进等技术,其中激光等离子体推进的比冲在 500~1 000 s 之间,部分可以超过 1 000 s,但是推力在 μN~mN 量级,激光增强化学推进是化学推进的延伸,优点是推力受激光辐射强度控制,可以实现推进器的开/关和变推力,推力可以达到 N 级或更高,但是比冲一般不大于 300 s,如图 1.9 所示。总之,等离子体推进(包括离子推进、霍尔推进和激光等离子体推进)的比冲最高,但是推力不高,而化学推进,包括激光增强化学推进,推力大,但是比冲较低。

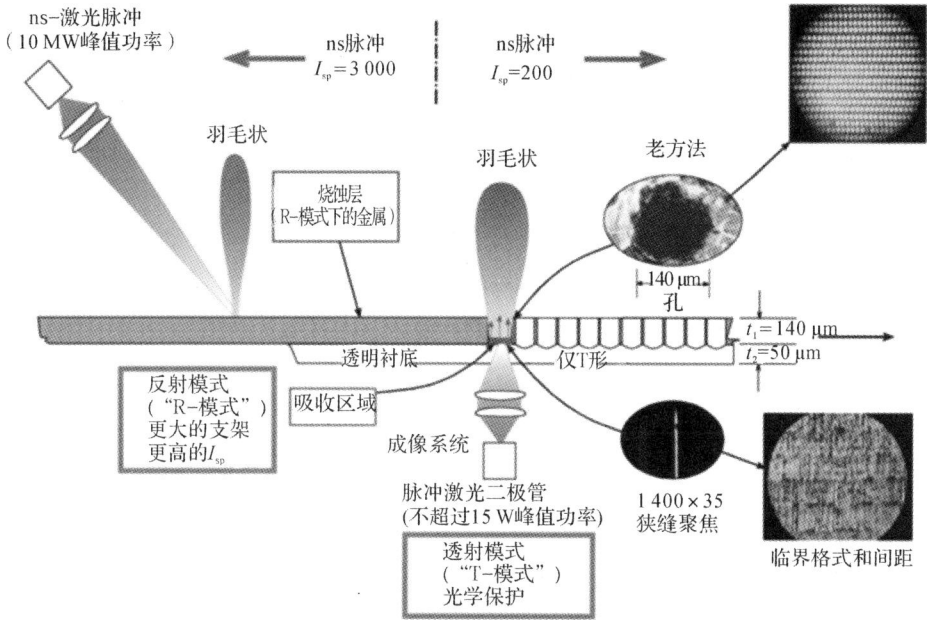

图 1.9 激光推进的方式与比冲量级

微小空间飞行器是航天器中重要组成部分,采用微小卫星组网可以实现大型卫星的功能,在制造、发射和空间维护等方面成本将大幅度降低,因此近十年来以微小卫星,尤其是 100 kg 以下的微卫星和纳卫星为代表的微小空间飞行器发展十分迅速,如图 1.10 所示。传统的冷气推进、电推进和化学推进等推进系统的体积大、质量大和耗能高,通常只能应用于体积较大、平台电能充足的中、大型航天器,但是微小空间飞行器的空间尺寸小,平台上能提供电能有限,传统推进技术的应用受到了一定程度的限制,要求新的推进动力系统体积更小、能量消耗更低、效率更高。

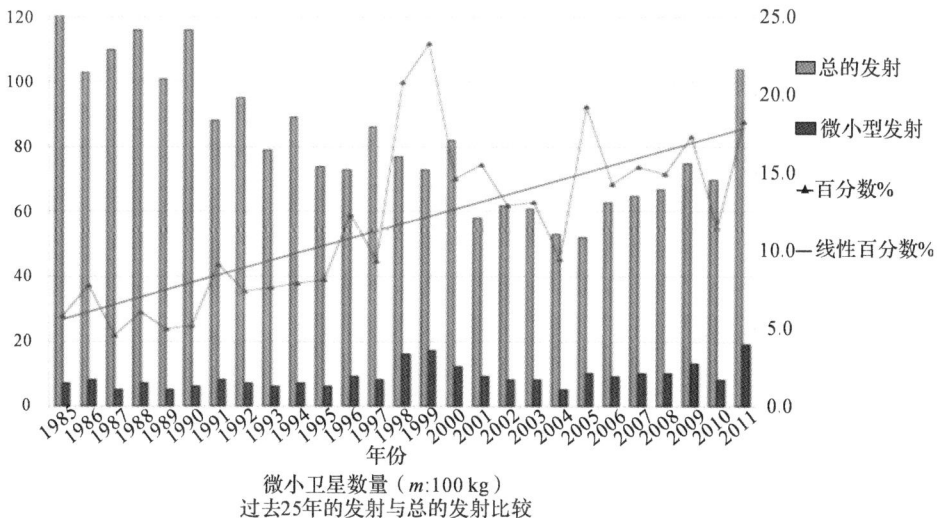

微小卫星数量(m:100 kg)
过去25年的发射与总的发射比较

图 1.10 微小卫星的发射数量统计图

激光推进技术是以激光器辐射的光能作为推进能源,通过激光与工质(推进剂)相互作用形成的高温气体膨胀做功形成推力的推进技术。依据激光与工质相互作用的激光光热效应、激光烧蚀效应和激光等离子体效应等机理,激光推进技术可以分为激光光热推进技术、激光等离子体推进技术和激光增强化学推进技术等基本类型。激光推进的特点是能源与工质分离,并且通过改变激光辐射到工质上的激光功率或能量,在一定范围内可以调控激光推进器产生的推力大小,因此激光推进技术的优点是比冲大、成本低、机动性好、可靠性高、远距离传输能量好、在轨机动性强、发射周期短、批量发射能力强等。激光推进技术可以应用于飞行器的地基发射、空间推进、轨道保持、姿态控制和离轨控制等航天任务。

激光推进技术的类型繁多,但是激光推进技术可以依据激光推进原理、激光辐射特性、推进剂特性和推进任务进行分类,激光推进技术的分类见表1.7。

表 1.7　激光推进技术分类表

分类依据	推进技术类型	用　途
推进原理	激光光热推进技术	在轨、离轨
	激光等离子体推进技术	在轨、离轨、发射、推进
	激光增强化学推进技术	在轨、离轨、推进
激光辐射特性	脉冲激光推进技术	在轨、离轨
	连续激光推进技术	在轨、离轨、发射、推进
推进剂特性	吸气式激光推进技术	发射
	惰性工质激光推进技术	在轨、离轨、推进
	含能工质激光推进技术	在轨、离轨、推进
推进任务	地基和天基激光推进技术	发射、推进
	在轨激光推进技术	在轨、离轨、推进

目前用于空间推进的主要技术有激光推进技术、冷气推进技术、化学推进技术、电热推进技术、离子推进技术和核推进技术,其性能和特点比较见表1.8,其中激光推进技术与其他推进技术相比具有结构简单、高效能、低成本和高可靠性的优点,将是未来中、小推力推进器的备选技术之一。激光等离子体推进器、激光增强化学推进器和激光光热推进器的比冲分别在1 000～3 000 s之间,低于300 s和低于100 s。激光等离子体推进器的优点是比冲高,但是对激光光源有较高要求;激光增强化学推进器的优点是推力可控和耗能低,缺点是比冲较低;激光光热推进器的优点是系统简单,但是效能低。

表 1.8　空间推进技术的性能和特点比较

推进类型	比　冲	推　力	有效工作寿命	可靠性	推进剂成本
激光推进	100～1 000 s	10 μN～0.1 N 在轨 1～100 N 地基、天基	长	高	很低
冷气推进	60～100 s	0.01 N～10 N	短	高	高

续　表

推进类型	比　冲	推　力	有效工作寿命	可靠性	推进剂成本
化学推进	250～310 s(固体推进剂) 300～500 s(液体推进剂)	0.1～500 N	短	低	一般
电热推进	低于 200 s	0.01～1 N	短	高	一般
离子推进	1 000～3 000 s	0.1～1 N	长	一般	很高
核推进	500～800 s	10～1 000 N	长	一般	高

　　激光等离子体推进技术是一种高效的激光推进技术,主要利用了高功率激光与物质相互作用时的等离子体效应。一种激光等离子体推进的方式是吸气式激光等离子体推进,如图 1.11 所示。这种推进方式主要用于飞行器发射推进用途。地基激光辐射到飞行器聚焦反射镜上,聚焦的激光导致气体工质等离子体化,并且膨胀做功形成推力。

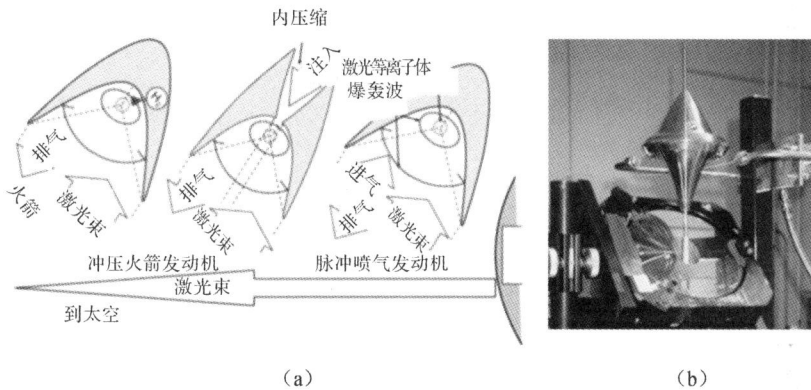

图 1.11　吸气式激光等离子体推进器原理和实物图
(a)原理图;(b)实物图

　　表征激光推进性能的特征量主要有冲量、比冲、平均推力、冲量耦合系数和能量转换效率等参量。冲量耦合系数为单位激光功率产生的冲量,能量转换效率为单位激光功率转换输出的推进功率,其表达式分别为

冲量耦合系数：
$$C_m = I/W \text{ 或 } C_m = mV_E = F/P \tag{1.2}$$

能量转换效率：
$$\eta_{AB} = W_E/W \tag{1.3}$$

式中,I 为冲量;F 为推力;m 为气化质量;V_E 为气体喷射速度;P 为激光能量;W 为激光功率;W_E 为推进功率。

　　耦合系数反映了比冲对激光功率的敏感程度。耦合系数越大,单位激光功率产生的比冲也越大,所以在推进剂选择上,希望推进剂具有大的耦合系数值。能量转换效率也是反映激光能量利用效率的重要指标,转换效率越高,激光能量的利用效率也越高。

　　激光特性包括了激光波长、激光能量密度和激光脉冲宽度等三个特征参数量。针对 Al,Fe,Au,W 和 Mo 等材料,激光波长、激光能量密度和激光脉冲宽度的关系如图 1.12 所示。

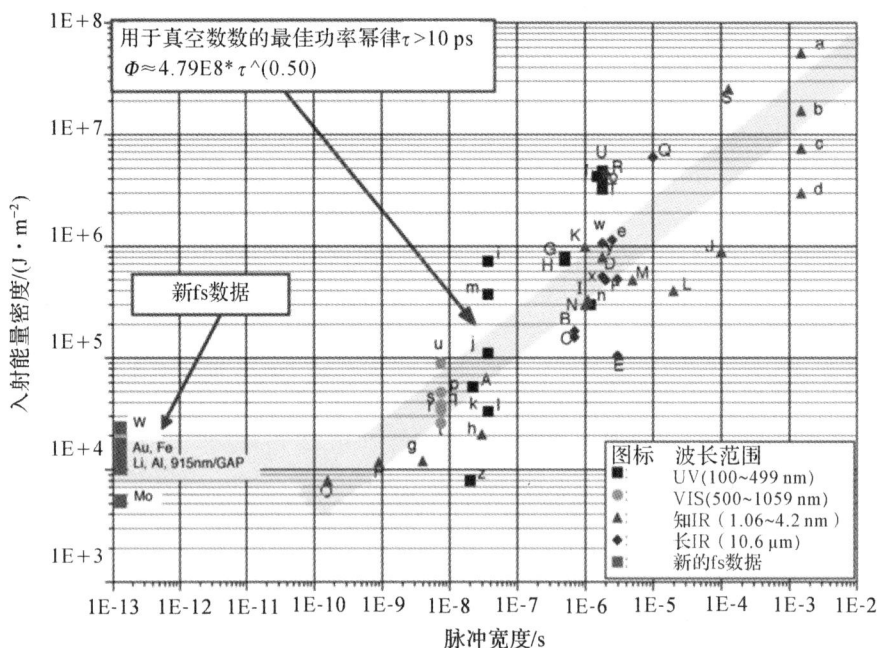

图 1.12　激光入射能量密度与激光脉冲宽度的关系

长脉冲激光能够提高激光入射到材料内部的能量密度,但是 f_s 和 p_s 激光束入射到材料内部的激光能量密度最低,而且与激光脉冲宽度关系不大。在激光脉冲宽度时间大于 1 ns 时,激光入射能量密度与激光脉冲宽度呈线性正比关系,这一关系可以表达为经验公式,又称为最佳耦合功率。最佳耦合功率的经验公式为

$$\Phi = 4.79 \times 10^8 \tau^{0.5} \text{ J} \cdot \text{m}^{-2} \tag{1.4}$$

式中,τ 为激光脉冲宽度;Φ 为耦合功率。

早在 20 世纪 70 年代,美国学者 Kantrowitz 就提出了激光辅助推进的设想。随后,德国、俄罗斯、日本等发达国家也迅速开始了这方面的研究。近些年来各国对该技术研究力度进一步加大,除了对所使用的固体工质材料进行研究外,还对激光控制推力的推进器进行了设计和试验研究。从 20 世纪 90 年代开始,国内一些高校和科研院所如华中科技大学、中国科技大学、装备指挥技术学院和南京理工大学等也开始了这方面的研究工作,并且已取得了一定进展,形成了演示验证样机。

推进剂的选择对激光控制推进系统性能和推进效率非常重要。国内外对大量的推进剂材料进行了研究,主要包括各种常见的金属、高聚物,以及特殊设计的含能材料。

Pakhomov 等人对各种金属推进剂进行了激光烧蚀试验,发现比冲随金属相对原子量的增大而减小,冲量耦合系数则相反,认为中等相对原子量的金属可兼顾比冲和冲量耦合系数。Phipps 对若干金属进行了烧蚀性能对比试验,发现金是烧蚀推进性能最佳的选择,比冲可在 $200 \sim 3\,800$ s 之间变化,推力可在 100 nN$\sim$1 μN 之间调节。窦志国等人对大量材料烧蚀推进性能进行了对比分析,提出了根据推进剂的物理性能进行优选的方法,认为 Cu,Fe,Zn 是较好的金属推进剂。

Schal 等人测定了在单脉冲 CO_2 激光辐照下不同聚合物的烧蚀推进性能,发现聚甲醛树

脂(POM)冲量耦合系数随环境压力的变化规律。从不同聚合物的烧蚀推进性能对比来看,认为 POM 烧蚀产物气化程度最高,是常见聚合物工质中的首选。Phipps 等人开展了一系列推进剂的烧蚀推进性能研究,采用波长为 930 nm 的半导体激光器,发现聚氯乙烯(PVC)材料烧蚀得到的冲量耦合系数和比冲都较高,认为它是较好的推进剂材料。中国科技大学蔡建采用瓦级半导体激光器进行推进剂筛选试验研究,认为有机玻璃(PMMA)的冲量耦合系数虽然小,但是比冲较高,可作为微小卫星姿态控制激光微推力器的推进剂材料。

Lippert 等人系统地研究了三种不同的聚合物:聚氯乙烯(PVC)、聚硝酸乙烯(PVN)和缩水甘油醚(GAP)。每种高聚物都分别添加了纳米颗粒的碳黑(C)和红外染料剂(IR)作为吸光剂,GAP 和 PVN 作为含能的推进剂,PVC 作为不含能的推进剂加以对比,发现在激光的辐照下,PVN/C 释放气体的速度最快,有添加物的 GAP 次之。他们还发现,所有添加 C 的高聚物在激光辐照下都可以明显地看到固体或液体的碎片,而 GAP/IR 则看不到明显的碎片,如图1.13 所示,表明 GAP/IR 的碎片能量释放得更加完全。GAP/C 产生的推力最大,GAP/IR 次之。添加这两种添加剂的高聚物推进效率都有高于 100% 的,GAP/C 的推进效率高达 370%,GAP/IR 的达到 200%。PVC/C 的推进效率为 50%,而 PVN/C 的仅为 21%,这可能是由于大部分的能量被用于加热推进剂形成其表面的液膜,而且还有液体的飞溅,造成了能量的浪费。

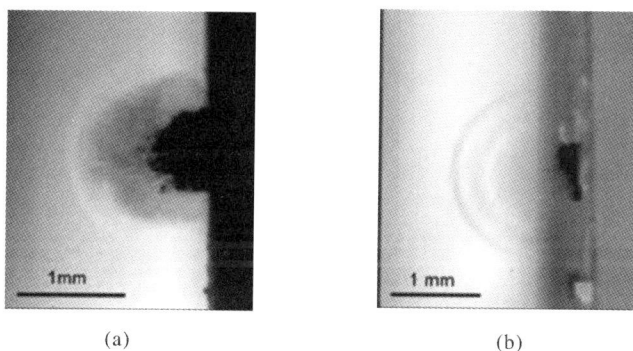

图 1.13 GAP 在 1 064 nm 激光辐照后 1 μs 的照片
(a)固体碎片;(b)液体碎片

Kakami 等人通过降低复合固体推进剂的固体推进剂含量,设计了一种能在 0.1~0.58 MPa 的 N_2 环境中非自持续燃烧的 AP/HTPB 复合固体推进剂,该种工质能够通过外部的半导体激光方便地控制点火、燃烧和熄火,其燃速调节也很方便。

南京理工大学研究了激光可控的推进剂配方。HTPB 和 AP 为主的配方中添加了碳黑作为激光吸收剂,通过增加 HTPB 的含量使推进剂实现非自持续燃烧的功能,但是该配方的燃烧物烟雾较大,对光路污染比较严重。GAP 基和 5-氨基四唑基推进剂能够产生洁净的燃气,并且能够实现激光对推进剂燃烧速度的有效控制。

金属推进剂产生的比冲较大,最高可达数千秒,但其产生的冲量耦合系数和推力较小,同时要使其气化或等离子体化产生推力所需的激光能量较高。聚合物一般多用于微推进系统,其比冲一般在百秒量级,但是耦合系数通常较低;另外,一般聚合物在激光辐照下碳化严重、灵敏度差等问题也急需解决。含能推进剂一般能获得较高的冲量耦合系数,并且推进效率都大于 1,但其比冲较低,这个问题也急需解决。

激光推进器的设计依据激光与物质的相互作用机制可以分为多种类型的推进器。Phipps 小组提出了两种工作模式的激光等离子体推进器,如图 1.9 所示,分别被称作反射模式(R‐mode)和透射模式(T‐mode)。反射模式是指激光直接辐照到工质表面,激光器件与等离子体流在同一侧,该种模式可以得到较高的比冲和耦合系数,但是容易污染光学器件;透射模式是指激光先透过一层透明基底再辐照到工质表面,激光器件和等离子体流不在同一侧,可以很好地保护光学器件,但是比冲和耦合系数较低。

为了满足不同的需求,发展了两种典型激光等离子微推进器,一种是由 Phipps 等人设计的 ms 脉宽的激光等离子体微推进器(ms‐LPT),其原理样机如图 1.14 所示。该种推进器使用了 ms 脉宽的半导体激光器,为了保护光学器件牺牲了一定的冲量耦合系数和比冲,采用透射模式。该种推进器环带可以转动,激光器可以平动,推进器推力较大,可以实现连续脉冲和长时间工作,但是比冲较小,并且只能选择低导热系数的材料作为推进剂,若使用金属或金属氧化物作推进剂,则会因为导热系数过高而达不到有效推进和产生可接受比冲的必要温度。为了获得较大比冲和较小的推力,Phipps 等人还设计了一种 ns 脉宽的激光等离子微推进器(ns‐LPT),其原理样机如图 1.15 所示,该种推进器为反射模式,理论上可以使用金属和非金属的各种推进剂。光纤激光器脉宽为 4 ns 时,用金属作推进剂,比冲可达 3 660 s,用 GAP 作推进剂,比冲可达 680 s。

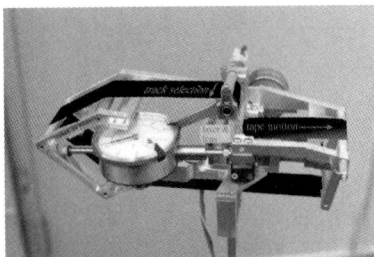

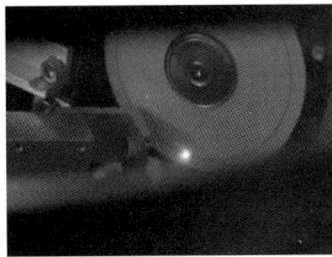

图 1.14　ms 脉宽的激光等离子体微推进器　　图 1.15　ns 脉宽的激光等离子体微推进器

李龙等人利用脉宽 20～30 ms,波长为 1.06 μm 的钕玻璃脉冲激光器把一个质量为 5.87 g 的铝弹丸发射到 1.48 m 的高度,并且首次近距离比较清晰地拍摄到激光诱发的等离子体喷射时产生的火光烟柱以及子弹飞行的照片,计算出该子弹飞行初始速度为 5.38 m·s^{-1}。

Koizumi 等人提出了一种双重模式激光微推力器结构,图 1.16 所示为其原理概念图。激光可以根据所需推力的大小选择性地照射在 PVC 上或装有 B/KNO$_3$ 推进剂的小坑里,其推力范围为 0.1 μN～10 mN。由于装在单个小坑中的推进剂的量是一定的,故其推力也并不是连续可调的,也不能够持续。

光导纤维式变推力推进器工作原理示意图如图 1.17 所示,是将一些光导纤维如金属丝一样埋在推进剂中,使发动机在燃烧表面形成锥形燃面,靠改变在这些纤维中的光强来改变其周围推进剂的燃速,从而改变强迫锥的燃烧锥角,这样也就改变了单位时间内推进剂的质量生成率,从而达到改变燃烧室压力及发动机推力的目的。

Kakami 等人设计了一种非自持续燃烧推进剂,并准备将其用于激光推进系统。图 1.18 为其原理样机示意图,该发动机可以通过调节激光能量就能方便地调节推进剂的燃速以控制推力的大小。由于推进剂是含能的,其推进效率将大于 100%。但是该种发动机还只是处在原理设计阶段,其光路的设计仍需要进一步考虑。

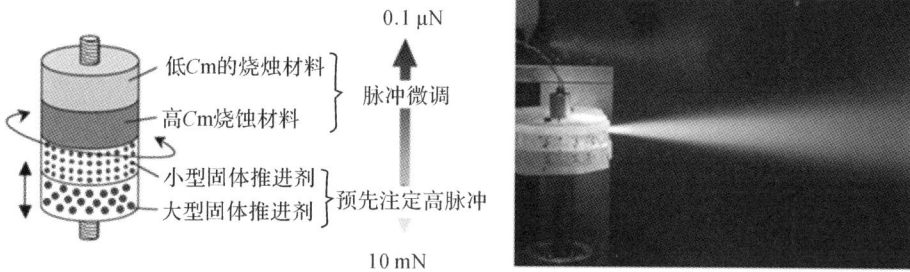

图 1.16　双重模式推进的原理概念图

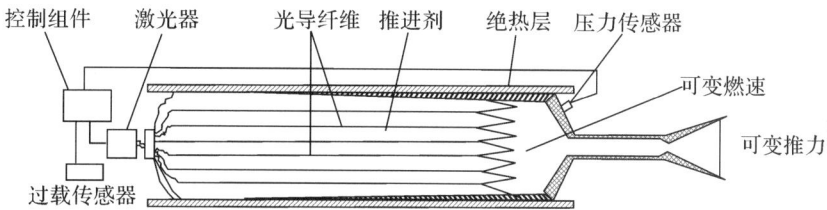

图 1.17　光导纤维式变推力推进器工作原理示意图

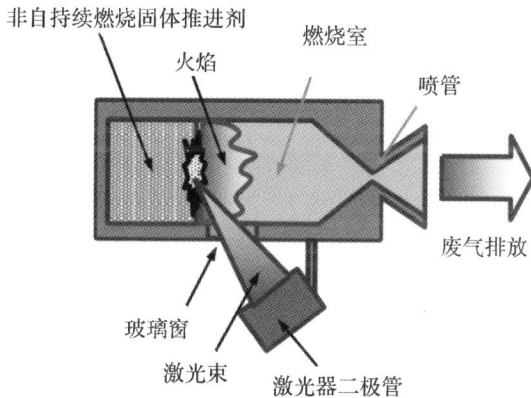

图 1.18　Kakami 等人设计的原理样机示意图

综合来看,激光推进技术的研究基本可以分为两个方向——激光发射技术和航天器激光姿态与轨道控制技术两方面。国内解放军指挥学院开展了激光等离子体推进技术研究,采用 1 000 W 级 CO_2 连续激光器演示验证了激光发射的可行性,并且依据 Phipp 小组研究的激光推进器原理,研究了不同推进剂材质的推进力。激光姿控和轨控研究方面,国内的研究工作比较缺乏。为了降低对光源的要求和提高推进效率,南京理工大学重点研究了投射式和反射式激光增强化学推进技术,形成了推进器样机,如图 1.19 所示。本书将在第 7 章对激光增强化学推进技术进行详细阐述。

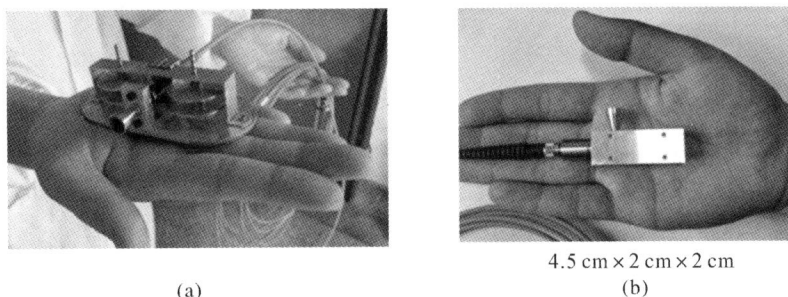

4.5 cm × 2 cm × 2 cm

(a) (b)

图 1.19 激光增强化学推进器样机

（a）透射式；（b）反射式

参 考 文 献

［1］ 庞维强,樊学忠,张增平. 纳米金属粉的制备、表征及其在含能体系中的应用［M］. 北京：国防工业出版社,2016.

［2］ 张兴高,张炜,朱慧. 新型化学推进剂技术研究发展［D］. 长沙：国防科技大学,2000.

［3］ 庞爱民,郑剑. 高能固体推进剂技术未来发展展望［J］. 固体火箭技术,2004,27（4）：289 -293.

［4］ 郑剑,庞爱民. 固体推进剂技术发展中的创新思维：总装科技委年会文集［C］. 北京：中国人民解放军总装备部,2003.

［5］ 张琼方,张教强. 钝感固体推进剂的研制与进展［J］. 含能材料,2004,12（6）：371 - 377.

［6］ 王晓峰,郝仲璋.炸药发展中的新技术［J］.火炸药学报,2002,25（4）：35 - 38.

［7］ 宋晓庆,周集义,王文浩,等. HTPE 推进剂研究进展［J］. 含能材料,2008,16（3）：349 -352.

［8］ 谭惠民. 高能推进剂的发展方向：NEPE 推进剂［J］. 北京理工大学学报,1992,12（增刊S1）：1 - 7.

［9］ 罗运军,刘晶如. 高能固体推进剂研究进展［J］. 含能材料,2007,15（4）：407 - 410.

［10］ 关大林,单文刚,冯伟. 新型含能材料的 XLDB 推进剂能量及特征信号的预估［J］. 推进技术,1998,19（2）：81 - 86.

［11］ 符全军. 液体推进剂的现状及未来发展趋势［J］. 火箭推进,2004,30（1）：1 - 6.

［12］ 杜宗罡,史雪梅,符全军. 高能液体推进剂研究现状和应用前景［J］. 火箭推进,2005,31（3）：44 - 49.

［13］ 贺芳,方涛,李亚裕,等. 新型绿色液体推进剂研究进展［J］. 火炸药学报,2006,29（4）：54 - 57.

［14］ 李东,马佳. 为什么要发展新一代运载火箭［J］. 太空探索,2005,22（2）：7 - 9.

［15］ LAURENCE C, RACHEL E, SYLVIE R, et al. Catalytic Decompositionof HAN - water Binary Mixture, 2002 - 4027［R］. New York：AIAA,2002.

[16] MAQUAID M J. Computationally Bsed Design and Screening of Hydrazine – Alternative Hypergolic Fuels：Proceeding of the 23th Army Science Conference[C]. Orlando：Assistant Secrelary of the Army, 2002.

[17] 唐松青,丁宏勋.丁羟推进剂的高效燃速催化剂[J].化学推进剂与高分子材料,2004,2 (1)：8 – 11.

[18] 单建胜,雷宁.固液混合发动机的研制及其应用[J].固体火箭技术,1997,20(3)：13 –20.

[19] 杨玉新,胡春波,何国强,等.固液混合火箭发动机中的关键技术及其发展[J].宇航学报,2008,29(5):1616 – 1621.

[20] 邹德荣.国外固液火箭发动机用推进剂[J].飞航导弹,2001(11):38 – 40.

[21] DAVID E K, TIMOTHéE L P, LORI J G, et al. Further Development of an Aluminum and Water Solid Rocket Propellant：47th AIAA/ASME/SAE/ ASEE Joint Propulsion Conference & Exhibit[R]. California：AIAA, 2011.

[22] 胡建新,夏智勋,张钢锤.固液火箭发动机在空间发射上的应用前景[J].导弹与航天运载技术,2002(3):21 – 24.

[23] DE ZLLWA S, ZILLIAC G, REINATB M, et al. Time – Resolved Fuel – Grain Port Diameter Measurementt in Hybrid Rockets[J]. Journal of Propulsion and Power, 2004, 20(4)：684 – 689.

[24] KARABEYOGLU M A, ALTMAN D, CANTWELL B J. Cornbustion of Liquefying Hybrid PropeIlants：Part 1, General Theory[J]. Journal of Propulsion and Power, 2002,18(3)：610 – 620.

[25] 庞维强,樊学忠,胥会祥,等.富燃料固体火箭推进剂技术[M].西安：西北工业大学出版社,2016.

[26] 张琼方,曹付齐,孙振华.含硼富燃料推进剂燃烧性能的研究进展[J].含能材料,2007, 15(4)：436 – 440.

[27] 胥会祥,蔚红建,樊学忠,等.富燃料推进剂的研制现状及展望[J].飞航导弹,2005(1)：48 – 53.

[28] 庞维强,樊学忠,赵凤起.含硼富燃料固体火箭推进剂技术[M].北京：国防工业出版社,2016.

[29] 赵庆华,李学军,王莉莉,等.碳硼烷类燃速催化剂的研究进展[J].化学推进剂与高分子材料,2011,9(6):50 – 53.

[30] LORMAND B M, PURCELLl N L. Development of Nontoxic Hypergolic Miscible Fuels for Homogenerous Decomposition of Rocket Grade Hydrogen Peroxide：US 6419772[P].2002.

[31] 唐松青,丁宏勋.硼氢化合物作为固体推进剂高燃速调节剂的最新进展[J].推进技术,1983 (2):35 – 51.

[32] HANSEN B R S, PASKEVICIUS M, L H W, et al. Metal Boranes：Progress and Applications [J]. Coordination Chemistry Reviews,2016,323:60 – 70.

[33] 庞维强,胥会祥,廖林泉,等.用DSC法研究高能硼氢燃烧剂与固体推进剂一些常用组

分的相容性[J]. 固体火箭技术,2013,36(1):67 – 72,78.

[34] 庞维强,薛云娜,樊学忠,等. 十氢十硼酸双四乙铵的热行为及其与推进剂主要组分的相容性[J]. 含能材料,2012,20(3):280 – 285.

[35] 王为强,薛云娜,杨建明,等. 高燃速推进剂用硼氢化物的研究进展[J]. 含能材料, 2012,20 (1):132 – 136.

[36] KOCHNEV V K, AVDEEVA V V, MALININA E A, et al. Theoretical Study of Protonation of the $B_{12}H_{12}^{2-}$ Anion and Subsequent Hydrogen Loss from the $B_{12}H_{13}^{2-}$: Effect of the medium [J]. Computational and Theoretical Chemistry, 2014,1042:16 – 22.

[37] 单自兴,绳利丽,杨荣杰. 二十面体多硼氢 $B_{12}H_{12}^{2-}$ 阴离子化合物及其在火炸药中的应用研究进展[J]. 火炸药学报,2017,40(3):1 – 16.

[38] MANGUM M G. Solid Combustible Propellant Compoosition: US 20160096781 [P]. 2016.

[39] SALDIN V I, SUKHOVEI V V. Adducts of Chitosan Dodecahydro – closo – Dodecaborate with Nitrates or Perchlorates of Magnesium or Aluminum and Method for Productioin Thereof: RU, 2596741[P].2016.

[40] 刘佩进,陈敬平,李葆萱. 丁羟/铝镁富燃推进剂燃烧实验[J]. 推进技术,2002,23(4): 342 – 345.

[41] 张炜,方丁酉,朱慧,等. 铝镁贫氧推进剂的能量分析[J]. 固体火箭技术,1998,21(4): 54 – 56.

[42] 李葆萱,王克秀. 固体推进剂性能[M]. 西安:西北工业大学出版社,1990.

[43] 赵庆华,吴勇,王静,等. 提高碳氢富燃料推进剂燃速压强指数研究[J]. 化学推进剂与高分子材料,2016,14(3):45 – 49.

[44] 赵庆华,刘济威. 固体碳氢燃料的研究进展[J]. 火炸药学报, 2008,31(6):82 – 86.

[45] 崔绪生. 国外鱼雷技术进展综述[J]. 鱼雷技术, 2003, 11(1):6 – 11.

[46] 丛敏. 美国研究超空泡高速水下运输艇[J]. 飞航导弹,2007(6): 34 – 35.

[47] 杨应孚. 俄罗斯的鱼雷武器[J]. 鱼雷技术,2001, 9 (1): 6 – 9.

[48] 赵卫兵,史小锋,伊寅,等. 水反应金属燃料在超高速鱼雷推进系统中的应用[J].火炸药学报, 2006, 29(5):53 – 56.

[49] 丛敏,刘乐华. 德国 BARRACUDA 超空泡高速水下导弹的制导与控制[J]. 飞航导弹, 2007(5): 38 – 43.

[50] 李明权. 超空泡武器技术[J]. 现代军事,2001(8): 38 – 40.

[51] 曹伟,魏英杰,王聪,等. 超空泡技术现状、问题与应用[J]. 力学进展,2006, 36 (4): 571 – 579.

[52] MILLER T F, HERR J D. Green Rocket Propulsion by Reaction of Al and Mg Powders and Water[R]. 40th AIAA/ASME/SAE/ASEE Joint Propulsion Conference and Exhibit, Florida, AIAA, 2004.

[53] 罗凯,党建军,王育才,等. 金属/水反应水冲压发动机系统性能估算[J]. 推进技术, 2004, 25(6):495 – 498.

[54] 何洪庆,潘洪亮,姚娜. 海水固冲发动机性能初估:冲压发动机技术交流会论文集[C].

北京:中国航天科技集团科技委,2005.

[55] 杨亚晶,何茂刚,徐厚达.水冲压发动机的热力性能分析[J].推进技术,2009,30(2):240-245.

[56] ELGERT O J, BROWN A W. In Pile Molten Metal - Water Reaction Experiment [R].Technical report, U.S. Atomic Energy Publication,1956.

[57] 郑邶勇,王永昌.铝水反应机理的实验研究与分析[J].舰船科学与技术,2005,27(3):81-83.

[58] 万俊.铝/水反应特性及热动力学研究[D].武汉:华中科技大学,2012.

[59] 仝大明,蔡水洲,谢长生,等.铝粉与水反应的电化学研究[J].含能材料,2013,21(1):261-267.

[60] 罗凯,党建军,王育才,等.金属/水反应冲压发动机系统性能估算[J].推进技术,2004,25(6):120-123.

[61] 缪万波,夏智勋,郭键,等.金属/水反应冲压发动机理性能计算与分析[J].推进技术,2005,26(6):563-566.

[62] 甘晓松,何国强,王建儒,等.水冲压发动机原理性试验技术研究[J].固体火箭技术,2008,31(1):3-7.

[63] 李芳,夏智勋,张为华,等.水/金属燃料发动机水滴蒸发非傅里叶效应研究[J].固体火箭技术,2005,28(3):1692-1701.

[64] 胡凡,张为华,夏智勋,等.水反应金属燃料发动机比冲性能与燃烧室长度设计理论研究[J].固体火箭技术,2007,30(1):12-16.

[65] 胡凡,焦绍球,张为华,等.水反应金属燃料发动机初步试验[J].推进技术,2008,29(3):367-370.

[66] 胡凡,张为华.金属燃料/水冲压发动机一次进水试验研究:中国航空学会动力学分会火箭发动机专业委员会2008年会议论文集[C].北京:中国航空学会,2008.

[67] 李是良.水冲压发动机用镁基水反应金属燃料推进剂一次燃烧性能研究[D].长沙:国防科技大学,2009.

[68] 李是良,张炜,朱慧,等.水冲压发动机用金属燃料的研究进展[J].火炸药学报,2006(6):69-73.

[69] 李是良,张炜,周星,等.镁基水反应金属燃料一次燃烧波特性[J].固体火箭技术,2009(2):197-205.

[70] 刘冠鹏,李凤生,郭效德.铝粉燃料与水反应的研究进展[J].固体火箭技术,2007,30(2):138-141.

[71] 刘冠鹏,郭效德,段红珍.镁水反应的实验研究及机理初探[J].固体火箭技术,2008,31(5):142-144.

[72] 郑邶勇.铝水推进系统的现状与发展前景[J].船舶科学技术,2003,25(5):24-25.

[73] 孙展鹏,乐仁发.铝/水反应机理初探[J].化学推进剂与高分子材料,2006,4(2):37-39.

[74] 田维平,蔡体敏,孙展鹏,等.水冲压发动机掺混燃烧数值分析[J].固体火箭技术,

2007,30(1):9－13.

[75] 张运刚，庞爱民，张文刚，等. 金属基燃料与水反应研究现状与应用前景[J].固体火箭技术，2006，29(1)：52－55.

[76] INGENITO A, CUOCO F. Using Aluminum for Space Propulsion[J]. Propulsion and Power 20，2004,(1): 1056－1063.

[77] 李文斌，庞爱民，肖金武，等.低温固体推进(CSP)技术研究进展[J].含能材料,2009，17(2)：244－248.

[78] 张德雄,姚润森.低温固体推进技术基础和研究现状[J].固体火箭技术，2002，25(3)：8－11.

[79] TYLER D W, MARK A P, Timothee L. Pourpoint. Feasibility Study and Demonstrationof an Aluminum and Ice Solid Propellant[R]. 45th AIAA/ASME/SAE/ASEE Joint Propulsion Conference & Exhibit. Colorado，AIAA，2009.

[80] STEVEN F S. Characteriza tion of Aluminum and Ice Solid Propellants[D]. Purdue University，2009.

[81] 林振坤. 高能固体燃料和铝/水基燃料的燃烧特性及机理研究[D]. 合肥:中国科学技术大学,2009.

[82] TIMOTHéE L P, TRAVIS R S, CHRIS Z，et al. Detailed Characterization of Al/Ice Propellants[R]. 46th AIAA/ASME/SAE/ASEE Joint Propulsion Conference & Exhibit. Nashville，AIAA，2010.

[83] DILIP S S,VIGOR Y. Combustion of Aluminum，Aluminum Hydride，and Ice Mixtures [R]. 49th AIAA Aerospace Sciences Meeting，Florida，AIAA，2011.

[84] TRAVIS R S, STEVER F S. Combustion and Characterization of Nanoscale Aluminum and Ice Propellants[R]. 44th AIAA/ASME/SAE/ASEE Joint Propulsion Conference & Exhibit，Hartford，AIAA，2008.

[85] 庞维强，樊学忠.膏体推进剂及其在火箭发动机中的应用进展[J]. 化学推进剂与高分子材料,2008,6(1):31－34.

[86] 郑凯斌,陈林泉,张胜勇.非化学平衡条件下膏体富燃料推进剂的热力计算[J]. 火箭推进,2006,32(3):31－34.

[87] 王宁飞，莫红军，樊学忠. 凝胶推进剂的发展及应用[J].含能材料,1998,6(3):139－144.

[88] 王长起,胡申林. 一种新型推进剂:膏状推进剂[J].火炸药学报,1997,1(2)：27－29.

[89] 肖金武,张文刚.膏体推进剂技术的发展和展望:航天四院技术创新科技论文集[C].襄樊:航天科技集团公司 42 所,2000.

[90] 张明信,张胜勇.膏体推进剂点火和燃烧特性的实验研究[J].固体火箭技术,2003,26(2):30－33.

[91] 秦宝元.膏体推进剂发动机飞行试验成功[J].推进技术,1999,20(5):34－35.

[92] 莫红军.特种推进剂研究进展:Ⅰ 凝胶推进剂技术[Z].西安:兵器工业第 204 研究所信息中心,2004.

［93］　肖金武，张文刚. PEPA/AP 膏体推进剂配方研究［J］. 固体火箭技术，2001，24（4）：46－50.

［94］　陈志刚，杨荣杰. 金属化凝胶推进剂的性能评估［J］. 推进技术，1998，19（1）：102－105.

［95］　陈世武. 凝胶推进剂的由来与发展［J］. 火炸药学报，1996（1）：47－52.

［96］　KONEV E V, KHILEVNOI S S. Burning of a Powder in the Presence of Luminous Radiation［J］. Fiz. Goreniya Vzryva, 1966,2(4)：33－41.

［97］　MOLINA C P, HERDRICH G, LAU M, et al. Pulsed Plasma Thrusters：a Worldwide Review and Long Yearned Classification［R］. The 32nd International Electric Propulsion Conference, Wiesbaden, Germany,September 11 － 15, 2011.

［98］　KONDRIKV B N,SUMMERFIELD M O T. Ignition and Gasification of a Double － base Propellant Induced by CO_2 Laser Radiation［J］. Symposium on Combustion, 1970,(8)：23－29.

［99］　安亭. 多功能纳米铝热剂的制备、表征及其在双基系推进剂中的应用研究［D］. 西安：西安近代化学研究所，2011.

［100］　DELUCA L T,CAVENY L H,OHLEMILLER T J, et al. Radiative Ignition of Double － base Propellants：I. Some formulation effects［J］. AIAA Journal, 1974,14（7）：940－946.

［101］　DELUCA L T, CAVENY L H, OHLEMILLER T J, et al. Radiative Ignition of Double － base Propellants：II. Pre － ignition Events and Source Effects［J］. AIAA Journal, 1976(14)：1111－1117.

［102］　KONDRIKOV B N, DELUCA L T, CRISTOFORETTI S. Induced Gasification of Solid Propellants Under Thermal Radiation［J］. Space Solid Propulsion Conference, Rome, Italy, 2000(11)：21－24.

［103］　SHEN R, KONDRIKOV B N.Thermophysical and Chemical Processes of Burning of Double － base Solid Propellants Under External Irradiation ［J］. Propellants, Explosives, Pyrotechnics, 2005,30(4)：256－263.

［104］　CAVENY L H, OHLEMILLER T J, Summerfield M. Influence of Thermal Radiation on Solid Propellant Burning Rate［J］. AIAA Journal, 1975,13：202－205.

［105］　LUCA L D,OHLEMILLER T J, CAVENY L H, et al. Solid Propellant Ignition and other Unsteady Combustion Phenomena induced by Radiation ［R］. Technical Report, Department of Aerospace and Mechanical Sciences, Princeton University, Princeton, New Jersey, 1976.

［106］　ESKER D R, BREWSTER M Q. Laser Pyrolisis of Hydroxyl － Terminated Polybutadiene ［J］. Journal of Propulsion and Power, 1966, 12：296－301.

［107］　ZENIN A H, RDX. Combustion Mechanism and Influence on Modern Double － Base Propellant Combustion［J］. Journal of Propulsion and Power, 1995,11：752－758.

［108］　SIMONENKO V N, ZARKO V E, KISKIN A B. Characterization of Self － Sustaining Combustion of Cyclic Nitramines［A］. Energetic Materials：Production,

Processing and Characterization，29th Annual Conference of ICT，Karlsruhe，Germany，1998.

[109] PHIPPS C，BIRKAN M，BOHN W A. Review：Laser – ablation Propulsion[J]. Journal of Propulsion and Power，2010，26(4)：610 – 637.

[110] QIN Z，SHEN R，DU J A. Combustion Characteristics of Solid Propellant Under Laser Irradiation. International Autumn Seminar of Propellants[C]. Explosives and Pyrotechnics，2011：731 – 735.

[111] QIN Z，WU J，SHEN R，et al. Laser – Controlled Combustion of Solid Propellant [J]. Advanced Materials Research，2004，884/885：87 – 90.

[112] CHRISTOPHER R ZASECK，STEVEN F Son，TIMOTHéE L. Pourpoint. Combustion of Micron – aluminum and Hydrogen Peroxide Propellants[J]. Combust and Flame，2013，160：184 – 190.

[113] 庞维强，樊学忠，胡松启，等. 化学火箭推进用新型含能材料[M]. 北京：国防工业出版社，2019.

[114] DELUCA L T，CAVENY L H，OHLEMILLER T J，et al. Radiative Ignition of Double – base Propellants：I. Some Formulation Effects[J]. AIAA Journal，1974，14 (7)：940 – 946.

[115] KONDRIKOV B N，OHLEMILLER T，SUMMERFIELD M. Ignition and Gasification of Double – base Propellant Subjected to Radiation of CO_2 Laser[J]. Voprosyteoriivzryvchatykhvestchestv（Problems of Theory of Explosives）. Proceedings of Mendeleev Institute of Chemical Technology，Moscow，1974，83：67 – 78.

[116] 黄海涛. 高能镁基水反应金属燃料推进剂研究[D]. 北京：北京理工大学，2015.

[117] DELUCA L T，CAVENY L H，OHLEMILLER T J，et al. Radiative Ignition of Double – base Propellants：II. Pre – ignition Events and Source Effects[J]. AIAA Journal，1976，14：1111 – 1117.

[118] BECKSTEAD M W. A Summary of Aluminum Combustion[C]. Internal Aerodynamics in Solid Rocket Propulsion. Belgium，2004：1 – 40.

[119] ALEXANDER G R，JAMES R H. Fast Reactions of Aluminum – Literature Review [R]. Naval Surface Weapons Center 77 – 163，1977.

[120] 李龙，胡晓军，唐志平. 激光化学微推进推力性能的实验研究[J]. 兵工学报，2014，35 (6)：908 – 914.

[121] 杜江媛. 激光辐射下固体推进剂燃烧特性及规律研究[D]. 南京：南京理工大学，2009.

[122] 李立毅，罗光耀，李小鹏.新型推进技术的基本原理及其应用前景[J]. 电工技术杂志，2003(4)：39 – 43.

[123] 郑志远，张翼，吴秀文，等. 激光等离子体推进技术研究新进展[J]. 物理，2007，25(3)：236 – 240.

[124] KONDRIKOV B N，DELUCA T，CRISTOFORETTI S. Induced Gasification of

Solid Propellants Under Thermal Radiation[C]. Space Solid Propulsion Conference, Rome,2000,11:21-24.

[125] MOLINA C P, HERDRICH G, LAU M, et al. Pulsed Plasma Thrusters: a Worldwide Review and Long Yearned Classification[C]. The 32nd International Electric Propulsion Conference, Wiesbaden, Germany, 2011(11):11 - 15.

[126] 刘继华. 火药物理化学性能[M].北京:北京理工大学出版社,1992.

[127] 胥会祥,樊学忠,刘关利. 纳米材料在推进剂应用中的研究进展[J].含能材料,2003,11 (2): 94-98.

[128] BRUNOI C, INGENITO A, CUOCO F. Using Powdered Aluminum for Space Propulsion[J]. Propulsion and Powder ,2004,32: 1001-1020.

第2章 固液混合推进剂

2.1 概　述

固液混合火箭发动机具有安全性和可靠性高、研制和生产费用低、可实现推力调节和多次启动能力、推进剂及其燃烧产物毒性低、燃烧产物对环境污染小等优点,使得它们在商用卫星发射以及载人航天领域,尤其是在先进姿轨控推进系统和快速机动发射运载器推进系统方面具有很强的竞争力和诱人的应用前景。从技术方面来说,固液混合推进剂技术相对于固体、液体发动机而言不够成熟,对其中的技术难点研究不够透彻。因此,在 2004 年之前,虽然国内外进行了很多次的地面以及飞行验证试验,并取得了一系列的成就,但是真正使用固液混合火箭发动机作动力的产品只有一个(Teledyne Ryan AQM - 81A 霹雳超声速靶弹)。2004 年 6 月 21 日,世界上首次由私人投资建造的准载人航天器"太空船一号"的成功发射,向全世界证明了固液混合火箭动力的潜在优势,在全世界范围内重新掀起了研究热潮。

2.2　固液混合推进剂主要特点和关键技术

2.2.1　固液混合推进剂主要特点

固液混合火箭发动机是一种燃料和氧化剂的状态不一致,并且被分别贮存的推进系统。与固体和液体火箭发动机相比,固液混合发动机及推进剂具有明显的优点。

(1)较高的能量性能。固液混合火箭推进剂的比冲介于固体推进剂和液体推进剂之间,具有较高的能量性能。在 60：1 的膨胀比下,H_2O_2/(HTPB/20％Al)体系固液混合推进剂的比冲可达 360 s,(LiF30％/LOX70％)/(HTPB/20％ Al)体系的混合推进剂比冲可达 389 s,(LiF30％/LOX70％)/(HTPB/40％Li/15％LiH)体系的推进剂比冲可达 427 s。

(2)可以多次启动。固液混合火箭推进剂在液体氧化剂与固体燃料接触时发生燃烧,切断氧化剂供应后,燃烧停止,利用这一特性,可实现固液混合火箭推进剂多次开、关机,易实现多次关机-重新启动的功能。

(3)容易实现推力调节。只要调节液体氧化剂流量,就可以改变推力。与固体火箭推进剂和液体火箭推进剂相比,固液混合推进剂装药的推力调节最容易实现,且具有良好的推力精确调节系统,推力比可达 10：1,可按总体要求实现弹道的优化设计,对方无法预测飞行弹道,根据需要在接近目标时可提高导弹的机动性,突防能力强。

(4)安全性能好。由于氧化剂和燃料分离,发动机及推进剂在制造、贮存、试验和发射等环节安全性好,且固体燃料通常为惰性物质,因此有较高的安全性。

(5)环境友好。固液混合火箭推进剂的燃烧产物中不含有或只含有微量的 HCl,隐蔽性好,其选用绿色洁净的氧化剂和固体燃料组分,对环境的危害小,具有环境友好的特点。

(6)成本低。原材料为常见的工业原料,因而发动机研制费用及制造成本相对较低。根据文献[5],固液混合推进系统的成本远低于固体和液体推进系统。

(7)可靠性高。相对于液体火箭推进剂而言,固液混合火箭发动机只有一半的泵与管路系统,结构相对简单;相对于固体火箭发动机而言,固液混合火箭发动机使用的推进剂药柱的塑性好,不易产生裂纹及脱黏,且固液混合发动机燃料的燃烧速度受氧化剂流量的控制,对裂纹、气孔、脱黏等缺陷不敏感,提高了发动机的工作可靠性。因此,固液火箭发动机研究是火箭动力系统的一个重要发展方向。

同时,固液混合火箭推进剂也存在以下突出的缺点。

(1)固液混合火箭推进剂的固体燃料的燃面退移速率低,增加了固液混合火箭推进剂装药结构设计的复杂性。

(2)固液混合火箭推进剂的燃烧效率相对低于固体推进剂和液体推进剂。

(3)固液混合火箭推进剂工作过程中氧燃比发生变化,会导致比冲改变。

(4)复杂装药结构的混合火箭推进剂工作结束时有残药剩余,因此,有效的燃料装填系数较低。

只有很好地解决上述问题,固液混合火箭发动机才能得到进一步的应用。为了提高固液混合推进剂的退移速率,主要有以下两种方法:①使用纳米高能添加剂,能在燃料表面产生热量,增加燃料线性燃速,从而增加推进剂质量流速。Rishal 等人研究发现加入高能纳米颗粒可以提高燃速,如加入 13%纳米铝粉可以增加 63%的燃速。含有大约 13%的纳米硼和纳米碳化硼的燃料能够提高 43%的燃速,这归功于它们的高密度和高燃烧热值。含活性铝高的纳米铝粉提高燃速的能力比较强,含量低以及放置过久的纳米铝粉燃速相对都比较低,球状铝粉比片状铝粉燃速要低。氟橡胶包覆的铝薄片比未包覆的燃速高两倍,这是由于氟橡胶分解产生的氟及氟化物促进了燃烧。添加铝粉和碳黑能进一步提高燃速,如添加 13%纳米铝粉后,燃速增加 60%;②使用石蜡基固体燃料,能在燃料表面形成不稳定的液体层,石蜡基燃料燃速是常规燃料的 3～4 倍。

另外,为提高燃面退移速率,人们在发动机和药型设计上尝试了很多方法,例如:使用多个燃烧室、漩涡式喷注器、轮辐式药型等,但是这些复杂的结构导致发动机性能降低、造价升高。因此,国外从燃料体系出发,采取多种方法进行了研究。Robert 等人研究了加入 AP 和燃速催化剂对燃料燃面退移速率的影响,研究发现含 AP 的燃料燃面退移速率是纯 HTPB 燃料的131%～163%。添加燃速催化剂可使燃面退移速率进一步提高。Wright 等人研究了偶氮四唑胍盐(GAT)和偶氮四唑铵胍盐(AGAT)这两种高氮化合物对固液混合推进剂燃面退移速率的影响。研究发现通过加入 GAT 和 AGAT 能够增大推进剂燃面退移速率,提高推进剂性能。Brian 等人在 HTPB 基燃料中加入 13%纳米钨粉后发现其燃面退移速率比纯 HTPB 燃料高 38%,认为纳米钨粉的高燃烧热和低氧化温度是燃面退移速率增加的原因,另外钨的密度很大,适用于对体积要求苛刻的固液混合发动机。

为提高固液混合推进剂的比冲性能,国外学者还开展了在固体燃料中加入新型添加剂DCPD(二聚环戊二烯)、Li_3AlH_3 等的研究。Humble 采用的两条技术途径:①采用 DCPD 黏合剂体系以提高能量。因 DCPD 密度为 0.97 g·cm^{-3},生成热为 230 kJ·mol^{-1},优于

HTPB;②加入金属氢化物如 Li_3AlH_3 来提高能量,这是因为金属氢化物中的氢原子较小,但要注意的是金属氢化物易于与水和 HTPB 黏合剂发生反应,而 DCPD 不存在这个问题。

2.2.2 固液混合推进剂关键技术

1. 提高固体燃料的退移速率

固液混合火箭推进剂与固体/液体火箭推进剂相比,具有操作简单、存储(运输)安全、低成本、对环境污染轻微等优势。目前,对固液混合火箭推进剂的研究已成为一新热点。然而,固液混合火箭推进剂较低的燃面退移速率是制约固液混合推进剂应用的重要因素,一般燃料退移速率低于 $5\ mm \cdot s^{-1}$,纯碳氢燃料退移速率低于 $1\ mm \cdot s^{-1}$,这给发动机装药设计带来了难题。固体燃料退移速率低是困扰固液混合火箭发动机发展的一个重要的因素,退移速率偏低,就必须通过增大燃面等方法来满足特定的推力要求。

2. 测量工作过程中固体燃料退移速率

扩散燃烧的特性决定了混合火箭发动机中固体燃料的平均退移速率和瞬态退移速率会有较大的差别,因此,测量瞬态的退移速率并研究其随工作条件的变化规律显得非常重要,通常采用非插入式的测量手段,如超声波、X 射线实时荧屏分析系统等。其中,前者理论上可以测量任何装药结构条件下固体燃料的实时退移速率,但是一个探头只能测量到一个点的退移速率,只有布置足够多的探头才能测量到退移速率沿发动机轴向的变化规律;后者可以拍摄到二维燃烧室中固体燃料每个点的瞬态退移过程,经过图像处理可以得到固体燃料的瞬态退移速率,但是对于实际应用的三维固体装药结构下的退移速率难以测量。

3. 研究不同固体燃料热解机理及规律

燃料热解特性研究传统采用的手段有 TGA、DTA、DSC,但是这些方法的升温速度过低($100℃ \cdot min^{-1}$),不能真实模拟发动机中的升温过程(约 $1\ 000℃ \cdot s^{-1}$),通过这些方法得出的燃料热解规律和发动机环境下的规律相差较大。为了比较真实地模拟发动机中的环境,Chiaverini 等人设计了一种快速导热热解试验装置,将铜柱加热到一定的温度之后释放到固体燃料试件表面来维持燃料的热解,加热速率可达到 $1\ 100℃ \cdot s^{-1}$,可以较真实模拟发动机中的升温速率。他们研究了不同配方的 HTPB 燃料和 JIRAD 燃料的热解特性,建立了阿累尼乌斯型的热解关系式,并分析出不同温度下的热解产物。Risha 等人通过扩散火焰加热固体燃料的方式研究了不同氧化环境对 HTPB 燃料和 JIRAD 燃料热解特性的影响。国内方面,陈灏采用了类似于 Chiavelini 的方法对固液混合火箭发动机中使用的固体燃料的热解特性进行了研究(见图 2.1)。

4. 建立固体燃料退移速率的计算公式

要准确预示固液混合火箭发动机的性能,最关键的是确定发动机中固体燃料的瞬态退移速率。目前,比较有影响力的关系式按照其机理主要分为传热、质量扩散控制理论和压强控制理论。

(1)基于传热和质量扩散控制理论的关系式。De Zilwa Shane 等人,认为氧气扩散和输运到燃料表面的过程决定了燃面退移速率。在一系列简化假设的基础上,通过大量的试验提出 $r = aG^{0.8}$ 的关系式。之后 Emmon 在层流边界层假设的基础上得到了类似的关系式,但是由

于是基于层流的假设,得到的关系式为

$$r = aG^{0.5}$$

式中,r 为退移速率,mm·s^{-1};a 为指前因子;G 为氧化剂密流,g·(cm^2·s)$^{-1}$。

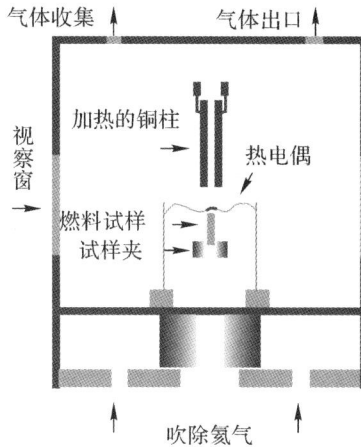

图 2.1　铜柱加热固体燃料试样原理图

Marxman 等人在前人工作的基础上建立了相对完善的理论。他们假设边界层内的火焰面将边界层分为两个区域,在火焰面的上面,速度和速度梯度是反向的,而在下面区域是同向的;氧化剂和燃料的浓度达到一定的值时产生扩散火焰,从火焰向固体燃料传导的热流控制着混合燃烧。根据固体燃料表面的能量平衡,经过一系列的简化和推导得到如下的简化式:

$$\rho_f t = [0.036GB^{0.23}Re_x^{-0.2}] \infty B^{0.23}G^{0.8}x^{-0.2} \tag{2.1}$$

式中,B 为吹风系数。

当 $5 \leqslant B \leqslant 100$,

$$B \approx (u_e/u_c)(h_f - h_w)/\Delta H \tag{2.2}$$

式中,u_e 为边界层边界处的速度;u_c 为火焰处的速度;h_f 为火焰温度的滞止焓;h_w 为壁面处气相的焓。

在考虑辐射传热之后,对上述的公式进行修正得到:

$$r = \left[Q_{conv} \exp\left(-\frac{Q_{rad}}{Q_{conv}} + Q_{rad}\right) / (\rho_f \Delta H) \right] \tag{2.3}$$

式中,$Q_{conv} = 0.036G\Delta H(G_x/\mu)^{-0.2}B^{0.23}$,$Q_{rad} = \sigma\varepsilon_w(\varepsilon_g T_f^4 - \alpha_g T_\omega^4)$。

(2)基于压强控制燃速理论的关系式。固液混合火箭推进剂的氧化剂一般不能穿透燃烧区到达燃料表面,且不能直接与燃料发生异相化学反应,而是在燃料热分解表面形成一热分解气体区。固体燃料的气化是从火焰区向燃料传热的结果,气化的燃料向火焰区对流,而自由流的氧化剂通过扩散作用和湍流被输送到火焰区。于是,火焰就在边界层内符合发生燃烧的化学条件处建立起来。文献[20]研究表明,固体燃料的热分解过程主要受化学动力学控制,燃料表面退移速率决定于燃烧通道中的气体向固体燃料表面的传热,即燃料表面的热分解温度决定了燃料表面的退移速率。固体燃料表面的热分解一般遵循 Arrhenius 热分解定律。在固液混合推进剂中,燃料表面处的热分解很大程度影响其内部的混合燃烧过程,了解燃料表面随气固传热的反应变化,对理论模型建立和燃烧过程预测有着重要作用。

在压强控制燃速理论方面,Smoot 和 Price 进行了 150 多次试验,试验中发现根据燃烧机理将混合火箭发动机中的燃烧划分为三种情况:在质量通量比较低的时候,退移速率由传热和质量扩散控制;在中等质量通量的时候,退移速率由压强和质量通量共同决定,退移速率由式 $r=(aG^{0.8}bp^n)/(aG^{0.8}+bp^n)$ 决定;当质量通量比较高的时候,退移速率完全依赖于压力,与固体推进剂一样,退移速率遵循 $r=ap^n$ 关系式。

图 2.2 总结了不同条件下退移速率对质量通量和压力的依赖关系,发现在中等质量通量的情况下,退移速率由对流换热控制,并且遵循 $r=aG^n$,辐射和化学动力学对退移速率影响不大。在质量通量非常高、工作压力比较低的情况下,压力对气相化学反应速率的影响会在很大程度上决定退移速率;当发动机中的压力低于一个极限值时,真实的退移速率会比传热和质量扩散控制理论的关系式预示的结果要低,这是因为在这种情况下,化学反应速率相对于换热的速率要慢;随着压力的上升,退移速率将逐渐趋于传热和质量扩散控制理论预示的结果。在质量通量比较低的情况下,对流换热量相对较小,这时辐射的影响比较重要;随着燃烧室压力和通道直径乘积 pD 的增大,在相同的质量通量情况下,辐射的影响变得逐渐突出。

5. 燃烧不稳定性的抑制

近年来,随着固液混合火箭发动机研究的深入,尤其是大型固液混合火箭发动机的研制,固液混合火箭发动机中的不稳定燃烧现象,尤其是非声学低频不稳定振荡,也逐渐成为研究的热点之一。

AMROC 在研制 H - 500 固液混合火箭发动机时候发现当发动机尺寸增大的时候,非声学不稳定现象变得明显,经研究将原因归结于在发动机头部氧化剂的雾化不够,并通过了增加气化室、设计扰流板、减小氧化剂液滴直径等方法来降低振荡。

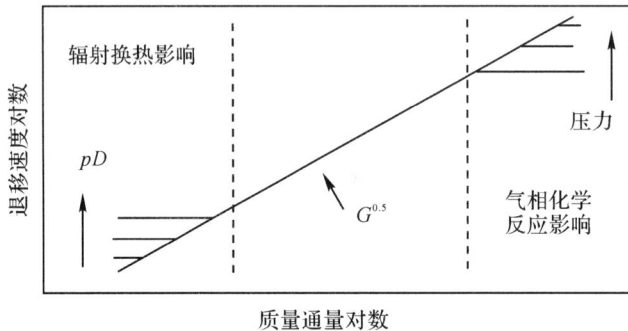

图 2.2　不同条件下退移速率对质量通量和压力的依赖关系

HPDP 在设计 250 000 lbf (1 lbf=4.45N)推力发动机的时候也遇到了非声学不稳定的问题,为此研究了不同的火焰稳定装置分别在长、短气化室结构中的火焰稳定效果,此外,还研究了不同的喷嘴结构的影响。发现采用 Solid Cone 型的喷注器和带有燃料翼槽的长气化室结构情况下,非声学振荡最小。

根据 ARROC 公司以及 HPDP 计划中研究的经验,建议从以下几方面着手消除不稳定燃烧现象。

(1)消除氧化剂供给系统和燃烧室之间的声学耦合来减少一个不稳定源。

(2)在发动机的头部设计足够长的气化室,并在发动机的气化室中铺一薄层的燃料,来消除或者降低横向振动模式。

（3）氧化剂喷嘴的设计与装药结构的设计相匹配。

（4）在发动机头部设计火焰稳定的结构来消除由于固体装药热解引起的振荡。

（5）发展数值方法来模拟由于声学或者非声学振荡原因引起的不稳定燃烧。

6. 建立缩比准则

由于其工作过程的特点，固液混合火箭发动机中的相似准则的建立要比固体火箭或者液体火箭复杂得多，Gany 提出了 6 条相似性准则，并分析了每条准则的重要性，认为以下三条最为重要。

（1）保持结构的相似性。

（2）使用相同的推进剂组合。

（3）保持氧化剂质量流率与通道的直径成正比。保证了以上三条，基本上可以保证不同尺寸的发动机之间可以具有相同的 F/O 和 C^*，固体燃料退移速率与通道直径成反比，推力近似正比于通道直径。

此外，在研究不同尺寸发动机之间的相似性的同时，还应该注意由于尺寸增大而引起的不稳定燃烧现象。

7. 发展固液混合火箭发动机模拟的数值模型

固液混合火箭发动机数值模拟方面，国外比较有代表性的有 Vankateswaran 和 Merkle 以及 Akyuzlu 和 Antotiou 等人。Vankateswaran 和 Merkle 的计算基于准稳态的假设，不考虑固体燃料表面的退移过程，通过求解耦合气相化学反应的 N～S 方程得到固液混合火箭发动机中的组分和温度分布，固体燃料的热解速率采用 Chiaverini 等建立的阿累尼乌斯型关系式计算，湍流模型采用带考虑近壁面影响的低雷诺数项的 $k～\varepsilon$ 模型，通过壁面处的能量和组分守恒来确定壁面的温度和退移速率。Antotiou 等人的计算考虑了固体燃料表面的退移过程，但是计算中只考虑了燃料通道入口处的一段，没有对发动机整体进行计算。

国内方面，田辉、杨玉新等人在固液混合火箭发动机数值模拟方面作了相关的研究。其中，西北工业大学针对复杂装药结构的固液混合火箭发动机中的燃烧、流动过程进行了三维、两相的数值模拟，为发动机设计过程中的故障诊断和改进设计提供了理论依据，并针对复杂结构装药的固液混合火箭发动机建立了二维、非稳态的固液混合火箭发动机工作过程模拟的数值模型，模型中考虑了固体燃料表面的退移过程、气相化学反应、固体燃料内部的导热以及液态氧化剂的雾化、蒸发等过程。目前虽然国内外都作了比较多的研究工作，但是由于采用的化学反应模型、固体燃料热解模型以及液体的雾化蒸发模型过于简单或者参数不准，导致计算结果精度不高。在以后的研究中，应该完善固液混合火箭发动机工作过程中的基本子模型的研究。

2.3　固液混合发动机的新宠——石蜡基燃料

2.3.1　石蜡基燃料研究现状

固液混合发动机由于其本身具有液体火箭发动机和固体火箭发动机的共同特征而成为目前应用较广泛的一种发动机，国内外已对固液混合发动机用燃料进行了较深刻的研究。由于固液混合发动机中氧化剂是从固体燃料外部引入的,固体燃料的分解产物与氧化剂只能形成扩散火焰,从而使得燃料的退移速率不可能很高,更不可能无限制地增加氧化剂的流量来提高气流速度,以此来提高退移速率。在燃烧领域,有两条途径可获得高效、低污染、高性能燃烧系统:一是发展先进的燃烧结构,二是研制高能燃料。多年来,从事燃料研究者力图发现和研制可供实际应用的高能量密度燃料,但至今未有突破性进展,尤其是对固体火箭燃料的研究还不十分完善。为解决固体燃料退移速率过低这一制约固液混合发动机发展的难题,研究者提出了以下两种解决方法:①在燃料中加入氧化剂和自分解物质来提高固液混合发动机的安全性;②在固体燃料中添加金属或纳米金属粉;③采用氧化剂旋转喷注。此外,研究人员改进了火箭的设计,将固体燃料与液态或气态的氧化剂分离,设计出了所谓的"混合燃料火箭"(Hybrid Rocket),这种混合燃料火箭相对于传统固体燃料火箭最大的优越性就是能够控制并停止氧化剂与燃料的混合。以上解决方法尽管有一定的成效,但退移速率提高不多,这使得研究者不得不开始考虑其他的高效燃料。

石蜡基燃料是近年来国内外纷纷开始研究的一种新型固体火箭燃料。石蜡基燃料的出现,解决了传统固体燃料燃速低的问题,可以实现固液混合发动机装药构型设计简单化。据文献[31],采用石蜡基燃料的固液混合发动机的燃速是 HTPB 的 3 倍多,而且使用石蜡基燃料的固液混合火箭有望成为一种更廉价、更安全并可重复使用的火箭助推器。

含石蜡燃料作为新型高退移速率的固液混合发动机燃料,近年来受到广泛关注。石蜡密度、燃烧热值和端羟基聚丁二烯(HTPB)相当,而退移速率是 HTPB 燃料的 3~4 倍。在美国国防部先进研究项目局(DARPA)和美国航空航天局埃姆斯研究中心(NASA Ames)的支持下,斯坦福大学(Stanford)配制了生态洁净的 SP - La 石蜡基燃料,进行了超过 300 次发动机地面试车试验。1999 年,斯坦福大学将直径 50.8 mm,长 1.7 m 的含石蜡燃料混合火箭发射至 1 829 m 高度。2003 年,斯坦福大学联合洛克希德·马丁公司又进行了两次飞行试验,飞行高度分别为 4 600 m 和 1 670 m。2004 年,斯坦福大学设计并制造了外径 3 in[①]的石蜡燃料混合探空火箭,飞行高度为 2 871 m,总冲达 3 500 N·s。对固液混合发动机中燃料的能量特性进行分析,是研究燃料配方设计和组分选择的重要手段。文献[35]通过能量特性分析,认为 HTPB 燃料和含石蜡燃料与同种氧化剂(液氧、98% H_2O_2 和 N_2O)组合后,能量特性基本相同,燃料的不同添加物中,AlH_3 能显著提高发动机真空比冲,Al 能显著提高燃料密度比冲。文献[36]还对 HTPB 推进剂进行能量分析得出,随着固体含量(高氯酸铵、铝粉等)的增加,推进剂理论比冲也不断增加。国内外对固液混合发动机固体燃料燃烧特性的研究有很多,影响最深远的是 Marxman 在 19 世纪 60 年代提出的扩散控制理论,研究认为固液混合火箭发动机中促进固体燃料燃烧的主要原因是扩散火焰对燃料热解表面的换热作用,并归纳得到燃料退移速率与氧化剂流率的关系式。陈灏从固体燃料热分解现象和机理认识着手,通过热平板导热实验研究,确定了固体燃料的热分解特性——固体燃料表面退移速率与燃料表面温度之间的变化关系,并提供了 Arrhenius 类型的热分解化学动力学参数(活化能、指前因子等),为建立固液混合推进剂燃面退移速率的数值模型提供实验数据及理论依据。杨玉新通过建立固液混合火箭发动机固体燃料瞬态退移速率预示的数值模型,得到固体燃料热解表面的温度以及退移速率随着发动机的工作时间的关系。

---

① 1 in=2.54 cm。

目前,固液混合发动机发展主要难点有两方面:一是发动机燃烧效率不高;二是燃料的退移速率低。燃烧效率可以通过增加后燃烧室等措施来提高到可接受的水平,如何提高燃料的退移速率是一大难题。近年来,美国斯坦福大学的研究证实有一种燃料通过在表面形成不稳定的液体薄膜而达到快速燃烧,这种燃料即为石蜡燃料。斯坦福大学已成功配制 SP-La 石蜡燃料,其退移速率是同等条件下端羟基聚丁二烯(HTPB)燃料的 3~4 倍。由于石蜡燃料退移速率比 HTPB 燃料高得多,故国外许多机构已经开始大力研究石蜡燃料,并已将石蜡燃料应用于固液混合火箭发动机。由此可见,石蜡燃料的出现解决了传统固体燃料退移速率偏低的问题,可实现固液混合发动机装药构型设计简单化。

相对 HTPB 燃料力学性能好、药柱尺寸可控和燃烧稳定等特点,石蜡燃料也存在一些不利之处:①石蜡燃料尺寸较小。国外皆采用离心法制作石蜡燃料(内孔管状),药柱直径范围 50.8~190.5 mm;②石蜡燃料燃烧时内部可能变软融化。石蜡本身是透明的,在发动机内燃烧时热量可辐射入石蜡内部,使得石蜡变软融化。可添加一些特殊材料如碳黑等到石蜡燃料中,使得热量不易辐射入石蜡内部,这种方法对于大型药柱是否有效需要进一步研究确定;③石蜡燃料力学性能较差。石蜡脆性大,延展性低;④石蜡燃料不宜多次启动。由于石蜡的熔点和沸点都比较低,在固液混合火箭发动机停车后,石蜡燃料药柱形状难以保持。为充分利用石蜡和 HTPB 两者的优点,将石蜡作为一种组分加入 HTPB 燃料中,采用真空浇注法制取含石蜡燃料,有如下优点:①可制作多孔燃料药柱;②可制作大型燃料药柱;③燃料固化体系为 HTPB/TDI,可实现燃料多次点火和熄火。本节对应用于固液混合发动机上的一种新型固体火箭燃料——石蜡基燃料进行了详细介绍,并给出部分具有代表性的研究成果,以及目前所存在的一些问题并展望了其应用前景。

2.3.2　含石蜡燃料固液混合推进剂

1.含石蜡燃料组分

Karabeyoglu 检验了各种烷烃的特性,结果表明,碳原子数在 16~50 的烷烃也可以通过产生雾化液滴来提高燃速,而且在室温下为固态,平均碳原子数为 31 的石蜡基燃料的物理化学特性见表 2.1。

表 2.1　石蜡基燃料的物化基本特性

分子量/(g·mol^{-1})	生成热 (kJ·mol^{-1})	表面张力 (mN·m^{-1})	黏性 (mPa·s)	液态密度 (kg·m^{-3})	熔点 K
432.8	697.2	7.1	0.65	654.4	339.6

沸点 K	熔化热 (kJ·kg^{-1})	气化热 (kJ·kg^{-1})	液态导热系数 (W·m^{-1}·K^{-1})	液态比热 (kJ·kg^{-1}·K^{-1})	固态比热 (kJ·kg^{-1}·K^{-1})
727.4	167.2	163.5	0.12	2.92	2.03

燃料组分主要包括端羟基聚丁二烯(HTPB)、预处理石蜡、高氯酸铵(AP)、镁粉、铝粉和碳粉等,并计算了氧化剂为液氧、O/F 比为 2.6、燃烧室压强为 3.4 MPa、喷管扩张比为 70:1 的条件下石蜡燃料(石蜡含量 85%,铝 10%,镁 5%)、HTPB 燃料(HTPB 含量 85%,铝 10%,

镁 5%)和含石蜡燃料(HTPB 含量 45%,石蜡 40%,铝 10%,镁 5%)的真空比冲,表 2.2 列出了计算结果。由表 2.2 可以看出,含石蜡燃料的比冲和石蜡燃料、HTPB 燃料的比冲相当。

表 2.2　不同类型的燃料理论比冲

燃料类型	HTPB 燃料	纯石蜡燃料	含 40%石蜡 HTPB 燃料
理论比冲/(N·s·kg^{-1})	3 529	3 612	3 568

表 2.3 列出了石蜡燃料、HTPB 燃料和含石蜡燃料各配方的密度和质量热值。

表 2.3　各燃料理论密度和质量热值

样　品	HTPB/(%)	Paraffin/(%)	AP/(%)	MA＊/(%)	C/(%)	密度/(g·cm^{-3})	质量热值/(MJ·kg^{-1})
P1	89	–	1	9	1	0.96	40.31
P2	59	30	1	9	1	0.93	41.90
P3	39	50	1	9	1	0.91	42.96
P4	–	90	1	9	1	0.87	45.07
P5	33	50	1	15	1	0.94	42.11
P6	29	50	1	9	10	0.96	42.03

注：＊镁铝合金中镁铝粉质量分数为 50∶50。

从表 2.3 中可以看出,添加石蜡使得燃料密度略有下降,质量热值却增加。添加石蜡燃料的体积热值也略有增加:P1 燃料体积热值为 38.70 MJ·dm^{-3},P3 燃料体积热值为 39.09 MJ·dm^{-3},P4 燃料体积热值为 39.21 MJ·dm^{-3}。

2. 含石蜡燃料退移速率

本节各燃料配方配比见表 2.2(P4 未制取)。

在气氧矩形燃烧器(氧气以固定流量流经燃料表面,氧气和燃料燃烧后燃气经拉瓦尔喷管排出)中点燃含石蜡燃料试样,燃料为长方体药柱,单侧面按平行层燃烧,测试其退移速率。其中,测试条件:氧气质量流率固定为 0.1 kg·s^{-1};在火之前预吹氧气 5 s,燃烧器内压强为 2.5 MPa。表 2.4 为实测结果。

表 2.4　各燃料实测退移速率

燃　料	P1	P2	P3	P5	P6
退移速率/(mm·s^{-1})	0.812	1.396	1.828	1.963	1.745

从表 2.4 中可以看出,将 30% 的 HTPB 替换为石蜡,燃料的退移速率增加 71.92%;将 50% 的 HTPB 替换为石蜡,燃料的退移速率增加 137.44%;将 6% 的 HTPB 替换为 MA,燃料的退移速率增加 7.39%;将 9% 的 HTPB 替换为 C,燃料的退移速率降低 4.54%;由此可见,将石蜡代替部分 HTPB 后可以大大提高燃料退移速率;另外,将 MA 代替部分 HTPB,可提高燃

料的退移速率;将 C 代替部分 HTPB,退移速率则略有下降。含石蜡燃料能量和 HTPB 燃料相当,退移速率比 HTPB 燃料高得多,这给固液混合发动机装药构型设计简单化带来可能,是固液混合火箭发动机的理想能源。

Karabeyoglu 研究认为,石蜡燃料燃烧时表面熔化形成一层液体薄膜,在表面气流的作用下,液体雾化形成液滴进入气相。液滴的引入极大地增强了燃料的质量输运,从而大大提高了燃料的表面退移速率。

石蜡作为一种组分加入燃料中,采用矩形燃烧器测含石蜡燃料退移速率时,氧气以一定速度流经长方体含石蜡燃料药柱单侧面,通过矩形燃烧器实验也表明本节制取的含石蜡燃料在燃烧时不发生融化现象,燃料燃烧时石蜡可能在燃料表面形成一层液体薄膜而提高燃料退移速率。

3.燃料能量特性分析

胡松启等人采用吉布斯最小自由能法,对固气混合火箭发动机的燃烧室和喷管进行热力计算,通过比较不同组分燃料配方的能量特性参数,分析不同组分含量对燃料能量特性的影响,配方见表 2.5。本节中能量特性计算条件:初始温度为 300K,燃烧室工作压强为 3.4 MPa,喷管扩张面积比 $A_e:A_t=70:1$(其中 A_e 为喷管出口面积,A_t 为喷管喉部面积),氧化剂采用液氧。计算的燃料配方见表 2.5,燃料的配方主要由丁羟、石蜡、Al、Mg、AP 和 C 组成,其中 H0~H3 为 HTPB 配方燃料,S0~S5 为含石蜡配方燃料。各燃料配方的能量特性计算结果见表 2.6:H1~H3 和 S1~S5 的最佳氧燃比 $O/F=1.9$,$O/F=1.6$ 为富燃时氧燃比,$O/F=2.4$ 为富氧时氧燃比(此时,H0 和 S0 达到最佳氧燃比)。

表 2.5 含石蜡燃料和 HTPB 燃料的配方表

样 品	HTPB/(%)	Paraffin/(%)	Al/(%)	Mg/(%)	AP/(%)	C/(%)
H0	100	0	0	0	0	0
H1	78	0	6	6	0	10
H2	73	0	6	6	5	10
H3	83	0	6	6	5	0
S0	0	100	0	0	0	0
S1	58	15	6	6	5	10
S2	48	25	6	6	5	10
S3	38	35	6	6	5	10
S4	32	35	12	6	5	10
S5	28	45	6	6	5	10

表 2.6　不同氧燃比条件下燃料能量特性

样　品	O/F					
	1.6		1.9		2.4	
	$\dfrac{T_f}{K}$	$\dfrac{I_s}{(N \cdot s \cdot kg^{-1})}$	$\dfrac{T_f}{K}$	$\dfrac{I_s}{(N \cdot s \cdot kg^{-1})}$	$\dfrac{T_f}{K}$	$\dfrac{I_s}{(N \cdot s \cdot kg^{-1})}$
H0	3 095	3 145	3 451	3 316	3 639	3 414
H1	3 471	3 288	3 656	3 359	3 710	3 316
H2	3 557	3 314	3 680	3 353	3 697	3 279
H3	3 514	3 343	3 657	3 389	3 689	3 322
S0	3 020	2 997	6 409	3 188	3 381	3 293
S1	3 552	3 292	3 673	3 331	3 687	3 258
S2	3 549	3 278	3 668	3 317	3 680	3 244
S3	3 545	3 263	3 663	3 303	3 672	3 230
S4	3 693	3 294	3 750	3 280	3 725	3 191
S5	3 541	3 249	3 657	3 288	3 665	3 215

注:O/F 为氧燃比;T_f 为燃烧室温度;I_s 为比冲。

从表 2.6 中可以看出,当氧燃比为 1.6 时,H2 的比冲比 H1 高 26 N·s·kg^{-1},当氧燃比分别为 1.9 和 2.4 时,H2 的比冲比 H1 分别低了 6 N·s·kg^{-1} 和 37 N·s·kg^{-1}。可见,AP 含量的增加可增多燃料的氧含量,降低最佳氧燃比,但比冲下降;当氧燃比分别为 1.6,1.9 和 2.4 时,H2 的燃温分别比 H3 高 43 K,23 K 和 8 K,H2 的比冲比 H3 低了 29 N·s·kg^{-1}, 36 N·s·kg^{-1} 和 43 N·s·kg^{-1};随着氧燃比不断增加,C 含量对燃温的影响逐渐减弱,对比冲的作用也不断降低;当氧燃比为 1.9 时,石蜡燃料和 HTPB 燃料比冲达到最大,分别为 3 331 N·s·kg^{-1} 和 3 389 N·s·kg^{-1},石蜡燃料和 HTPB 燃料的比冲效果基本相同;当氧燃比为 1.6 时,S4 的比冲比 S3 高 31 N·s·kg^{-1},在氧燃比分别为 1.9 和 2.4 时,S4 的比冲比 S3 低 23 N·s·kg^{-1} 和 39 N·s·kg^{-1},且 S4 的燃温总高于 S3。由此可见,燃料配方中添加 Al 能提高燃烧室温度,而使比冲略微降低,但 Al 粉的密度(2.7 g·cm^{-3})是 HTPB 密度 (0.91 g·cm^{-3})的 2 倍多,加入 Al 能有效提高燃料的密度比冲。

通过对表 2.6 不同配方能量特性进行对比,分析燃料中组分含量的不同对能量特性的影响,同时,考虑到石蜡的高退移速率和制作工艺,选取石蜡含量为 35% 的 S3 和其余组分含量与之相同的 H2 作为理想配方。对 H2 和 S3 进行不同氧燃比含量的计算,进一步分析氧燃比对比冲性能的影响。设定条件如下:燃烧室初始温度为 300 K,燃烧室工作压强为 3.4 MPa,喷管扩张面积比 $A_e:A_t=70:1$,氧化剂采用液氧,氧燃比 $O/F=1.5\sim3$。H2 和 S3 的氧燃比与比冲的关系如图 2.3 所示。

从图 2.3 中可以看出,H2 和 S3 在氧燃比为 1.9 时,比冲达到最大分别为 3 353.0 N·s·kg^{-1} 和 3 303.1 N·s·kg^{-1},最佳氧燃比为 1.9。当 O/F 低于 1.9 时,随着氧化剂质量流率的增加,燃料反应充分,燃烧释放的热量增多,发动机的比冲随之增大;超过最佳氧燃比 1.9 后,部分氧气不再反应,增大氧化剂质量流率对燃料的反应几乎没有影响,反而随着氧气的增多比冲降低。

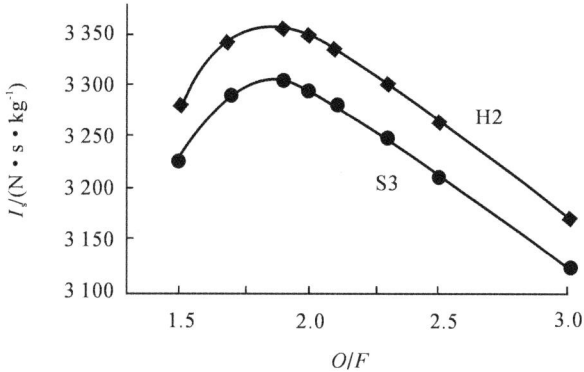

图 2.3　H2 和 S3 比冲随氧燃比的变化

4. 固体燃料退移速率测试

为了研究氧气质量流率对退移速率的影响,采用固气矩形混合发动机对含石蜡燃料 S3, HTPB 燃料 H2 进行点火实验。通过测量"压强-时间"曲线确定燃料工作时间,利用燃料肉厚和工作时间的比值得到燃料在当前工况下的平均退移速率。通过分析不同配方和氧气质量流率对退移速率的影响,得到氧气密流与退移速率的关系式。图 2.4 是实验装置图,主要包括氧气瓶、减压阀、电磁阀、单向阀和流量调节器,通过调节减压阀和流量调节器确保氧气质量流率在发动机工作过程中稳定进行。

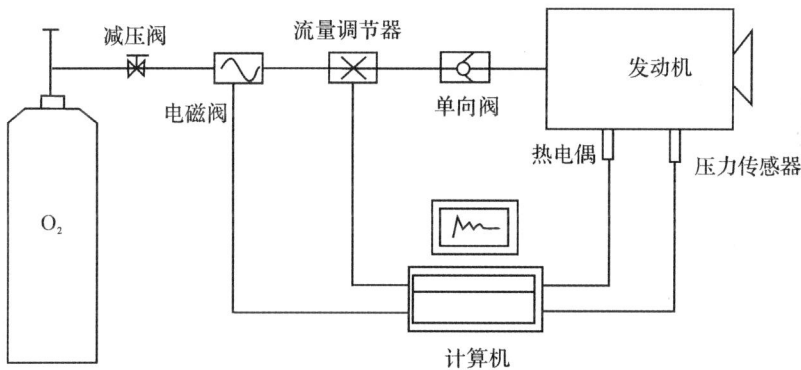

图 2.4　固气混合发动机测试系统

先利用计算机控制电磁阀和流量调节器,将氧气按预定质量流率喷入燃烧室。待氧气质量流率与燃烧室压强稳定后,通过点火装置将固体燃料点燃,利用压强传感器和热电偶测得燃烧室的压强与温度。实验中所采用的燃料配方为表 2.5 中的 H2 和 S3,选择实验的工作压强为 $1\sim2$ MPa。为了减小压强变化对退移速率的影响,在氧气质量流率为 25 g·s^{-1},30 g·s^{-1} 时,选择喷管喉径为 8 mm;在质量流率为 35 g·s^{-1},40 g·s^{-1} 时,选择喷管喉径为 10 mm,以保证燃烧室工作平均压强在一定的变化范围内。

5. 实验重现性分析

在氧气质量流率为 40 g·s^{-1},喷管喉径为 10 mm 工况下,对肉厚相同的石蜡燃料 S3 进行三次退移速率测试,三次实验测得的 p-t 曲线如图 2.5 所示。

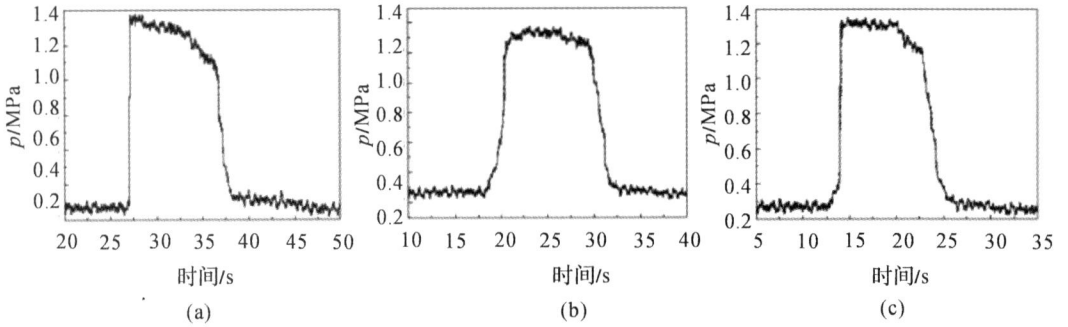

图 2.5　石蜡燃料三次重复性实验的 p-t 曲线
(a)第一次;(b)第二次;(c)第三次

从图 2.5 中可以看出,工作稳定后实验的 p-t 曲线均没有出现大的跳跃,三次重复性实验所得退移速率为 1.08 mm·s^{-1},1.09 mm·s^{-1},1.16 mm·s^{-1},平均值为 1.11 mm·s^{-1},相对误差分别为 2.70%,1.80%,4.50%。考虑到固气混合发动机中,影响退移速率的综合因素(氧气质量流率、燃料表面固相与气相反应等)较多,认为上述实验结果相对误差在可接受范围内。

6. 石蜡和氧气质量流量对退移速率影响

在不同氧气质量流率下,对两种配方燃料 H2 和 S3 分别作 3 次点火实验,取其中有效实验的平均值作为燃料的实际退移速率,结果见表 2.7。

表 2.7　氧气质量流率对 H2 和 S3 燃料退移速率的影响

No.	$\dot{m}/(\text{g}\cdot\text{s}^{-1})$							
	25		30		35		40	
	r_{S3} (mm·s^{-1})	r_{H2} (mm·s^{-1})	r_{S3} (mm·s^{-1})	r_{H2} (mm·s^{-1})	r_{S3} (mm·s^{-1})	r_{H2} (mm·s^{-1})	r_{S3} (mm·s^{-1})	r_{H2} (mm·s^{-1})
第一次	0.75	0.44	0.94	0.57	1.02	0.65	1.08	0.65
第二次	0.80	0.52	0.92	0.50	1.01	0.64	1.09	0.69
第三次	0.82	0.45	0.96	0.55	0.97	0.60	1.16	0.70
平均值	0.79	0.47	0.94	0.54	1.00	0.63	1.11	0.68
倍数	1.68		1.74		1.58		1.63	

注:$\dot{m}$ 为氧化剂质量流率;r 为退移速率。

从表 2.7 中可以看出,在氧气质量流率分别为 25 g·s^{-1}、30 g·s^{-1}、35 g·s^{-1}、40 g·s^{-1} 时,石蜡燃料 S3 的退移速率分别是 HTPB 燃料 H2 退移速率的 1.68、1.74、1.58、1.63 倍。可见,在相同的质量流率下,含石蜡燃料的退移速率高于普通的 HTPB 燃料。对相同配方,随着氧气质量流率的增加,燃料退移速率也不断增加。

在发动机工作时,氧气通过喷嘴均匀进入燃烧室,与固体燃料反应生成大量的热,使燃料表面融化形成一层液体薄膜,在液体表面气流的作用下,石蜡燃料快速雾化形成液滴进入气相,而 HTPB 燃料燃烧时并不能快速雾化。石蜡液滴的雾化极大地增强了燃料的质量输运,从而提高了表面退移速率,这种高退移速率是石蜡燃料本身的一种属性。在固液混合发动机中,由于氧化剂质量流率的增加,燃料表面气流速度增大,向固体燃料表面扩散程度加剧,导致固体燃料的表面温度升高、增加表面热反馈、燃烧反应更加剧烈,从而退移速率增加。

7. 退移速率与氧气密流的关系

B. N. Kondrikov 等人研究表明,固液混合火箭发动机的固体燃料退移速率一般受燃烧室压强影响较小,而受燃料配方、燃烧室结构和氧化剂密流 G_0 影响较大。其中,燃料退移速率与氧化剂密流之间满足经验关系式:

$$\left.\begin{array}{l} r = aG_0^n \\ G_0 = \dot{m}/A_p \end{array}\right\} \tag{2.4}$$

式中,a,n 为实验得到的经验参数;G_0 为氧化剂密流,单位:$g \cdot (cm^2 \cdot s)^{-1}$;$\dot{m}$ 为氧化剂质量流率,单位:$g \cdot s^{-1}$;A_p 为燃烧通道的横截面积,单位:cm^2。实验中测得 $A_p = 56 \ cm^2$。

根据所得的数据,可拟合得到 H2 配方和 S3 配方的退移速率与氧气密流关系曲线(见图 2.6)。

由图 2.6 及式(2.4)可得,H2 和 S3 的退移速率为

$$\left.\begin{array}{l} r_{H2} = 0.132\ 3G_0^{0.782\ 2} \ mm \cdot s^{-1} \\ r_{S3} = 0.249G_0^{0.710\ 3} \ mm \cdot s^{-1} \end{array}\right\}$$

燃料的退移速率随着氧气质量流率的增加而增加,石蜡燃料的退移速率明显高于 HTPB 燃料的退移速率。本节中石蜡燃料退移速率约为 HTPB 的 2 倍,与文献[55]中结论基本相同。

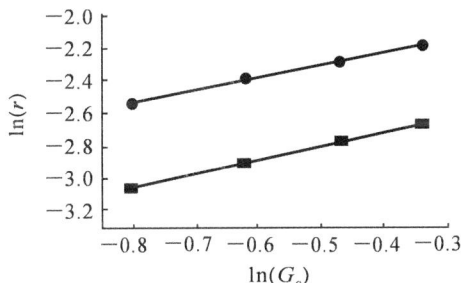

图 2.6　燃料退移速率与氧气密流关系的拟合曲线

燃料退移速率为单位时间内药柱径向尺度的变化,是固液混合火箭燃料的重要特性之一,通常用式(2.5)计算一次实验的平均燃料退移速率:

$$r_{avg} = \frac{\Delta r}{r_b} = \frac{\dfrac{1}{2}\left[\sqrt{\dfrac{4m_f + d_1^2}{\pi L \rho}}d_i\right]}{t_b} \tag{2.5}$$

式中,Δr 为药柱厚度;m_f 为燃料质量,单位:kg;L 为药柱长度,单位:m;ρ 为燃料密度,单位:$kg \cdot m^{-3}$;d_1 为药柱内径,单位:m;t_b 为实验燃烧时间,单位:s。

一般情况下,燃料退移速率可用半经验公式表示成

$$r = \alpha W_{GOX}^m \tag{2.6}$$

式中,r 表示固态燃料燃烧退移速率,单位:$m \cdot s^{-1}$;α 为与燃料本身特性有关的常数;W_{GOX} 为

氧化剂流量,单位:kg·(m²·s)⁻¹;m 为常数。

Karabeyoglu 发现,碳原子数为 16~50 的烷烃可通过产生雾化液滴来提高燃速,而且经过多次测试得到了纯石蜡燃料的燃烧退移速率与氧气通量,得出

$$r = 0.117W_{GOX}^{0.62} \tag{2.7}$$

对于常用的 HTPB 燃料而言,燃烧退移速率与氧化剂流量关系 a,m 分别为 0.030 4 和 0.681,使用石蜡作为燃料时,Karabeyoglu 等人实验所得 a,m 的结果分别为 0.117 和 0.62(见式 2.7)。由此可见,石蜡基燃料在同一氧气通量下其退移速率可达到传统燃料 HTPB 的 3~4 倍,显示出极佳的燃料退移速率。

石蜡基火箭燃料理论的提出者 Karabeyoglu 在研究固体燃料的退移速率机理时,受到在冻结的凝固戊烷中高退移速率现象的启发,从而将液膜不稳定理论引入传统的固液混合发动机燃烧理论中,研究出了提高表面退移速率理论,得出高退移速率是燃料的一种自然属性,它不需要添加其他物质和增强措施。他认为固液混合发动机工作时,这类固体燃料表面熔化了一层液体薄膜,在液体表面气流的作用下,液体产生不稳定进而雾化形成液滴进入气相,液滴的引入极大地增强了燃料的质量传递,从而大大提高了固体燃料的表面退移速率。

在此基础上斯坦福大学配制出了 SP-La 石蜡基推进剂,并实验得出了 SP-La 的高退移速率,结果如图 2.7 所示。而且当燃烧室压强为 3.4 MPa,喷管扩张比为 70:1 时。得到了石蜡/液氧和 HTPB/液氧的理论比冲,结果如图 2.8 所示。

常温下固化后 HTPB 燃料与石蜡燃料的密度分别为 0.88 g·cm⁻³和 0.91 g·cm⁻³,相近的密度有助于两者的混合。

李聪盛等人利用石蜡混合 HTPB 方式来解决石蜡燃料受热后的强度问题,并建立了漩涡推进氧方式,以此提高氧化剂/燃料蒸气的混合,并探讨了石蜡基燃料退移速率及其燃烧效率等特性。

单世明等人进行了石蜡燃料混合火箭的性能测试,图 2.9 是在 $W_{GOX}=101$ kgf·(m²·s)⁻¹条件下,HTPB 燃料混合火箭内弹道性能变化曲线;图 2.10 是在 $W_{GOX}=107$ kgf·(m²·s)⁻¹条件下,石蜡燃料混合火箭内弹道性能变化曲线。

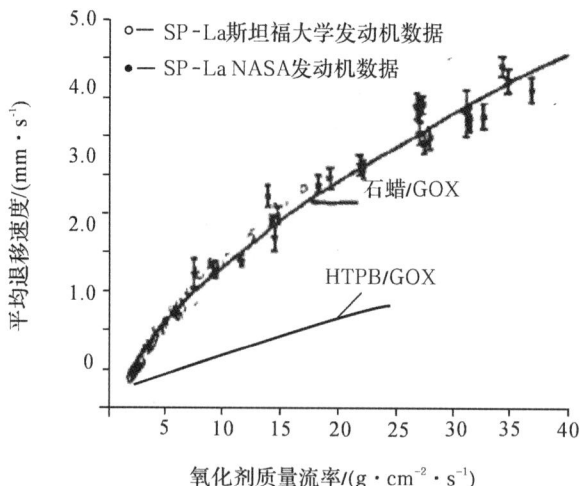

图 2.7 石蜡基燃料和 IITPB 推进剂的退移速度随氧化剂质量流量的变化曲线

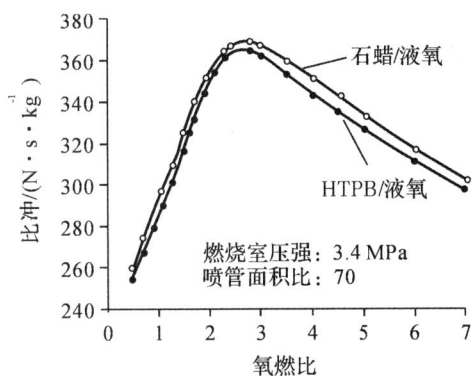

图 2.8　石蜡基燃料与 HTPB 推进剂理论比冲变化曲线

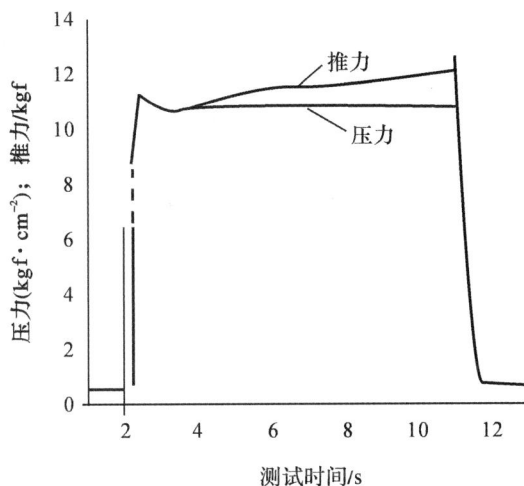

图 2.9　使用 HTPB 燃料的推力及燃烧室压力变化曲线

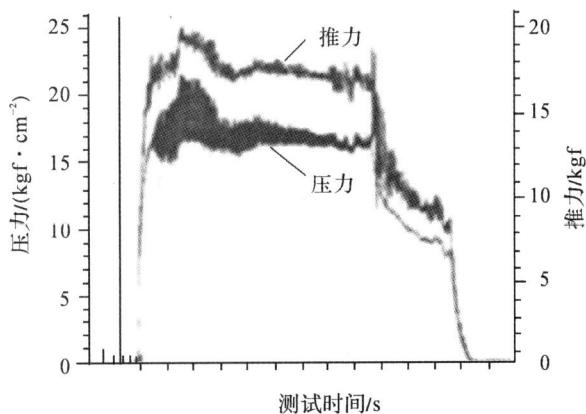

图 2.10　使用石蜡燃料的推力及燃烧室压力变化曲线

从图 2.9 中可以看出,推力与压力值随测试时间的增加先增加然后下降,表明喷喉缓慢变大。在图 2.10 中显示出有明显的压力及推力振荡,其原因可能为熔融状态下石蜡剧烈燃烧造成,另外,在测试后期(约 6.3 s)燃烧室压力有更大的振荡,可能是部分熔融燃料随喷焰喷出造成。

与传统的固液混合发动机燃料 HTPB 相比,石蜡基推进剂更便宜,石蜡和液氧的平均比密度为 1.1,与 HTPB/LOX 相似,比 HTPB 固体推进剂的密度(约 1.8 g·cm^{-3})低,所有的研究者都同意石蜡基混合发动机本质上是一种氧/煤油发动机。石蜡基燃料比冲与煤油相似,密度是煤油的 1.2 倍以上。现在测量的 SP‐La 的燃烧效率为 85%～90%,通过在装药后部增加 10%～15%,装药长度的后燃烧室,燃烧效率可达到 92%。

试验测得的 SP‐La 的退移速度见图 2.11(a),SP‐La 的退移速度为 $\dot{r}=0.488G_{OX}^{0.62}$,HTPB 的退移速度为 $\dot{r}=0.146G_{OX}^{0.68}$,$\dot{r}$ 的单位为 mm·s^{-1},G_{OX} 的单位为 g·(cm^2·s)$^{-1}$。高退移速度意味着石蜡基燃料装药仅需 1～2 个内孔就可以达到所需的推力要求,发动机直径变小,重量变轻,装药型面更简单,可靠性更高。

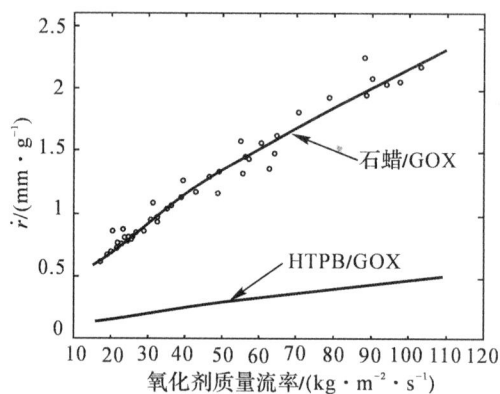

(a)

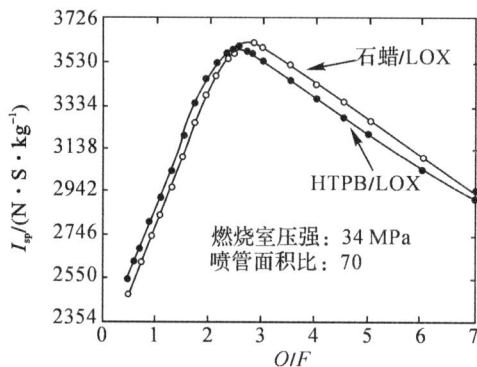

(b)

图 2.11　石蜡基燃料及 HTPB 的退移速率与比冲的比较

(a)退移速率;(b)比冲

在燃烧室压强为 3.4 MPa,喷管扩张比 70∶1 的条件下,计算得到的石蜡/液氧的真空比冲(见图 2.11(b))。石蜡/液氧的真空比冲最大是 3 620 N·s·kg^{-1},O/F 约 2.7,HTPB/LOX 的真空比冲大约是 3 532 N·s·kg^{-1},O/F 约 2.5。

7. 石蜡基燃料存在的问题

虽然石蜡基燃料作为一种新型火箭发动机用燃料具有应用潜力,然而目前石蜡基燃料还存在一些问题。

(1)混合燃料很难确保平稳的燃烧,尤其是在点火初期。

(2)由于石蜡基燃料的熔点较低(69℃),其在贮存过程中的蠕变性能令人关注。SP‐La 研制的小型发动机试验表明,当温度低于 40~45℃时,蠕变性不是问题,但这个问题仍需在大型发动机试验中进一步验证。Sami Kilic 建立了石蜡基燃料 SP‐La 蠕变分析模型,并计算了石蜡基药柱的蠕变性,得出以下一些结论:温度低于 35℃时任何构型装药的蠕变都可以忽略;相同条件下与具有底部支撑的药柱相比,壁面支撑药柱的黏弹性变形更小;当温度高于 40℃时,大型发动机的贮存周期应有限制;小型发动机黏弹性变形问题不重要,由于时间很短,起飞加速产生的蠕变可以忽略。Sami Kilic 所建立的模型仍然是初步的石蜡基燃料的蠕变性问题,还需要进一步研究。另外,通过加入其他的添加物,其他黏弹性特性更佳的石蜡基燃料也已配制出来了,相信这一问题应该可以在未来得以解决。

(3)点火时压强使药柱扩张,产生拉伸应力,会使药面产生裂纹。裂纹在固液混合发动机中并不是如同固体发动机一样是灾难性事故,因为固体发动机中的裂纹会增加燃面,造成燃烧室压强急升,而混合发动机装药不含氧化剂,氧化性气体又不可能到达裂纹内部,裂纹表面并不会燃烧,造成燃面增加从而使燃烧室压强升高。目前,已经对几个有裂纹的直径 190.5 mm 的装药都进行了试验,没有测量到任何异常。如果微裂纹在以后的大型发动机试验中确实成了一个问题,装药可以在 45℃炉中退火进行修复。

(4)石蜡固化后收缩 17%,药柱的浇铸加工问题也应注意。现在所试验的药柱只有一个圆柱孔,其加工方法是将熔融石蜡充满到一根兼作隔热层的酚醛管子中,两头用高温环氧树脂将 ATJ 石墨绝热材料黏上,再用涂覆特氟隆的聚乙烯端盖封住,然后使管子以 1 500 r·min^{-1} 的速度绕轴旋转,数小时后石蜡固化收缩,离心力使得药柱中心出现光滑的中心孔。大型发动机显然需要其他的浇铸方法,大型发动机可能要将石蜡以盘状叠放进去。

(5)石蜡没有弹性,比 HTPB 更容易产生裂纹。发动机点火时压强增大使药柱扩张,这会引起拉伸应力,可能使药面产生裂纹。药柱外径内径比越大,应力也就越大。迄今为止,直径 190.5 mm,外径内径比为 2.5,燃烧室压强 6.5 MPa 和外径内径比为 3,燃烧室压强 4.1 MPa 的发动机都成功进行了点火试验,表明在小型发动机上这个问题并不严重,然而还需要在大尺寸发动机上进行试验验证。

2.4　提高固液混合推进剂退移速率的途径

在固液混合火箭发动机中,氧化剂和燃料是分别贮存的,氧化剂和燃料的燃烧反应发生在远离燃面的边界层中,致使向燃面的热反馈少,使燃面退移速率比固体火箭发动机低一个数量级。由于燃面退移速率低,为了达到较大的推力,需要很大的燃面。固体药柱一般采用多孔形、车轮形、星形等复杂药型,这不但使药柱设计复杂化,结构完整性下降,残药增多,还大大降低了发动机装药的装填密度,影响了它在飞行器上的应用。文献[69]研究表明,如果燃面退移速率提高 3～4 倍,就可大大减小成本、简化生产工艺和减轻发动机的质量。因此,提高燃面退移速率已成为提高固液火箭发动机性能的关键技术,吸引了众多研究者的关注。

固液混合火箭发动机的燃面退移速率低是制约该类发动机应用的主要因素。通过对大量相关文献分析,明确了固液混合火箭发动机中提高燃面退移速率的主要方法:方法一是在燃料中加添加剂,如 AP 粉和 Al 粉等;方法二是使进入燃料腔的液体氧化剂产生旋流,这些方法对提高固液混合火箭发动机的性能具有重要意义。提高燃面退移速率可以从降低固体燃料热分解所需的热量、提高气相反应热及提高火焰向燃面的传热等方面入手,也可考虑燃面熔化层的液滴飞溅进入气相中蒸发、燃烧,或采用燃气发生器式的固液混合火箭发动机等。

2.4.1　固体燃料药柱中添加含能物质

在固体燃料药柱中添加含能物质,通过提高固体燃料分解产物与氧化剂反应的放热量,来降低固体燃料气化分解所需要的气化热以及提高气相向固体燃料药柱的传热率等措施,达到提高燃面退移速率的目的。

(1)添加高能纳米金属或金属氢化物颗粒。由于纳米颗粒尺寸小,大大减小了颗粒点火和燃烧的时间,颗粒燃烧不但更接近燃面,而且增加了释放的热量及向燃面的对流热反馈和辐射传热。文献[70]研究发现,在 HTPB(丁羟)燃料中添加质量分数为 13% 的纳米钨,氧化剂的质量密流为 140 kg·m^{-2}·s^{-1} 时,燃面退移速率可提高 38%。由于钨的密度很高,其质量速率提高,因此,钨可应用于固液混合火箭发动机,特别适用于体积受限的发动机。试验发现在气氧和含铝的 HTPB 固体燃料中,添加质量分数为 20% 的超细铝粉,燃面退移速率增加 70%,这是由于增加了燃烧反应热和辐射传热的缘故。

Chiaverini 和 Risha 等人研究了添加极细金属或者金属氢化物粉末对固体燃料退移速率的影响,研究发现,向 HTPB 燃料中添加 20% 的极细的铝粉,固体燃料的质量消耗率提高 70%,此外,添加金属粉末还可以提高混合火箭发动机的密度比冲。

文献[74]表明,燃面退移速率的增加量随中心孔增大而减小。在小型发动机中,添加质量分数 13% 的纳米铝,燃面的退移速率可提高 60%,而比它大 3 倍的发动机增加幅度较小。P. George 等人进行了含铝 HTPB 药柱和纯 HTPB 药柱燃面退移速率的比较试验。结果表明,两者的燃面退移速率均随氧化剂密流的增加而增加。当氧化剂密流较高时,含铝药柱的燃面退移速率较高;但当小于一定值时,燃面退移速率反而比纯 HTPB 低。用扫描电子显微镜观察燃烧后的含铝固体燃料表面发现,表面上积累有一层铝/氧化铝,较大中心孔药柱表面的厚度约有 110 μm,而较小中心孔药柱表面约为 30 μm。因此,大型发动机的燃面退移速率低,除尺寸因素外,还由于燃面上积累了较多的铝/氧化铝。由此也可得出,当氧化剂的质量密流较大,有足够的气动力把铝颗粒带出燃面时,添加纳米铝颗粒才能显著提高燃面的退移速率。

(2)添加 GAT 和 AGAT 等高能有机盐。一方面,将 GAT 和 AGAT 等高含氮类高能有机盐添加在 HTPB 中,燃烧时放出的热量多,向燃面反馈的热量增多;另一方面,GAT 的离子键比共价键容易断裂,热分解需要的能量较低,这两方面的作用使燃面退移速率提高。但 GAT 和 AGAT 是人工合成的,耗费较大,且燃烧产物中含有 NO,易形成酸雨,对环境有污染。

(3)添加固体氧化剂和催化剂。在 HTPB 药柱中添加少量 AP 和燃速催化剂 Fe$_2$O$_3$ 均能提高燃面的退移速率,但其含量对燃面退移速率的影响不是单一的。含 25%(质量分数,下同)AP 和 2.5%Fe_2O_3 的药柱,燃面退移速率为纯 HTPB 的 2.3 倍;含 27.5%AP,2.5%Fe_2O_3 药柱的燃面后退速率为纯 HTPB 的 3.85 倍。并且,当气氧的质量密流较高时,燃面退移速率才明显提高。差热分析法(DTA)表明,含 AP 的 HTPB 药柱在氧环境下放出的热远比氮环境下高,这是由于 AP 分解的氨与氧反应的结果。因此,对于含 AP 的 HTPB 药柱,只有当气氧质量密流较高时,氧气通过湍流扩散到燃面附近与氨反应,AP 才能发挥其增强燃面退移速率的影响。

(4)在药柱中埋入金属丝。金属丝可大大提高推进剂的质量燃速。研究发现,在固体燃料中径向埋入直径 2 mm 的银丝和铜丝,燃面后退速率分别提高 3.7% 和 3.56%。由此可见,尽管在固体火箭发动机中埋入金属丝是提高推进剂质量燃速的有效方法,但在固液混合火箭发动机中此法效果不很明显。

2.4.2 氧化剂旋流

(1)药柱前端采用氧化剂旋流喷注器。S.YUASA 等人对药柱前端有和没有气氧旋流时燃烧药柱终止后的药柱剖面进行了观测。结果表明,没有气氧旋流时,沿药柱轴向药柱内径变化不大。当有气氧旋流时,由于喷注器的出口半径小于药柱内孔半径,气氧膨胀,旋转射流扩散并撞击燃面,大大增强了撞击区域的传热,增加了该区的燃面退移速率。图 2.12 为气氧旋流的燃烧模型。由于射流的逆压梯度,回流区位于气氧旋流中心。在回流区,固体燃料分解产物与气氧反应;在撞击点下游,为湍流边界层燃烧。由于气氧旋流增加了气氧射流的角动量,使气氧在燃烧室的流动速度提高,同时,由于旋涡气流离心力的作用增加了燃面附近的气流密度,二者的作用减小了燃烧面上边界层的厚度,增加了热反馈,从而提高了燃面退移速率。气氧旋流增加了氧化剂与固体燃料反应物在燃烧室的停留时间,改善了发动机的燃烧性能,但由于气流的黏性作用,氧化剂旋流强度随着向下游流动逐渐减弱,甚至消失。因此,旋流喷注器主要用于提高药柱进口部分的燃速,对下游药柱的燃烧影响不大。

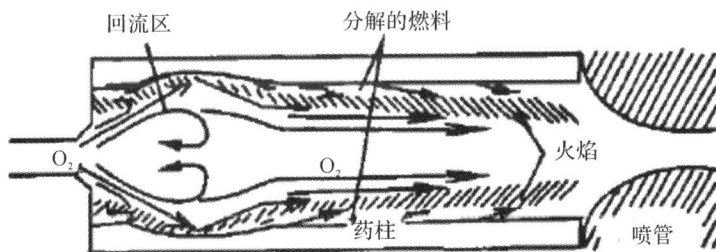

图 2.12 有气氧旋流时燃烧室内的流动和燃烧

(2)气态氧化剂从固体药柱壁上的切向孔喷入药柱燃面。Knuth 等人用氧气切向喷射的方法大幅度提高了 GOX/PMMA 固液混合火箭发动机中燃料的退移速率,沿切向喷入的氧气在离心力的作用下压向燃料表面,强化掺混合燃烧,使传入燃料表面的热流大幅度增加,通过这种方法,燃料的退移速率最大可以提高 3~6 倍。日本以及韩国的科研团队等在研究中也采用了类似的方法。

为克服涡旋固液混合火箭发动机头部旋流氧化剂的旋流强度沿轴向逐渐减小的缺点，W. H. Knuth 等人提出了从药柱壁上的切向孔喷入氧化剂的方案，如图 2.13（a）所示。氧化剂从发动机头部进入集氧腔，然后经发动机内壁和药柱壁上的切向孔进入药柱内表面，形成氧化剂旋流。试验发现，燃烧室内流场是一个双向共轴旋涡，外部的旋转气流首先向上移动至发动机头部，而后移向中心，最后从喷管流出，如图 2.13（b）所示。冷流油迹试验发现，气流向上的流动角为 28°，用 HTPB/气氧和 PMMA/气氧为推进剂的试验指出，切向孔旋流下方药柱的燃烧加速，形成局部凹槽，并向下方的喷注孔延伸。将喷射孔倾向头部，与油迹试验得到的流动方向角一致，试图获得较强的涡流。但热试验发现，邻近壁的流动角小于 28°，喷射后的射流角重新回到 0°。燃面退移速率与喷孔的直径和氧化剂质量密流有关，喷孔直径增大，燃面退移速率减小；喷孔质量密流增大，燃面退移速率提高。与常规的固液火箭混合发动机相比，PMMA 燃料的燃面退移速率可提高 4～8.4 倍，HTPB 燃料的燃面退移速率可提高 5.6～6.4 倍。

（3）气态氧化剂从固体药柱末端和喷管进口之间的切向孔喷入燃烧室。图 2.13（c）为气态氧化剂从固体药柱末端和喷管进口之间切向喷入燃烧室的发动机（也简称涡旋固液混合火箭发动机）的结构和内流场。气态氧化剂从发动机头部进入环形腔，然后从药柱末端的切向孔进入燃烧室，在径向压力梯度和离心力的作用下，氧化剂不会从喷管流出，而形成沿药柱表面向燃烧室头部发展的外涡旋，此过程中，氧化剂与固体燃料的分解产物混合燃烧。当外涡旋到达燃烧室头部时，向内转变为向喷管端发展的内涡旋，并从喷管排出。研究得出，影响涡旋发动机平均燃面退移速率最主要的因素是氧化剂的质量密流，其次是药柱内孔直径。氧化剂密流越大，平均燃面退移速率越大，与一般的固液混合火箭发动机的规律相同；药柱的内径越大，平均燃面退移速率越大，与一般的固液火箭发动机的规律不同。这是因为大的内径增加了涡旋的角动量。其他因素的影响依次为药柱长度、氧化剂总喷射孔面积、喷喉面积、喷射孔数和喷射角。这些因素的影响是负面的，药柱长度增加，黏性作用使药柱表面的切向动量损失增加，沿药柱表面的涡旋强度减弱；同时，从药柱末端到头部，氧燃比逐渐减小，燃面退移速率逐渐减小。药柱最高的燃面退移速率发生在旋涡喷注器的直接下游，这部分药柱燃烧对平均燃面退移速率的影响随着药柱长度的增加而减小。因此，药柱越长，平均燃面退移速率越低；喷射孔总面积增大，氧化剂的喷射速度变小，共轴涡旋强度减小，平均燃面退移速率减小；喷喉面积越小，允许更强的涡旋在燃烧室中发展，从而可获得更大的燃面退移速率。涡旋发动机的燃面退移速率主要受共轴涡旋流场对流传热的影响，燃烧室压力的影响很小。

由于涡旋使氧化剂与燃料热分解气体充分混合，增加了反应物质在燃烧室中的停留时间和向燃面的对流传热，大大提高了燃面退移速率。实验指出，涡旋发动机的燃面退移速率比常规固液混合火箭发动机约高 7 倍。

（4）头部氧化剂旋流及药柱后半部开螺旋槽。研究表明，螺旋槽药柱装药量减少 1%～2%，燃面增加 10%～50%。如果燃面退移速率与未开槽时相同，则容积燃烧速率的增加率应等于燃面的增加率。但实验结果指出，螺距为 3 的药柱，燃面增加 50%，容积燃烧速率只增加 35%；螺距为 18 的发动机，燃面增加 10%，容积燃烧速率仅增加 1%；而螺距为 12 的发动机，燃面增加 14%，容积燃速却增加 16%，表明螺旋槽药柱的内流场和螺旋槽内燃面的燃烧是非常复杂的。螺旋槽药柱相对于无槽药柱提高了容积燃烧速率,若定义螺旋槽药柱的燃面退移速率为容积燃烧速率除以无槽时的燃面,则可得出螺距越小,药柱的燃面退移速率越大。但发动机试验指出,有槽药柱虽然初始燃面较大,但初始段压力却低于无槽药柱。这可能是由于有槽药柱的燃烧效率较低。从总冲量与螺距的关系看,存在一个总冲量最大的螺距。

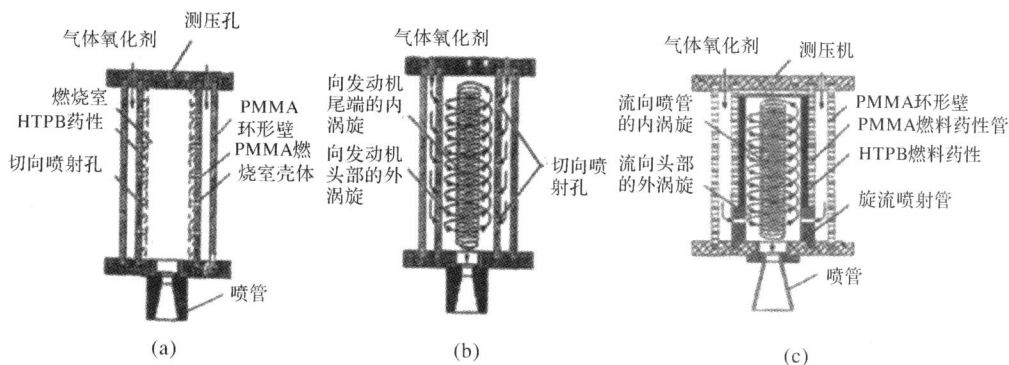

图 2.13　涡旋固液火箭发动机的结构和内流场
(a)从固体药柱壁上的切向孔喷入气态氧化剂;(b)外部旋转气流喷管;
(c)从固体药柱末端的喷管进口之间的切向孔喷入气态氧化剂

2.4.3　熔化层液滴飞溅质量传递

如果固体药柱燃烧过程中,燃面上形成低黏性的熔化层,在气动力的作用下,熔化层失稳,液滴直接从熔化层飞溅进入气流中蒸发、燃烧,将大大提高燃面退移速率,如图 2.14 所示,这种传质现象称为熔化层液滴飞溅质量传递。具有这种质量传递的固体药柱有两类,一类是铝冰低温固体推进剂,在室温条件下呈液态或气态,在低温下冻结形成固体药柱,如低温的固体氢、煤油、甲烷、戊烷、氨及低温固体氧等(对于戊烷/气氧推进剂,估算的最大燃面退移速率为 HTPB/气氧推进剂的 20 倍);另一类是石蜡($C_n H_{2n+2}$, $n = 16 \sim 24$)等,它们在常温下是固态的,但在燃烧中燃面上形成低黏度的熔化层。石蜡基固体燃料的燃面退移速率比 HTPB 基固体燃料高出 3～4 倍。若在石蜡基固体燃料中添加纳米铝箔,燃面退移速率将更高,因为铝箔包含在熔融的石蜡中,随着液滴飞溅进入气流,并在燃面附近燃烧,增加了向燃面的对流传热和辐射传热。

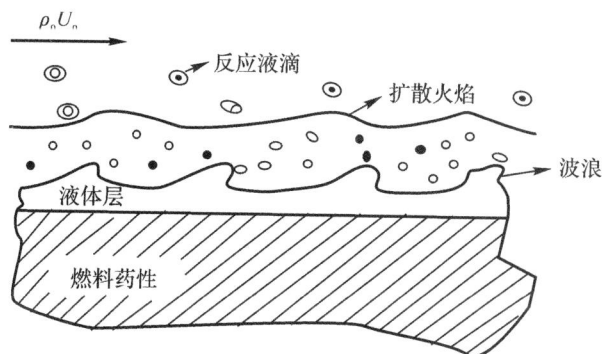

图 2.14　液滴飞溅进入燃气中

2.4.4 燃气发生器式固液火箭发动机

如图 2.15 所示为燃气发生器式固液混合火箭发动机结构。燃气发生器药柱是能自热维持燃烧的富燃料推进剂。药柱燃烧的富燃气体经喷管进入补燃室,与氧化剂进行二次燃烧,氧化剂由燃气发生器的气体增压氧化剂贮箱供应,如图 2.15(a)所示,也可用燃气发生器的燃气驱动涡轮泵把液态氧化剂泵入补燃室,废气可回到补燃室二次燃烧,如图 2.15(b)所示。

富燃料固体推进剂药柱的燃速与液态氧化剂的流率无关,可根据推力的需要进行调整,因而克服了常规固液混合火箭发动机燃面退移速率低的缺点。同时,部分氧化剂为固态,提高了推进剂的密度;补燃室的二次燃烧,提高了燃烧效率;药柱燃面的燃速均匀,没有残药。如果燃气发生器喷管是非壅塞的,通过调节氧化剂流率来调节推力时,燃气发生器具有自适应调节能力,保持发动机在较佳的组分比下工作。

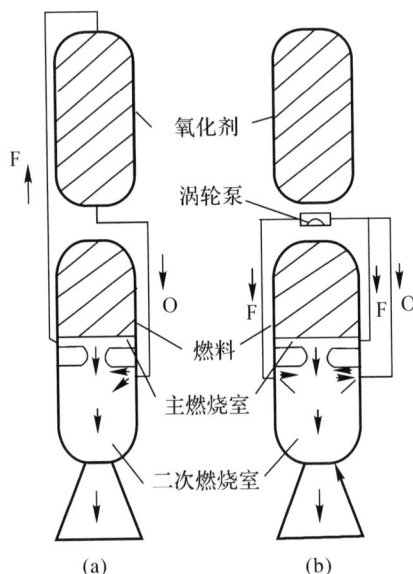

图 2.15　燃气发生器式固液火箭发动机结构
(a)气体挤压式系统;(b)涡轮泵系统

2.4.5 研制新型的固体燃料

Krabeyoglu 和 Evans 等人对石蜡基固体燃料进行了研究,发现退移速率比 HTPB 基的固体燃料要高得多,但是要将石蜡基燃料应用于实际的发动机设计中还需要考虑机械强度、热力学性能以及在贮存过程中的蠕变性等特征。国内方面,西北工业大学从 2003 年开始了石蜡改性技术研究,实现了石蜡和高聚物接支处理;已成功制取了含石蜡 40%、碳 15%、高聚物 45%的石蜡基燃料。此外,在选用氧化剂和固体燃料的时候还需要对所选择推进剂组合之间的匹配性进行研究,并对它们的燃烧性能进行优化。

2.5　固液混合火箭发动机的应用

固液混合火箭发动机具有能量高、容易进行推力调节、可多次启动、可靠性高、安全性好、成本低等优点。在武器领域用做导弹的发动机,可使导弹具有射程远、突防能力强、低易损、易于实现能量管理等优点;用于军用航天器的轨道机动发动机,可具有优良的轨道机动性能;在民用航天领域可以用做运载火箭助推器,不仅能量高、环境友好,而且对于载人航天而言具有突出的安全性能;用于上面级发动机则具有多次启动、轨道机动能力强、在轨工作时间长等优点;用于姿轨控发动机和变推力发动机具有推力调节精确、绿色环保等优点。总之,固液混合火箭可满足航天技术发展对多种高性能发动机的需求,下面进行详细阐述。

2.5.1　导弹发动机

在未来的军事斗争中,要求导弹的动力装置具有能量高、推力可变、结构简单、低特征信号、低易损性等优良特性,而目前采用固体火箭发动机的导弹不同程度存在着突防能力差、能量管理和控制技术落后等缺点,固液混合火箭发动机能够很好地适应新型导弹武器对高性能动力装置的需求。例如,Sandpiper 靶弹,发动机以 75% N_2O_4 和 25% 的 NO 为氧化剂,固体燃料含 90% 的聚甲基丙烯酸酯和 10% 的镁粉,理论比冲为 276.3 s,实际比冲为 250.3 s,比冲效率达 90.59%,该靶弹从飞机上发射,在不同的高度和不同的马赫数下水平飞行距离超过 185.2 km,有推力的时间超过 300 s,节流能力超过 8:1。由于具有较高的比冲,用固液混合火箭发动机代替固体火箭发动机可以使导弹具有较远的射程。固液混合火箭发动机的固体燃料药柱对外界的激发冲量和自身的裂纹、气孔和脱黏等缺陷不敏感,可以使导弹具有良好的低易损性,这一优点对于舰载和机载导弹武器尤为重要。

固液混合火箭发动机可以通过调节氧化剂流量实现发动机的能量管理,使导弹在携带推进剂或者燃料数量固定的情况下实现射程或末段速度的最大化。以反舰导弹为例,可以在起飞段采用大推力的助推工作模式,使导弹在短时间内由静止状态启动并迅速达到所设计的飞行速度;在续航段采用小推力的巡航工作模式,使导弹克服阻力,按照设定的速度飞行;在弹道的末段,采用大推力的突防工作模式,使导弹加速冲向目标,通过高的飞行速度增加突防的概率,并附加导弹的动能打击效果,使用同一固液混合发动机满足导弹在飞行弹道的不同阶段的推力要求,可以简化动力装置,降低武器的成本并提高可靠性。

弹道导弹以固液混合火箭发动机为动力装置,可以通过推力调节和多次启动,实现弹道的优化,提高突防能力和对复杂战场环境的适应能力。当导弹沿着固定的弹道飞行时,容易被敌方探测并计算出飞行轨迹和最佳拦截点。采用固液混合火箭作为弹道导弹的动力装置时,可以通过调节推力以及多次开关机,实现弹道的优化。例如,通过多次的关机-重启动,使弹道导弹反复地下降、上升,形成具有多个波峰和波谷的跳跃式弹道,使敌方反导防御系统无法及时确定导弹的飞行轨迹,难以计算导弹的落点,从而提高弹道导弹在中段的突防能力。

固液混合火箭发动机也可以作为大型飞航式导弹的突防发动机,通过输出不同大小和方向的推力,实现导弹的机动变轨,使敌方拦截导弹脱靶,从而提高导弹在中段和末段的突防能力。对于弹道导弹还可以在末段通过变轨修正弹道,提高落点精度,对于用弹道导弹打击海面大型移动目标(如航空母舰)具有重要意义。因此,固液混合火箭发动机在导弹的突防发动机领域也有良好的应用前景。

固液混合火箭发动机的燃烧产物清洁少烟,有利于降低导弹的特征信号,提高自身的生存能力,同时还可以减少或避免烟雾对制导信号的干扰,提高制导精度。

2.5.2 军用航天器轨道机动发动机

固液混合火箭具有多次启动以及进行推力调节的能力,可用做军用航天器轨道机动发动机。以反卫星作战为例,固液混合火箭发动机可作为共轨式天基反卫星武器的轨道机动发动机。共轨式天基反卫星武器平时依靠惯性在自身的轨道上运行,作战时,开启固液混合发动机,实施轨道机动,与敌方卫星共轨运行,此时可以凭借固液混合发动机的精确调节能力,接近敌方卫星,采用电子战等方式使敌方卫星丧失通信、侦察、预警等能力,也可以凭借优良的轨道机动能力对敌方卫星进行在轨捕获,还可以通过增大发动机推力,用动能撞击或其他方式将敌方卫星摧毁。由于固液混合火箭可以多次启动,所以,上述共轨式天基反卫星武器可以在太空中多次使用,打击方式灵活多样,提高了执行任务的灵活性和使用效率,与目前基于液体火箭发动机的轨道机动系统相比,固液混合火箭发动机的轨道机动系统具有更高的安全性、可靠性和较低的成本。

2.5.3 运载火箭助推器

大推力的固液混合火箭发动机具有较高的比冲,不但能够满足航天器对于运载火箭能量性能的要求,并且在安全性、可靠性、环境友好等方面具有明显的优势。例如,固液混合火箭发动机在遇到意外的激发冲量的时候,不易被引爆,在必要的时候可以关机,这种突出的可靠性与安全性,在载人航天活动中具有至关重要的意义。

20世纪国外固液混合发动机的研发重点就包括大型运载火箭和航天飞机用的助推器样机。美国火箭公司发展固液混合发动机的目的就是将其应用于小型运载火箭及中、重型运载火箭的捆绑助推器以及上面级中。1986年,国外在阿里安-5P和H-Ⅱ火箭固体助推器的数据的基础上研究了固液混合火箭发动机用于助推器的可行性。研究结果表明,固液助推器可替代固体助推器。美国研究了用固液火箭发动机来代替目前中型火箭德尔它和宇宙神所使用的固体火箭助推器,来提高有效载荷能力;美国还准备在下一代运载火箭中采用液氧/液氢发动机作为主发动机,周围捆绑固液混合火箭发动机的结构形式。根据文献报道,1993年,美国火箭公司率先试验了一种推力113.4 t的LOX(液氧)/HTPB(端羟基聚丁二烯)固液混合火箭发动机。1999年,一个由多家宇航公司组成的集团也试验了几种推力相同的LOX/HTPB固液混合发动机样机。

美国已经成功地设计了H-500和H-250K固液混合火箭发动机,并把它应用于亚轨道火箭。此外把H-250K发动机改进成H-1800发动机,准备应用于天鹰座系列小运载火箭。在欧洲,DLR(德国宇航研究院)在研制HYl57固液混合火箭发动机以替代P170固体火箭助推器,然后计划用于未来阿里安-5运载火箭的助推器。

载人航天对于安全性有更高的要求,用固液混合火箭做运载火箭的助推器,不但成本低、安全性好、燃烧产物清洁,而且在发射中可以通过推力调节控制航天员承受的过载,在出现故障时还能紧急关机,使航天发射的安全性大大提高,尤其对于载人航天器而言,具有现有的固体助推器所无法比拟的优越性。例如在"挑战者"航天飞机爆炸事故中,如果采用的是固液混合火箭发动机做助推器,就可以在事故初始阶段关闭固液混合发动机,避免事故的扩大,从而使航天员有生还的机会。

2.5.4　上面级发动机

上面级发动机需要具备工作时间长、可多次启动、任务适应性强、轨道机动能力强等特点,可用于完成提升运载能力、多星分配轨道部署、多星组网部署、异面轨道机动和全任务轨道到达等任务。可启动次数是上面级的重要指标之一,采用固液混合火箭发动机作为运载火箭的上面级的最大优势是具备多次启动能力。除此之外,在轨道机动能力和长时间工作能力方面也具有明显的优势,又因为只有液体氧化剂一种液体组分,且可以选较高沸点物质,例如浓硝酸(沸点为83℃)和过氧化氢(沸点为151.4℃),可以有效地克服液氢、液氧等低温推进剂在轨蒸发的技术难题。综上所述,采用固液混合火箭发动机作为运载火箭的上面级,可以明显拓展运载火箭的任务适应性。美国火箭公司在考虑将固液混合火箭发动机作为入轨发动机,通过多次点火以保证载荷能准确入轨。马歇尔空间飞行中心也对固液混合火箭发动机作为脱轨发动机进行了可行性研究。

2.5.5　姿轨控发动机

以反导系统的KKV(动能拦截器)用姿轨控发动机为例,KKV必须保证对被拦截导弹的零脱靶量才能拦截成功,KKV拦截导弹的过程需要输出变化的推力,用来进行克服分离扰动、变轨和对准目标。用固液混合火箭发动机做姿轨控发动机只需要简单改变液体氧化剂通量就可以进行推力的精确调节,并且在比冲、多次启动等方面也优于固体火箭发动机,而采用固体推进剂的姿轨控发动机则只能通过采用双药柱或者多药柱设计,不仅装药结构复杂,而且推力调节精度不高。此外,采用固液混合火箭发动机做KKV的姿轨控发动机还具有以下有优点。

(1)固液混合火箭发动机的燃面退移速率只受液体氧化剂通量的控制,根本不受发动机工作压强波动的影响。

(2)安全性能好,易于长期储存,维护简单。

(3)可靠性和成本优于固体和液体火箭发动机。

(4)可满足机载、舰载武器的低易损性要求。

(5)如果采用绿色环保氧化剂,例如,过氧化氢氧化剂和无金属粉或低金属含量的固体燃料配方,将具有燃气清洁、无羽流污染的特点。

2.5.6　变推力发动机

变推力发动机的价值在于为推进与控制提供可控的动力,根据文献[93],其优越性表现在以下几方面。

(1)用于航天运输系统的动力装置,可以实现最佳的推力控制,使运输能力达到最大。

(2)载人航天器主动飞行段使用变推力发动机,可以严格控制宇航员的过载,确保其安全。

(3)航天器的交会对接和轨道机动,使用变推力发动机可以提高操纵控制的灵活性。

(4)在月球等无大气天体的表面软着陆和机动飞行中,变推力发动机是唯一可行的动力装置。常推力发动机组合虽然可实现推力的简单调节,但是难以满足大范围、高精度、低能耗航天器轨道快速机动的目标。固液混合火箭发动机最突出的优点之一就是容易实现推力调节，固液混合火箭发动机用于变推力发动机领域，将可以实现大范围、高精度、低能耗的推力调节，进行合理的能量管理，并且还具有发动机结构简单、安全性好、可靠性高、成本低等优点，可以很好地满足未来航天器对变推力发动机的需求。

2.6　固液混合火箭推进剂的新进展

在末端燃烧式的固液混合发动机中，气体氧化剂流经固体燃料层与层之间的孔隙，稳定的漫射火焰出现在燃料末端表面，如图 2.16 所示。

由于火焰迅速产生在推进剂表面就像是一股预混合气体从燃烧的表面流出，所以有高的燃烧效率；同时，在这种发动机中，燃料退移速率也就是固体燃料质量减少的速率由于燃烧表面积不变而保持一个恒定的值，当氧化剂气体流速恒定时，O/F 保持不变。这种发动机主要的难题是推进剂的燃烧特征和稳定性。Katoetal 用管状或柱状过滤器式的燃料形状和气体氧化剂反应，进行了推进剂燃烧实验，阐明了其基本的燃烧特性，并在一个高压燃烧室中获得了稳定的燃烧情况。Hashimotoetal 用纤维状的燃料形状同样阐明了这个基本的燃烧特性，证明了这种发动机的设计理论。

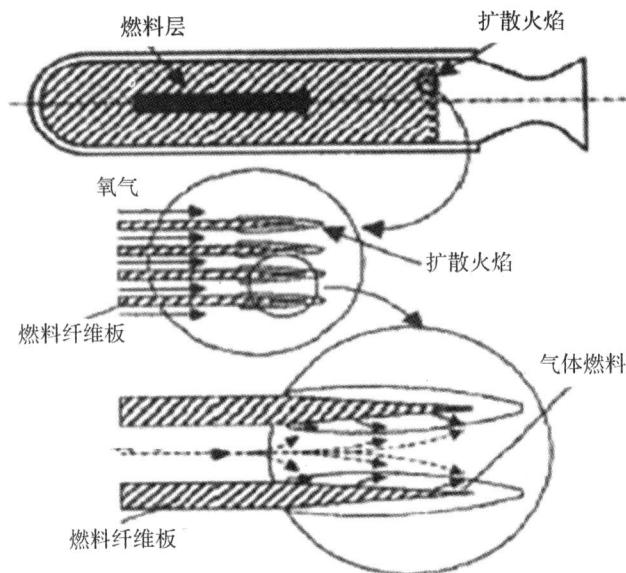

图 2.16　末端燃烧式的固液混合发动机

固液混合发动机燃料都具有不同程度的毒性，而石蜡基燃料则相反，并具有如下优点：燃烧时条件较温和，燃烧非常干净（燃烧后只留下水蒸气和二氧化碳），燃料运输无须特殊性安全措施，火箭的燃料添加过程简便等，这是传统固体火箭燃料所无法比拟的。此外由于混合式火箭调节范围很大，可以通过控制氧化气体控制熄火和重新点燃，这也是科学家认为其具有替代目前固体火箭燃料潜力的原因之一。然而，石蜡基燃料相关研究技术尚处于试验验证阶段，在其作为火箭燃料应用于航空事业之前，还需在小型火箭发动机上反复试验，再在大型火箭发动机上进一步试验验证。石蜡基燃料的研究为发展高能量燃料开辟了一条新途径，即开发一种有效、高轻便的燃料,这种燃料有作为基本燃料的巨大潜力。石蜡的存贮及制造比固体火箭推进剂安全,且价格更低,使其应用于大型固液混合发动机成为可能。

与液体和固体火箭发动机相比,我国目前对固液混合发动机的试验、研究还很不充分,尚无法满足实际应用的要求。应对固液混合火箭发动机的混合燃烧、性能特性和应用等进行深入分析、试验研究。据国外对固液混合火箭发动机的研究资料报道,固液混合火箭发动机的研制已经成为现实,尤其对空间应用研究特别有吸引力,特别是要求发动机定期点火作长时间惯性运动的飞行。利用固液混合火箭发动机技术不仅可以研制安全、可靠和低成本的推进系统,更主要的是,诸多要用的高能燃料与氧化剂为高性能火箭发动机的设计提供了广阔的技术途径。

不同于传统的推进技术,固液混合燃料火箭发动机推进是一非常保险和廉价的技术,由于它能减轻运输、操作灵活和易于存储,现在和将来的航天任务拥有巨大的利用价值。空军装置用的固液混合火箭发动机推进产品已经有重新启动和可节流的能力,固液混合式发动机正在执行许多任务,地面发射、空中发射、海洋发射、空中测试等都有应用。美国准备提供大规模的固液混合燃料火箭发动机,为空军研究实验室承制基于以因特网为基础的智能的航天飞机兼容的动力装置舱。

参 考 文 献

[1]　单建胜,雷宁. 固液混合发动机的研制及其应用[J]. 固体火箭技术,1997,20(3):13-20.

[2]　KARABEYOGLU A, ZILLIAC G, B J CANTWELL, et a1. Scale-Up Tests of High Regression Rate Paraffin-Based Hybrid Rocket Fuels[J]. Journal of Propulsion and Power, 2004, 20(6): 1037-1045.

[3]　HOPKINS J, SKINNER M, BUCHANAN A, et a1. Overview of a 4-inch OD Parafin-Based Hybrid Sounding Rocket Program, AIAA 2004-3822[R]. USA: AIAA, 2004.

[4]　MCCORMICK A, HULTGREN E, LICHTMAN M, et a1. Design, Optimization, And Launch of A 3 Diameter N_2O Aluminized Paraffin Rocket, AIAA 2005-4095 [R]. USA: AIAA, 2005.

[5]　KARABEYOGLU M A, CANTWELL B J, ALTMAN D. Development and Testing of Parafin-Based Hybrid Rocket Fuels, AIAA 2001-4503[R]. USA: AIAA, 2001.

[6]　GRANT A R, JUSTIN L S, VIGOR Y, et al. Combustion and Conversion Efficiency of Nano Aluminum-water mixtures[J]. Combustion Science and Technology, 2008, 180: 2127-2142.

[7]　尤琛珣. 含石蜡燃料热解分析[D]. 西安:西北工业大学,2008.

[8]　官鹏. 含石蜡燃料研制[D]. 西安:西北工业大学,2010.

[9]　KARABEYOGLU M A, CANTWELL B J. Combustion of Liquefying Hybrid Propellants: part II Stability of Liquid Films[J]. Journal of Propulsion and Power, 2002, 18(3): 25-28.

[10] WRIGHT A M, WYNNE P C, ROOKE S, et al. A hybrid Rocket Regression of Guanidinium Azo – Tetrazolate, 98 – 3186[R]. New York：AIAA,1998.

[11] WRIGHT A M, DUNN L, ALFORD B, et al. A Thrust and Impulse Study of Guanidinium Azotetrazolate as an Additive for Hybrid Rocket Fuel, 99 – 2538[R]. New York：AIAA,1998.

[12] 邹德荣. 国外固液火箭发动机用推进剂[J]. 飞航导弹, 2001(11):38 – 40.

[13] 贺武生. 混合式火箭推进装置的发展前景[J]. 火箭推进, 1994(1):26 – 40.

[14] FREDERICK R A, MOSER M D, KNOX L R, et all. Ballistic Properties of Mixed Hybrid Propellants[R]. AIAA 2004.

[15] KARABEYOGLU M A, ALTMAN D, CANTWELL B J. Combustion of Liquefying Hybrid Propellants：Part 1, General Theory, Journal of Propulsion and Power, 2002,18(3):610 – 620.

[16] KNUTH W, CHIAVERINI J, SAUER A, et al. Solid – Fuel Regression Rate Behavior of Vortex Hybrid Rocket Engines[J]. Journal of Propulsion and Power, 2002,18(3):55 – 58.

[17] RISHA G A, BOYER E, WEHRMAN R B, et al. Performance Comparison of HTPB – Based Solid Fuels Containing Nano – Sized Energetic Powder in A Cylindrical Hybrid Rocket Motor[R]. AIAA 2002 – 3576.

[18] 陈灏, 胡春波, 孙得川, 等. 固体燃料热分解特性分析[J]. 固体火箭技术,2008,31(1):69 – 71.

[19] DE ZILWA S, ZILLIAC G, KARABEYOGLU A, et al. Time – Resolved Fuel – Grain Regression Measurement in Hybrid Rockets[A]. 39th AIAA/ASME/SAE/ASEE Joint Propulsion Conference and Exhibit[C]. Huntsvlle, Alabama,2003.

[20] MARXMAN G A, GILBERT M. Turbulent Boundary Layer Combustion in the Hybrid Rocket [C]//9th International Symposium on Combustion, Academic Press, New York：1963,371 – 383.

[21] GANY A. Similarity and Scale Effects in Hybrid Rocket Motors[C]//Chiaverini M J and Kuo K K. Fundamentals of Hybrid Rocket Combustion and Propulsion. Vol. 218, Chap. 12, AIAA, Reston, VA, Progress in Astronautics and Aeronautics, 2006.

[22] KARABEYOGLU M A, CANTWELL B J, ALTMAN D. Development and Testing of Paraffin – Based Hybrid Rocket Fuels[R]. AIAA2001 – 4503.

[23] FREDERICK R A, MOSER M D ,WHITEHEAD J, et al. Regression Rate Study of Mixed Hybrid Propellant, 2005 – 3545[R]. New York：AIAA,2005.

[24] JAMES N, DAVID T W, BRADLEY D H, et al. Additives to Increase Fuel Heat Sink Capacity[A]. 38th AIAA/ASME/SAE/ASEE Joint Propulsion Conference and Exhibit [C]. Indianaolis,Indiana,2002.

[25] VENKATESWARAN S, MERKLE C L. Size Scale – Up in Hybrid Rocket Notors [C]//AIAA 34th Aerospace Science Meeting and Exhibit, Reno, NV Jan. 15 – 18, 1996, AIAA Paper 96 – 0647.

［26］　CHIAVERINI M J，SERIN N，JOHNSON D K，et al. Regression Rate Behavior of Hybrid Rocket Solid Fuels［J］. Journal of Propulsion and Power，2000，16(1)：125 – 132.

［27］　田辉，蔡国飚，王慧玉，等. 固液混合火箭发动机燃烧室和喷管流动数值模拟［J］. 宇航学报,2006,27(2):281 – 285.

［28］　杨玉新，胡春波，何国强，等. 固液混合火箭发动机中的关键技术及其发展［J］. 宇航学报，2008，29(5):1616 – 1621.

［29］　张兴高，张炜，朱慧. 新型化学推进剂技术研究发展［A］. 长沙:国防科技大学航天与材料工程学院,2000.

［30］　KNUTH W H，CHIAVERINI M J，GRAMER D J，et al. Solid – Fuel Regression Rate and Combustion Behavior of Vortex Rocket Engines，99 – 2318［R］. New York：AIAA,1999.

［31］　CLAIR C P St，RICE E E，KNUTH W H，et al. Advance Cryogenic Solid Hybrid Rocket Engine Developments：Concept and Test Results,98 – 3058［R］. New York：AIAA,1998.

［32］　GRAMER D J，RICE E E，KNUTH W H，et al. Experimental Investigation of Metallized Cryogenic Hybrid Rocket Engine，98 – 3509［R］. New York：AIAA,1998.

［33］　LARSON C W，DEROSE M E，. High pressure combustion of cryogenic solid fuel for hybrid rocket，96 – 2594［R］. New York：AIAA,1996.

［34］　KARABEYOGLU M A，ALTMAN D，CANTWELL B J. Combustion of Liquefying Hybrid Propellants：Part 1，general theory［J］. Journal of Propulsion and Power，2002，18(3):610 – 620.

［35］　KARABEYOGLU M A，CANTWELL B J. Combustion of Liquefying Hybrid Propellants：Part 2，Stability of Liquid Films［J］. Journal of Propulsion and Power，2002，18 (3):621 – 630.

［36］　KARABEYOGLU M A，CANTWELL B J，STEVENS J. Evaluation of Homologous Series of Normal – Alkanes as Hybrid Rocket Fuels，2005 – 3908［R］. New York：AIAA，2005.

［37］　KUWAHARA T，MITSUNO M，ODAJIMA H，et al. Combustion Characteristics of Gas Hybrid Rockets，94 – 2880［R］. New York：AIAA，1994.

［38］　陈灏. 固液火箭发动机燃烧流动与燃面退移规律研究［D］. 西安:西北工业大学,2007.

［39］　YANG YU X，HU C B，CAI T M，dt al. Instantaneous regressioin rate computation of hybrid rocket motor based on fluid – solid coupling technique［C］//43rd AIAA/ASME/SAE/ASEE Joint Proulsion Conference ＆ Exhibit，Cincinnati，OH，8 – 11 July 2007，AIAA 2007 – 5350.

［40］　KARABEYOGLU M A. Transient Combustion in Hybrid Rockets［D］. Stanford University，1998.

［41］　KARABEYOGLU M A，GREGORY C Z，CANTWELL B J，et al. Scale – up Tests of High Regression Rate Liquefying Hybrid Rocket Feuls［A］. 41st Aerospace Sciences Meeting and Exhibit［C］. Reno，Nevada，2003.

[42] 李宇飞,何国强,刘佩进. 固液混合发动机的新宠:石蜡基燃料[J]. 火箭推进,2005,31
(4):36 - 40.

[43] 胡建新,夏智勋,张钢锤. 固液火箭发动机在空间发射上的应用前景[J]. 导弹与航天
运载技术,2002(3):21 - 24.

[44] 李聪盛,邱辉煌,贸泽民. 10 kg级推力混合火箭系统研制及测试[A]. 中国台湾地区
(民航学会/航太学会/燃烧学会)学术联合会议,2002,359 - 366.

[45] DE ZLLWA S, ZILLIAC G, REINATB M, et al. Time - resolved Fuel - grain Port
Diameter Measurement in Hybrid Rockets[J]. Journal of Propulsion and Power,
2004, 20(4):684 - 689.

[46] 庞维强,樊学忠,张增平. 纳米金属粉的制备、表征及其在含能体系中的应用[M]. 北
京:国防工业出版社,2016.

[47] JOHN C T, JACK D B. Coating of boron particles[P]. US:49I 5753,1990.

[48] KARABEYOGLU M A, ALTMAN D, CANTWELL B J. Combustion of liquefying
hybrid propellants part I general theory[J]. Journal of Propulsion and Power, 2002,
18(3):121 - 125.

[49] 胡松启,武冠杰,刘欢,等. 含石蜡燃料的能量特性和退移速率测试[J]. 含能材料,
2014,22(4):498 - 502.

[50] FROLIK S. Hybrid Rockets[J]. Aerospace America,2002,40(12):61 - 63.

[51] SHIN K H, LEE JIN C, YOUNG S Y. The Enhancement of Regression Rate of
Hybrid Rocket Fuel by Various Methods,2005 - 0359[R]. New York:AIAA,2005.

[52] KARABEYOGLU M A. Transient Combustion in Hybrid Rockets[D]. Stanford
University,1998.

[53] KONDRIKOV B N, DELUCA L T, CRISTOFORETTI S. Induced gasification of
solid propellants under thermal radiation[J]. Space Solid Propulsion Conference,
Rome, Italy,2000(1): 21 - 24.

[54] EVANS B, FAVORITO N A, BOYER E, et al. Characterization of Nano - Size
Energetic Particle Enhancement of Solid - Fuel Burning Rate in An X - Ray
Transparent Hybrid Rocket Engine,2004 - 3821[R]. New York:AIAA,2004.

[55] QIN Z, SHEN R, D J Al. Combustion Characteristics of Solid Propellant Under
Laser Irradiation[C]. International Autumn Seminar of Propellants, Explosives and
Pyrotechnics,2011.

[56] KONEV E V, KHLEVENI S S. Burning of a Powder in The Presence of Luminous
Radiation. Fiz. GoreniyaVzryva,1966,2(4): 33 - 41.

[57] F. Maggi. Slide of the Cowrse:Fundamentals of Themochemical Propulsion\[R\].
Politecnico di Milano, Italy,2015.

[58] 时兆峰. 端面燃烧混合火箭发动机的基础研究:燃烧稳定性[J]. 飞航导弹,2001(11):41
- 47.

[59] IVANOV, SAFRONOV, GAVRILYUK. Macro Kinetics of Oxidation of Ultra
disperse Aluminum by Water in the Liquid Phase[J]. Combustion Explosion and

Shock Waves, 2001, 37(2): 173 - 177.

[60]　BARATO F, BELLOMO N, FAENZA M, et al. Numerical Model to analyze transient behavior and instabilities on hybrid rocket moters[J]. Journal of propulsion and Power, 2015, 31(2): 643 - 653.

[61]　KARABEYOGLU U A, ALTMAN D, CANTWELL B J. Combustioin of liquefying hybrid propellants: Part 1, general theory [J]. Journal of Propulsion and Power, 2002, 18(3): 36 - 40.

[62]　单世明. 石蜡燃料混合火箭之性能测试[D]. 台南: 台湾成功大学, 1996.

[63]　庞维强, 樊学忠, 吕康. 一种新型固体火箭发动机燃料: 石蜡基燃料[J]. 化学推进剂与高分子材料, 2009, 7(6): 20 - 23.

[64]　KUWAHARA T, MITSUNO M, ODAJIMA H. combustion characteristics of gas - hybrid rockets, 95 - 3083[R]. New York: AlAA, 1995.

[65]　HUMBLE, R. Fuel Performance Enhancements for Hybrid Rockets. AIAA paper 2000 - 3437, 2000.

[66]　程根旺, 王烽. 固液混合发动机推进荆技术[C]. 中国航天第三专业信息网第 26 届年会论文, 2005.

[67]　ALTMAN D. Hybrid Rocket Development History, 91 - 2515[R]. New York: AIAA, 1991.

[68]　KONDRIKOV B N, OHLEMILLER T, SUMMERFIELD M. Ignition and Gasification of Double - Base Propellant Subjected to Radiation of CO_2 Laser. Voprosyteoriivzryvchatykhvestchestv (Problems of theory of explosives). Proceedings of Mendeleev Institute of Chemical Technology, Moscow, 1974(83): 67 - 78.

[69]　PAUL N E, GEROGE R W. Hybrid Rocket Motors Propeilant Selection Alternative, 92 - 3592[R]. New York: AIAA, 1992.

[70]　MOLINA CABRERA P, HERDRIEH G, LAU M, et al. Pulsed Plasma Thrusters: A Worldwide Review and Long Yearned Classification[C]. The 32nd International Electric Propulsion Conference, Wiesbaden, Germany, September 11 - 15, 2011.

[71]　DE ZILWA S, ZILLIAC G, KARABEYOGLU A, et al. Combustion Oscillations in High - Regression Rate Hybrid Rockets[A]. 39th AIAA/ASME/SAE/ASEE Joint PropuISiOil Conference and Exhibit[C]. Huntsvlle, Alabama, 2003.

[72]　KNUTH W H, GRAMER D J, CHIAVERINI M J, et al. Preliminary GFD Analysis of the Vortex Hybrid Rocket Chamber and Nozzle Flow Field, 98 - 335l[R]. New York: AIAA, 1998.

[73]　GRANT A R, TERRENCE L C, WEISMILLER J M. Novel Energetic Materials for Space Propulsion[A]. Air Force Office of Scientific Research. Arlington, 2011.

[74]　薛秀英, 程根旺, 王烽. 固液火箭混合发动机应用与进展[C]. 中国航天第三专业信息网第 27 届年会航天动力技术发展与应用学术会议论文集, 2006.

[75]　GEORGE P, KRISHNAN S, VARKEY P M, et al. Fuel Regression Rate In Hydroxyl - Terminated - PolYbutadiene Gaseous - Oxygen Hybrid Rocket Motors

[J]. Journal of Propulsion and Power,2001,17(1): 35 - 42.

[76] BOSISIO F, RAINA H, COLOMBO A, et al. Setting Up a Hybrid Microcombustor, in: 3rd AAAF On Board Energetic Equipment Conferenc[C]. Avignon, France, 2006.

[77] DE LUCA L T ,GALFETTI L,BOSISIO F, et al An Hybrid Microcombustor for Regression Rate Measurements, in: 57th Inter - National Astronautical Congress[N]. Valencia, Spain, 2006, Paper No. IAC - 06 - C4.2.01.

[78] PARAVAN C. An Introduction to Hybrid Rocket Engines, Slides of the Course: Space Propulsion and Power Systems[R]. Politecnico di Milano, Italy, 2016.

[79] YUASA S, SHIMADA O, MAMURA T, et al. Technique for Improving the Performance of Hybrid Rocket Engines, 99 - 2322[R]. New York: AIAA, 1999.

[80] KNUTH W H, CHIAVERINI M J, et al. Solid - Fuel Regression Rate Behavior of Vortex Rocket Engines[J]. Journal of Propulsion and Power, 2002, 18(3):600 - 609.

[81] OIKNINE C. New Perspectives for Hybrid Propulsion, in: 42nd AIAA/ASME/SAE/ASEE Joint Propulsion Conference & Exhibit, Sacramento, CA, 2006, AIAA Paper No. 2006 - 4674.

[82] MAGGI F, GARIANI G, GALFETEI L, et al. Theoretical Anaysis of Hyolvides in Solid and Hybrid Rocket Proopulsion[J]. Journal of Hyclrogen Energy, 2012, 37: 1760 - 1769.

[83] KNUTH W H, GRAMER D J, SAUER J A. Development and Testing of A Vortexdreven, High Regression Rate Hybid Rocket Engine, 98 - 3507[R]. New York: AIAA, 1998.

[84] ALTMAN D. Hybrid Rocket Development History[R]. AIAA 91 - 2515, 1991.

[85] DELUCA L T. Thermal Propulsion. In: Energetic Problems in Aerospace Propulsion; 3rd Edition - Notes for students (2009). Premani, Pantigliate - Milano: Chapter 9, 1 - 68.

[86] KEVIN E, MAHAFFY GEORGE C. Hybrid Propulsion for Air Force Applications Study[R]. IAF - PL - TR - 96 - 3018, 1996.

[87] HOPKINS J, SKINNER M, BUCHANAN A, et al. Overview of A 4 - inch OD Paraffin - Based Hybrid Sounding Rocket Program, AIAA 2004 - 3822[R]. USA: AIAA,2004.

[88] MIYATA K, FREDERICK R A. Ammonium Nitrate - Based Fuel Gas Generator for Gas Hybrid Rockets, 96 - 3254 [R]. New York: AIAA, 1996.

[89] KARABEYOGLU M A, ZILLIAC G, CASTELLUAI P, et al. Development of High • Burning • Rate Hybrid • Rocket • Fuel Flight Dcmonstrators[A]. 39th AIAA/ASME/SAE/ASEE Joint Propulsion Confefence and Exhibit [C]. Huntsvlle, Alabama, 2003.

[90] EVANS B, FAVORITO N A, KUO K K. Study of Solid Fuel Burning Rate Enhancement Behavior in An X - Ray Translucent Hybrid Rocket Motor, 2005 - 3909 [R]. New York:AIAA,2005.

［91］ FANTON L，PARAVAN C，DELUCA L T. Effects of Radiative Heat Transfer in a Hybrid Micro‐Burner\[J\]. International Jonraal of Aerospace Engineering，2012，10：27‐32.

［92］ MAGGI F. Space Propulsion. pdf，Slides of the Course：Fundamentals of Thermochemical Propulsion［R］. Politecnico di Milano，Italy，2015.

［93］ DELUCA L T. Hybrid Rocket Propulsion，in：Energetic Problems in Aerospace Propulsion，Notes for Students［M］. Premani，Pantigliate‐Milano，Italy，Revised and Extended Preliminary Edition，2009.

［94］ PARAVAN C. Ballistic of Innovative Solid Fuel Formulations for Hybrid Rocket Engines［D］. Politecnico di Milano，Italy，2012.

第3章　富燃料固体推进剂

3.1　概　　述

以速度快、质量轻、体积小、比冲高、射程远、结构简单和可靠等为特点的固体火箭冲压发动机推进系统,在战争中有很强的突防力和打击力,将是现代空-空导弹、反舰导弹等的最佳推进方案之一。与固体火箭发动机相比,固体火箭冲压发动机所用富燃料固体推进剂,其二次燃烧时所需的氧化剂相当一部分是取之于空气中的氧,因此明显提高了武器的射程。固体冲压发动机是富燃料固体推进剂主要的应用上游技术领域,经过数十年科学技术的发展,呈现出性能不断提高和品种日益细分的发展趋势,富燃料固体推进剂也在不断发展中,推进剂性能不断提高、配方种类也呈现多样化发展。根据富燃料固体推进剂用高能燃料的不同,富燃料固体推进剂主要分为含硼富燃料固体推进剂、含镁铝富燃料固体推进剂和含碳氢燃料富燃料固体推进剂等。对于富燃料固体推进剂的长远发展而言,高性能的含硼富燃料固体推进剂配方始终是不变的选择,国外最新型的固体火箭冲压发动机大都采用了含硼富燃料固体推进剂配方。但从满足现实需求出发,燃烧性能更好的含镁铝富燃料固体推进剂配方可能更容易取得应用突破。由于离子型硼氢化合物具有较高的燃烧热值,其作为固体推进剂的一种高能燃烧剂,可明显提高推进剂中高能固体组分的含量,进而提高推进剂的能量性能,近年来,对其研究也受到国内外研究者的广泛关注。

3.2　富燃料固体推进剂及其主要性能

在富燃料固体推进剂中加入不同含量和类型的金属粉或金属氢化物作为燃烧剂是为了提高能量和在一定程度上改善推进剂的燃烧性能。硼本身为非金属元素,但在燃料研究中习惯把它划入金属燃料之列。从周期表中氮向左的各元素可考虑作为燃烧剂,这些元素中用的有碳(C)、铍(Be)、锂(Li)、铝(Al)、镁(Mg)、硼(B),它们燃烧都具有较高的热值;加入金属粉末后,还可提高富燃料固体推进剂的密度,加入金属粉后,一般可提高推进剂的比冲 $100\sim150$ N·s·kg^{-1}。金属粉在燃烧时生成氧化物,放出大量的热能,使燃烧温度提高,这是它能提高推进剂能量的基本原因;而金属粉燃烧后,生成的金属氧化物相对分子质量较大,是其缺点,但是,从总体来看,其燃烧火焰温度是提高的。用轻金属氢化物作为燃烧剂加入富燃料固体推进剂中,除了提高推进剂的能量外,还可以使其点火温度、燃烧温度降低(与纯金属相比)。表3.1和图3.1分别列出了几种燃烧热值较高的高能燃料,并进行了对比。

表 3.1　几种金属的物化性能

元素	A_t	密度 $(g \cdot cm^{-3})$	熔点/℃	沸点/℃	燃烧热 $(kJ \cdot mol^{-1})$	汽化热 $kJ \cdot mol^{-1}$	耗氧量 $(g \cdot g^{-1})$	理论比冲/s
Li	6.94	0.535	179	1 336	596.09	135.96	1.16	–
Be	9.01	1.860	1 285	2 970	611.16	309.35	1.77	280[①]
B	10.81	2.340	2 074	2 550	1 264.17	535.81	2.22	255[②]
Mg	24.31	1.740	650	1 117	602.11	136.13	0.66	260[③]
Al	26.98	2.700	660	2 447	1 670.9	284.44	0.88	265[④]

注:在理论比冲($P:P_0=70:1$)测试中:①为 PU/AP/Be,②为 PU/AP/B,③为 PU/AP/Mg,④为 PU/AP/Al。

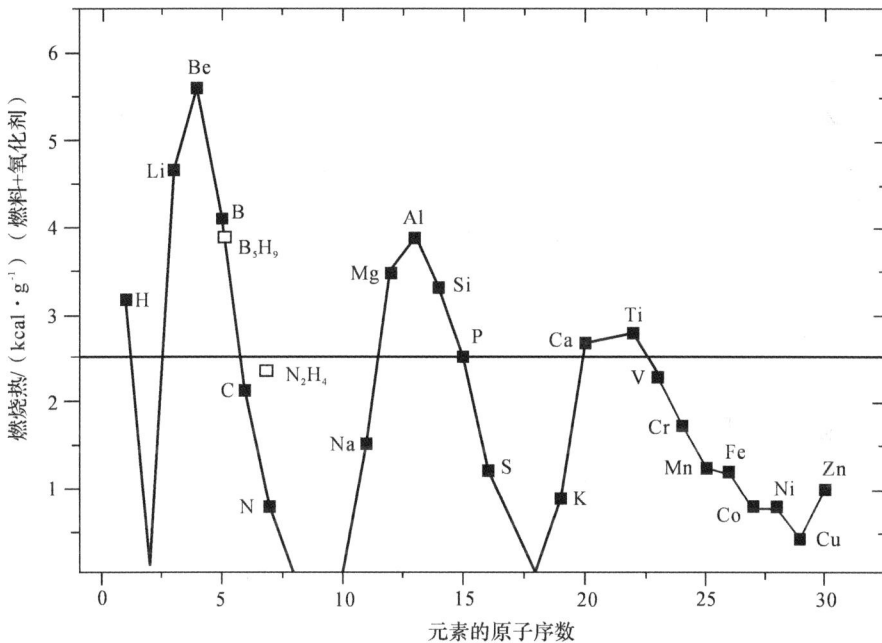

图 3.1　金属燃料和普通燃料的单位质量燃烧热比较
（肼(N_2H_4)和硼烷(B_5H_9)为传统火箭燃料）

从表 3.1 和图 3.1 中可以看出,燃烧热值以铍为最高,其次是硼、锂、铝、硅和镁。含铍的复合改性双基推进剂的理论比冲可达 3 150 N·s·kg^{-1},尽管铍的热值高,但是铍价格昂贵,来源少,属于稀有金属,燃烧产物有剧毒,故使用较少。以下对不同类型的富燃料推进剂分别进行介绍。

3.2.1　含硼富燃料固体推进剂

富燃料固体推进剂是为研制固体火箭冲压发动机而发展的一种高性能推进剂,添加金属燃料是该类推进剂研制的一个重要发展方向。在众多高热值金属中,硼粉以其高的质量热值在(59.3 MJ·kg^{-1})和体积热值(131.6 kJ·cm^{-3})成为富燃料固体推进剂中最具发展潜力的固体添加剂,为了提高含硼富燃料固体推进剂的能量,增加推进剂中的硼含量是有效途径之一。国内外的学者也为了解决因为硼粒子表面覆盖有一层致密的 B_2O_3 和硼酸,使硼在应用中存在点火和燃烧效率低、与黏合剂相容性差等难题进行了不懈的努力,最终发现改善含硼富燃料固体推进剂燃烧性能的主要措施是提高推进剂的一次喷射效率和二次燃烧效率,其中最有效的方法是使硼粒子在溶剂中提纯和团聚处理后进行表面包覆。随着硼粉包覆技术的不断进展,国外含硼富燃料固体推进剂的配方研制已趋于成熟,并应用于冲压发动机的飞行试验,如欧盟的新一代"流星"空空导弹。我国含硼富燃料固体推进剂的配方研制也取得了飞速发展,如文献[8]研究得出当推进剂中其他组分含量一定时,增加硼含量,减少 AP 含量或以HTPB 代替 BAMO/THF 黏合剂,可提高含硼富燃料固体推进剂的比冲。

虽然硼燃料具有许多优点,但它作为推进剂高能组分使用时也存在一些问题,主要表现在以下几方面:①单质硼的熔点和沸点较高(高于 2 000℃),难于熔化和汽化,而 B_2O_3 的沸点也较高,这就进一步增加了硼粒子点火的困难;②硼的燃烧效率低,耗氧量大,产生残渣多,无法发挥出它的高能量热值;③硼粒子表面存在 B_2O_3,H_3BO_3 等杂质,使得硼粒子与推进剂体系不相容。郑剑等人研究了含硼丁羟富燃料固体推进剂工艺恶化的机理,结果表明,硼粉表面的杂质(硼酸、氧化硼等)与 HTPB 的羟基反应生成了硼酸酯,引起凝胶化反应,是导致 HTPB/B不相容的根本原因。另有文献[11]指出,硼粉表面的杂质与缩水甘油基叠氮聚醚(GAP)预聚物的反应性较差,但它们可与异氰酸酯类固化剂反应,这会在推进剂药柱中产生孔洞或气泡。此外,推进剂中少量的硼粒子被大量的氧化剂包封,燃烧时燃料表面很快熔化,并迁移至推进剂表面而结块。块状物的粒径为燃料粒径的 10～100 倍,这会影响氧化剂的氧化效果,还会使推进剂燃烧表面产生小孔,进而干扰燃烧。

1.提高硼粉燃烧效率

针对上述问题,国内外学者进行了大量的研究。张琼方等人为了改善富燃料固体推进剂燃烧性能,提高推进剂的一次喷射效率和二次燃烧效率,提出四类改进方法,即对硼粒子进行表面处理、改进含硼推进剂的配方组成、改进硼粒子加工工艺和改进冲压发动机的结构。

(1)提高富燃料固体推进剂一次喷射效率的途径。

1)对硼粒子进行表面处理。ARCO 公司的专利介绍了一种使无定形硼粉表面钝化的技术,它是用某些醇对硼粒子进行处理,在硼粒子表面生成一种稳定的硼酸盐包覆层,从而达到阻止杂质与黏合剂反应的目的。具体工艺为:①先用溶剂(如乙醇)或气体(如氨)淋洗无定形硼粉,以减少硼粒子表面的硼酸含量;②使基于杂质质量 3%～15% 的某种醇(如三异丙醇胺)溶于某种挥发性更大的有机溶剂(如丙酮、戊烷等);③使硼粉分散在该溶液中;④在保证醇不挥发的情况下,使溶剂挥发;⑤在 139℃ 下加热 17 h,使硼粒子表面生成稳定的硼酸盐。该钝化处理的硼粒子与黏合剂有良好的相容性。

2)改进含硼推进剂的配方组成。通过改变配方组成可在一定程度上提高推进剂的燃烧效率。主要措施有:①添加低燃点、高热值物质(如镁铝合金),推进剂燃温和燃速均提高,从而促进了硼粒子的点火;还可加入钾盐氧化剂,它在反应中可产生游离的钾,使硼粒子表面的 B_2O_3 还原,从而改善其燃烧性能;②在含硼推进剂中采用 3 -硝酸甲酯基- 3 -甲基氧杂环丁烷

（NMMO）、3,3-双（叠氮甲基）氧杂环丁烷（BAMO）等含能黏合剂，它们分解产生极大的热量，热解气体具有极高的紊乱性，能使硼粒子由表面反应区扩散到主反应区，因而可提高硼粒子的燃烧效率；③硼粒子在燃烧中存在某种"合作效应"，使得它存在一个维持燃烧的极限浓度，最佳值为 40%。

3）改进硼粒子的加工工艺。这可从制造工艺方面改善含硼富燃料推进剂性能，它是先将硼粒子进行造粒处理，通过有机高分子把细的硼粒子团聚成大的颗粒，再按照要求制成球形，然后使其与氧化剂、黏合剂混合，这样推进剂中硼粒子向补燃室的喷射效率会大大提高。如果在造粒时掺入部分氧化剂，还可提高推进剂的燃速压力指数。

4）改进冲压发动机的喷管结构和选择合适的喷管材料。含硼富燃料推进剂用于火箭冲压发动机时，硼粒子的点火和燃烧是在发动机燃烧室内的复杂流场中进行的，流场状态直接影响其燃烧效率。因此，改进火箭冲压发动机结构，改善流场状态，就成为提高含硼推进剂燃烧性能的一个重要途径。主要改进措施有：①将单收敛角喷管改成双收敛角喷管；②采用可移动空气进口燃烧室；③采用旁路进气补燃室；④采用旋流器；⑤改进主燃烧室构型等。此外，用优质石墨作喷管材料可提高一次喷射效率，减少沉积，还可耐受长时间的高温冲刷。

（2）提高富燃料固体推进剂二次燃烧效率的途径。提高富燃料固体推进剂二次燃烧效率的途径主要包括：①改变空气燃料比；②采用二次进气方式；③调节二次进气量分配；④优化二次进气间距；⑤改变进气道后置长度；⑥改进进气口几何形状；⑦选择合理的燃气喷射方式。以上方法虽然在一定程度上可改善硼粒子的燃烧效率，但均有一定的限制。目前最有效的改善方法是使硼粒子在溶剂中提纯和团聚处理后进行表面包覆。

2. 硼粉的溶剂提纯及团聚技术

（1）硼粉的溶剂法提纯技术。硼不溶于水、盐酸以及乙醇、乙醚等有机溶剂，而 B_2O_3 可溶于酸、醇、热水，H_3BO_3 可溶于水、乙醇、甘油、乙醚等有机溶剂，因此可用水或有机溶剂洗涤的方法对硼进行提纯。

胥会祥等人研究了用水和乙醇对硼粉进行洗涤提纯的工艺，具体操作如下。

1）用蒸馏水提纯：在烧瓶中加入蒸馏水和硼粉，m（蒸馏水）：m（B）＝3：1，80℃下搅拌 4 h，过滤后使滤饼于 70℃下烘干。

2）用乙醇提纯：在烧瓶中加入乙醇和硼粉，m（乙醇）：m（B）＝3：1，60℃下搅拌 4 h，过滤后使滤饼于 70℃下烘干。结果表明，提纯后在一定程度上减少了硼粉表面上的 B_2O_3 和 H_3BO_3 杂质含量，硼粉表面酸性下降，但部分杂质可能与单质硼形成了缔合态 B_xO 化合物，使杂质不能完全溶解而去除。

（2）硼粉的团聚技术。硼粉的团聚是在制粒包衣机中使硼粉用黏合剂溶液润湿，充分搅拌均匀，控制适当湿度后将适量硼粉加入包衣机，通过调节转子的转速对硼粉进行造粒，并进行干燥滚圆，最后用真空干燥除去溶剂，得到粒径为 0.105～0.190 mm 的团聚硼粒子。团聚后硼粒子的松装密度大大增加，而其真实密度明显降低，其球形度已接近圆形或椭圆形，粒径相对于未团聚硼粒子增大。用苯乙烯作包衣液制成的颗粒表面光滑，质量好；而用乙醇得到的颗粒表面粗糙，质量差。还发现在低温（50℃）及较长的固化时间（6 h）下，有利于制备球形度高、表面光滑的团聚硼粒子。无定形硼粉经团聚改性后可明显提高推进剂中的含硼量,进而提高推进剂的能量;而且在含硼量相同的条件下,团聚硼的加入可提高推进剂配方中的超细氧化剂含量,最终提高推进剂的燃速。此外,团聚改性还有利于改善含硼富燃料固体推进剂的燃烧性能。

3. 硼粉包覆及表征

用于包覆硼粉的包覆剂应满足以下条件:①要有利于降低硼的燃点;②应能够通过化学反应除去硼粒子表面的氧化膜,降低其黏度;③应在分解过程中放出大量的热,这有利于提高燃温,加快氧化硼的汽化,进而提高硼的燃烧效率;④作为一种理想的包覆剂还应考虑其来源、成本及使用性能等。

(1)用碳化硼作包覆剂。

美国联合技术公司的专利报道了一种用陶瓷状碳化硼包覆硼粒子以改善其燃烧性能的工艺。它是通过使硼粒子与一种低相对分子质量的烃类气体(如C≤5烷烃或烯烃)在足以使该烃类气体分解、但又不完全消耗硼粒子的温度下反应来完成的。烃与硼粒子表面反应生成碳化硼,进而包覆硼粒子。反应器采用 Hoke 公司的蒙乃尔合金制成的圆筒形反应器,从分解温度和燃烧产物考虑,烃类气体优选 CH_4。硼粒子优选那些氧化膜尽量少的产品,平均粒径为 $0.8 \sim 1.2~\mu m$。预先将硼粉加入反应器中,用泵将反应器中的空气抽出 $1/3$,然后用 CH_4 充填,密封后于 $815 \sim 820\,^{\circ}C$,$0.1~MPa$ 下反应 16 h。研究发现,在反应中会产生适量的 H_2,它会使部分氧化硼还原为硼,从而可改善反应的实用性。除上述烃以外,还可使用其他可生成陶瓷状涂层的气体,生成的包覆层可以是硼的硅化物、氮化物或磷化物等。为减少杂质的引入,尽量不使用其他添加剂。

为使硼粒子充分包覆,最重要的是要控制好气态烃与硼粒子比表面积的比,使硼与烃的反应仅发生在硼粒子的表面,从而保持硼燃料的核心部分用作燃料。由于硼粒子表面是疏松多孔的,故包覆层厚度很难实际测量,通常用电子光谱测包覆层厚度为 10 nm 处的元素组成,用以表征包覆层的厚度。经碳化硼包覆的硼粒子广泛用作固体推进剂和冲压发动机的燃料,其燃烧性能得到明显改善。

(2)用含氟化合物作包覆剂。

1)用氟化锂作包覆剂。M.K.King 等人在 1984 年就研究了用 LiF 包覆硼粒子的工艺。包覆采用溶浸法,使 LiF 和四氢呋喃(THF)先溶于水,然后加入硼粒子,干燥后即得到包覆硼粒子。LiF 为不可燃组分,从推进剂能量角度考虑,其质量分数应控制在 $2\% \sim 4\%$。当包覆比 $a = 8 \times 10^{-8}$ 时,包覆后的硼粒子表现出极短的点火时间,样品储存 45 d 后,用静态分析法进行分析,预先进行操作条件的温度校正,发现时间-点火效应明显增加;也可用中和沉淀法使 LiF 包覆硼粒子,其原理是使 LiOH 水溶液与 HF 水溶液反应,将硼粒子同时分散在体系内,析出的 LiF 沉积在硼粒子表面,完成包覆。

张教强等人采用该方法制成了 LiF 膜厚为 25 nm 的包覆硼粒子。发现 LiOH 浓度越高,则超细硼粉的包覆层越致密,用这种包覆的硼粒子可明显缩短推进剂的点火延迟期,降低硼粉的反应温度,推进剂燃烧残渣中 B 与 B_2O_3 的物质的量比明显下降,表明硼的燃烧效率明显提高。

刘泰康等人研究后认为,LiF 有助于消除 B_2O_3 氧化层,并能形成低熔点络合物促进硼粒子的点火,反应式如下:

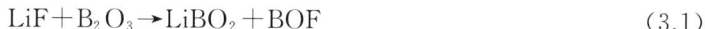

$$LiF + B_2O_3 \rightarrow LiBO_2 + BOF \tag{3.1}$$

他们还发现,含 LiF 包覆硼粒子的推进剂在 $0.98 \sim 3.43$ MPa 压力下剧烈燃烧,残渣分散性好,容易喷射和点火。这是由于 LiF 与 B_2O_3 形成的络合物在环境温度下有很高的蒸气压,并且 LiF 与 B_2O_3 的反应为放热反应,燃烧表面的气相区域紊流度很高,使热解气体内部有很高的传热速率。

李疏芬等人研究了用 LiF 作包覆剂来改善硼粒子的点火及燃烧性能,结果表明,LiF 包覆有效降低了推进剂的燃点,减弱了燃面处硼粒子的凝聚作用,推进剂燃烧时粒子喷射强烈;另外,LiF 包覆极大地改善了燃烧残渣的分散性。

日本专利介绍了一种用 LiF 包覆硼粒子的推进剂,与未包覆配方相比,推进剂的燃烧效率及比冲明显提高。

2)用氟树脂作包覆剂。Viton - A(氟树脂)含氟质量分数 66%,它可以产生 HF,HF 再与 B_2O_3 反应,反应式如下:

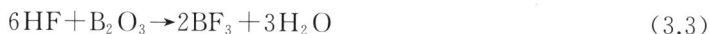

$$HF + B_2O_3 \rightarrow BOF + HOBO \tag{3.2}$$

$$6HF + B_2O_3 \rightarrow 2BF_3 + 3H_2O \tag{3.3}$$

此外,Viton - A 树脂还能阻止 B_2O_3 与水反应,阻止生成不利于推进剂固化的酸性物质。

日本专利介绍了一种用氟树脂包覆硼粒子的技术,可取的氟树脂包括聚四氟乙烯、四氟乙烯-六氟丙烯共聚物、四氟乙烯-全氟烷基乙烯基醚共聚物、四氟乙烯-乙烯共聚物等,其用量相对于 100 质量份,硼粒子为 $0.1 \sim 1$ 份,该技术可明显改善硼粒子的燃烧效率,提高推进剂的比冲。

中国台湾学者用热分析方法研究了分别用 LiF、Viton - A(氟树脂)和硅烷包覆的硼粉对 Mg - Al/B/AP/HTPB 富燃料固体推进剂燃烧性能的影响。结果表明,凝聚相反应从 AP 分解开始,此后 AP 分解产物与 Mg - Al 合金及 B 发生放热反应。当用 LiF 或 Viton - A 作包覆剂时,只要包覆剂的量足够,则对 B_2O_3 汽化有显著的影响,而硅烷则现象不明显。热力学方程计算表明,LiF 对推进剂加速热分解和减少金属结块最有效;此外,增加 Mg - Al 合金的含量,可增加燃气发生器的尾气温度,使硼粉更容易点火。

日本学者借助热分析研究了 B 表面性质对 B - KNO_3 混合物燃烧反应的影响。实验中分别用 Viton - A 和 Epicat1000(环氧树脂)作包覆剂,包覆在丙酮中进行,包覆后用一种膜式过滤器过滤,再于 100 ℃ 下真空干燥。KNO_3 平均粒径为 $10 \mu m$,KNO_3 - B 混合物用普通球磨混合器制成。研究结果表明,上述包覆剂包覆硼粒子,可有效阻止硼粒子表面吸水。用 Viton - A 包覆硼粒子后,B - KNO_3 混合物有低的落锤感度,且对静电不敏感。混合物的点火能为 60 ~ 115 mJ,有低的放热反应引发温度和点火温度。而用 Epicoat1000 包覆硼粒子后,混合物的点火能较低,摩擦感度和落锤感度较低。

3)用氟化石墨作包覆剂。刘泰康等人研究了氟化石墨(CF_x)包覆硼粒子对富燃料固体推进剂燃烧性能的影响。他们将氟化石墨包覆的硼粒子与 HTPB,AP 及 MA(镁铝合金)等制成富燃料固体推进剂,同时将氟化石墨与硼粉用有机玻璃团聚在一起,有效提高了含硼富燃料固体推进剂的燃速和燃速压强指数。研究发现,氟化石墨中氟含量(相对于 65%)越低,用量越少,对含硼富燃料固体推进剂的燃烧性能的影响越明显。同时发现,降低 AP 的粒径和使用粗的硼粒子,有利于提高富燃料固体推进剂的燃速和降低燃速压强指数。他们还研究了氟化石墨包覆硼粒子的燃烧机理及火焰性质等,发现只有进行综合调节,才能得到理想的燃速和燃速压强指数,而这些对于富燃料发动机的设计极其重要。

(3)用高热值金属作包覆剂。

1)用金属钛(Ti)作包覆剂。早在1984年,M.K.King等人还研究了用金属Ti或Zr包覆硼粒子的工艺及这种包覆硼粒子的点火性能。结果表明,只有当环境温度达到包覆金属的点火温度时,才会发生硼粒子的点火反应;外层金属的燃烧通过反应性气体的扩散过程及其在粒子表面碰撞来控制。此外,还发现当用质量分数10%~25%的金属包覆硼粒子时,可明显减少其点火时间。用金属Zr时,用量稍多,为硼粒子总质量的20%~30%。

1990年美国航空化学研究实验公司推出了一种用金属Ti包覆硼粒子的新工艺。该工艺(见图3.2)是基于先前开发的用于制备高纯硅的工艺,当时已实现300 g·h^{-1}的能力。它是用液态或气态的Na同BCl$_3$,TiCl$_4$反应,生产纯净硼粉并用金属Ti包覆,其原理是基于Na与BCl$_3$和TiCl$_4$的反应均是放热的,反应式如下:

$$3Na\ (l\ 或\ g)+BCl_3\ (g)\rightarrow B\ (s)+3NaCl\ (g) \tag{3.4}$$

$$4Na\ (g)+TiCl_4\ (g)\rightarrow Ti\ (s)+4NaCl\ (g) \tag{3.5}$$

反应在一个类似于火箭发动机的反应器中进行(见图3.2),将过量的Na和BCl$_3$加入反应器,并进行充分的搅拌混合,反应式(3.4)生成的硼粉悬浮在NaCl气体和过量的Na气体中,这些生成物通过超声速喉管发生膨胀,在喉管处压入TiCl$_4$气体,过量的Na同TiCl$_4$反应生成Ti蒸气,气态的Ti遇硼粒子后冷凝,包覆在硼粒子表面。

包覆的硼粒子混杂有气态的NaCl,用一种新型的超声速有效碰撞收集器(见图3.3)使包覆的硼粒子与气态NaCl分离,保持反应器与收集室的压力相等,粒子可穿过小孔进入收集室,而NaCl气体转向旁边的冷凝器变为液体与硼粒子分离。

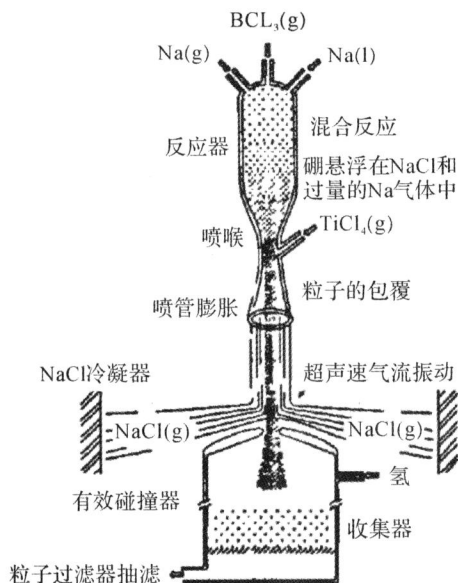

图3.2　生产包覆硼粒子的工艺流程

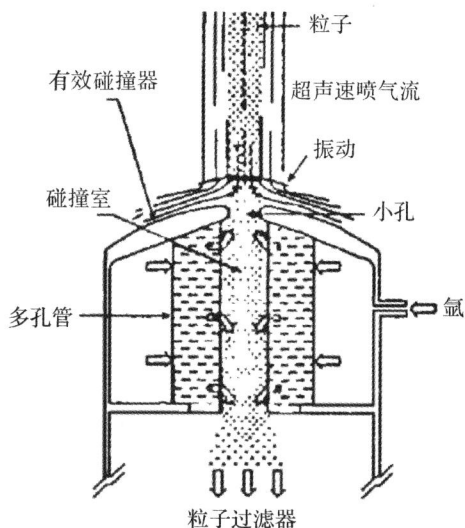

图 3.3　超音速有效碰撞收集器简图

该工艺的设计参数见表 3.2,其优点是能生产高质量的钛包覆硼粉(纯度≥99.9%),粒子直径在 0.5~0.6 μm,且硼粉的收集简单、效率高。

表 3.2　产能 300 g·h^{-1}的硼粉包覆反应器的初始设计参数

设计单元	压力/kPa	温度/K	流速/(mmol·s^{-1})	功率/kW	材　料
Na 蒸气	60	1 100	32.0	5.0	316 不锈钢
BCl$_3$ 进料系统	200	300	7.7	1.0	蒙乃尔合金
TiCl$_4$ 进料系统	100	410	0.4	0.5	316 不锈钢
反应器	25	1 900	31.0	12.0	2020 石墨
NaCl 冷凝器	1	1 100	32.0	−6.0	316 不锈钢
立式撞击器/硼过滤器	不高于 25	1 400	8.9	0.2	2020 石墨
NaCl 收集器	1	300	32.0	−3.0	不锈钢

　　R.Valery 等人研究了在干燥空气中 Ti 包覆硼粉的点火理论模型。研究结果表明,硼粒子的点火被认为发生在两个连续的阶段:在第 1 阶段中,Ti 与氧或硼反应被很快消耗;在第 2 阶段中,硼粒子开始氧化。用 Ti 包覆硼粒子被认为从两方面对加速硼粒子点火产生帮助:①由于 Ti 与 B 和氧反应导致 B 粒子加热速率增加;②在生成的 TiO$_2$ 和 TiB$_2$ 层中发展的机械应力可使包覆层破坏,并转化为非保护性膜。此外还发现,Ti 包覆层还存在一个临界质量,约为硼粒子质量的 8%,低于该值时,硼粒子不点火,而多余的 Ti 则会导致硼粒子的点火延迟期延长。

　　2)用金属镁或铝作包覆剂。W.Felder 等人用连续扩散流法来制备镁或铝包覆的硼粒子,硼粒子的气溶胶以共轴环形路径被注入一个金属蒸气-Ar 的混合气流中,混合后金属蒸气沉积在硼粒子表面,从而完成包覆。操作条件由所需包覆层的厚度、硼粒子的密度及包覆金属蒸气的均相成核间的平衡来决定。他们制备了厚度为 $7\sim120$ nm 的镁膜包覆硼粒子,研究了其反应性增强效果。结果表明,用镁包覆硼粒子可增强其在 $1\,800\sim2\,400$ K 下与氧和水蒸气的反应性,低温下硼粒子燃烧更快(燃烧因子 2.4),点火速度也更快(点火因子 $2\sim5$)。

K.K.Pace 等人在高亚声速错流条件下研究含硼固体推进剂的点火和燃烧现象,用真实时间 X-射线仪和直接视频记录仪研究了含用或不用镁包覆硼粒子的 HTPB 推进剂,测定了压力、氧质量分数及包覆剂镁质量分数对固体推进剂燃烧速度的影响。结果表明,在低于 0.55 MPa 压强下,用金属镁包覆硼粒子的推进剂比未用 Mg 包覆的燃速高,这是由于镁和氧的表面反应加热了包覆的硼粒子,从而减少了其点火时间。但在高压下镁包覆硼粒子的推进剂对固体推进剂的燃烧速度影响不大,这是由于表面反应生成热相对于总放热反馈的贡献较小,还发现高纯度和小粒径的硼粉可赋予固体推进剂高的燃烧速度。

C.L.Yeh 等人在 0.1 MPa 下研究了 Mg 包覆硼粉的点火和燃烧特性,实验在一个明火燃烧器中进行,硼粒子直径为 $3\,\mu m$,分别用质量分数为 $0,0.75\%,1.26\%,2.66\%$ 和 4.58% 的 Mg 包覆硼粒子,O_2 的摩尔分数为 $12.6\%\sim27.7\%$,气体混合物温度 $1\,772\sim1\,993$ K。研究发现,硼粒子的燃烧在 2 个连续的阶段发生:第 1 阶段的明亮火焰燃烧中硼粒子仍被氧化层覆盖;第 2 阶段的明亮火焰燃烧则为裸硼的充分燃烧。对于无定形硼粉,第 1 阶段燃烧时间几乎不受气体温度和 O_2 浓度的影响;而第 2 阶段的燃烧时间和总燃烧时间随气体温度和 O_2 浓度增加而减小。对于结晶硼粒子,第 1 阶段燃烧温度随气体温度增加而减少,但几乎不受 O_2 浓度的影响;但当气体温度和 O_2 浓度同时增大时,导致其第 2 阶段燃烧温度明显减小。结晶硼粒子的燃烧时间总体比无定形硼粒子长,这可能是由于无定形硼粒子中的杂质含量高,比表面积大的缘故。两种硼粒子的点火延迟期 T_{ig} 均随环境气体温度增加而减小,而与 O_2 浓度无关。对于 Mg 包覆的硼粒子,只有当 Mg 的质量分数为 0.75% 时,才对减少第 1 阶段燃烧时间有效,而其他样品则导致第 1 阶段燃烧时间延长;此外,还发现 Mg 包覆不影响硼粒子的第 2 阶段燃烧时间。

4.用黏合剂作包覆剂

(1)用甲苯二异氰酸酯(TDI)和三羟甲基丙烷(TMP)作包覆剂。异氰酸酯类固化剂可与硼粒子表面的硼酸发生反应,干扰固化体系,反应式为

$$-N=C=O+H_3BO_3 \rightarrow -NH-COO^- \tag{3.6}$$

根据该原理,可用异氰酸酯类固化剂处理硼粒子表面,以消除硼与固化体系之间的副反应。将硼及异氰酸酯类固化剂(IPD1,TD1,N-100 等)按一定比例加入到溶剂中,于 50℃ 下充分搅拌,反应 8 h 左右,除去溶剂。研究发现,TDI 效果最好,IPDI 反应速度最慢,N-100 黏度大,分散不均匀,而且用 TDI 表面处理的硼粒子,在 GAP/AN 体系中获得了致密无孔的药柱。

TMP 是固体推进剂中常用的交联剂,它能与硼粒子表面的 B_2O_3 和硼酸发生反应,既提高了硼粒子的点火燃烧性能,又排除了硼与推进剂体系的不相容问题,减弱了硼粒子的吸湿性,反应式为

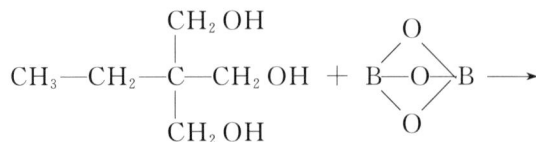

$$\underset{\underset{CH_2-O}{\overset{CH_2-O}{|}}}{CH_3-CH_2-C-CH_2-O-B} \quad + \quad \underset{\underset{HO}{}\quad\underset{OH}{}}{\overset{OH}{B}} \tag{3.7}$$

$$2CH_3-CH_2-\underset{\underset{CH_2OH}{\overset{CH_2OH}{|}}}{Z}-CH_2OH \quad + \quad \underset{\underset{HO}{}\quad\underset{OH}{}}{\overset{OH}{B}}$$

$$\underset{HO-H_2C}{\overset{H_3C-H_2C}{}}\underset{}{C}\underset{CH_2-O}{\overset{CH_2-O}{}}B\underset{O-H_2C}{\overset{O-H_2C}{}}C\underset{CH_2-CH_3}{\overset{CH_2-OH}{}} \tag{3.8}$$

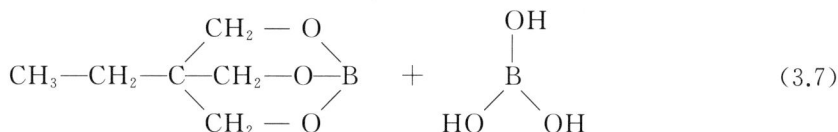

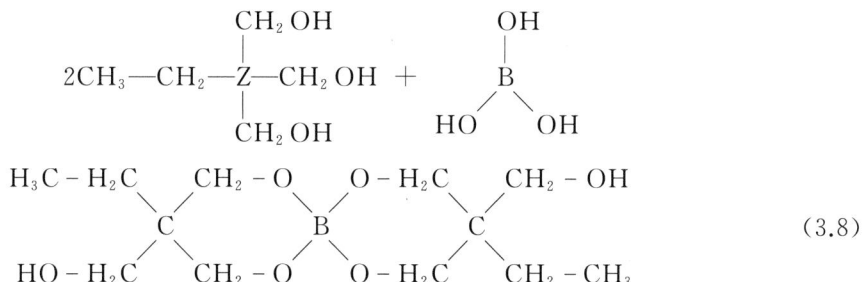

（2）用 GAP 黏合剂作包覆剂。用 GAP 包覆硼粒子主要采取沉积法和相转移法两种工艺。沉积法是把硼粉与 GAP 黏合剂按一定比例加入溶剂（如二氯甲烷、DMSO 和四氯化碳等）中，在一定温度下充分搅拌，使硼粒子表面与 GAP 充分接触，蒸发溶剂后即得 GAP 包覆的硼粒子；相转移法是将 GAP 溶解在上述有机溶剂中，然后加入硼粉，使溶液与硼粒子充分混合一段时间，然后向其中加入能与上述溶剂互溶但不与 GAP 互溶的其他溶剂（如异丙醇、乙醇、水或乙醚等），充分搅拌使 GAP 沉淀出来，并黏附在硼粒子表面，然后过滤、干燥，即得 GAP 包覆的硼粒子。相转移包覆法应注意选择硼粉与 GAP 的比例及溶剂与萃取剂的比例。相转移过程中沉积在硼粒子表面的 GAP 的量可通过用色谱法测定滤液中 GAP 的残量来获得，残留量一般为 $1\%\sim20\%$。

D.M.Chen 等人研究了 GAP 或 LiF 包覆的硼粒子在推进剂中的使用性能。通过用热分析仪研究了含硼推进剂的详细热化学行为及它们的组成，所有数据均肯定了包覆作用对含硼推进剂分解和燃烧现象的影响。

I.M.ShYn 等人在一个火焰燃烧器中于 2 343 K 下研究了 GAP 包覆硼粒子的点火和燃烧特性。结果表明，用 GAP 包覆可明显缩短硼粒子的点火延迟期（仅为 1.52 ms）；同时，他们还用多种技术研究了推进剂表面的相容性、硼粒子的燃烧特性及燃烧残渣的粒度等，发现用 GAP 包覆硼粒子的推进剂表现出更加猛烈的燃烧现象，燃速提高了 86%，且推进剂燃烧残渣的结块程度小，推进剂药柱内部无气孔和裂纹产生。

I. M. Shyu 同时提出 GAP 包覆促进硼粒子点火的机理如下：

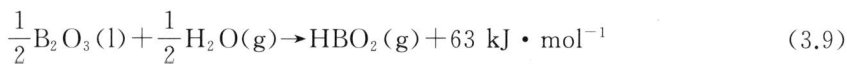

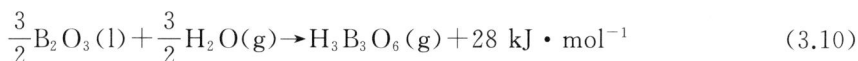

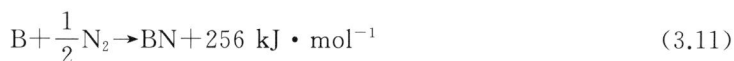

$$\frac{1}{2}B_2O_3(l)+\frac{1}{2}H_2O(g)\longrightarrow HBO_2(g)+63\ kJ\cdot mol^{-1} \tag{3.9}$$

$$\frac{3}{2}B_2O_3(l)+\frac{3}{2}H_2O(g)\longrightarrow H_3B_3O_6(g)+28\ kJ\cdot mol^{-1} \tag{3.10}$$

$$B+\frac{1}{2}N_2\longrightarrow BN+256\ kJ\cdot mol^{-1} \tag{3.11}$$

可见，GAP 促进硼粒子点火及燃烧是由于其分解产物与硼及其氧化层发生放热反应的缘故。

王桂兰等人研究了硼粉包覆前后与不同黏合剂体系的相容性，实验采用了 HTPB、CTPB、GAP 和 PE 等 4 种黏合剂。结果表明，硼粉与 HTPB 和 GAP 黏合剂有良好的相容性，

4 组推进剂均密实无孔,其中,HTPB/包覆硼推进剂具有低于 0.2 的燃速压力指数。

范红杰等人研究了含 GAP 包覆硼粒子的推进剂的点火特性,同时借助扫描电镜分析了推进剂燃烧残留物的组成。结果表明,用 GAP 包覆硼粉后,推进剂的点火延迟期缩短,在低于 0.03 MPa 时无火焰生成;此外,用扫描电镜研究了上述推进剂的燃烧产物组成,发现随包覆用 GAP 量的增加,推进剂的燃烧效率明显提高,同时 AP 和 Al 的消耗也更加完全。

(3)用 3,3-双(叠氮甲基)环氧丁烷-四氢呋喃共聚物(PBT)黏合剂作包覆剂。张琼方等人研究了用 PBT 黏合剂包覆硼粉的工艺,包覆可采用直接反应法和蒸发溶剂法 2 种,前者是基于硼粉表面的 B_2O_3 与 PBT 的羟基反应达成包覆目的,后者是直接使溶剂蒸发,进而使溶质包覆在硼粉表面。具体包覆工艺如下:按比例配制一个 PBT 的苯或四氢呋喃(THF)溶液,加入硼粉,用超声波分散 30 min,在高速搅拌下升温至 80℃,反应 8~16 h。抽滤后用苯或 THF 反复洗涤硼粒子,再风干,将风干后的硼粒子加入到质量分数为 25% 的 N-100 固化剂的苯溶液中,分散均匀后于 70℃下固化 6~8 h,过滤后真空干燥,即得 PBT 包覆的硼粒子,这样得到的 PBT 包覆硼粒子表面的平均 pH≥6.50,与丁羟黏合剂混合后黏度明显减小,这有利于改善推进剂的工艺性能。PBT 包覆硼粉的燃烧效率明显提高,燃烧残渣中 B_2O_3 与 B 的物质的量比从未包覆时的 1∶22.7 增加到 1∶8.51。

(4)用 HTPB 黏合剂作包覆剂。张教强等人研究了用 HTPB 包覆超细硼粉的工艺,它也是基于 HTPB 分子中的羟基与硼粉表面的氧化物反应来达到包覆目的。包覆可采用直接反应法和物理包覆法两种方法。

1)直接反应法。使 HTPB 黏合剂溶于苯中制成溶液,然后加入表面预先经偶联剂处理的硼粉,使混合物加热至 80℃,搅拌反应 6~8 h,降温至 50℃以下,再反应 6~8 h,过滤、干燥后,使硼粉加入质量分数 20% 的 TDI 苯溶液中并分散均匀,在 70~80℃下固化反应 6~8 h,然后回收苯溶剂,反复洗涤后真空干燥,即得 HTPB 包覆的硼粉。该方法中,硼粉过滤后分散性好,因而包覆效果最好。

2)物理包覆法。该法又可分为两种方法:① 使硼粉加入 HTPB 的 THF 饱和溶液,搅拌下缓慢滴加乙醇,析出的 HTPB 便包覆在硼粉表面,然后过滤、真空干燥,再加入到质量分数 20% 的 TDI 苯溶液中分散均匀,于 70~80℃下固化 6~8 h,再回收苯,反复洗涤后烘干,即得 HTPB 包覆硼粉。②直接将硼粉加入乙醇中,搅拌混合 2 h,然后加入 HTPB 的 THF 溶液,再经超声波分散 15~20 min,快速搅拌下分别蒸发 THF 和乙醇,真空干燥后加入到质量分数 20% 的 TDI 苯溶液中,并分散均匀,再于 70~80℃下固化 6~8 h,回收苯,反复洗涤后真空干燥,即得 HTPB 包覆硼粉。X-射线光电子能谱分析表明,硼粉表面的氧化物与 HTPB 发生了酯化反应,形成了化学键,且包覆后的硼粒子表面变得规整,这有利于推进剂的制备工艺。

5.用氧化剂作包覆剂

(1)用高氯酸铵(AP)作包覆剂。AP 是固体火箭推进剂中最常用的氧化剂,也是配方中用量最大的组分,因此用 AP 包覆硼粒子,不仅可改善硼的燃烧效率,还可避免引入更多的杂质。

1)包覆工艺。L.G.Robert 等人将无定形硼粉分散于 AP 的乙醇溶液中,然后快速降温,使 AP 在搅拌下结晶沉淀,包覆在硼粒子表面,然后离心分离、干燥,得到 AP 包覆的硼粒子,用这种包覆的硼粒子,可使推进剂燃烧效率提高 2%~10%。

D.B.Durrel 等人采用蒸发结晶的方法包覆硼粒子。先使 AP 以最大的溶解度溶解在无水液氨中,然后加入硼粒子和一种挥发性的非溶剂性稀释剂(如乙酸乙酯),在真空条件下连续搅拌,使氨蒸发,再蒸干稀释剂,即得细分散的 AP 包覆硼粒子。该工艺中 AP 的浓度取决于 AP 与硼粒子的比例,非溶剂性的稀释剂有利于形成单液相,该工艺的缺点是有时会发生结块。

2)AP 包覆硼粒子在富燃料固体推进剂中的应用。李疏芬等人研究了 AP 包覆前后体系酸度和黏度的变化。结果表明,包覆前后体系的 pH 值基本不变,但用 AP 包覆硼粉后,药浆的黏度降低了近一半。她还研究了 AP、KP(高氯酸钾)包覆硼粒子的燃烧特性,结果表明,用 AP,KP 包覆硼粒子可提高其反应活性,使推进剂的燃面及火焰温度提高 200℃以上,表明硼粉转化率和燃烧效率明显提高。常压下用 KP 包覆硼粉时,推进剂的燃速可提高 10%,且燃烧残渣颗粒较小。此外,对于 AP、KP 包覆硼粒子的燃烧,分解得到的新生态氧[O]易于在粒子表面吸附而积累,增加了粒子表面的氧分数,对新生态[O]渗透扩散有利,故可导致点火温度 T_{ig} 降低。

李葆萱等人用扫描电镜研究了 AP 包覆硼粉的表面特性及其对推进剂制备工艺的影响。结果表明,用 AP 包覆硼粒子可取代推进剂体系中的细颗粒氧化剂,可使固体物料的比表面积大大缩小,同时在硼粒子表面结晶的 AP 起着阻隔硼与 HTPB 的作用,使 B^{AP} 与 HTPB 混合并测其黏度,发现用 AP 包覆硼粒子对改善推进剂药浆的黏度很有帮助,配方混合后流动性好,可满足浇铸要求,固化后推进剂内部无气孔。

魏青等人研究了用不同量 AP 包覆硼粉在 HTPB 为黏合剂的药浆中的流变特性。结果表明,所有药浆均呈现假塑性非牛顿流体特性,其中质量分数 20%AP 包覆硼粉的药浆不仅流平性好,而且,适用期长,TDI 加入后 4 h 之前都可满足浇铸要求。其原因可能有两个:①20%AP 包覆层不仅能将硼粉表面较完整地包覆,而且能形成近似球体的颗粒,小颗粒在大颗粒之间起到"滚珠轴承"的作用,有效减少了颗粒之间的摩擦力;②均匀的 AP 包覆层可将硼粉与HTPB 隔开,阻止了硼表面杂质与 HTPB 作用,使硼与 HTPB 的相容性得到改善。

胡松启等人用靶线法和燃气发生器法研究了含硼富燃料固体推进剂低压下的燃烧特性。研究发现,含硼推进剂燃烧时产生大量黑烟,燃面上方有大量粒子喷射,燃烧后产生大量的黑色残渣,且燃烧不稳定。对 AP 包覆硼粒子采用预团聚处理,可增加其燃速,但点火时间稍长,而且燃气发生器内一次喷射效率要比含未团聚硼粒子的推进剂稍低。

邢曦等人研究了硼粒子、B^{AP}、B^{KP} 等的燃烧产物,由于生成氮化硼(BN)的生成焓(-250 kJ·mol^{-1}),远低于生成 B_2O_3 时的生成焓(-1276 kJ·mol^{-1}),故从能量角度出发,应尽量减少 BN 的生成。借助元素分析和能谱研究了 B^{AP} 和 B^{KP} 燃烧残渣的组成,发现 B^{AP} 产生的 B_2O_3 比 B^{KP} 多,这是因为含氧量较高的 AP 可放出更多的游离态的[O],它比 O_2 有更高的活性,更利于硼粒子氧化;同时,[O]增加导致硼粒子表面区内的 N 含量下降,从而可有效抑制 BN 生成。

胡松启等人用钨铼微热电偶测试了含 B 和 B^{AP} 两种富燃料固体推进剂的燃烧波结构,并利用火焰单幅照相技术观测了燃烧火焰结构,利用 SEM 观察推进剂熄火表面,并结合含硼富燃料固体推进剂的热力学计算,分析了含硼富燃料固体推进剂燃烧波结构及硼的主要反应类型。研究发现,含硼富燃料固体推进剂为异质推进剂,燃烧时产生多火焰,1 MPa 下含硼富燃料固体推进剂燃烧波结构存在明显的暗区。硼粒子被 AP 包覆后,推进剂燃烧波结构中暗区大大降低,气相燃烧温度也得到提高。由 1 MPa 下氮气中的燃烧火焰结构图可以看出,含硼富燃料推进剂的燃烧表面有亮团积聚,经 AP 包覆硼的推进剂燃面上方有较多的发光粒子喷射出来,使燃烧更加剧烈。从推进剂的燃烧波温度曲线可知,AP 包覆与否对于推进剂的燃面温度 T_s 影响很大,经 AP 包覆硼粒子后可明显提高推进剂的绝热火焰温度。

王英红等人研究了 HTPB/AP/B/Mg 富燃料固体推进剂中 AP 粒度及包覆层对硼粒子燃烧效率的影响。结果表明,硼在 AP 分解过程中参与反应并放热,在推进剂各组分含量不变时,用 AP 包覆硼粒子有利于提高推进剂的爆热。且包覆量越大,爆热越大。此外,AP 粒度也影响推进剂的放热,随着 AP 粒度变细,推进剂放热量增大。王英红等人用推进剂静态燃速测试仪和氧弹式量热器研究了各种组分对含硼富燃料固体推进剂低压燃速和爆热的影响。结果表明,用 AP 包覆硼粒子是提高低压燃速的一条有效途径。经 AP 包覆后,增加了 AP 与硼粒子的接触面积,造成硼粒子周围局部高的活性氧浓度和高温的产生,这更有利于硼在凝相区参与反应,体现为爆热增加,燃速增大。王英红等人用微热电偶测温和火焰单幅照相技术测试了 AP 包覆硼粒子推进剂的燃烧波温度分布及燃烧火焰结构,结果表明,用 AP 包覆硼粒子能提高含硼富燃料固体推进剂的低压燃速和压强指数,同时改善燃烧产物的分散性。推进剂中断熄火纵向剖面观察表明,燃面上有"沉积层"存在,单幅照相观察到燃烧过程中燃烧表面有明亮团积聚,因此认为"沉积层"在燃烧过程中也同时存在,该"沉积层"由基本惰性的硼、积炭和少量 B_2O_3 组成。

张教强等人采用常温沉积法制备了 AP 包覆的硼粒子,为防止产品粒子在贮存过程中吸水,预先用硅烷偶联剂对硼粉进行表面处理。研究发现,最佳蒸发速率为 $10 \text{ g} \cdot \text{h}^{-1}$,用甲醇或丙酮作溶剂,产品粒子的吸水性相对较弱,干燥后不易板结,且干燥容易进行。用红外光谱、透射电镜、原子显微镜表征的结果显示,粒子表面 B 质量分数大幅下降,N 和 Cl 质量分数大幅提高,且包覆粒子表面规整度提高。

(2)用硝酸钾作包覆剂。除 AP 外,还有用 KNO_3 作包覆剂来包覆硼粉的报道。久保田浪之介等人研究发现,通过使 KNO_3 在硼粉表面结晶包覆,可有效提高硼粉的燃烧效率。包覆方法如下:使 KNO_3 与硼粒子混合后,加水使 KNO_3 溶解,搅拌使硼粒子分散在 KNO_3 溶液中,待硼粒子表面吸附了 KNO_3 溶液后,过滤、干燥,即得包覆的硼粒子。用这样制得的包覆硼粒子与 KNO_3、橡胶态黏合剂制成推进剂,可有效避免因硼粒子表面含有杂质而导致其与黏合剂反应放热的问题。

6. 其他包覆剂

除上面提到的包覆剂外,文献[64]中提供的可用作包覆剂的物质还有 NaN_3、环氧树脂及硅烷等。NaN_3 在 400℃ 以上剧烈分解,强烈放热,生成 Na_3N 和 N_2。反应放出的热量用于加热硼粒子,Na_3N 可进一步在 O_2 中燃烧,燃烧产物 Na_2O 与 B_2O_3 作用,可降低硼粒子表面的黏稠性,有利于 O_2 向硼内部扩散。由于 NaN_3 不含氧,因此不会产生新生态的[O],因此用它包覆硼粒子在点火时没有用氧化剂包覆的火焰强烈。硼粒子经真空脱水脱气,浸入硅烷和甲醇的溶液中,再真空除去甲醇溶剂,然后干燥,即可得到硅烷包覆的硼粒子。此法对于改善硼的表面特性及推进剂混合工艺性能十分有效。

7. 几种包覆剂的比较

P.W.Shaw 等人研究了各种包覆剂与硼粉之间的作用。用蒸馏水和乙醇洗涤无定形硼粉,然后分别用 LiF、AP、三异丙醇胺和 GAP 进行包覆,再干燥。用 FTIR、^{13}C -和^{11}B -固态 NMR、ESCA(化学分析用电子光谱)、EPMA(电子探针微分析)和 XRD(X -射线衍射光谱)对它们进行了表征。结果表明,用 AP 或 LiF 包覆时,包覆剂与硼粉之间是物理键合,而用 GAP 和三异丙醇胺作包覆剂时,硼粉和包覆剂之间是化学键合。从加工性能上考虑,用 GAP 和 AP 作包覆剂比用 LiF 和三异内醇胺作包覆剂好。

李疏芬等人还研究了复合型硼粉的使用性能,结果见表 3.3。

表 3.3　推进剂的配方及燃烧特性

样品	B	用量/g	质量/g				T_g/℃	燃烧速度	火焰特性
			AP	Mg	双环戊二烯	HTPB			
J01	B	36	35.0	0	0	29.0	357	慢	红光、黑烟、小火
JM01	B	36	35.0	5	2	22.0	346	快	红光、大火焰
JM02	B^{AP}	36+10.8	24.2	5	2	22.0	335	很快	红、白光、大火焰
JM03	B^{KP}	36+14.4	30.6	5	2	22.0	332	极快	强白光、大且剧烈火焰
JM04	B^{LiF}	36+2.9	35.0	5	2	19.1	311	很快	强红光、大且剧烈火焰
JM05	B^{KP}+B^{LiF}	36+7.2+1.4	27.8	5	2	20.6	347	极快	强红光、大火焰、强注射

由表 3.3 可见,采用复合型包覆硼粒子的推进剂具有良好的燃烧特性,在常压下推进剂的燃速增加 36%,体积热值增加 14%。

高东磊等人研究了用 LiF 和 AP 包覆的硼粒子对推进剂燃烧性能的影响,结果发现:①AP 包覆有利于提高硼粒子的氧化百分数,而用 LiF 包覆有利于降低硼粒子的氧化反应温度;②用 AP 或 LiF 包覆硼粒子均有利于提高硼粒子的燃烧效率,且团聚硼粒度越小,硼粒子燃烧效率越高;③用 AP 或 LiF 包覆硼粒子均有利于提高推进剂的爆热,且团聚硼粒度越小,推进剂爆热值越高;④随团聚硼粒度增大,推进剂的低压燃速明显增大,但燃速压强指数呈下降趋势;⑤用 AP 或 LiF 包覆硼粒子有利于降低推进剂的低压可燃极限;⑥采用大粒度团聚硼和小粒度团聚硼级配的方式可同时提高推进剂的燃速和燃速压强指数;⑦在 AP 质量分数<10% 时,有利于提高推进剂的低压燃速,但提高幅度不大;其质量分数进一步增大,不利于提高燃速,但有利于提高推进剂的燃速压强指数;⑧用 LiF 包覆硼粉有利于提高推进剂低压燃速,但当其质量分数>10% 时,不利于提高推进剂的燃速压强指数;⑨团聚硼质量分数增加有利于提高推进剂的燃速和燃速压强指数,当原始硼与团聚硼质量比达 1:2 时,推进剂的燃速压强指数最高。

王进等人通过溶剂蒸发、相转移、溶剂/非溶剂等方法分别用 LiF、AP 和纳米 Al 粉包覆了硼粒子,并用红外光谱和扫描电镜(SEM)进行了表征。结果表明,除 AP 包覆硼粒子外,其他硼复合粒子的表面水含量减少,提高了硼与推进剂系统的相容性。包覆效果的顺序为:[纳米 Al]>[LiF]>[AP]。此外,LiF 和纳米 Al 显著的除膜作用和反应放热促进了硼粒子的低温反应放热,从而改进了热化学性能。

庞维强等人研究了 AP、PBT、HTPB 和 LiF 包覆剂的影响,结果表明,不同包覆材料均在硼粒子表面形成一种包覆层,但由于包覆可能不均匀,导致包覆硼粉的黏度随时间延长而增大。包覆后硼粉表面平均 pH 值>5.0,且 HTPB 体系黏度减小,可明显改善推进剂的制备工艺。此外,对推进剂燃烧残渣进行分析的结果表明,包覆后硼粉燃烧效率明显提高,特别是 LiF 包覆的硼粉,燃烧残渣中 B 与 B_2O_3 的物质的量比从包覆前的 37.54:1 减少到 3.11:1。

胥会祥等人研究了 LiF 和 HTPB 包覆剂的影响。结果表明,对于 LiF 包覆硼粉,小颗粒 LiF 可增强与 HTPB 预聚物的物理吸附作用,使体系的表观黏度反而大于未包覆硼粉;而用 HTPB 包覆的硼粉与 HTPB 混合物的表观黏度和屈服值远小于未包覆硼粉,且随混合时间增加保持不变。当团聚硼粉与 HTPB 的质量比为 55:45 时,混合物的流变方程转变为 Herschel-Bulkley 方程,其屈服值下降,因而有较好的流变性能。

另外,LiF 和 HTPB 包覆剂主要有碳化硼、LiF、氟树脂、氟化石墨、NaN_3、环氧树脂、硅烷、高热值金属(Ti,Mg,Al,Zr 等)、TDI、TMP、GAP、PBT、HTPB、AP、KP、KNO_3 等,它们均能有效改善硼粒子的点火和燃烧效率,但不同的包覆剂作用机理不同,包覆工艺不同,且各有特点。

对于高能量热值的有机硼燃料,目前研究较多的对固体推进剂燃速有调节功能的是具有闭型笼状结构的碳硼烷衍生物和离子型氢硼酸盐等。离子型氢硼酸盐主要是指十氢十硼酸和十二氢十二硼酸的盐类,它们性能稳定,毒性较小,从合成方便、毒性低来考虑,它比碳硼烷具有一定的优越性。十氢十硼酸双四乙基铵($[(C_2H_5)_4N]_2B_{10}H_{10}$,BHN)具有氮含量高、生成焓高、分解温度高、机械感度低等优点,被认为是具有应用前景的推进剂用燃烧剂。在有机高能硼燃烧剂在富燃料固体推进剂应用中涉及的有十氢十硼酸盐、十二氢十二硼酸盐的碱金属盐、铵盐、氮基阳离子盐和少数过渡金属盐(包括 Ti,Cu,Fe,Pb 等),见表 3.4。

表 3.4 火炸药研究中主要涉及的十二氢十二硼酸盐

十二氢十二硼酸盐类别	阳离子
碱金属盐	K,Na,Cs,Rb
过渡金属盐	Ti,Cr,Fe,Co
铵盐和取代胺盐(含氨基取代)	NH_4,$HONH_3$,NH_2NH_3,Me_2NHNH_2,Me_3NNH_2,Et_4N,Me_4N,$C(NH_2)_3$,$C(NHNH_2)_3$
杂环胺盐	烷基咪唑盐、烷基哌嗪盐、多乙撑亚胺盐、三乙撑二胺盐、四甲基乙二胺盐、咪唑盐、1,2,4-三唑盐(含氨基取代)、1,2,3-三唑盐(含氨基取代)、四唑盐(含氨基取代)、吡唑盐、噁唑盐、异噁唑盐、呋咱盐、氧化呋咱盐、硼吖嗪盐、N-、N,N-、N,N,N'-、N,N,N',N'-低烷基取代的四氮烯、氢化的 1,2,3-、1,2,4-和 1,2,5-三嗪和它们的 N-甲烷基、N,N'-二烷基以及 N,N',N''-三氨基取代的衍生物
络合硼氢阳离子盐	$BH_2L_n{}^+$,L=Me_3N 等($BH_2L_n{}^+$ 对水解和氧化非常稳定,甚至不与浓硝酸反应)
与其他含能盐的复盐	十二氢十二硼酸甲壳素盐$[(C_6O_4H_9NH_3)_2B_{12}H_{12}]$,与过渡金属特别是 Cu^{2+},Co^{2+},Ni^{2+},Zn^{2+} 或 Mn^{2+} 的硝酸盐、铬酸盐或高铝酸盐的加合物

陈福泰等人研究了\[N(C₂H₅)₄\]₂B₁₂H₁₂ 对 NEPE 推进剂燃烧性能的影响,结果表明,该物质对 AP 的热分解没有明显的催化作用,但加速了硝胺的热分解,从而提高了 NEPE 推进剂的燃速,在高压时出现"平台"现象,而且,硼氢化合物释放出氢原子的电离势很低,极易与硝胺等发生作用,加速硝胺等的分解,可望在固体推进剂中获得应用。

庞维强等人研究了十氢十硼酸四乙铵盐与固体推进剂中一些常见组分的相容性,指出十氢十硼酸四乙铵盐与 3 -硝基 1,2,4 -三唑- 5 -酮铅(NTO - Pb),六硝基六氮杂异伍兹烷(CL - 20)、环氧乙烷-四氢呋喃共聚醚(PET)、聚乙二醇(PEG)、N - 100、端羟基聚丁二烯(HTPB)、CB、Al、Mg、Al₂O₃、C₂、癸二酸二异辛酯(DOS)和 KP 组成的二元体系是相容的,对端羟基叠氮聚醚(GAP)和奥克托今(HMX)稍敏感;对己二酸酮(AD - Cu)、β - Cu 和 φ - Pb 敏感;对 RDX、3,4 -二硝基呋咱基氧化呋咱(DNTF)和 GUDN 不相容。一方面,他们观察发现,除 2,4 -甲苯二异氰酸酯(TDI)外,CL - 20、HMX、GAP、RDX、AP、NTO - Pb、HTPB、DOS、IPDI、AD - Cu、Al 粉和 Mg 粉对十氢十硼酸四乙铵盐的热分解(305.8℃)不产生明显影响;另一方面,大量的研究表明,十氢二硼酸盐能改善固体推进剂的燃烧性能,特别是催化硝胺推进剂的分解。当十氢十硼酸钾应用于含三氨基胍的推进剂配方中时,推进剂的燃速大幅度提高。庞维强还研究了十氢十硼酸双四乙基铵(BHN)的基本特性及不同含量的高能燃烧剂 BHN 对富燃料固体推进剂能量性能、燃烧性能和安全性能等的影响,结果表明,随着高能燃烧剂 BHN 含量的增加,富燃料固体推进剂的质量燃烧热值和体积燃烧热值均增大,而密度减小。其中含 10% 的 BHN 富燃料固体推进剂的质量热值较基础配方的增加了 8.98%,体积热值增加了 2.09%,而密度降低了 6.32%,这对体积一定的发动机装药量有限制;BHN 的撞击感度和摩擦感度均较低,其自身是安全的;不同含量的 BHN 对富燃料固体推进剂机械安全性能的影响表明,随着 BHN 含量的增加,富燃料固体推进剂的撞击感度(特性落高 H_{50})增加,而摩擦感度没有明显的改变,其中,添加 10% 的 BHN 富燃料固体推进剂配方相对于基础配方,H_{50} 提高约 7.9 倍;推进剂中随着 BHN 含量的增加,富燃料固体推进剂的燃速和燃速压力指数均有不同程度的降低,特别是含 3% 的 BHN 富燃料推进剂相对于基础配方燃速明显降低,而含 10% 的 BHN 富燃料固体推进剂降低幅度减小,这可能是由于 BHN 的氧含量较低,将其添加到推进剂中,其高能量无法充分释放所致;高能燃烧剂 BHN 对富燃料固体推进剂的燃速和压强指数均有不同程度的降低,当 BHN 含量为 10% 时富燃料固体推进剂的燃速压力指数由基础配方的 0.442 降低到 0.415。

20 世纪 90 年代初,Schroeder 提出了硼氢化合物加速硝胺推进剂的分解,指出碱金属硼氢化合物可使黑索金(RDX)在其熔点附近开始分解,之后又对硼氢酸盐对硝胺推进剂燃烧的促进作用进行了评述,并研究了 $K_2B_{12}H_{12}$ 对 RDX 热分解行为时指出,$K_2B_{12}H_{12}$ 能够加速 RDX 的分解,并改变分解产物的分布,表明 1,3,5 -三嗪、单亚硝基- RDX(MRDX)和相关硝胺是这种热分解的产物,这对于阐明 $K_2B_{12}H_{12}$ 加速 RDX 热分解的机制非常有意义。关于多硼氢化合物催化硝胺分解的机制如图 3.5 所示。

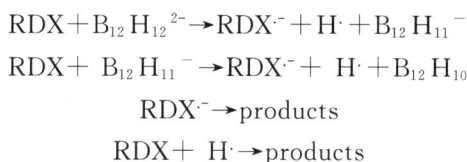

$$RDX + B_{12}H_{12}{}^{2-} \rightarrow RDX^{\cdot-} + H^{\cdot} + B_{12}H_{11}{}^{-}$$
$$RDX + B_{12}H_{11}{}^{-} \rightarrow RDX^{\cdot-} + H^{\cdot} + B_{12}H_{10}$$
$$RDX^{\cdot-} \rightarrow products$$
$$RDX + H^{\cdot} \rightarrow products$$

图 3.5 十二氢十二硼酸盐加速 RDX 推进剂分解的一种可能机制

十二氢十二硼酸盐在推进剂中主要用作高能、高密度燃料、燃料添加剂和气体发生剂以及燃速调节剂。早在 1963 年，Du Pont 公司就合成了十二氢十二硼酸盐，通式为 $M_{(2-n)}(B_{12}H_{12-n-y}X_y \cdot nSRR')_{b(n-2)}$，用作彩色火焰的燃料添加剂。$B_{12}H_{12}{}^{2-}$ 的羟胺盐或肼盐与聚酯的复合物遇浓硝酸时会自燃，对冲击和静电不敏感，在空气中 250℃ 不燃烧，可用作安全的推进剂组分。Trofimenko 指出，将硫、氟、叠氮基、氰酸基、硫氰酸基等在光照条件下引入全卤代的二十面体硼酸盐 $(NH_4)_2B_{12}Br_{12}$ 或 $H_2B_{12}Cl_{12}$ 中，再用四甲基氯化铵水溶液处理得到的四甲基铵盐，如 $(Me_4N)_2B_{12}Br_{11}N_3$，可以用作高能燃料的组分。Saldin 等人发明了十二氢十二硼酸甲壳素盐 $[(C_6O_4H_9NH_3)_2B_{12}H_{12}]$ 的制备方法，观察到这种盐能快速点火并完全燃烧，是一种防爆、无毒和无毒气排放、耐热、耐湿、具有优良力学性能和键合作用的高能物质，适于用作枪粉、烟火、炸药、推进剂的点火剂、起爆药的组分。如十二氢十二硼酸甲壳素盐本身以及与过渡金属，特别是 Cu^{2+}，Co^{2+}，Ni^{2+}，Zn^{2+} 或 Mn^{2+} 以及镁或铝的硝酸盐（或高氯酸盐）组成的复合物，用作烟火药等的能量增强型点火添加剂（energy - intensive igniting additives）。含有有效量铬酸甲壳素盐（氧化剂）的十二氢十二硼酸甲壳素盐用作烟火的点火添加剂，使得烟火药燃烧时不产生有害气体。十二氢十二硼酸甲壳素盐与高氯酸或高氯酸铵或高氯酸甲壳素盐的加合物被用作耐热的和具有良好力学性能的烟火配方中的无毒贮藏稳定剂。

Hanumantha Rao 和 Muralidharan 以及 Shackelford 等人认为十二氢十二硼酸氮杂环铵盐，包括咪唑盐、1,2,4-三唑盐、1,2,3-四唑盐、吡唑盐、噁唑盐、异噁唑盐、呋咱盐、氧化呋咱盐等高的体积密度以及燃烧产物的低分子量，适于在固体火箭推进剂中用作钝感含能材料和燃烧加速剂。一方面，们有利于提供高密度比冲，增强推进剂的能量，增加导弹有效负荷，改善燃烧性能，进而提高火箭推进剂的比冲；另一方面，这些盐的极低蒸气压为推进剂的生产、使用以及突发事件的处理提供了方便和健康保证。

对笼型多硼氢阴离子 $B_{12}H_{12}{}^{2-}$，$[B_{12}X_{12}OR]^{2-}$ 和 $B_{12}H_{11}NR_3{}^-$ 等的富氮杂环铵盐离子液体来说，它们可能具有高的能量；但大多数化合物缺乏相关热化学和燃烧性能的数据。从组成上来看，多硼氢阴离子盐离子液体大多含有长链烷基或质量较重的卤原子，势必影响多硼氢阴离子的能量发挥；再者，在阴离子中引入卤原子对点火性能和环境必然产生重要影响。因此，高能离子液体的化学特性研究还处在起步阶段，已知的高能硼氢离子液体的数量还相当有限，人们对高能离子液体组成、结构与性能关系的认识还是初步的，设计和发现性能优异、热值高、能量发挥高效、环境友好、适于推进剂应用的多硼氢离子液体是人们面临的严重挑战。McCrary 的研究发现，一方面，多硼氢阴离子 $(B_9H_{14}{}^-)$ 化合物作为可自燃离子液体二氰胺基咪唑盐的添加剂大大缩短了点火延滞期，为探索在推进剂中有应用前景的多硼氢阴离子化合物开阔了视野；另一方面，二十面体硼氢阴离子笼电荷的广泛离域导致硼笼的芳香性，使得硼笼上能够有效发生众多取代反应，为制备推进剂及火炸药中适用的二十面体硼氢阴离子衍生物提供了可能。

$B_{12}H_{12}{}^{2-}$ 阴离子高的硼含量，意味着此类化合物具有高的热值，Ionov 和 Kuznetsov 计算了 C_{60} 等结构的硼笼化合物 $B_{60}H_{60}$ 的生成热为 $(6\,511\pm100)\,kJ \cdot mol^{-1}$，是 C_{60}（$2\,280\,kJ \cdot mol^{-1}$）的近 3 倍。$B_{12}H_{12}{}^{2-}$ 阴离子化合物常具有分解温度高，低毒、低感度以及与常用含能化合物组分良好的相容性等特点，其制备工艺简单，可以一锅合成，这些特点无疑对推进剂及火炸药研究者产生巨大吸引力。

在一些硼氢化合物的报道中虽然有不少涉及 $B_{12}H_{12}^{2-}$ 阴离子化合物在一些领域中的应用,但系统评述 $B_{12}H_{12}^{2-}$ 阴离子化合物化学及其应用却很少见。Suvaev 和 Hawthorne 等人对 $B_{12}H_{12}^{2-}$ 的化学和应用进行过较全面的评论,但重点在药物和 BNCT(硼中子俘获治疗)方面,有关 $B_{12}H_{12}^{2-}$ 阴离子化合物在推进剂和火炸药中的应用至今未见专题评述。

3.2.2　含镁铝富燃料固体推进剂

镁粉虽然热值较低,但其沸点低(1 105℃),点燃温度稍低于熔点,具有易汽化和燃烧的优点。富燃料固体推进剂中添加部分镁粉可以提高推进剂在燃气发生器中的燃温和成气性,达到提高一次喷射效率和二次补燃效率。镁的单位质量氧耗量小,在低的空气/推进剂比条件下使用具有优点。铝的热值虽然低于硼、碳,但密度高,而且价格低廉,是一种理想的金属添加剂。由于铝的熔点低,沸点高,富燃料固体推进剂在较低的温度下燃烧时,容易形成熔渣结块,从而影响燃气的一次喷射效率,同时,由于铝及其凝聚相的点燃温度比硼高,因此,铝粉的二次燃烧效率也较低。金属燃料在燃面结团程度是富燃料研究者比较关心的,为解决铝粉在燃烧中出现的问题,除了降低铝粉的粒度,通过控制铝粉的含量和加入其他金属添加剂均能改善铝的燃烧效率,通常,选用镁粉与一些高热值的铝、硼配合使用(镁铝合金、镁硼合金等),有利于解决富燃料固体推进剂的燃烧问题。

1. 铝粉含量对高镁铝含量富燃料固体推进剂燃烧性能的影响

在一定固体含量下,比较了 Al 含量对富燃料固体推进剂燃烧性能的影响,结果见表 3.5。

表 3.5　Al 含量对高镁铝含量富燃料固体推进剂燃烧性能的影响

Al 含量 (%)	燃速/(mm·s^{-1})			
	0.5 MPa	1 MPa	2.5 MPa	3 MPa
60	3.33	5.52	9.29	10.06
65	–	2.79	4.42	–
	燃速压力指数 n			
	0.5~1 MPa	1~2.5 MPa	2.5~3 MPa	0.5~3 MPa
60	0.73	0.57	0.44	0.614
65	–	0.50	–	–

从表 3.5 中可以看出,通过适当地减少 Al 粉含量,增加 AP 含量可以显著提高燃速,燃速压力指数 $n<0.5$。对于高金属含量配方,采用 5% 的 Al 粉代替氧化剂 AP,配方中含有大量 Al 粉,绝大部分 Al 在凝聚相吸热融化,聚集成团。在高 Al 含量情况下,Al 粉在推进剂燃烧过程起一种惰性吸热物质,其在气相的氧化反应放热可忽略,因此,Al 粉本身不利于推进剂燃速增加,影响推进剂燃速的主要因素是 AP 的凝聚相分解和反应放热。因为 AP 的分解放热以及产生的氧化性气体与黏合剂分解的 C、CH 燃料燃烧放热维持推进剂的燃烧,当减少 Al 粉含量,增加 AP 含量时可以使产气量和放热量增加,从而加快凝聚相的分解速度,显著提高

燃速。

2. 镁粉含量对高镁铝含量富燃料固体推进剂燃烧性能的影响

采用5%的 Mg 粉代替5%的 Al 粉后对富燃料固体推进剂的燃烧性能的影响,结果见表3.6。

表3.6 Mg 粉对高镁铝含量富燃料固体推进剂燃烧性能的影响

Mg 含量/(%)	燃速/(mm·s⁻¹)			
	0.5 MPa	1 MPa	2.5 MPa	3 MPa
0	3.33	5.52	9.29	10.06
5	4.68	6.63	10.28	11.24
	燃速压力指数 n			
	0.5~1 MPa	1~2.5 MPa	2.5~3 MPa	0.5~3 MPa
0	0.73	0.57	0.44	0.614
5	0.50	0.48	0.49	0.487

从表3.6中可以看出,用相同含量 Mg 粉代替 Al 粉,燃速略有提高,同时燃速压力指数下降,尤其在低压时影响比较显著。表明在配方中加入适当的 Mg 粉能改善推进剂的燃烧性能,同时发现,添加少量 Mg 粉对药浆的工艺性能影响较小。

3. Mg/Al 合金粉含量对高镁铝含量富燃料固体推进剂燃烧性能的影响

采用 Mg/Al 合金粉代替部分 Al 粉,研究不同 Mg/Al 合金粉的含量对富燃料固体推进剂燃烧性能的影响,结果见表3.7。

表3.7 Mg/Al 合金对高镁铝含量富燃料固体推进剂燃烧性能的影响

Mg/Al 合金含量/(%)	燃速/(mm·s⁻¹)				
	0.5 MPa	1 MPa	2.5 MPa	3 MPa	4 MPa
0	3.33	5.52	9.29	10.06	11.44
5	4.71	6.46	10.02	10.66	11.76
10	4.82	6.54	9.56	10.33	11.32
	燃速压力指数 n				
	0.5~1 MPa	1~2.5 MPa	2.5~3 MPa	3~4 MPa	0.5~4 MPa
0	0.73	0.57	0.44	0.45	0.593
5	0.46	0.48	0.34	0.34	0.449
10	0.44	0.41	0.42	0.32	0.414

从表3.7中可以看出,用 Mg/Al 合金粉替代部分 Al 粉后富燃料固体推进剂然速增加,且随

着 Mg/Al 合金含量的增大,燃速的增加幅度也越大,而在 Mg/Al 合金粉替代部分 Al 粉后,燃速压力指数降低。此外,通过目测和直观测试,当推进剂配方中具有较高固体含量时,大量的 Mg/Al 合金粉会使得捏合和浇铸工艺性能严重恶化,因此,其添加量有限,一般限制为不超过 40%。

　　4. 铝粉粒径对镁铝富燃料固体推进剂燃烧性能的影响

　　实验采用 Al/MA/AP/HTPB 基础配方,MA 为 1∶1 铝镁合金,含量为 20%;AP 含量为 25%(超细 AP 含量为 10%,60~80 目 AP 含量为 15%),铝粉含量为 35%,剩余为 HTPB 黏合剂体系和其他助剂;其中,1# 试样采用粒径为 15 μm 的普通细铝粉,2# 试样采用粒径为 1 μm 超细铝粉。按照复合固体推进剂制备工艺方法,捏合、真空浇铸、恒温固化制得样品。

　　从表 3.8 中可看出,1# 推进剂的爆热和燃速明显低于 2# 推进剂,而压强指数 1# 推进剂大于 2# 推进剂。这主要由于超细铝粉在燃面的聚集程度比一般铝粉小,而且具有易点火、易脱离燃面,可在燃面附近气相区域点火燃烧,燃烧迅速完全等优点,这些都有助于提高推进剂燃面温度和燃速,降低燃速压强指数和铝粉点火延迟时间,提升燃烧效率,能量释放充分;对于普通细铝粉,由于燃烧经历熔化、熔联、凝聚、点火、燃烧 5 个阶段,点火困难易结团,点火延迟时间长,燃烧效率低,阻碍能量释放,燃烧残渣中结团较多。观察燃烧后残余物,1# 推进剂结块现象明显且体积较大,而 2# 推进剂燃烧产物分散性较好,以小颗粒、局部小块状居多。在水冲压用高金属含量推进剂中,金属粒子和水反应程度的大小主要受控于与一次燃烧产物喷射效率,而喷射效率的好坏由产物分散性决定。采用小粒径铝粉的高铝含量富燃料固体推进剂燃烧产物分散性好,更易于喷射,从而也易于和水反应。

表 3.8　1# 和 2# 推进剂爆热和燃速结果

样 品	爆热 $(J \cdot g^{-1})$	燃速/$(mm \cdot s^{-1})$				压强指数	凝相放热量 $(J \cdot g^{-1})$	气相放热量/$(J \cdot g^{-1})$
		1 MPa	2 MPa	3 MPa	4 MPa			
1#	4 541.06	4.44	5.35	6.32	7.18	0.34	1 137.58	3 403.48
2#	5 153.67	7.21	9.26	10.44	10.98	0.31	1 119.43	4 034.21

　　采用氧弹测试推进剂爆热包括气相放热和凝相放热两部分,由于 DSC 热分析仪实验测试总热量代表推进剂凝相放热,则推进剂气相放热量可定性得出,1# 推进剂和 2# 推进剂气相放热分别为 3 403.48 J·g^{-1} 和 4 034.21 J·g^{-1},1# 推进剂气相放热量明显小于 2# 推进剂,这进一步表明超细铝粉在推进剂燃烧过程中,相当一部分可在燃面上凝聚前就开始点火燃烧,熔聚结团程度小,离开推进剂燃面以及离开燃面后的持续燃烧中更容易被汽化,参与气相反应更多;同时在高含铝富燃料固体推进剂燃烧过程中,超细铝粉比普通铝粉相对于气体的热滞后性较小,小尺寸下热辐射反馈更快,燃烧产生热量通过辐射加热推进剂表面、通过热传导加热 AP 黏合剂火焰,使得推进剂燃烧更充分。

　　通过以上分析可知,在高铝含量富燃料固体推进剂中铝粉的燃烧主要发生在气相,铝粉粒径对推进剂燃烧性能的影响也主要表现在气相,超细铝粉燃烧性能更好,体系放热量更多。

　　为了从机理方面解释不同粒径铝粉对富燃料固体推进剂燃烧性能的影响,研究了 1# 和 2# 推进剂配方在氩气气氛相的 DSC 和 TG-DTG 热分解曲线,结果如图 3.4 和图 3.5 所示。

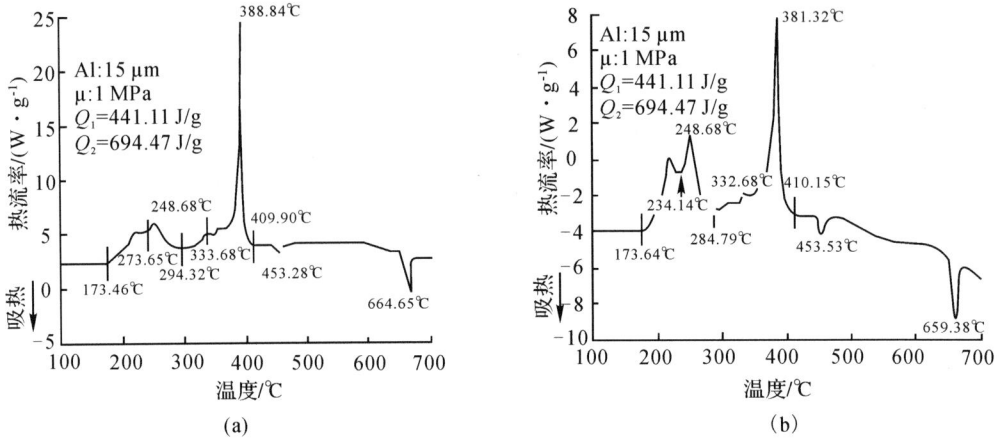

图 3.4　氩气气氛下 1# 和 2# 推进剂的 DSC 曲线

(a)1# 推进剂;(b)2# 推进剂

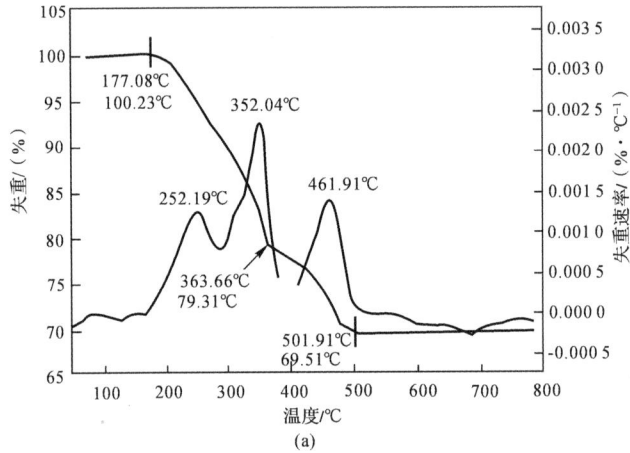

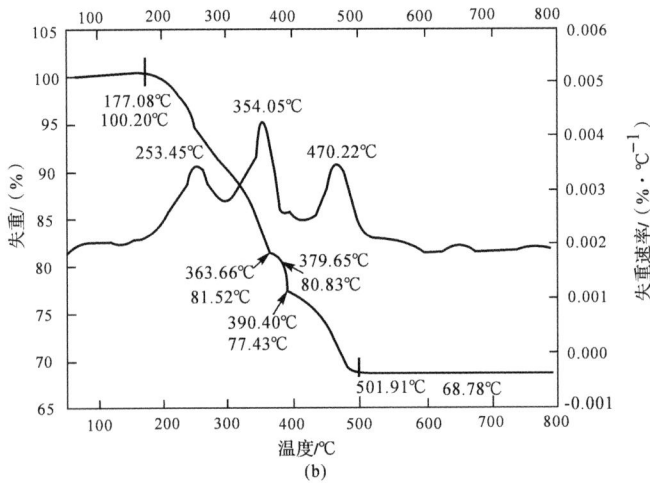

图 3.5　氩气气氛下 1# 和 2# 推进剂的 TG-DTG 曲线

(a)1# 推进剂;(b)2# 推进剂

第一温区为 173.46～294.32℃。由 TG－DTG 曲线可知,推进剂在 177.08℃时开始分解,质量减少,到 252.19℃时分解速率最大,随后失重速率减缓到 294.32℃趋于恒定。DSC 曲线从 173.46℃开始上升有热量的放出,237.65℃出现 AP 晶型转变吸热峰,248.68℃产生放热峰,294.32℃放热终止。在该温区下,HTPB/AP 体系除了在 241.19℃出现 AP 晶型转变吸热峰之外,没有明显的放热现象。推进剂产生放热峰的原因可能是 AP 低温热分解引起体系发生热反应所致。在该阶段失重主要是 AP 的低温分解引起的,放热由 AP 分解氧化性气体与金属粒子、HTPB 热反应释放的热量组成,第一温区下 1# 推进剂放热 441.11 J·g^{-1},2# 推进剂放热为 598.52 J·g^{-1},1# 推进剂比 2# 推进剂的低 157.41 J·g^{-1}。

第二温区为 294.32～409.90℃。推进剂 DSC 曲线在第二温区存在 2 个放热峰,主放热峰峰温为 388.84℃,TG 曲线从 294.32℃开始失重,随着温度的升高失重速率增大,在 352.04℃达到最大值,352.04℃到 409.90℃失重速率变缓。推进剂在第二温区下形成放热峰、产生失重现象主要由 AP 高温分解引起热反应形成该温区下 1# 推进剂放热量为 696.47 J·g^{-1},2# 推进剂放热量为 520.61 J·g^{-1},1# 推进剂比 2# 推进剂的高 175.86 J·g^{-1}。

第三温区为 409.9℃以上。图 3.4DSC 曲线出现 2 个吸热峰,在 453.28℃时的吸热峰是镁铝合金的熔化峰,在 664.65℃时为铝熔化所致。图 3.5 的 TG 曲线仍有失重现象,该失重主要由 HTPB 高温分解引起。由 HTPB 热重曲线可知 HTPB 的分解主要集中在 400～500℃,上文分析得出 AP 优于 HTPB 在第二温区发生分解。因此,在 AP 含量很少的高金属含量推进剂中,AP 在第一温区和第二温区下分解接近完全,并与金属粒子和 HTPB 发生氧化反应,余下的 HTPB 发生高温热分解引起失重。在该温区尽管温度的升高促使了金属粒子摆脱氧化膜的束缚,但没有或少量氧化性气体的存在,并不会发生强烈的氧化反应,所以放热量不是很明显。该温区下整体表现为吸热,1# 推进剂和 2# 推进剂吸热量相近。

5.纳米铝含量对镁铝富燃料固体推进剂燃烧性能的影响

同时,还研究了纳米 Al 粉对镁铝富燃料固体推进剂燃烧性能的影响,结果见表 3.9。

表 3.9　纳米铝粉对富燃料固体推进剂燃速特性的影响

纳米铝粉含量 (%)	燃速/(mm·s^{-1})			
	0.5 MPa	1 MPa	2 MPa	3 MPa
0	3.76	5.00	6.35	7.36
5	3.86	6.09	7.37	8.41
10	4.49	6.38	8.15	9.47
20	5.51	7.86	10.18	11.88
	燃速压力指数 n			
	0.5～1 MPa	1～2 MPa	2～3 MPa	0.5～3 MPa
0	0.41	0.34	0.36	0.372
5	0.66	0.27	0.33	0.421

续 表

纳米铝粉含量 (%)	燃速/(mm · s^{-1})			
	0.5 MPa	1 MPa	2 MPa	3 MPa
10	0.51	0.35	0.37	0.411
20	0.51	0.37	0.38	0.424

(1)由表 3.9 可以看出,随着纳米 Al 含量的增加,推进剂的燃速增加,在 1 MPa 下,20%的 nano - Al 使推进剂的燃速增加 57.2%;同时燃速压力指数也均不同程度增加,由 0.372 增加到 0.424 以上。与文献[104]报道的 nano - Al 提高 HTPB 复合固体推进剂的燃速的幅度 1～30 倍相比,相近粒度的 nano - Al 对镁铝富燃料固体推进剂燃速的提高幅度接近,且与文献报道的降低燃速压力指数作用相反,使燃速压力指数 n 增加。

(2)nano - Al 在复合固体推进剂中的燃烧机理已有报道,分析认为,适量纳米铝粉能在较宽的压强范围内显著提高推进剂燃速,这主要是由于纳米铝粉的点火阈值低、反应活性高,纳米铝粉的在 500～600℃ 的低温下的氧化放热和扩散火焰的热量反馈大于纳米铝粉的点火阈值,使纳米铝粉在距燃面较近处,以单个粒子形式参与燃烧反应,其燃烧产生的热量易于反馈到燃面,促进了推进剂的燃烧,因而能提高推进剂的燃速。同时,较高的反应活性也缩短了纳米铝粉的点火延迟时间和燃烧时间,因为在推进剂燃烧过程中,常规粒度的铝粉易在推进剂燃面上发生凝聚,形成大的铝凝团,铝凝团一般在远离燃面附近与氧化剂分解产物进行混合、燃烧,其点火时间和燃烧时间较长,对凝聚相的热反馈作用较小;纳米铝粉的燃烧时间短、热释放速率高,其在距离燃面更近的地方就可点火并快速燃烧。

(3)在该镁铝富燃料固体推进剂中,较小的燃速增加与推进剂中氧化剂含量较低有关,因为其不能提供足够的氧使 nano - Al,Mg,CH 等燃料完全燃烧,推进剂的潜热未能完全释放,对燃面的热反馈量比充分燃烧时少,对燃速的增加幅度也较小。

(4)较高的燃速压力指数可能与含 nano - Al 富燃料固体推进剂在较高压力下(3 MPa)凝聚相放热速度的增加有关。因为在富燃料固体推进剂燃烧过程中,nano - Al 一般在燃面附近发生燃烧反应,压力几乎不影响燃面的热反馈,但压力影响凝聚相组分中 AP 的分解。研究认为,凝聚相放热对富燃料固体推进剂燃速和燃速压力指数影响较大。由 HTPB/AP/Al(10/60/5)与 HTPB/AP(10/60)体系的 PDSC 曲线和特征量数据比较可知,在 0.1～3 MPa 压力范围下,分解热增加,同时,铝粉(普通粒度)使 AP 的第二阶段分解提前结束、多峰减少,体系分解速度加快,可见 Al 具有加速 HTPB/AP 凝聚相分解的作用。对于 nano - Al,其较高的反应活性将进一步加快 HTPB/AP 凝聚相在较高压力下的分解速度,增加推进剂燃速,从而增加燃速压力指数。

6.氧化剂 AP 粒度级配对镁铝富燃料固体推进剂燃烧性能的影响

推进剂的燃烧始于氧化剂的分解,而富燃料固体推进剂的氧化剂含量远少于复合推进剂,因此,氧化剂的改变对燃烧性能的影响较大。聂芝侠等人研究了氧化剂 AP 粒度级配对镁铝富燃料固体推进剂燃烧性能的影响(推进剂配方为:黏合剂体系 22%,氧化剂 AP 为 33%,镁粉为 15％,铝粉为 25％,催化剂 GFP 为 5％),固定氧化剂 AP 总含量,改变其粒度级配,结果见表 3.10。

表 3.10　AP 粒度级配对镁铝富燃料固体推进剂燃烧性能的影响

样品	AP 含量/(％)		$r/(mm \cdot s^{-1})$				n
	1 μm	105～150 μm	0.5 MPa	1.0 MPa	1.5 MPa	2.0 MPa	
JP-1	13	20	3.91	5.14	5.85	6.48	0.363
JP-2	17	16	5.16	6.57	7.72	8.86	0.385
JP-3	21	12	6.81	8.81	10.32	11.84	0.394
JP-4	25	8	8.63	11.28	13.20	14.76	0.387
JP-5	29	4	11.66	15.39	17.71	19.45	0.371
JP-6	33	0	14.88	18.20	20.72	23.38	0.318

从表 3.10 中可以看出,在相同压强下,燃速随细粒度 AP 含量的增加而提高。氧化剂粒度对压强指数影响呈规律性变化:随着细粒度 AP 含量的增加,压强指数先升高后降低。当超细粒度 AP 含量增多时,氧化剂表面积增大,从而 AP 在凝聚相的分解速度增大,因而在气相中氧化性气体浓度增大,这使得气相中氧/燃比增大;同时,AP 粒度越小,AP 热分解的氧化性气体与燃料热解气体的反应区越接近燃面,对燃面的热反馈就大。所以,随着超细粒度 AP 含量增多,燃速增大。氧化剂粒度级配对压强指数的影响与预混火焰和扩散火焰对燃面主导作用有关。粗粒度氧化剂含量较多时,当增加超细氧化剂时,超细 AP 与 HTPB 分解产物越接近预混燃烧火焰,其受化学反应控制,而化学反应受浓度(压强)的影响大,压强促进燃面附近的反应速度。所以,随着超细氧化剂含量的增加,压强指数上升。但超细氧化剂增加到一定量时,随着氧化剂粒度进一步减小,AP 热分解的氧化性气体与周围的燃料热解气体反应的初焰越贴近燃面,高温度的初焰对燃面的热反馈,促使燃面附近温度急剧升高。所以,温度促进反应速度的加快。因为初焰为扩散火焰,扩散火焰受压强影响小,所以燃面附近的反应速度受压强影响的敏感程度减小,因而随着进一步增加超细粒度 AP 含量时,压强指数反而下降,当氧化剂全部为超细粒度时,压强指数最低。

7.复合催化剂对镁铝富燃料固体推进剂燃烧性能的影响

有研究指出,超细 Fe_2O_3 相比 GFP 具有较高的压强指数,而在较低压强不超过 6.86 MPa 下 GFP 具有较高的燃速。为了提高压强指数,同时又兼顾燃速的提高,研究 GFP/Fe_2O_3 比对富燃料固体推进剂燃烧性能的影响有重要意义。聂芝侠还研究了复合催化剂对镁铝富燃料固体推进剂燃烧性能的影响(推进剂配方:黏合剂体系 22％,氧化剂 AP 为 33％,镁粉为 15％,铝粉为 25％,催化剂 GFP 为 5％),保持基础配方中其他组分不变,用超细 Fe_2O_3 取代部分 GFP,保持其总含量为 5％,研究结果见表 3.11。

表 3.11　GFP/Fe₂O₃ 比对镁铝富燃料固体推进剂燃烧性能的影响

样　品	GFP/(%)	Fe₂O₃/(%)	$r/(\text{mm} \cdot \text{s}^{-1})$				n
			0.5 MPa	1.0 MPa	1.5 MPa	2.0 MPa	
C－1	5	0	8.63	11.28	13.20	14.76	0.387
C－2	4	1	10.66	14.05	16.43	18.67	0.401
C－3	3	2	8.26	10.51	12.06	13.30	0.344
C－1′	5	0	7.99	10.32	12.24	13.43	0.379
C－2′	4	1	7.89	10.25	12.02	12.98	0.365
C－3′	3	2	7.66	9.65	11.49	12.85	0.375

　　C－1～C－3 配方中的氧化剂级配为 25% 粒径 $1\mu m$ 和 8% 粒径 $105\sim150\mu m$ 的 AP。改变 GFP/Fe₂O₃ 比,燃速随 GFP 的减少先增加后减小,当 GFP/Fe₂O₃ 比为 4:1 时燃速最大,相比催化剂全部为 GFP 的 C－1 配方,1.0 MPa 下燃速增加了 24%;压强指数也随 GFP 的减少先增加后减小,当 GFP/Fe₂O₃ 比为 4:1 时,压强指数最大。C－1′～C－3′配方中的氧化剂级配为 25% 粒径 $1\sim105~\mu m$ 和 8% 粒径 $105\sim150~\mu m$ 的 AP。改变 GFP/Fe₂O₃ 比,燃速随着 GFP 含量的减少而减小,但变化幅度很小;压强指数随 GFP 含量的减少,先降低后升高,变化也较小。

　　从以上分析可知,GFP/Fe₂O₃ 比对推进剂燃烧性能影响较大;对不同氧化剂级配的推进剂,GFP/Fe₂O₃ 比对燃烧性能的影响是不同的:对细粒度 AP 含量高的配方,GFP/Fe₂O₃ 比对燃速及压强指数影响较大。

　　8. Mg/Al 比对镁铝富燃料固体推进剂燃烧性能的影响

　　在镁铝富燃料固体推进剂中,为了提高能量常加入 Al 粉。但 Al 粉在燃烧过程中,存在燃面结团现象,会降低冲压发动机的燃烧效率,因此往往加入一定量的 Mg 粉以改善点火和燃烧性能。研究了 Mg/Al 比对镁铝富燃料固体推进剂燃烧性能的影响(推进剂配方为:黏合剂体系 22%,氧化剂 AP 为 33%,镁粉为 15%,铝粉为 25%,催化剂 GFP 为 5%),保持金属总含量为 40%,改变 Mg/Al 比,结果见表 3.12。

表 3.12　Mg/Al 比对镁铝富燃料固体推进剂燃烧性能的影响

样　品	Mg/(%)	Al/(%)	$r/(\text{mm} \cdot \text{s}^{-1})$				n
			0.5 MPa	1.0 MPa	1.5 MPa	2.0 MPa	
M/A－1	20	20	8.48	11.12	13.01	14.58	0.391
M/A－2	15	25	8.63	11.28	13.20	14.76	0.387
M/A－3	10	30	8.89	11.60	13.39	15.27	0.385
M/A－4	5	35	9.05	11.60	13.77	15.16	0.376

　　从表 3.12 中实验结果可以看出,当 Al 粉含量由 20% 增加到 35% 时,燃速缓慢上升,1.0

MPa 下燃速增加 0.04％;压强指数逐渐下降(0.015),两者均受 Mg/Al 比的影响很小。分析上述结果,与 Mg 粉和 Al 粉在燃面上的点火燃烧有关。推进剂被点燃后,凝聚相中存在的反应主要是 AP 和黏合剂的热解,Mg,Al 的氧化反应主要发生在气相。一般认为,Al 在气相燃烧区下游才燃烧,燃烧过程中所释放的热量对推进剂的凝聚相反应影响很小,影响燃速的主要是在燃面结团的 Al 热反馈作用。在增加 Al 粉后,在燃面沉积的 Al 热反馈增强,增加了向凝相的热反馈,从而有利于燃速提高;但另一方面,保持金属总含量不变而增加 Al 粉时,会减小 Mg 粉含量,由于 Mg 在推进剂中的燃烧贴近燃烧表面,所以 Mg 的燃烧影响气相对凝相的热反馈。所以减少 Mg 含量时,减小了对凝相的热反馈,使得凝相温度降低,这对提高燃速是不利的。因此,综合这两方面的原因,当固定金属含量不变时,增加 Al 粉的比例,Al 的热反馈作用占微弱的主导作用。所以,燃速升高,但燃速升高幅度较小。改变 Mg/Al 比对燃速影响很小,所以压强指数基本不变。

9.金属含量对镁铝富燃料固体推进剂燃烧性能的影响

改变基础配方中金属总含量(Mg/Al 比按 1∶1 同时增加),金属总含量增减的同时,改变黏合剂体系中 HTPB 含量,以补足配方为 100％,配方及实验结果见表 3.13。当金属总含量由 38％增加到 44％时,燃速上升较快,1.0 MPa 下燃速增加 57％;压强指数随金属总含量的增加逐渐上升,但变化很小(仅增加 0.016)。

表 3.13　金属含量对镁铝富燃料固体推进剂燃烧性能的影响

样　品	金属含量 (％)	$r/(\mathrm{mm \cdot s^{-1}})$				n
		0.5 MPa	1.0 MPa	1.5 MPa	2.0 MPa	
M-1	38	7.21	9.52	10.95	12.26	0.381
M-2	40	8.63	11.28	13.20	14.76	0.387
M-3	42	10.14	13.14	15.57	17.51	0.392
M-4	44	11.37	14.97	17.83	19.58	0.397

增加金属总含量对燃速影响较大,对压强指数影响很小。当增加金属总含量时,如前所述,金属总含量增加是 Al 粉和 Mg 粉含量同时增加,当增加 Al 粉时,在燃面沉积的 Al 热反馈增强,增加了向凝相的热反馈;同时,增加 Mg 粉时,也增加了对凝相的热反馈,这两者均有利于燃速的提高,所以燃速有较大提高。金属总含量增加时,在较高压强时燃速提升幅度较小,因而压强指数逐渐增加的趋势也很小。

10.KP/AP 比对镁铝富燃料固体推进剂燃烧性能的影响

因为以高氯酸钾(KP)为氧化剂的推进剂具有高燃速和压强指数,本节用 KP 取代部分 AP 研究 KP/AP 比对燃速及压强指数的影响(推进剂配方为:黏合剂体系 22％,氧化剂 AP 为 33％,镁粉为 15％,铝粉为 25％,催化剂 GFP 为 5％),保持基础配方中其他因素不变,固定 AP 粒径为 1 μm,KP 粒径 40～150 μm,改变 KP/AP 比,结果见表 3.14。

表 3.14 KP/AP 比对镁铝富燃料固体推进剂燃烧性能的影响

样 品	AP/(%)	KP/(%)	r/(mm·s^{-1})				n
			0.5 MPa	1.0 MPa	1.5 MPa	2.0 MPa	
KA-1	33.0	0.0	14.88	18.20	20.72	23.28	0.318
KA-2	25.0	8.0	8.62	11.07	12.80	14.10	0.354
KA-3	23.1	9.9	7.79	10.08	12.03	13.47	0.397
KA-4	16.5	16.5	5.52	6.90	8.07	9.09	0.358

从表 3.14 中可看出,随着 KP/AP 比增加,燃速逐渐降低,压强指数先升高后降低,当 KP/AP 比为 9.9∶23.1,即为 3∶7 时压强指数最大。KP 的有效氧含量为 46.2%,而 AP 有效氧含量为 34%。从理论上说,加入有效氧含量高的氧化剂,对提高富燃料固体推进剂的燃速是极其有利的,但试验结果表明,KP 的加入造成燃速下降。这主要存在两方面原因:一是 KP 的生成焓为 -433 kJ·mol^{-1},而 AP 为 -295.9 kJ·mol^{-1},KP 的加入造成推进剂体系整体热值的降低;二是活化能的差异。KP 分解的表观活化能为 131.5 kJ·mol^{-1},但其分解峰温较高,在 306℃时才熔化分解成氯酸钾和氧气,而氯酸钾在 614℃才分解生成氯化钾和氧气。AP 在 240℃下的表观分解活化能为 156.8 kJ·mol^{-1},而 240℃以上的分解活化能为 79.1 kJ·mol^{-1},分解峰温为 329℃。因此,从整个温度范围看,尽管 KP 有效氧含量高,但由于分解过程中有凝相产物氯酸钾沉积在表面,不利于分解的进行,故氧化性气体释放速率低,不利于推进剂的燃烧。所以,随 KP/AP 比增大,燃速降低。

11. 含镁铝合金富燃料固体推进剂燃烧火焰和熄火表面研究

金属燃料在推进剂燃面处的结团程度是富燃料固体推进剂研究者关注点之一,为对比各种金属在燃面结团的情况,文献[108]固定配方其余组分的含量,研究了金属燃料的含量为 40% 的,分别以镁铝合金(Mg/Al)、镁铝混合粉(1∶1)、铝粉为金属燃料的富燃料固体推进剂燃烧火焰和熄火表面。

含不同金属燃料(镁铝合金、镁铝混合粉和铝粉)推进剂的燃烧火焰的燃烧火焰结构不同。金属燃料为镁铝合金的配方在燃烧的过程中没有发现有大的金属液滴从燃面喷出,金属粒子的喷射效果很好,十分均匀,且喷射距离远;以镁铝混合粉为金属燃料的配方,从燃面喷出的火焰中有少许金属液滴,它们在较远的地方才熄灭;以铝粉为金属燃料的配方,从燃面喷出的金属液滴明显增多增大,而且掉落在台面上的残渣也说明了燃烧状况。这表明,含镁铝合金粉的富燃料推进剂配方的燃烧残渣明显更细,以碳残渣为主,灰白色的金属氧化物残渣少,而后两个配方的残渣较粗,并且随着铝含量的增加,金属氧化物的残渣增多增大,表明含镁铝合金粉的推进剂的燃烧更充分,并且形成的氧化物粒子小,金属的燃烧效果最佳。

从总体上纵观各熄火表面的整体表面可发现,推进剂的表面是一个具有一定厚度的、多孔且疏松的结构层。熄火表面的物理结构主要指微孔或洞的大小、疏密程度、氧化剂在表面的突显程度、黏合剂的覆盖程度和絮状结构等。通过元素分析,该层主要由碳渣、没有分解完全的粗氧化剂粒子、少量金属粒子及金属氧化物组成的,这些组成和推进剂的配方紧密相关。熄火表面扫描电镜分析可知,不同的金属燃料对推进剂的熄火表面有较大的影响,这种影响首先反映在熄火表面形态结构上,其次是表面组分的构成及金属燃料结团程度上。对于镁铝合金配方,其熄火表面上的多孔层(也称"沉积层")比镁铝混合粉和铝粉配方的薄且稀疏,放大 200 倍之后可清楚地观察到沉积层下的黏合剂融化的流动状态;含镁铝混合粉和铝粉的推进剂熄火表面疏松程度相对较低,且沉积层较厚,在相同放大倍数下不能观察到黏合剂融化流动层。当金属燃料为镁铝合金时,由于其熔点较低,易于点火和燃烧,因此在燃面处放热剧烈,这促进了氧化剂的分解及与黏合剂的反应。金属燃料为镁粉和铝粉 1∶1 组成的混合粉时,尽管镁粉易于点火燃烧,但由于铝粉反应速度慢得多,加之部分结团,阻碍整个燃烧过程的速度,反过来也影响了 AP 与 HTPB 的分解及相互间的反应。因此,铝在燃面的结团,使得熄火表面的沉积层较厚,当金属燃料全为铝粉时,铝在推进剂燃面的结团程度更甚,且燃面的沉积层增厚。

综上所述,镁铝合金和镁铝混合粉、铝粉相比,镁铝合金的点火温度低,燃烧迅速,在燃面不存在结团现象,具有较好的燃烧性能。因此,镁铝合金在富燃料应用中可以提高燃烧效率,有效降低喷管的堵塞。

3.2.3　含碳氢富燃料固体推进剂

1.碳氢燃料

碳氢富燃料固体推进剂是以固体碳氢燃料作为高能、高密度添加剂的富燃料固体推进剂,是用固体碳氢燃料取代一部分端羟基聚丁二烯(HTPB)黏合剂,可以大幅度提高富燃料固体推进剂的能量水平,使用固体碳氢燃料可以满足富燃料固体推进剂少烟或无烟的要求。由于HTPB 黏合剂本身含氧量极少,加入固体碳氢燃料后,所获得的质量热值的增益虽然不明显,但是当这些固体燃料的密度远大于 HTPB 时,可以使配方的体积热值大幅度增加。碳氢富燃料固体推进剂的优点是燃烧热高、产物烟雾少,一次燃烧温度低;缺点是燃速、补燃火焰传播速度均比较低,且密度低于含硼燃料和金属燃料配方。当导弹对发动机的排气特性有严格要求时,可以选用碳氢富燃料固体推进剂。与 Mg,Al 基推进剂相比,碳氢富燃料固体推进剂的燃烧分解温度低,分解产生的 CH 碎片极易燃烧,补燃效率高,而且燃烧气体清洁,发动机羽流烟雾小,属于低特征信号推进剂。表 3.15 列出了部分固体碳氢燃料的理化性能。

表 3.15　固体碳氢燃料的理化性能

化合物	分子式	$\rho/(g \cdot cm^{-3})$	熔点/℃	沸点/℃	体积热值/$(MJ \cdot L^{-1})$
蒽	$C_{14}H_{10}$	1.28	217	340	51.1
芴	$C_{13}H_{10}$	1.20	116	294	48.2
聚苯乙烯	$(C_8H_8)_n$	1.05	–	–	41.9
聚 α-甲基苯乙烯	$(C_9H_{10})_n$	1.07	–	–	43.1
蒽醌	$C_{14}H_8O_2$	1.44	286	380	45.2
萘胺	$C_{10}H_7NH_2$	1.12	50	301	41.3
二氰基二胺	$C_2N_4H_4$	1.40	210	D	26.0

续 表

化合物	分子式	$\rho/(g \cdot cm^{-3})$	熔点/℃	沸点/℃	体积热值/$(MJ \cdot L^{-1})$
石墨	C	2.25	–	–	73.8
碳黑	C	1.63	–	–	53.3
HTPB	–	0.92	–	–	40.0
增速的 HTPB	–	0.94	–	–	38.3
金刚烷	$C_{10}H_{15}$	1.07	268	–	47.4
立方烷	C_8H_8	1.29	130～131	–	59.9
PCU 二聚体①	$C_{22}H_{24}$	1.2～1.3	214	–	49.6～53.7

注①:PCU 二聚体的不同异构体的熔点不同,表 3.15 中列出的是 C_1 构型的异构体的熔点。

2.选择碳氢燃料的原则

上述物质的理论性能不是选择碳氢燃料的唯一依据,文献[112]指出,在固体冲压发动机这种体积受限制的使用环境下,必须考虑单位体积燃料所能产生的实际比冲,无论燃料的理论性能(例如密度、体积热值)多高,没有好的燃烧效率也是无用的;如果一种具有高的理论体积热值的燃料的燃烧效率很低,它可能还不如其他理论体积热值相对低的燃料有用;并且燃烧效率只能通过实验确认,不能从理论上准确地预言,所以选择固体碳氢燃料应至少依据以下 4 条标准。

(1)候选物质要有高的理论性能(密度、体积热值),在 HTPB 体系中应用的固体碳氢燃料,其密度和体积热值应明显大于纯的 HTPB。

(2)候选物质在固体冲压发动机的典型工作条件下必须有高的一次燃烧喷射效率和二次燃烧效率,才能产生高的实际比冲。

(3)所选用的物质必须来源方便,也就是容易制备或者容易购买到。

(4)与推进剂的其他组分要有良好的相容性。

3.含碳氢富燃料固体推进剂配方研究

不同碳氢燃料对富燃料固体推进剂的能量贡献也不同,表 3.16 列出了不同类型的碳氢燃料的燃烧热值和密度。

表 3.16　不同碳氢燃料的燃烧热值和密度

样　品	质量燃烧热值/$(MJ \cdot kg^{-1})$	密度/$(g \cdot cm^{-3})$
金刚烷	43.81	1.070
蒽	39.38	1.240
对三联苯	39.88	1.230
四氢双环戊二烯	46.38	0.979

从表 3.16 中可以看出,上述四种不同碳氢燃料的实测燃烧热值均大于 39 MJ · kg^{-1},除了四氢双环戊二烯的密度接近 1 以外,其他密度均大于 1,可见,上文所述的碳氢燃料基本可以满足高热值富燃料固体推进剂的需求。

理论设计了含碳氢燃料的富燃料固体推进剂配方,并研究了含不同碳氢燃料的富燃料固体推进剂的燃烧热值,结果见表 3.17 和表 3.18。

表 3.17　含碳氢燃料的富燃料固体推进剂配方

组 分	HTPB 黏合剂体系	碳氢燃料	AP	Mg 或 Al 粉
含量/(%)	24	35	35	6

表 3.18　含 35% 的不同碳氢燃料的富燃料固体推进剂的能量性能

样品	密度/(g · cm^{-3})	质量燃烧热值/(MJ · kg^{-1})	体积燃烧热值/(kJ · cm^{-3})
金刚烷	1.270	27.796	35.30
蒽	1.355	25.956	35.17
对三联苯	1.350	26.010	35.11
四氢双环戊二烯	1.261	28.710	36.20

从表 3.18 中可以看出,含碳氢燃料的富燃料固体推进剂的燃烧热值较含镁铝富燃料固体推进剂的明显提高,而且,富燃料固体推进剂的燃烧热值随着碳氢燃料的热值的增大而增加;当推进剂配方中添加 35% 的上述不同碳氢燃料时,推进剂的实测体积燃烧热值基本相当,而含四氢双环戊二烯的富燃料固体推进剂的质量燃烧热值最大,为 28.71 MJ · kg^{-1}。

同时,研究了不同质量分数的烯烃类碳氢燃料对富燃料固体推进剂能量性能的影响,结果见表 3.19。

表 3.19　含烯烃类碳氢燃料的富燃料固体推进剂的能量性能结果

样品	质量分数/(%)	密度/(g · cm^{-3})	质量燃烧热值/(MJ · kg^{-1})	体积燃烧热值/(kJ · cm^{-3})
CHF - 1	0	1.626	22.41	36.44
CHF - 2	10	1.514	24.72	37.45
CHF - 3	25	1.358	27.26	37.02
CHF - 4	35	1.261	28.71	36.20
CHF - 5	42	1.195	29.73	35.53

由表 3.19 可以看出,富燃料固体推进剂配方中,随着碳氢燃料含量的增加,富燃料固体推进剂的质量燃烧热值增加,从不含碳氢燃料的 22.41 MJ · kg^{-1} 增加到 29.73 MJ · kg^{-1},增加了 32.66%,而密度降低,从 1.626 g · cm^{-3} 降低到 1.195 g · cm^{-3},而相应的体积燃烧热值变化不大。

推进剂配方中添加了金刚烷、蒽、对三联苯等碳氢燃料,研究不同碳氢燃料对富燃料固体推进剂燃烧性能的影响。在上述燃料与 HTPB 推进剂体系相容性研究中，未发现异常，直接进行了配方放大试验，配方组成见表 3.20，此外，由于对三联苯颗粒极不规则，大部分为片状，尺寸为 1 mm×3 mm 不等的颗粒，难以均匀分散，未进行放大试验。

含 35% 的金刚烷、蒽的富燃料固体推进剂的燃烧性能见表 3.20。

表 3.20　含碳氢燃料(金刚烷和蒽)的富燃料固体推进剂燃烧性能结果

样 品	燃速/(mm·s⁻¹)			
	0.5 MPa	1 MPa	2 MPa	3 MPa
基础配方	10.19	13.86	16.91	20.41
金刚烷	6.10	10.53	15.64	20.37
蒽	5.66	8.68	13.58	16.78
	燃速压力指数(n)			
	0.5～1 MPa	1～2 MPa	2～3 MPa	0.5～3MPa
基础配方	0.44	0.29	0.46	0.337
金刚烷	0.79	0.57	0.65	0.663
蒽	0.62	0.64	0.52	0.613

由表 3.20 结果可以看出，当推进剂配方中用金刚烷或蒽代替部分金属粉时，推进剂的燃速不同程度降低，含蒽的富燃料固体推进剂的燃速降低的幅度更大，推进剂的燃速压力指数增加，从 0.337 增加到 0.663(0.5～3 MPa)，可见，推进剂配方中添加金刚烷或蒽，可增加推进剂的燃速压力指数，这对非壅塞式火箭冲压发动机十分有利。

同时，研究了不同含量的含烯烃类碳氢燃料的富燃料固体推进剂的燃烧性能，结果见表 3.21。

表 3.21　含烯烃类碳氢燃料的富燃料固体推进剂的燃速和压强指数结果

碳氢燃料的含量/(%)	燃速/(mm·s⁻¹)				
	0.5 MPa	1 MPa	3 MPa	5 MPa	7 MPa
0	10.19	13.86	20.41	22.88	24.88
5	6.77	11.29	16.45	19.02	19.98
35	3.90	5.76	11.03	14.51	15.92
42	3.77	6.21	12.39	14.56	16.17
	压强指数 n				
	0.5～1 MPa	1～3 MPa	3～5 MPa	5～7 MPa	0.5～7 MPa
0	0.44	0.35	0.22	0.25	0.337
5	0.74	0.34	0.28	0.15	0.398
35	0.56	0.59	0.54	0.28	0.549
42	0.72	0.63	0.32	0.31	0.559

由表 3.21 可以看出,随着不同含量的烯烃类碳氢燃料的添加,推进剂的燃速不同程度的降低,推进剂在 1 MPa 下的燃速从 13.86 mm·s^{-1} 降低到 35% 时的 5.76 mm·s^{-1},降低了 58.44%;而燃速压力指数增大,从基础配方的 0.337 增大到 0.559,增加了 65.87%。结果表明,富燃料固体推进剂配方中添加烯烃类碳氢燃料,可增加推进剂的燃速压力指数,同样,这对非壅塞式火箭冲压发动机十分有利。

3.3 富燃料固体推进剂研究的关键技术

3.3.1 燃速压力指数的提高技术

根据燃气流量调节能力,可将固体火箭冲压发动机分为燃气流量固定的壅塞式固体火箭冲压发动机、带有燃气流量调节装置的固体火箭冲压发动机和燃气流量可自适应调节的非壅塞式固体火箭冲压发动机。第一种发动机最简单,但飞行空域受到限制,偏离设计工况时性能变差,如苏联的 SAM - 6 导弹,仅适合于中低空工作;第二种发动机能随导弹飞行状态的变化,通过燃气发生器喷喉面积的变化,对燃气流量进行完全调节,使空/燃比保持恒定,这有利于充分发挥冲压发动机的能量,其对燃气流量的调节最完善,适用的飞行空域较宽,但其需要专门的流量调节系统,而调节系统的设计难度大,实际应用有一定困难;第三种发动机结构简单,工作可靠性高,能满足导弹较大飞行空域(中、低空,10 km)的要求,预期能在近几年获得工程应用。

非壅塞式固体火箭冲压发动机流量的调节原理是采用高压力指数的富燃料固体推进剂,其喷管不起限流作用,燃气发生器压强接近于补燃室压强,依靠不同飞行状态下,补燃室反压的变化控制燃气发生器流量,可实现燃料流量调节比不高于 4~5 的调节。数值计算结果表明,富燃料固体推进剂燃速压力指数越高,非壅塞式固体火箭冲压发动机的性能调节能力越大,当压力指数为 1.0 时,发动机基本可实现燃气流量完全调节。因此,提高富燃料固体推进剂压力指数技术是非壅塞式固体火箭冲压发动机研制的关键技术之一。研究表明,增加氧化剂含量、Mg/Al 比例,添加 AP 均可显著地增加燃速和压力指数。

非壅塞式固体火箭冲压发动机对推进剂的低压燃烧性能要求较高,因为导弹高空飞行时,冲压燃烧室压强逐渐减小(如小于 0.2 MPa),有可能导致燃气发生器的熄火。对于非壅塞式固体火箭冲压发动机,其在设计状态附近工作时具有良好的自适应调节能力,而当工作条件变化时,有可能导致燃气发生器中推进剂的熄火,因此,降低低压可燃极限是非壅塞式固体火箭冲压发动机的另一个关键技术。

目前,含硼富燃料固体推进剂的低压可燃极限达 0.2 MPa,压强指数为 0.46,而镁铝富燃料固体推进剂的低压可燃极限已小于 0.2 MPa,镁铝富燃料固体推进剂配方对其低压可燃极限的影响显著。研究结果表明,综合推进剂低压可燃极限和能量两方面因素,合适的配方:HTPB 的质量分数为 20%,Mg∶Al 为 1∶1,AP 粒径采用粗、中、细三级配,AP 质量分数不宜低于 30%。因为与 AP 热分解相比,富燃料固体推进剂的热分解反应速度更慢,放热量更小,是导致了推进剂燃烧稳定性差、临界压力难以降低、燃速范围较窄的主要原因。此外,通过添加过渡金属氧化物及其复配物也可以显著改善镁铝富燃料固体推进剂的低压燃烧性能,不仅能提高推进剂的燃速,而且能增加燃速压力指数。

3.3.2 富燃料固体推进剂燃速调节技术

富燃料固体推进剂的氧系数小于 0.25,严重负氧,推进剂的燃烧性能较差,主要表现为燃速较低、低压燃烧效率低且易熄火,将造成大量组分的不完全燃烧,残渣较多,且在严重偏离工作状态时易熄火。目前,提高富燃料固体推进剂燃速,拓展其调节范围的主要技术途径如下。

(1)加入石墨纤维提高燃速。能提高燃速的石墨纤维的直径为 $4\sim10\mu m$,长度为 $6.35\sim19.05\mu m$,含量为 $0.5\%\sim6\%$。

(2)添加燃速催化剂。在推进剂中添加燃速催化剂是提高燃速最主要的化学方法之一。过渡金属氧化物是 AP 系推进剂常用的燃速催化剂,如 Fe_2O_3 和 Co_2O_3;二茂铁及其衍生物是丁羟、丁羧类推进剂独特的燃速催化剂,其不但能有效提高燃速、降低压力指数,而且能改善推进剂的力学性能。

(3)碳硼烷及其衍生物。碳硼烷及其衍生物不仅可提高复合固体推进剂的能量,而且能有效调节燃速。从 20 世纪 50 年代起,美国海军和空军部门就开始了对它的军事应用研究,研制了大量有用的碳硼烷化合物,这些化合物与推进剂组分的相容性好,还能使推进剂获得高燃速或超高燃速的弹道性能。当前研究较多且有实用价值的是正己基碳硼烷(NHC),国外用它研制了一系列高燃速推进剂,其含量为 $10\%\sim13\%$,一方面起增塑剂的作用,同时使推进剂的燃速提高了二至三倍;另一方面,由于 NHC 存在一定程度的迁移性,所以合成了比其性能优异的碳硼烷衍生物,如甲基三碳硼烷基高氯酸盐等。

3.3.3 降低富燃料固体推进剂燃烧残渣技术

富燃料固体推进剂一次燃烧室固体残渣不仅降低喷射效率,减少产物成气性,影响发动机能量发挥,而且较多残渣堵塞喷喉和燃气流量调节阀门,影响流量调节装置的正常工作,这也是带有燃气流量调节装置的固体火箭冲压发动机技术难点的根本原因。通过高速摄像技术对丁羟/镁铝富燃料固体推进剂燃烧现象研究表明,提高推进剂的燃速可以减小燃面炭结渣的体积,提高燃烧效率。此外,增加氧化剂也可以减少大粒径碳残渣的生成,改善富燃料固体推进剂的一次燃烧性能。

3.3.4 高纯硼粉的制备和表面处理技术

目前,批量生产的硼粉纯度仅为 90%,不仅增加了推进剂制造工艺难度,而且影响发动机能量。高纯硼粉制造工艺复杂,价格高,不适用于推进剂使用要求。另外,单一的硼粉表面处理技术不能满足推进剂综合性能,较有效的方法是兼顾推进剂的燃烧性能和工艺性能,对硼粉的表面处理和高纯硼粉的制备是含硼富燃料固体推进剂研究的关键技术之一。

3.3.5 富燃料固体推进剂成型工艺技术

理论计算表明,含硼富燃料固体推进剂达到 $9.8\ kN\cdot s\cdot kg^{-1}$ 的比冲时,有效 B 含量$>40\%$,

而实用的配方中,B 含量为 30%~35%,和计算的含量存在一定的差距,表明目前的浇铸工艺存在较大局限性,从而制约了含硼富燃料固体推进剂的发展。为解决含硼推进剂浇铸工艺中存在的问题,须开展其他成型工艺研究。

在几种成型工艺中,应用于复合固体推进剂的双螺杆挤压工艺有显著的发展前景,它具有混炼效果好、质量均匀的优点,适用范围宽,无论物料黏度大小均可适用;螺杆特性硬,不论制品截面大小,均可在同一压力下工作;工作过程的温升较小,对安全有利,适合于含硼高固体含量推进剂的成型;制药直径为 200~300 mm,能满足中远程空-空导弹较大长径比的装药要求。由于大量小颗粒硼粉的加入,含硼固体推进剂具有与复合推进剂完全不同的物性,目前急需开展物料黏度与固含量关系研究、成型工艺条件研究、工艺助剂影响特性研究等。

3.4 富燃料固体推进剂的发展方向

未来固体推进剂的发展面临着三个目标:低特征信号、不敏感、燃烧控制。随着固体火箭冲压技术的发展和导弹系统综合性能的提高,发动机对富燃料固体推进剂将会提出更高的要求,如较高的能量水平和安全性能,推进剂的燃烧可控,燃气流量随导弹飞行状态可变等。因此,为了适应武器应用的发展需求,未来的富燃料固体推进剂应在以下几方面有突破性进展。

3.4.1 提高能量性能和燃烧效率

提高火箭推进剂的能量性能一直是国内外研究者不懈追求的目标之一。高能含硼富燃料固体推进剂($9~10$ kN $\cdot$ s $\cdot$ kg^{-1})的理论比冲高,是富燃料固体推进剂中能量相对最高的,但硼粉燃烧效率较低,实测比冲较小,此外 HTPB/AP/B 体系存在硼的点火和装药成型工艺困难等问题,因此,须开发新型含硼富燃料固体推进剂体系的研究,如 GAP/ADN/B 体系等。表 3.22 对比了 HTPB 和 GAP 含能黏合剂体系,AP 和 ADN 氧化剂体系对含硼富燃料固体推进剂理论性能影响。

表 3.22 GAP 含能黏合剂与 HTPB 体系的富燃料固体推进剂理论性比较(3 MPa)

组 成	含量 (%)	热值 (MJ $\cdot$ kg^{-1})	燃烧室温度 K	成气量 (mol $\cdot$ kg^{-1})	氧燃比 (%)
HTPB+DOS/AP/B/Mg	25/30/35/10	33.86	2 067	44.01	11.3
HTPB+DOS/ADN/B/Mg	25/30/35/10	34.48	2 308	50.17	9.6
GAP/NG/AP/B/Mg	30/25/35/10	26.65	2 653	46.01	25.4
GAP+NG/AP/B/Mg/Al	25/15/40/10/10	32.28	2 562	46.74	15.5
GAP+NG/AP/B/Mg/Al	25/20/40/10/5	30.78	2 500	47.30	18.3
GAP+NG/ADN/B/Mg	30/25/35/10	27.16	2 803	47.39	22.3
GAP+NG/ADN/B/Mg/Al	25/15/40/10/10	32.59	2 623	49.43	14.4

表 3.22 的结果表明,对于 GAP/ADN/B 推进剂体系,采用含能黏合剂 GAP 取代 HTPB 黏合剂,虽然 GAP/ADN/B 推进剂的理论比冲小于 HTPB/ADN/B 推进剂,但采用点火性能

十分优异的 GAP 和生成热较高的含能黏合剂 NG,有利于增加燃烧室的温度,可以提高硼粉的燃烧效率,因此燃烧效率应高于 HTPB/ADN/B 推进剂。此外,应用成气量较大、生成热远高于 AP 的新型高能氧化剂 ADN,将使推进剂的热值提高,对于 HTPB 体系,在 3MPa 燃烧室压强下,燃烧温度比 AP 含硼推进剂提高 241 K,有利于硼粒子冲破 B_2O_3 膜的包围而燃烧,可大大提高硼的燃烧效率和含硼推进剂的能量性能。因此,GAP/ADN/B 高能富燃料固体推进剂体系在未来含硼推进剂的发展中有很好的前景。

3.4.2　燃烧可控性

目前固体推进剂的一个缺点是点火后推力不可调,对于固体火箭冲压发动机,通过阀门调控推力的途径不完全有效,而采用膏体富燃料固体推进剂可能是实现燃烧可控冲压发动机的有效途径之一。

膏体富燃料固体推进剂是一种新型的推进剂,其具有界于固体和液体推进剂之间的状态,并兼有两者的优点而克服其缺点,是一种新的灵巧型富燃料固体推进剂。由于未进行固化工序,硬度比一般推进剂小,具有一定的流动性和黏度,可以通过压力输送到燃烧室。膏体推进剂还具有以下优点。

(1)发动机的推力随推进剂外加挤压力的变化而变化,因而推力大范围可调。

(2)可实现多次熄火—再次点火循环。

(3)可长时间工作,突破了传统发动机有限的工作时限。

(4)外形变化范围大,适于充分利用多种安装空间。

(5)不易泄露,如果采用膏体富燃料固体推进剂的导弹被子弹击中,只会有少量的推进剂泄出。

目前,将膏体富燃料推进剂应用于冲压发动机的研究尚未见报道,而由其优点和特点可见,膏体富燃料推进剂最适合于对推力调节要求较高的冲压发动机,可以预言,膏体富燃料推进剂将会成为未来一个重要发展方向。

3.4.3　降低特征信号

随着高新技术特别是反导技术在现代化战争中的大量应用,对导弹的隐身性能提出了更高的要求。由于反导探测技术已得到长足的发展,影响导弹生存和制导精度的特征信号已涵盖可见烟(焰)和微波、红外线、紫外线等电磁波信号。为进一步提高导弹的精确制导能力和隐蔽性能,各国积极开展了对低特征信号推进剂的研究。

采用低特征信号推进剂,一方面使得发动机排气无可见烟雾,具有低的红外线、紫外线、可见光辐射等特征信号,保证导弹具有可靠的隐身性能;另一方面减少烟雾对导弹的制导和通信信号的干扰和衰减作用,保证导弹具有高的制导精度。红外辐射也是一种非常重要的特征信号,其波长短,能更细致地显示目标的信息,因此,降低红外信号也是一种重要的导弹隐身手段。过去低特征信号推进剂研究主要集中于复合固体推进剂和双基推进剂领域,为了提高武器系统隐身性能、突防概率、制导精度和自身生存能力,国外对采用冲压发动机的导弹的研制也提出了低特征信号的应用要求,因此,特征信号富燃料固体推进剂日益引起重视。

目前,低特征信号富燃料固体推进剂的研究主要围绕降低烟雾特征信号进行,根据文献[63],减少烟雾的方法主要有以下几种。

(1)不用或少用金属燃料以及金属的燃速催化剂,使推进剂燃烧时减少金属氧化物颗粒的产生,从而减少一次烟。

(2)用不含卤素的氧化剂及硝胺炸药替代全部或部分 AP(高氯酸铵),减少二次烟。

(3)提高配方的燃烧完全性,使燃烧接近完全,消除炭黑,以达到无黑色烟雾的目的。

(4)添加高电离电位亲电子物质(电子捕捉剂),用以复活电子,降低电子浓度,以及添加二次燃烧抑制剂等,加入的电子捕捉剂可大大减轻微波衰减,改善喷焰的电磁特性。

对于富燃料固体推进剂而言,不用或少用金属燃料,可有效降低烟雾信号,所以采用非金属燃料的碳氢富燃料固体推进剂是一种低烟雾信号的富燃料固体推进剂。国外目前正在研究的低特征信号富燃料固体推进剂实际上主要是碳氢富燃料固体推进剂,其特点是以碳、固体烃或黏合剂为主要燃料,因不含或少含金属燃料,避免了一次烟的产生,在燃烧性能较好的情况下还可避免黏合剂不完全燃烧产生的炭黑形成的黑烟。

William D.Stephens 等人认为,在富燃料固体推进剂研究中,通常采用金属或硼燃料以便获得高的能量和密度,但它们的排气中有烟,对于要求少烟的火箭或导弹不适用,而使用非金属的碳系列固体燃料可满足富燃料固体推进剂无烟或少烟的要求,文献中提出了可供选择的碳系列燃料,其中包括炭黑、石墨、富勒烯等,并指出炭黑和石墨由于燃烧性能不佳,其潜在的能量性能无法充分发挥出来,采用富勒烯及其衍生物可获得较好的燃烧性能。

S.E.Meclendon 等人对冲压发动机中燃料的选择原则及碳氢燃料的使用范围作了详细论述。他们指出冲压发动机的燃料选择原则是基于对发动机能量水平、点火性能、一次和二次燃烧性能、可见光和雷达信号水平、环境适应性、工艺性能和成本等方面的要求。在要求少烟或微烟的冲压发动机中适合使用碳氢富燃料固体推进剂。在其配方中加入少量铝镁燃料可提高燃烧性能,同时也会带来烟雾特征信号的增加,所以加入的铝镁粉的最大含量由配方所许可的最大特征信号水平来决定。

美国陆军 MICOM 推进技术指导委员会已对新研究的冲压发动机燃气发生器提出低特征信号的要求,并组织发展了低特征信号和无烟的富燃料燃气发生器的研究工作,该配方的研究目标是达到高的有效体积热值、燃速和燃速压强指数可调、低温度敏感性、良好的力学性能、低燃温、在较宽的温度范围内有良好的点火性能。其研究内容首先包括在 GAP(聚叠氮缩水甘油醚)黏合剂系统中加入碳燃料而不是金属燃料,形成一个 GAP 体系的碳氢富燃料固体推进剂配方。William D.Stephens 等人进行了冲压发动机用富燃料固体推进剂的研究,目的在于使其应用到低特征信号冲压火箭发动机中。这个推进剂配方的研究目标是在不显著减少燃料热值的前提下提高配方的燃速、压强指数、燃烧效率。通过应用含能黏合剂为主要组分改善推进剂燃烧性能的方法,依据黏合剂的类型可分为两类:一类是采用 GAP/异氰酸酯固化剂/碳黑的配方,另一类是采用硝胺预聚物黏合剂/异氰酸酯固化剂/碳黑/ZrH_2 的配方,其中碳黑为任选的固体燃料添加剂。与 GAP 体系推进剂相比,该体系的相容性、力学性能、点火性能和燃烧性能均有改善。

在 MICOM 领导的研究中,不但采用了 GAP/碳黑的配方进行研究,而且含硝胺的预聚物如 ORP - 2(一种基于十一烷酸的含硝胺聚醚类预聚物)、9DT - NlDA(一种基于硝胺基双乙酸、二甘酸和三甘醇的含硝胺基聚醚预聚物)作为 GAP 的替代物也被评估,其中 ORP - 2 是基于十一碳酸的含硝胺的预聚物。9 - DT - NIDA 分别是基于硝胺基双乙酸、二甘醇和三甘醇的含硝胺基的预聚物。试验表明,这几种物质同 GAP 相比具有更好的相容性和力学性能,同时其燃温很低,当初 GAP 正是因具备这些特点而引起人们的注意。这些配方同时还添加了 ZrH_2 作为燃料添加剂,同标准的含碳配方相比,其具有更好的可燃性。

日本有关机构也对低特征信号富燃料固体推进剂进行了较多研究,他们对 GAP 等含能黏合剂和无氯氧化剂 AN(硝酸铵)在富燃料固体推进剂中的应用给予了较多关注。日本学者对 GAP 富燃料固体推进剂的研究也表明,利用含能黏合剂的自持燃烧特性可改善惰性黏合剂类富燃料固体推进剂不佳的分解、燃烧性能。由此可见,以含能黏合剂为主要组分是低特征信号富燃料固体推进剂的发展方向之一。

H.Tokui 等人研究了 GAP/AN 推进剂在小发动机中的应用,其目的是发展低特征信号的无氯和无烟推进剂。其实验配方的特点是主要组分是以 GAP 为黏合剂、AN 为氧化剂。采用 GAP/AN 试验配方进行 Φ62 mm 发动机试验,结果表明该配方具有无烟的特点,即使配方是富燃料的,燃烧时也无可见烟雾产生。

AkiraIwama 等人研究了 GAP/AN 低特征信号推进剂,认为在 GAP/AN 推进剂中加入少量 AP 既可提高推进剂的能量,又能提高铝的燃烧效率,但少量 AP 的加入导致产生少量 HCl 二次烟。文献[72]指出燃烧产物中的 HCl 气体可用质量比 1:1 的 Mg - Al 合金作为 HCl 气体的清除剂来清除,这一研究结果为含 AP 的富燃料固体推进剂消除在燃烧中产生的 HCl 二次烟提供了一条技术途径。

降低红外信号也是低特征信号富燃料固体推进剂研究的一个重要方向。P. Russell 研究了空燃比和燃料的组成对固体冲压发动机红外信号的影响,其采用固体燃料包括胶质玻璃、HTPB(端羟基聚丁二烯)和 Al、Si、BC(碳化硼)、Mg 组成的燃料。在 0.55~1.17 MPa 的压强和 0.3~1.4 空燃比及羽流发射率为 1.0 的条件下进行测试。结果表明,羽流辐射近似与实际燃烧室滞止温度的二次幂成正比,由此可知,降低燃温将成为降低冲压发动机红外信号的一条重要途径。

从以上研究可以看出,降低特征信号的技术途径有以下几个。

(1)以碳氢富燃料固体推进剂配方为基础,不用或少用金属燃料,采用固体碳氢燃料或以黏合剂为主要燃料,可有效避免一次烟的产生。

(2)提高燃烧性能,消除因黏合剂燃烧不完全而产生的烟雾,可减少烟雾的发生,采用含能黏合剂是改善燃烧性能的重要途径之一。

(3)通过采用不含 Cl 的氧化剂,减少 HCl 的产生,为改善燃烧性能可加入少量的 AP,同时添加 Al - Mg 合金消除 AP 产生的 HCl。

(4)合理调整配方,降低燃烧室的滞止温度,可有效降低红外信号。

其中前 3 条技术途径可有效减少烟雾信号,从而提高武器的隐身和精确制导能力。碳氢富燃料固体推进剂的配方组成决定了其燃烧产物中含有较多的 CO_2 和 H_2O,故具有较强的红外信号,因此,降低富燃料固体推进剂的红外信号将是研究低特征信号富燃料固体推进剂的难点。

通过对国外研究现状的分析,对我国开展低特征信号富燃料固体推进剂研究提出以下建议。

(1)尽快开展低特征信号富燃料固体推进剂的研究,以提高我国导弹武器的隐身性能。

(2)低特征信号富燃料固体推进剂研究应以碳氢富燃料固体推进剂配方为基础,固体碳氢燃料在充分燃烧的情况下,具有微烟或少烟的特点,如果辅之以降低红外信号的措施,将全面降低特征信号,应适时开展降低碳氢富燃料固体推进剂红外信号的研究。

(3)GAP 等含能黏合剂由于具有良好的燃烧性能和低特征信号特性,是低特征信号推进剂常用黏合剂,由固体碳氢燃料和 GAP 黏合剂以及无氯氧化剂组成的富燃料固体推进剂配方有可能成为具有低特征信号特点的富燃料固体推进剂,为改善燃烧性能可加入部分 AP,并加入 Mg - Al 合金以消除 AP 燃烧产生的 HCl,避免二次烟的产生。

3.4.4　纳米金属燃料的应用

纳米材料尺寸小、比表面积大,具有体积效应、表面效应和量子尺寸效应,具有与传统固体材料完全不同的特殊性质,是近年来研究方向的热点。在特种推进剂技术研究领域,纳米材料的添加和应用也是研究方向的热点之一。

(1)纳米硼粉的研制及应用。硼粉的质量热值(59.1 MJ·kg^{-1})远高于常用金属 Al 粉(31.3 MJ·kg^{-1})和 Mg 粉(24.7 MJ·kg^{-1}),是高能富燃料固体推进剂、高能水下炸药、云爆炸药等火炸药最合适的燃料之一。由于常规粒度无定形硼粉表面有 B_2O_3 和 H_3BO_3 杂质,其与火炸药常用的黏合剂 HTPB 预聚物发生交联反应,恶化工艺,而且 B_2O_3 和 H_3BO_3 杂质影响硼粉的点火和燃烧,使硼粉的燃烧时间延长、燃烧效率降低。可以预期,表面 B_2O_3 和 H_3BO_3 杂质少、粒度达到纳米级的无定形硼粉的化学反应活性提高,这将能大幅提高现有火炸药产品的性能。

(2)高活性纳米锆粉研制及应用。锆粉是一种类似于铝粉的高活性金属,由于表面形成一层牢固致密的氧化膜,失去了应有的活性。锆能与各种气体反应,形成相应的化合物,如与氧气反应生成 ZrO_2。锆的形态不同,则与氧气反应的活性可表现出很大差异,细微的锆粉在空气中可自燃,粒度的大小不同,着火点在 $80\sim285$℃之间;致密的锆块很稳定,在空气中要加热至 600℃才能与氧反应。锆也能与一些稳定的气体氧化物反应(如 CO_2,SO_2,水蒸气)生成 ZrO_2。

由于锆具有高密度、高体积热值的特点,因而比其他金属具有更多的应用优势,锆粉在引爆雷管及无烟火药等火工品中已有应用,在富燃料固体推进剂研究种被作为助燃添加剂。在以往研究中,由于锆的质量热值较低,相对于铝、硼等燃料不具有应用优势。随着一些对密度有大的特殊要求的新型火炸药的出现,锆的高密度使其体积热值有明显的优势,且随着锆粉粒度达到纳米级,其活性将大幅提高,这一点在推进剂中已得到体现,因此,在未来的超高密度火炸药、云爆炸药、超级纳米铝热剂研究中,纳米锆粉作为金属燃料将具有显著的应用前景。

(3)复合纳米铝粉的制备及应用研究。铝粉具有较高质量热值和密度,且粉体易于成球、粒度可控、感度较低,是火炸药中应用最多的一种高能添加剂,而纳米铝粉的高活性进一步激发了各国的研究兴趣。在纳米材料概念出现后,纳米金属粉的研究工作也主要围绕纳米铝粉开展,如在制备方法上,探索了金属丝电爆炸法、等离子体加热法、激光感应加热法、气(固或液)相化学反应法、高能球磨法等多种方法;如应用方面,在推进剂、炸药、烟火药中均开展了广泛应用研究,但上述制备方法均未能解决纳米铝粉表面氧化问题,因而在火炸药中应用也仅仅局限于实验室阶段,距离工程应用十分遥远,可见纳米铝粉的制备方法急需创新。

近几年,复合纳米材料的研制已得到重视,这为纳米铝粉的发展开拓了新方向,因为复合纳米铝粉不仅具有活性高、单质铝的含量较高等优点,而且纳米铝粉受复合层的保护而不易氧化失活。因此,这是纳米铝粉制备和应用最有前景的发展方向。可以探索的几种复合纳米铝粉包括纳米铝粉和其他纳米金属的复合,如复合纳米 Al – Ni 和 Al – Ti 等,纳米 Al/聚合物复合,纳米 Al/碳或多孔硅复合等。

参 考 文 献

[1] 庞维强,樊学忠,赵凤起. 含硼富燃料固体火箭推进剂技术[M]. 北京:国防工业出版社,2016.

[2] 臧令千. 硼用作推进剂燃料组分的研究[J]. 推进技术,1990(4):56 – 62.

[3] 赵孝彬,张小平,侯林法. 硼粒子包覆工艺及对硼的表面和燃烧特性的影响[J]. 固体火箭技术,1998,21(1):35 – 38.

[4] 郑剑,江爱华,庞爱民. 含硼 HTPB 富燃料推进剂工艺恶化机理研究[J]. 推进技术,2003,24(3):282 – 284.

[5] YOSHIO O, GORO N. Urethane Reaction Mechanism on the Amorphous Boron Surface in GAP Propellants[J]. Propellants ExpIosiyes Pyrotechnics,1992,17(4):278 – 282.

[6] BRUNO J M.Boron – Fuel – Rich Propellant Compositions [P]. US:3986909,1976.

[7] 李疏芬. 含硼推进剂燃烧性能的改善[J]. 固体火箭技术,1995,18(2):39 – 43.

[8] 关大林,王宁飞. 改善硼粒子点火及燃烧性能研究的回顾与展望[J]. 火炸药学报,1998(2):52 – 54.

[9] ERIN G N. Chemical Passivation of Amorphous Boron Powder[P]. US:4637847,1987.

[10] 郑剑,李学军,庞爱民,等. 国内外含硼富燃料推进剂燃烧性能研究现状[J]. 飞航导弹,2003(4):50 – 53.

[11] 王宁飞,关大林,范红杰. 硼颗粒点火和燃烧研究进展[J]. 含能材料,2001,9(2):86 – 89.

[12] 张琼方,前付齐,孙振华. 含硼富燃料推进剂燃烧性能的研究进展[J]. 含能材料,2007,15(4):436 – 440.

[13] 胥会祥,蔚红建,樊学忠,等. 富燃料推进剂的研制现状及展望[J]. 飞航导弹,2005(1):

48 - 53.

[14] JOHN C T,JACK D B. Coating of Boron Particles[P]. US:4877649,1989.

[15] 庞维强,樊学忠,张教强,等. 无定形硼粉的团聚技术[J]. 火炸药学报,2008,31 (2):46 - 48.

[16] 李疏芬,金荣超,郭敬为. 硼粒子的表而包覆及其性能分析[J]. 含能材料,1996,4(3): 102 - 108.

[17] 胥会祥,赵凤起,李晓宇. 无定形硼粉的溶剂法提纯[J]. 火炸药学报,2007,30 (2):8 - 12.

[18] JOHN C T,JACK D B. Coating of Boron Particles[P].US:49I 5753,1990.

[19] 李辰芳. 包覆硼粒子提高硼的燃烧效率[J]. 推进技术,1994,15(2):53 - 57.

[20] LI C F. Studies to Increase the Combustion Efficiency of Boron Fuel[A]. 20th Proc. Int. Pyroteeh Semin[C]. 1994,653 - 661.

[21] KING M K, KOMAR J, FRY R S. FueI - Rich Solid Propeliant Boron Combustion [R]. AD - Al 48522,1984.

[22] 王长起. 硼粒子表面包覆层对管道火箭固体推进剂燃烧的影响[J]. 飞航导弹,1992 (4): 42 - 47.

[23] 张教强,张琼方,国际英,等. 超细硼粉的氟化锂包覆[J].火炸药学报,2005,28 (3):8 - 11.

[24] LIU T K, LUH S P, PERNG H C. Effect of Boron Particle Surface Coating on Combustion of Solid PropelIants for Ducked Rockets[J]. PropcIIants, ExpIosiyes, Pyrotechnics,1991,16(3):156 - 166.

[25] LIU T K. Effect of Fluorinated Graphite on Combustion of Boron and Boron - based fuel - rich propellants[J]. Journal of Propulsion and Power, 1996, 12(1):26 - 33.

[26] 李疏芬,金荣超,郭敬为. 提高含硼固体燃料燃烧性能的研究[J]. 推进技术,1997,18 (5): 100 - 105.

[27] 李疏芬. 含硼的固体燃料[J]. 含能材料,1995,3(2):1 - 7.

[28] 庞维强,樊学忠,胥会祥,等. 富燃料固体火箭推进剂技术[M]. 西安:西北工业大学出 版社,2016.

[29] LUH S P, PERNG H C, LIU T K, et al. Influence of Boron Coating on the Combustion of its Fuel - Enriched Solid Propellant[A]. 22nd Int. Annu. Conf. ICT (Combust React Kinet) [C]. 1991.

[30] HIDETSUGU N, OSAMU N, MIYAKO A, et al. Effect of Coating on the Reactivity of Boron Powder[J], Propelants, Explosives, Pyrotechnics, 200l,62(1):8 - 15.

[31] LIU T K, SHYU M, HSLA S. Effect of Coating Boron With CF, and its Agglomeration on Combustion Characteristics of Fuel - Rich Propellants[J]. 火药技 术, 1993, 9(2):9 - 19.

[32] 李疏芬. 含硼贫氧推进剂燃烧性能实验研究[J].固体火箭技术,1997,20(3):43 - 48.

[33] HARTWELL F C, ROBERT J G, CHADES H B, et al. Production and Coating of Pure Boron Powders[R]. AD - A220272,1990.

[34] VALERY R, BENVENISTE N, ALON G. Ignition of Boron Particles Coated by Athin Titanium Film[J]. Journal of Propulsion and Power,1995,11(6):1125 - 11 31.

[35] VALERY R, BENVENISTE N, ALON G. Ignition of Boron Particles Coated by A Thin Titanium Fiim[R]. AIAA Paper 93 - 2201,1993.

[36] FDIDER W, GILL R J, BAKER D, et al. Coated Boron Particles by A Diffusion Flow Method[C]. Chem Phys Processes Combust[C]. 1990.

[37] J FELDER W, HARRITY K. First Observations of Enhanced Combustion Properties of Magnesium Coated Boron Fuel Particles [A]. Chem Phys Processes Combust [C]. 1991.

[38] PACE K K, JARYMOWYCZ T A, YANG V, et al. Effect of Magnesium - Coated Bo ron Particles on Burning Characteristics of Solid Fuels in High - Speed Crossflows [A]. Combustion Boron - Based Solid Propellants Solid Fuels [C]. BOCA Raton, 1993.

[39] YEH C L, KUO K K. Experimental Studies of Boron Particle Combustion [A]. Transport Phenomena in Combustion, Proceeding of International Symposium [C]. 1995.

[40] YEH C L, HSIEH W H, KUO K K, et al Ignition and Combustion of Mg - Coated and Uncoated Boron Particles[A]. 3rd Non - Intrusive Combust Diagn Rap Int Syrup Spec Top Chem Propul. [C]. 1 993 (Publ 994). 327 - 341.

[41] YOSHIO O, GORO N. Urethane Reaction Mechanism on the Amorphous Boron Surface in GAP Propellants[J]. Propel lants, Explosives, Pyrotechnics, 1992,17(4): 278 - 282.

[42] SHYU M, LIU T K. Combustion Characteristics of GAP - Coated Boron Particles and the Fuel Rich Solid Propellants [A]. Energetic Materials - Analysis, Characterization and Test Techniques: Proceeding of the 25th International Annual Conference of ICT[C]. 1994.

[43] CHEN D M, LUH S P, LIU T K, et al. Combustion Study of Boron - based Fuel - rich Solid Propeltant[A], Combustion Boron - Based Solid Propellants Solid Fuels [C]. BOCA Raton, 1993,375 - 385.

[44] SHYU I M,LIU T K. Combustion Characteristics of GAP - coated Boron Particles and the fuel - rich solid propellants[J]. Combustion and Flames,1995,100(4):634 - 644.

[45] 赵孝彬,张小平,侯林法. 硼粒子的点火及燃烧特性[J]. 固体火箭技术,1999,22(3):37 - 40.

[46] 王桂兰,赵秀媛. 硼粉在推进剂中应用研究[J]. 固体火箭技术,1998,21(2):46 - 50.

[47] 范红杰,王宁飞,关大林. GAP 包覆硼对硼固体推进剂燃烧特性的影响[J]. 推进技术,

2002,23(3):262 – 264.

[48] 张琼方,张教强,围际英,等. 超细硼粉的 3,3 –双(叠氮甲基)环钮丁烷–四氢呋喃共聚醚包覆研究[J]. 含能材料,2005,13(3):185 – 188.

[49] 张教强,庞维强,苏力宏,等. 超细硼粉的 HTPB 包覆[J]. 化工进展,2007,26 (11),1641 – 1644.

[50] ROBERT L G. Combustion Tailoring of Solid Propellants by Oxidizer Encasement [P]. US:3706608,1972.

[51] DURREL D B,LEWIS B C. Method of Coating Boron ParticIes with Ammonium perchlorate[P]. US:3976521,1976.

[52] 李葆萱,王英红,毛成立,等. 含硼富燃同体推进剂药浆黏度调节[J]. 固体火箭技术,2000,23(4):19 – 22.

[53] 魏青,李葆萱,邰红勤. AP 包覆硼对富燃推进剂药浆流变特性的影响[J]. 推进技术,2003,24(5):467 – 469.

[54] 胡松启,李葆萱,王英红,等. 含硼富燃料推进荆低压燃烧特性[J]. 推进技术,2002,23 (6):518 – 520.

[55] XING X,LI S F. Generation of BN in the Combustion Residue of Boron – Containing Propellants [J]. Journal of Energetic Materials,2003,21(1):63 – 72.

[56] 邢曦,李疏芬. 减少含硼推进剂残渣中氮化硼含量的研究[J]. 固体火箭技术,2003,26 (1):51 – 54.

[57] 胡松启,李葆萱,王英红,等. 含硼富燃料推进剂燃烧波结构分析[J]. 固体火箭技术,2003,26(3):46 – 48.

[58] 王英红,李葆萱,胡松启,等. 含 AP 包覆硼的富燃推进剂燃烧机理研究[J]. 火炸药学报,2004,27(2):44 – 47.

[59] 王英红,李葆萱,胡松启,等. AP 粒度和包覆层对硼燃烧的影响[J]. 固体火箭技术,2004,27(1):50 – 52.

[60] 王英红,李进贤,李葆萱,等. 含硼富燃料推进剂各组分对其低压燃速的影响[J]. 兵工学报,2005,26(2):274 – 277.

[61] 王英红,李葆萱,李进贤,等. 含硼富燃料推进剂燃烧机理研究[J]. 推进技术,2005,26 (2):178 – 183.

[62] 张教强,庞维强,张琼方,等. AP 包覆超细硼粉的改进方法[J]. 含能材料,2007,15(4):382 – 386.

[63] 亚历山大. 格罗莫夫. 纳米金属粉的制备、表征及其在含能体系中的应用[M]. 庞维强,樊学忠,张增平,译. 北京:国防工业出版社,2016.

[64] SHAW P W,SHIH Y H. Bond Analysis of Coated Boron Powder [A].Combustion of Boron – Based Solid Propellants and Solid Fuels[C]. Boca Raton,1993.

[65] LI S F,JIN R C.Improvement of Combustion Characteristics of Solid Propellants with Coated Boron [R]. AIAA 99 – 2633,1999.

[66]　高尔磊,张炜,朱慧,等. 包覆及团聚对硼燃烧的影响[J]. 含能材料,200,15
　　　(4):378 - 381.

[67]　高东磊,张炜,朱慧,等. 团聚硼对富燃料推进剂燃烧性能的影响[J]. 固体火箭技术,
　　　2008,31(2):161 - 178.

[68]　高东磊,张炜,朱慧,等. 包覆及团聚硼对富燃料推进剂燃烧性能的影响[J].推进技术,
　　　2009,30(1):119 - 123.

[69]　王进,李凤生,宋洪昌,等. 硼复合粒子的制备及其性能表征[J].含能材料,2005,13(5):
　　　291 - 294.

[70]　庞维强,张教强,张琼方,等. 硼粉的包覆及含包覆硼推进剂燃烧残渣成分分析[J]. 固
　　　体火箭技术,2006,29(3):204 - 207.

[71]　胥会祥,赵凤起,廖林泉,等. 团聚硼粉与 HTPB 混合物流变特性[J]. 推进技术,2008,
　　　29(5): 631 - 636.

[72]　STEFANO DOSSI, CHRISTIAN PARAVAN , FILIPPO MAGGI, et al. Novel
　　　Activated Metal Powders for Improved Hybrid Fuels and Green Solid Propellants[C].
　　　AIAA Propulsion and Energy Forum, 52nd AIAA/SAE/ASEE Joint Propulsion
　　　Conference, July 25 - 27, 2016, Salt Lake City, UT.

[73]　DE LUCA L T, PARAVAN C, REINA A, et al. "Aggregation and Incipient
　　　Agglomeration in Metallized Solid Propellants and Solid Fuels for Rocket
　　　Propulsion," 46th AIAA/ASME/SAE/ASEE Joint Propulsion Conference[R]. AIAA
　　　2010 - 6752, 2010.

[74]　ARDALIC J. "Mechanical Activation of Al - Mg Fuel Powders for Green
　　　Propellants," M Sc Dissertation Dept of Aerospace Science and Technology[R].
　　　Politecnico di Milano, Milan, Italy, 2016.

[75]　DI LORENZO M. "Fluorocarbon - based Additives for High Regression Rate
　　　Polymeric Fuels," M Sc dissertation Dept of Aerospace Science and Technology[R].
　　　Politecnico di Milano, Milan, Italy, 2016.

[76]　BIRON M. Thermoplastics and Thermoplastics Composites, 1st ed, Elsevier Ltd,
　　　UK, 2007, Chap. 4.

[77]　BABUK V A, VASILYEV V A, GLEBOV A A, et al. "Combustion Mechanism of
　　　AN - Based Alluminized Solid Rocket Propellants," Proceedings of the 9th
　　　International Workshop on Combustion and Propulsion, edited by L T De Luca and L.
　　　Galfetti, Politecnico di Milano, Milan, Italy, 2003.

[78]　ZHANG D L. "Processing of Advanced Materials Using Mechanical Milling,"
　　　Progress in Material Science, 2004,49(3,4)537 - 560.

[79]　ROSENBAND V A. "High - Reactivity Aluminum Powders," International Journal
　　　of Energetic Materials and Chemical Propulsion, 2011,10(1):19 - 32.

[80]　SURYANARAYANA, C. "Mechanical Alloying and Milling," Progress in Materials

Science，2001，46(1,2)：1 - 184.

[81] DOSSI S. "Mechanically Activated Aluminum Fuels for High Performance Solid Rocket Propellants," Ph. D. Dissertation, Dept. of Aerospace Science and Technology, Politecnico di Milano, Milan, Italy, 2014.

[82] PARAVAN C, MAGGI F, DOSSI S, et al. "Pre - burning Characterization of Nano - sized Aluminum in Condensed Energetic Systems," Energetic Nanomaterials, edited by V. E. Zarko and A. A. Gromov, Elsevier, in press.

[83] DE LUCA L T, GALFETTI L, COLOMBO G, et al. "Microstructure Effects an Aluminized Solid Rocket Propellants," Journal of Propulsion and Power, 2010, 46 (4)：724 - 733.

[84] ZHOU W, YETTER R A, DRYER F L, et al. Effect of Fluorine on Combustion of "Clean" Surface Boron Particles. Combustion and Flame, 1998, 112(4)：507 - 521.

[85] 王英红.含硼富燃料推进剂低压燃烧研究[D]. 西安：西北工业大学,2004.

[86] 庞维强. 硼团聚技术及其在富燃料推进剂中的应用研究[D]. 西安：西北工业大学, 2006.

[87] 庞维强,樊学忠,胥会祥,等. 采用化学物质对无定形硼粉表面改性研究[J]. 固体火箭技术,2010,33(2)：196 - 200.

[88] 张教强,庞维强,苏力宏,等. 超细硼粉的 HTPB 包覆[J].化工进展,2007,26(11)：1641 - 1644.

[89] 范克雷维伦 D W.聚合物的性质-性质的估算及其与化学结构的关系[M]. 许元泽,赵得禄,吴大诚,译.北京：科学出版社,1981.

[90] 魏青. 含硼富燃料固体推进剂工艺和燃烧性能研究[D]. 西安：西北工业大学, 2003.

[91] 毛成立. 含硼贫氧推进剂燃烧研究[D]. 西安：西北工业大学,2001.

[92] 侯林法.复合固体推进剂[M]. 北京：宇航出版社，1994.

[93] 郑剑. 高能含硼富燃料推进剂技术研究[D]. 北京：北京理工大学,2004.

[94] 郑剑. 高能固体推进剂性能及配方设计专家系统[M]. 北京：国防工业出版社,2014.

[95] 王伯羲,冯增国,杨荣杰. 火药燃烧理论[M]. 北京：北京理工大学出版社. 1997.

[96] 张继华. 火药物理化学性能[M]. 北京：北京理工大学出版社,1997.

[97] 庞维强,樊学忠,胡松启,等. 化学火箭推进用新型含能材料[M]. 北京：国防工业出版社,2019.

[98] NAMINOSUKE K. Propellants and Explosives, Thermochemical Aspects of Combustioin[M]. VILEY - VCH, 2002.

[99] 张斌,罗运军,谭惠民. 多种键合剂与 CL - 20 界面的相互作用机理[J]. 火炸药学报, 2005,28(3)：23 - 26.

[100] 喻鸿钢. 复合固体推进剂界面黏接的预估、表征及优化[D]. 长沙：湖南大学,2008.

[101] 庞维强,樊学忠. 团聚硼颗粒表面粗糙度和粒径分布对富燃料推进剂药浆流变性能的影响[J]. 含能材料,2011,19(1)：46 - 49.

[102] 张景春.固体推进剂化学及工艺学[M].北京:国防科技大学出版社,1987.

[103] PANG W Q, FAN X Z, ZHANG W, et al. Application of Amorphous Boron Granulated With Hydroxyl – Terminated Polybutadiene in Fuel – Rich Solid Propellant[J]. Propellants, Explosives, Pyrotechnics, 2011, 36(4): 360 – 366.

[104] 樊学忠,庞维强,胥会祥,等.球形团聚硼颗粒制备的工艺优化[J].火炸药学报,2010,33(1):64 – 66.

[105] 何曼君,陈维孝,董西侠.高分子物理[M].上海:复旦大学出版社,1990.

[106] 杨致远.超细煤粉的光氧化:机理.动力学.应用[M].西安:陕西科学技术出版社,2007.

[107] 聂芝侠,李葆萱,胡松启,等.镁铝富燃料推进剂燃烧性能研究[J].固体火箭技术,2008,31(3):243 – 246.

[108] SPALDING M J, HERMAN K, BURTON R L. Chemical Kinetics of Boron Combustion in High Pressure Ar/F/O2 Mixture. AIAA 98 – 3823.

[109] GLASSMAN I, WILLIAMS F A, ANTAKI P A. Physical and Chemical Interpretation of Boron Particle Combustion 20th Symp[J]. (Int) on Combustion, 1984: 2057 – 2064.

[110] 庞维强.高含硼量富燃料推进剂研究[D].西安:西安近代化学研究所,2011.

[111] GALFETTI L, DE LUCA L T, SEVERINL F, et al.Nanoparticles for Solid Rocket Propulsion Journal of Physics: Condensed Matter,200618(44):S1991 – S2005.

[112] DOSSI S, PARAVAN C, MAGI F, et al. "Enhancing Micrometric Aluminum Reactivity by Mechanical Activation," 51st AIAA/ASME/SAE/ASEE Joint Propulsion Conference[R]. AIAA 2015 – 4221, 2015.

[113] JOHN C T, JACK D B. Coating of Boron Particles[P]. US:4877649,1989.

[114] JOHN C T, JACK D B. Coating of Boron Particles[P].US:4915753,1990.

[115] 王英红,李进贤,李葆萱,等.含硼富燃料推进剂各组分对其低压燃速的影响[J].兵工学报,2005,26(2):274 – 277.

[116] PANG W Q, DELUCA L T, FAN X Z, et al. Boron – based Fuel – Rich Propellants: properties, combustion and Application Aspects[M]. Taylor&Fraulis Group, CRC Press, 2019.

[117] 李葆萱,王英红,毛成立,等.含硼富燃固体推进剂药浆黏度调节[J].固体火箭技术,2000,23(4):19 – 22.

[118] 庞维强,樊学忠,张教强,等.无定形硼粉的团聚技术[J].火炸药学报,2008,31(2):46 – 48.

[119] 于剑昆.高纯硼粒子的包覆及其在高能富燃料推进剂中的应用[J].2009,7(5):1 – 4.

[120] 赵孝彬,张小平,侯林法.硼粒子包覆工艺及对硼的表面和燃烧特性的影响[J].固体火箭技术,1998,21(1):35 – 38.

第4章 水反应金属燃料推进剂

4.1 概 述

水反应金属燃料推进剂主要由金属燃料、氧化剂、黏合剂和添加剂等组成,其在海水中的燃烧过程如图4.1所示。水反应金属燃料推进剂在燃烧区热反馈作用下,达到自身燃烧温度,进行一次燃烧,生成富含金属颗粒的高温高压燃气。与此同时,海水在高速流体动压作用下进入燃烧室,部分经喷射雾化后作为主氧化剂与高温高压燃气中的金属颗粒进行混合、燃烧;部分作为工质进入燃烧室,吸收金属与水反应体系燃烧放出的热量,转变为水蒸气;燃烧产物和水蒸气作为混合工质,经喷管高速排出膨胀做功产生推力。

水反应金属燃料推进剂的能量是在水冲压发动机内两次燃烧过程中释放出来的。首先,在外界点火能量(主要是热能)的刺激下,水反应金属燃料推进剂在燃气发生器内点火、燃烧,生成含有大量凝聚相金属微粒和气态金属的富燃燃烧产物(一次燃烧);一次燃烧产物通过喷射装置进入补燃室,与外界冲压射入的水或水蒸气发生混合、点火与燃烧(二次燃烧)。水反应金属燃料推进剂中一部分化学能量在一次燃烧过程中释放出来的,释放出的能量一方面用于维持水反应金属燃料推进剂的稳定燃烧,另一方面用于加热一次燃烧产物,以便能使一次燃烧产物与水蒸气发生剧烈的燃烧、放热反应。水反应金属燃料推进剂绝大部分化学能量是在金属与水反应的二次燃烧过程中释放出来的,一部分用来加热燃烧产物,另一部分用来加热多余的水而使之蒸发,以提高燃烧产物的成气性,水蒸气与燃气共同作为工质通过喷管膨胀做功。

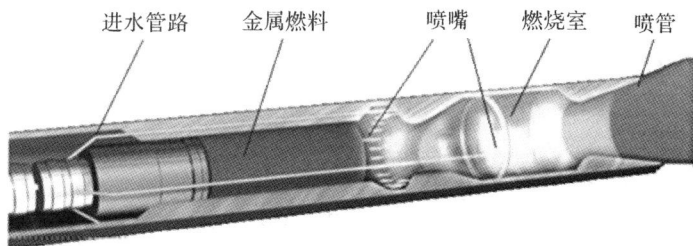

图4.1 水反应金属燃料推进剂分步燃烧示意图

4.2 水反应金属燃料推进剂能量性能设计

水反应金属燃料推进剂的工作过程实际上是在水冲压发动机中推进剂有规律燃烧的一个能量转换过程,为保证水下武器能够稳定地航行更远的距离,需要推进剂具有良好的燃烧性能、优异的工艺性能和更高的能量性能。研究水反应金属燃料推进剂的燃烧性能和工艺性能,首先需要确保设计的推进剂基础配方具有实用价值,即在保证推进剂具有更高能量水平的基础上,推进剂在未来可以实现工程化(燃烧和工艺性能满足工程技术要求)。

能量性能计算是水冲压发动机结构设计以及性能优化的基础,而各个热力学过程中燃烧产物平衡组分的确定是关键。众所周知,温度和压力的变化会使燃烧产物发生离解或复合,随着工作过程的推进,产物组分差别很大。归纳起来,能量性能计算的内容是通过质量守恒方程与化学平衡方程的联立来获得平衡组分,然后利用能量守恒方程计算燃烧产物的温度。

在水冲压发动机中,水反应金属燃料推进剂在贫氧状态下的一次燃烧过程为非化学平衡体系,详尽的非平衡状态的化学过程的理论计算将是一个非常庞大而复杂的计算体系,实现这一过程也将是非常困难的,因此为了避开非化学平衡状态理论的繁杂性,可采用基于化学平衡的热力学计算方法来计算其平衡状态的燃烧产物分布及一次燃烧的能量性能参数。本章中水反应金属燃料推进剂的能量理论计算采用了最小吉布斯自由能法及相关标准,计算的基本假设如下。

(1)在燃烧室中,推进剂的一次燃烧过程为等压绝热过程,即热力学的等焓过程;而且燃烧产物的分布是均匀的,此即流体动力学中的零维假设。

(2)燃气为理想气体,凝聚相产物的体积忽略不计。

(3)喷管中燃烧气体的流动过程为绝热可逆过程,即为等熵流动过程;燃气在喷管中的流动为一维定常流动,即在喷管的任一横截面上,燃气的组成及各性能参数的分布是均匀的。

(4)不考虑凝聚相燃烧产物的两相流损失。计算时设定推进剂初温为298 K,燃烧室压强为2.0 MPa,出口压强为0.1 MPa。

遵循推进剂高能量水平和未来可实现工程化的原则,采用西安近代化学研究所燃烧与爆炸重点实验室开发的"能星(ECS)"能量计算程序5.0版计算并分析水反应金属燃料推进剂的能量水平,考察不同条件下推进剂燃烧温度(T)、特征速度(C^*)、理论比冲(I_s)的影响规律,设计出水反应金属燃料推进剂的基础配方。

4.2.1 金属/水反应能量特性

表4.1列出了几种可与水反应的常见金属及其氧化物的物理化学性质。

表4.1 金属及其氧化物理化学性质

金 属	密度/(g·cm^{-3})	熔点/K	沸点/K	爆热/(kJ·g^{-1})	氧化物	熔点/K	沸点/K
Be	1.85	1 560	2 744	36.03	BeO	2 720	3 000~4 170
B	2.34	2 450	3 931	18.81	B$_2$O$_3$	723	2 320
Al	2.70	933	2 767	15.15	Al$_2$O$_3$	2 315	3 250~3 280
Mg	1.74	923	1 366	13.34	MgO	3 098	3 850
Li	0.53	454	1 620	28.61	Li$_2$O	1 843	2 836

金属与水的反应遵循方程为

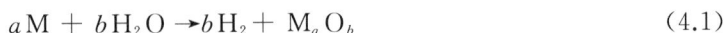

$$aM + bH_2O \rightarrow bH_2 + M_aO_b \qquad (4.1)$$

定义 ξ_s 为金属与水按化学当量比反应时,水与金属的质量比(水燃比)。因此,定义等效比为实际水燃比 ξ 与 ξ_s 的比值,即

$$\xi^* = \xi/\xi_s \tag{4.2}$$

表 4.2 中所示金属的化学当量水燃比 ξ_s。

表 4.2　金属/水化学当量水燃比

金 属	Be	B	Al	Mg	Li
ξ_s	2.00	2.50	1.00	0.75	1.30

不同化学当量水燃比的金属/水反应燃烧温度如图 4.2 所示。从图 4.2 中可以看出,在很大范围上 Mg,Al,Be 三种金属与水的燃烧温度优于其他两种金属。当水过量时($\xi^* > 1$),Mg,Al 略优于 Be;当金属过量时($\xi^* < 1$),Be 优于 Mg,Al。理论计算的 Mg,Al 与水的燃烧温度曲线与文献[8,9]中的实验结果十分接近。

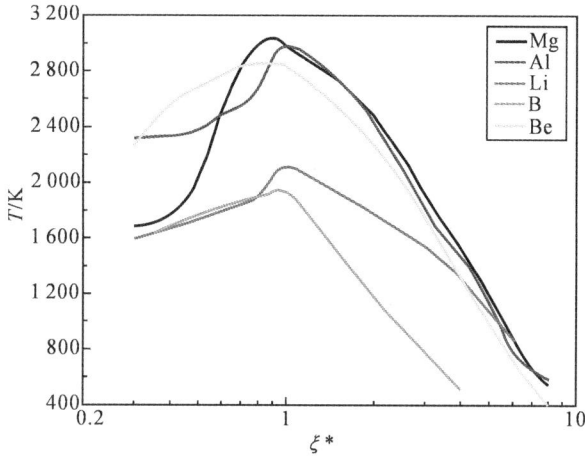

图 4.2　不同化学当量水燃比金属/水燃烧温度

特征速度是表征推进剂能量性能的重要参数之一,特征速度越高则推进剂需要较小的质量流率就可以产生相同的推力。不同化学当量水燃比的金属/水反应特征速度如图 4.3 所示。

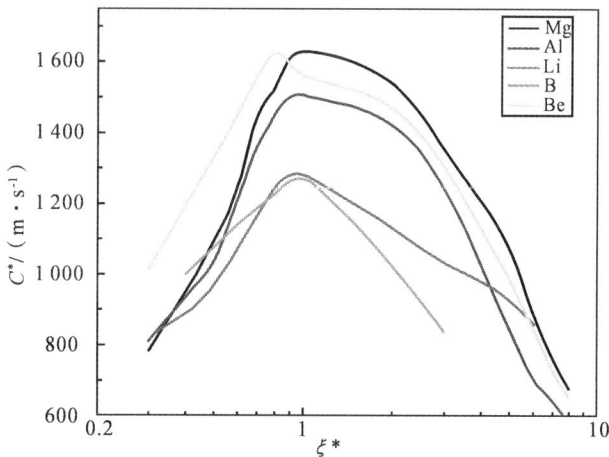

图 4.3　不同化学当量水燃比金属/水特征速度

从图 4.3 中可以看出,在很大范围上 Mg,Al,Be 三种金属与水的特征速度优于其他两种金属,与燃烧温度曲线具有相同的趋势;水反应金属燃料推进剂中水燃比越大能量越高,当水过量时($\xi^* > 1$),Mg,Al,Be 三种金属在燃烧温度、特征速度方面表现出了明显的优势。从价格、安全、运输及毒性等综合方面考虑,Mg,Al 两种金属是水反应金属燃料推进剂首选的两种金属原料,在过去的研究中发现,Al/H$_2$O 反应效率较低,往往会产生大量的残渣,苏联的"暴风雪"超高速鱼雷就是采用了镁基水反应金属燃料推进剂。因此,本章选取了 Mg 作为水反应金属燃料推进剂研究对象。

4.2.2 金属/氧化剂反应能量特性

水反应金属燃料推进剂在与水反应前,需自持燃烧喷射出高温产物才能与水反应。因此,为了能够维持水反应金属燃料推进剂的自持燃烧,必须添加少量氧化剂。常规固体推进剂中常加的氧化剂主要是硝酸盐和高氯酸盐。考虑到水反应金属燃料推进剂金属含量越高,能量越高,限制了氧化剂的大量添加。因此,氧含量、密度、热值等较高的氧化剂比较适用水反应金属燃料推进剂。表 4.3 列出一些常规氧化剂的基本性质。

表 4.3 氧化剂基本理化参数

氧化剂	密度/(g·cm^{-3})	生成焓/(kJ·mol^{-1})	氧含量/(%)
NH$_4$ClO$_4$	1.95	−294.14	34.0
KClO$_4$	2.52	−430.13	46.2
NH$_4$NO$_3$	1.73	−364.91	20.0
NaNO$_3$	2.17	−466.52	47.1
KNO$_3$	2.11	−492.88	39.6

在本节中定义 ξ_s 为金属与氧化剂按化学计量比反应时,氧化剂与金属的质量比(化学当量氧燃比)。不同氧化剂与镁反应时的化学当量氧燃比见表 4.4。

表 4.4 金属/氧化剂化学当量氧燃比

氧化剂	NH$_4$ClO$_4$	KClO$_4$	NH$_4$NO$_3$	NaNO$_3$	KNO$_3$
ξ_s	1.93	1.43	3.29	1.40	1.66

ξ_s 越低,满足相同质量的金属所需的氧化剂质量也就越低,其所占有的装填比例越低,发动机中金属的填充比例越高,体系的能量越高,氧化剂的化学当量氧燃比越低,能量越高。仅从水反应金属燃料推进剂组分的装填比例方面考虑,KClO$_4$,NaNO$_3$,KNO$_3$ 和 NH$_4$ClO$_4$ 装填效果相近,作为水反应金属燃料推进剂的氧化剂较为理想。

不同氧燃比(m_{oxid}/m_{Mg})镁/氧化剂的燃烧温度曲线如图 4.4 所示。

从图 4.4 中可以看出,在贫氧范围($m_{oxid}/m_{Mg} < 1$),燃烧温度随着氧燃比的增加而增加,并且可以发现在 1 900 K 左右存在明显的拐点,镁的沸点为 1 366 K(0.1 MPa),燃烧室压强为 2 MPa,其沸点约为 1 900 K。分析认为此拐点对应了镁的沸点,温度高于此点时,镁作为气相物

质存在。另外,当氧燃比低于 0.3～0.4 时,五种体系的燃烧温度的变化幅度均较小,分析认为,在此燃温范围内,存在大量的未燃烧的液相镁。对比五种氧化剂发现,$KClO_4$ 与镁的燃烧温度在氧燃比高于 0.6～0.7 时,燃烧温度明显高于其他氧化剂,NH_4ClO_4 在氧燃比低于 0.2～0.3 时,略高于其他氧化剂。

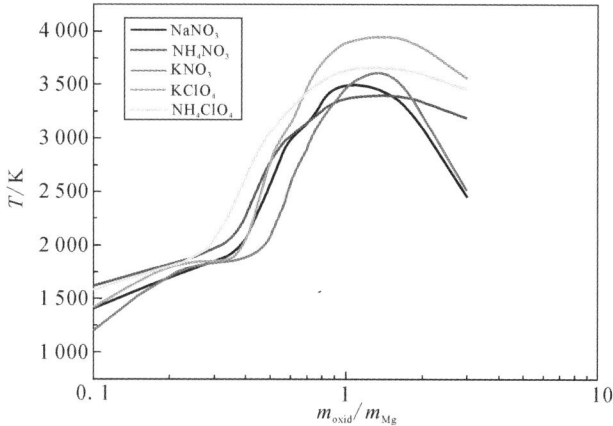

图 4.4 不同氧燃比镁/氧化剂燃烧温度

不同氧燃比(m_{oxid}/m_{Mg})镁/氧化剂的特征速度曲线见图 4.5。

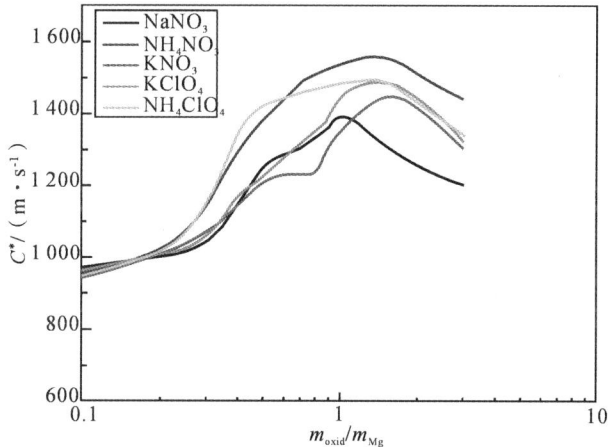

图 4.5 不同氧燃比镁/氧化剂特征速度

从图 4.5 中可以看出,五种氧化剂对应的特征速度曲线的趋势基本相同。在贫氧范围($m_{oxid}/m_{Mg}<1$),特征速度随着氧燃比的增加而增加,当氧燃比低于 0.3 时,特征速度变化较小,与燃烧温度曲线基本一致,表明,在此范围内,燃烧产物的状态基本一致。对比五种氧化剂发现,NH_4ClO_4 和 NH_4NO_3 两种氧化剂在很大范围内具有优势,但当氧燃比低于 0.3 时,五种氧化剂基本一致。

从图 4.4 和图 4.5 中可以看出,当 $m_{oxid}/m_{Mg}<0.3$ 时,五种氧化剂的燃温、特征速度差距很小,均可作为水反应金属燃料推进剂自持燃烧过程中的氧化剂。除了能量特性外,综合密度、制备过程安全、价格等方面因素,NH_4ClO_4 和 $KClO_4$ 作为水反应金属燃料推进剂的氧化剂较

为理想。

4.2.3 金属/氧化剂/水反应能量特性

高氯酸铵与高氯酸钾是水反应金属燃料推进剂常用的两种氧化剂,鉴于镁、高氯酸铵体系的能量计算,在较多的文献中均有报道,因此,本章选定镁、高氯酸钾、水为水反应金属燃料推进剂的反应体系进行研究,在此体系中,高氯酸钾作为自持燃烧阶段的氧化剂,经点火后分解出含氧产物与镁发生反应,反应生成的高温产物与水发生二次燃烧。不同比例的镁/高氯酸钾配方,具体见表4.5。

表 4.5 镁/高氯酸钾不同比例配方

配　方	1	2	3	4
Mg	85％	80％	75％	70％
$KClO_4$	15％	20％	25％	30％
m_{oxid}/m_{Mg}	0.18	0.25	0.33	0.43

定义 η 为水的质量分数,表达式为

$$\eta = m_w/m_p \tag{4.3}$$

m_w 为水的质量,为 m_p 镁、高氯酸钾、水的总质量。η 值增加,表明反应中摄入的水越多。例如,η 为80％时,水燃比为4。$Mg/KClO_4$ 体系燃烧温度随 η 值的变化曲线如图4.6所示。

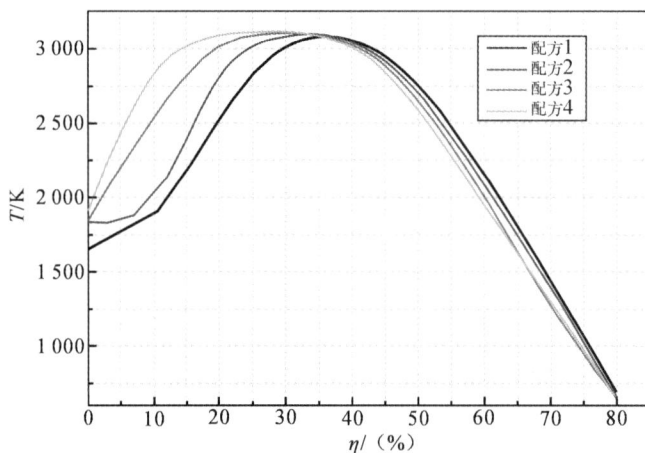

图 4.6 $Mg/KClO_4$ 体系燃烧温度随 η 值的变化曲线

从图4.6中可以看出,四种不同比例的 $Mg/KClO_4$ 体系燃烧温度最大值均约为3 100 K,对应了MgO的熔点;而且燃烧温度最大值对应一定范围的 η 值,例如配方1和配方4最大燃烧温度对应的 η 取值范围分别为33％≤η≤43％和20％≤η≤38％。对于配方1和配方2可以发现,曲线基本可分为四个阶段:η≤10％时,氧化剂和水的量无法满足镁燃烧所需的氧,体系释放的热量较少,燃温较低;随着水的增加,燃烧温度迅速升高并达到第三阶段,燃烧温度维持在最大值;随着水的进一步增加,过多的水只吸热气化降低了燃烧温度。

Mg/KClO₄ 体系特征速度随 η 值的变化曲线如图 4.7 所示。由图 4.7 可知,配方中金属含量越高,特征速度的最大值越高,最高可达 1 300 m·s⁻¹。较高金属含量的体系只有当 $\eta>$ 0.38 时,体系的特征速度才表现出一定的优越性。在 $\eta>0.50$ 后,所有体系的特征速度均开始迅速下降。另外,当 $\eta\approx0.38$ 时四种比例的 Mg/KClO₄ 体系特征速度均约为 1 260 m·s⁻¹。

比冲是单位质量推进剂所产生的冲量,用来衡量推进剂能量高低和发动机工作过程的完善程度,也是评价推进系统性能的一个重要的综合指标。作为水反应金属燃料推进剂,与空气冲压发动机用推进剂类似,外部摄入的水不作为体系的质量,因此,其比冲为

$$I_s = I_p / (1 - \eta) \tag{4.4}$$

I_p 为镁、高氯酸钾、水体系的理论比冲,I_s 为镁、高氯酸钾体系水反应金属燃料推进剂的实际理论比冲。Mg/KClO₄ 体系比冲随 η 值的变化曲线,如图 4.8 所示。从图 4.8 中可以看出,不同比例 Mg/KClO₄ 体系比冲随着 η 值的增加,逐渐增加,在 $28\%<\eta<45\%$ 范围,比冲值十分接近,当 $\eta>45\%$ 时,金属含量越高的配方其比冲才逐渐表现出一定的优势。

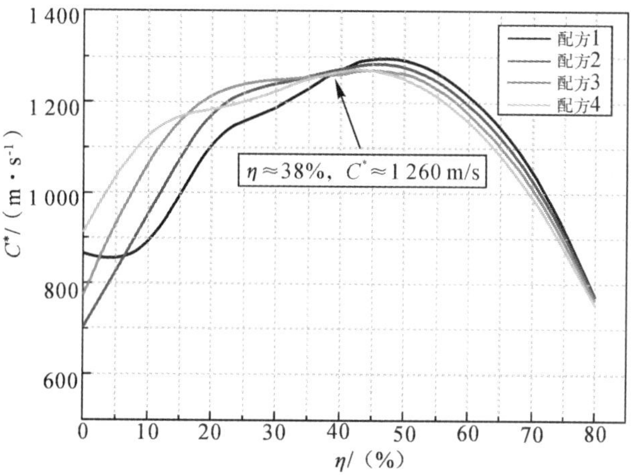

图 4.7　Mg/KClO₄ 体系特征速度随 η 值的变化曲线

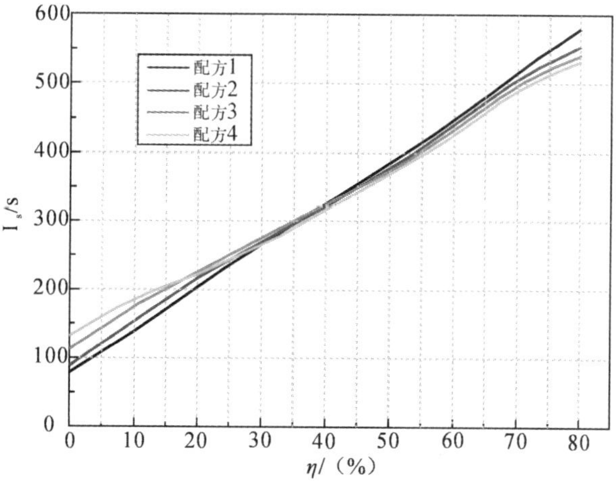

图 4.8　Mg/KClO₄ 体系比冲随 η 值的变化曲线

4.3　水反应金属燃料推进剂燃烧性能

水反应金属燃料推进剂的燃烧性能是该类推进剂研究的核心技术之一,也是推进剂能否应用于武器系统的关键所在。水反应金属燃料推进剂具有能量水平高、力学性能好和燃速范围宽等诸多优点,可用于淤浆浇铸工艺制备不同尺寸的装药,也可用模压工艺制备高金属含量(高于80%)的装药,因此,此类推进剂是我国目前乃至较长一段时间内特种推进剂技术发展的热点之一。但由于此类推进剂中含有大量的金属,自持燃烧处于贫氧状态,其燃烧性能调节困难,尤其是燃烧过程金属粉极易凝结成块,严重影响了此类推进剂的实际应用。本书在前人研究的基础上,就金属粉(镁、铝粉、镁铝合金粉)、催化剂、对推进剂的燃烧性能进行了系统研究,以找出影响水反应金属燃料推进剂燃烧性能的主要因素和降低金属粉燃烧凝聚成团的技术途径,为此类推进剂未来的工程应用提供技术支持。

4.3.1　水反应金属燃料推进剂的燃烧性能参数及其调节

水反应金属燃料推进剂的燃烧性能参数是表征燃烧过程稳定性的数量界限。这些参数在某一范围内,推进剂装药在水冲压发动机中燃烧所产生的压力、推力曲线能符合人们的设计要求,否则会使发动机异常工作。

(1)燃烧速度。水反应金属燃料推进剂一次自持燃烧速度,即线燃烧速度(v/u),推进剂燃烧面沿其表面的法线方向退行的速度,或者说推进剂固相消失的速度,单位 mm·s^{-1}。由于水冲压发动机实际工作过程中压强范围在2~3 MPa,本书主要考察了水反应金属燃料推进剂在3 MPa下的燃速。

(2)影响燃烧速度的因素。推进剂燃烧过程是一个复杂的传热传质过程,其本质是一个复杂的高温、瞬时、高压的放热化学反应。故化学反应速度、传热传质速度决定了推进剂燃烧速度。推进剂燃烧速度取决于推进剂自身的性质,如组分及其含量,组分的物理化学状态,发动机工作条件如压力、初温、加速度等。

(3)一次燃烧产物状态评价。水反应金属燃料推进剂具有低氧化剂含量、高金属含量的特点,其一次燃烧产物中凝聚相组分的含量很高。当燃速较低时,少量的气体产物很难将凝聚相"带出"喷射入二次补燃室中,因此凝聚相产物的沉积不可避免。

对水反应金属燃料推进剂燃烧过程而言,自持燃烧生成的产物会与外部摄入的水进行反应,本节通过氧弹量热仪收集水反应金属燃料推进剂在3 MPa氩气氛围中的燃烧凝聚相产物,主要考察不同配方燃料的喷射效果。收集的凝聚相燃烧产物进行筛分并称重,按照筛分后粒径大于1.2 mm产物的质量比例进行了分类:燃烧后的一次燃烧产物不喷射或喷射后的产物粒径不小于1.2 mm的、质量比例不小于50%的为大量结块,质量比例在20%~50%之间的称为少量结块,质量比例小于20%的称为无结块。

4.3.2　推进剂组分对燃烧性能的影响

水反应金属燃料推进剂的自持燃烧是同时发生在气相和凝聚相的并发化学反应与热的传导、扩散等物理变化共同构成的复杂过程,其每个化学反应及物理过程在燃烧中的变化取决于推进剂本身(配方组成)的性质及燃烧条件,如推进剂组分的种类及其含量、组分的物理化学状态、推进剂的燃烧压强、温度及周围的介质等。

从推进剂本身的"内因"上看,构成推进剂的各组分及其含量、组分的物理化学状态均是影响推进剂燃烧性能的主要因素。对于水反应金属燃料推进剂,首先需要考虑的是金属粉(镁、铝或镁铝合金)的含量、粒度以及氧化剂的粒度。体系中的金属粉含量、种类不同,直接决定了体系的氧平衡状态,推进剂燃烧时产生的热效应不同,及自持燃烧反应时反馈到固相的热量不同,推进剂的燃烧速度也因此有明显的差异。

水反应金属燃料推进剂采用模压成型工艺制备时,推进剂配方需要设计一定的固液比,以满足推进剂模压成型过程中的工艺性能。固定水反应金属燃料推进剂中液相组分为 7% 的 HTPB 和 3% 的 DOS 组成。

(1)镁粉含量对推进剂燃烧性能的影响。保持金属粉与 AP 总量 90% 不变,调节镁粉的含量,研究了镁粉($d_{50}=120~\mu m$)含量对推进剂体系一次燃烧性能的影响,结果见表 4.6。

表 4.6　镁粉含量对体系一次燃烧性能的影响

镁粉/(%)	AP/(%)	3MPa 燃速/(mm·s^{-1})	产物状态
65	25	15.3	少量结块
70	20	14.1	少量结块
75	15	9.5	大量结块
80	10	6.7	大量结块

从表 4.6 中可以看出,随着金属粉含量的升高,推进剂的一次燃速逐渐降低,尤其当配方中金属粉含量由 70% 升高到 75% 时,体系燃速下降幅度明显增加,一次喷射效果也明显变差。分析认为,随着金属粉含量的增加,氧化剂含量的减少,体系的贫氧程度逐渐增加,一次燃烧过程参与反应的金属粉也逐渐减少,一次燃烧过程的放热量降低,燃速降低,导致金属粉在喷射过程中更易熔融团聚,使喷射后产物极易结块。

(2)镁粉粒度级配对推进剂燃烧性能的影响。保持镁粉含量 70%、AP 含量 20% 不变,研究了镁粉不同粒度级配对推进剂体系一次燃烧性能的影响,结果见表 4.7。

表 4.7　镁粉粒度级配对体系一次燃烧性能的影响

镁粉/(%)		3 MPa 燃速/(mm·s^{-1})	产物状态
50 μm	120 μm		
40	30	13.5	大量结块
50	20	12.8	大量结块
60	10	13.6	少量结块
70	0	14.1	少量结块

由表 4.7 可知,镁粉的粒度级配对推进剂一次燃速的影响不大,但体系一次燃烧产物状态,随着体系中较小粒径镁粉的增加有所改善。分析认为,在推进剂体系氧化剂含量不变的前

提下,由于一次燃烧属于不完全燃烧,体系中参与反应的镁粉有限,配方中粒径较小的镁粉往往优先发生反应,由于配方中小粒径镁粉含量都在40%以上,因此在这四组配方中体系的燃速变化不大,但大粒径的镁粉在燃烧过程更易熔融团聚。

(3)添加镁铝合金粉对推进剂燃烧性能的影响。用镁铝合金粉(镁∶铝质量比为1∶1)替代体系中的镁粉,研究了添加不同含量合金粉对推进剂体系一次燃烧性能的影响,结果见表4.8。

表 4.8　合金粉含量对体系一次燃烧性能的影响

镁粉/(%)	镁铝合金粉/(%)	3 MPa 燃速/(mm·s⁻¹)	产物状态
70	0	14.1	少量结块
40	30	12.6	少量结块
20	50	9.3	少量结块
0	70	6.5	大量结块

由表4.8可知,随着体系中合金粉含量逐渐增加,推进剂体系的一次燃速明显下降,但只有当合金粉含量增加到70%时即完全替代体系中的镁粉时,产物状态才出现明显的恶化,表明添加适量的合金粉对一次燃烧喷射出的产物状态影响并不大。

(4)燃烧催化剂对推进剂燃烧性能的影响。过渡金属氧化物对含高氯酸铵固体推进剂的凝聚相热分解反应、气相氧化剂的分解反应以及氧化性分解产物与黏合剂分解产物等富燃物质之间的反应具有一定的催化作用,从而对该类推进剂的燃烧性能具有良好的催化作用。卡托辛(GFP)是丁羟推进剂中正在使用的优良液体燃速催化剂,其燃速催化效率高,可获得高燃速,在高固含量的水反应金属燃料推进剂制备过程中分散性也较好。

保持推进剂中镁粉含量70%不变,卡托辛(GFP)的含量在0～1.5%范围内变化,氧化剂的含量在20%～18.5%范围内变化,研究了GFP含量对推进剂燃速及喷射效果的影响,结果见表4.9。

表 4.9　GFP 含量对燃烧性能的影响

GFP 含量/(%)	3MPa 燃速/(mm·s⁻¹)	喷射效果
0	14.1	少量结块
0.2	14.3	少量结块
0.5	14.7	少量结块
1	15.2	少量结块
1.5	15.1	少量结块

从表4.9中可以看出,在GFP含量为1%之前,随着GFP含量的增加,燃速增加,当含量为1.5%时,体系燃速略有降低。分析认为卡托辛是一种多核二茂铁衍生物,可降低AP的热分解温度,加速高氯酸质子转移后的分解反应,增加气相反应的热反馈,提高推进剂表面氧原子的浓度,随着AP分解速率的增大,镁基水反应金属燃料推进剂凝聚相热分解反应速率增大,使单位时间内放热量增大,凝聚相反应区温度梯度增大;气相火焰反馈热量的增大和凝聚

相反应放热量的增大,共同促使燃面温度升高,因此镁基水反应金属燃料推进剂静态燃速随之提高;由于体系中 AP 含量较低,进一步提高 GFP 含量,燃烧催化效果减弱,同时由于氧化剂含量有所降低,相互抵消下,燃速略有降低。

4.4　水反应金属燃料推进剂燃烧过程分析

水反应金属燃料推进剂作为水冲压发动机的燃料,其一次燃烧过程类似于富燃料固体推进剂在燃气发生器内燃烧过程,生成富含金属成分(颗粒、液滴或气团)的高温燃气,高温燃气与从水下航行体外部进入燃烧室的水发生剧烈反应并释放热量,燃烧室内工质受热膨胀并通过喷管做功,从而大幅度提高航行体的航程和推进效率。

通过研究水反应金属燃料推进剂一次燃烧凝聚相产物组成及含量,推测一次燃烧过程中主要存在的反应,利用一次燃烧凝聚相产物在高温水蒸气中的反应模拟二次燃烧过程,分析了二次燃烧凝聚相产物的组成,推测出二次燃烧过程主要发生的反应,从而对水反应金属燃料推进剂燃烧过程进行了分析。本节针对镁铝基水反应金属燃料推进剂,选定配方组成为 70%镁铝合金粉、20%高氯酸铵及 10%HTPB/DOS。

4.4.1　镁铝基水反应金属燃料推进剂自持燃烧过程分析

镁铝合金粉在空气中 $10℃ \cdot min^{-1}$ 升温速率条件下的 TG 曲线如图 4.9 所示。

镁铝合金粉是镁铝基水反应金属燃料推进剂的主要组分,镁铝合金粉的热氧化特性对其自身以及燃料的燃烧性能都有重要的影响。由胡凡和李是良的研究文献可知,镁铝合金(镁铝质量比为 1:1)的熔点为 460℃左右,从图 4.9 中可以看出,395~498℃镁铝合金氧化缓慢,质量增加约 5%;超过 498℃后,合金粉开始熔化并快速氧化,氧化过程伴随燃烧并放出大量的热,至 533℃时质量增加 33%,随后氧化速度变慢,进入线性质量增加阶段,至 950℃时共质量增加 75.6%。根据之前的介绍,合金粉中的活性金属是分阶段发生氧化反应的,其中镁粉由于蒸气压较低,优先发生氧化反应,此阶段为 395~533℃,质量增加 33%,与合金粉中镁完全氧化的理论质量增加 32.9%十分接近,也进一步证实了镁优先发生氧化,533~950℃是铝的氧化过程质量增加 42.6%,略低于理论计算值为 44.4%。

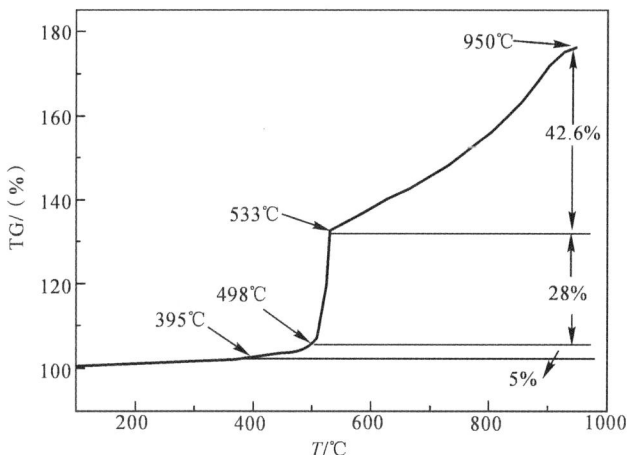

图 4.9　镁铝合金的 TG 曲线

此外,体系中 AP、HTPB 和 DOS 的热分解机理在许多文献中均有报道,本书不作进一步阐述。

(1)一次燃烧产物的分析。收集所选配方在 3 MPa 氩气氛围下的一次燃烧凝聚相产物。一次燃烧凝聚相产物的表面形貌如图 4.10 所示。可以发现反应后既有较大粒径类似金属粉融滴形成的颗粒如"2 区",也有相互黏接在一起的小尺寸颗粒如"1 区"。对图 4.10(b)中所标识的"1 区"和"2 区"两个部位的表面元素种类和相对含量进行了分析,分析结果见表 4.10。

(a)   (b)

图 4.10　一次燃烧固相产物不同放大倍 SEM 照片
(a)放大 1 000 倍 SEM 照片;(b)放大 2 000 倍 SEM 照片

表 4.10　一次燃烧固相产物 EDS 分析结果

元　素	1　区		2　区	
	质量分数/(%)	摩尔分数/(%)	质量分数/(%)	摩尔分数/(%)
Mg	51.87	58.66	45.62	47.51
Al	5.18	6.51	52.13	48.92
O	31.72	23.62	2.26	3.57
C	6.73	3.76	—	—
Cl	4.51	7.45	—	—
总量	100.00	100.00	100.00	100.00

根据表 4.10 中的元素相对比例数据认为,"1 区"中是多种元素之间形成的化合物,而"2 区"则更多是 Mg 和 Al 及少量的 O,分析认为是一次燃烧过程中剩余的镁铝合金形成的。

结合以上研究结果分析认为,镁铝基水反应金属燃料推进剂在一次燃烧过程中,经历了吸热升温、熔化、气化和燃烧等过程。其中部分金属粉在气相反应区与氧化性组分发生剧烈的氧化燃烧反应,形成如图中较小尺寸的颗粒或片层的燃烧产物,如"1 区"所示;由于该推进剂体系氧化剂含量低,部分合金粉未能完全氧化,只经历了吸热升温、熔化过程,这部分熔化的颗粒可能相互黏接在一起形成如"2 区"中所示的产物,这部分团聚体往往会只在表面形成一层 MgO 膜。

利用 X 射线荧光光谱分析仪(XRF)测试了一次燃烧凝聚相产物中含有的元素种类,其中包括 Mg,Al,O,Cl 和 C。

参照推进剂配方的组分,并结合一次燃烧凝聚相产物元素分析结果,分析一次燃烧产物的 XRD 图(见图 4.11),对比标准物质图片卡,认为一次燃烧固相产物中主要含有 MgO,$MgCl_2$,$Mg_{17}Al_{12}$,Mg_2Al_3,Al_4C_3 和 C。

利用化学分析方法对一次燃烧凝聚相产物中的主要组分进行了研究,结果见表 4.11。

表 4.11　一次燃烧凝聚相产物化学分析结果

产物组分	MgO	$Al_{12}Mg_{17}$,Mg_2Al_3	$MgCl_2$	Al_4C_3	C
质量百分比	30.7%	45.2%	8.5%	10.5%	5.1%

化学分析结果表明,所选镁铝基水反应金属燃料推进剂一次燃烧凝聚相产物中含有 MgO,$MgCl_2$,$Mg_{17}Al_{12}$,Mg_2Al_3,Al_4C_3 和 C 等物质,推进剂配方体系中合金粉组分为 70%,Mg,Al 元素的含量均为 35%,由化学分析结果知 MgO 含量为 30.7%,$MgCl_2$ 含量为 8.5%,表明合金粉中镁约有 19.6% 被氧化或氯化;Al_4C_3 的含量为 10.5%,表明合金粉中铝约有 7.5% 被碳化。

(2)自持燃烧机理的分析。通过对镁铝基水反应金属燃料推进剂中各组分热分解性能的分析,HTPB/DOS 和 AP 主要分解产物有 $O_2(g)$,$N_2(g)$,$H_2O(g)$,$HCl(g)$,$Cl_2(g)$,$C(s)$ 和 $CH_4(g)$。对一次燃烧凝聚相产物的分析,因为镁铝合金粉的熔点只有 460℃左右,十分接近 HTPB 的分解温度,所以只考虑镁铝合金粉以液态或气态进行的化学反应。反应中镁铝合金粉中的镁优先反应,在氧化剂含量较少的情况下,只讨论镁的氧化和铝的碳化,碳只能氧化成一氧化碳,据此推断镁铝基水反应金属燃料推进剂一次燃烧过程中主要发生的反应,见表 4.12。

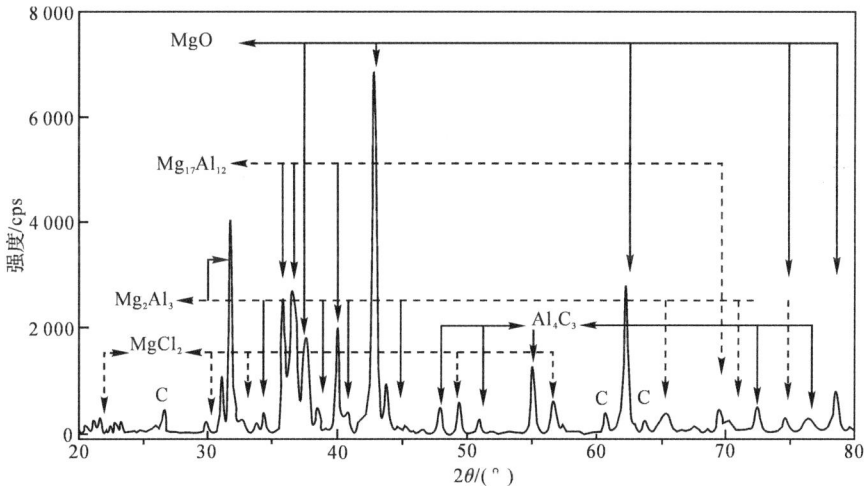

图 4.11　一次燃烧固相产物 XRD 谱图

表 4.12　一次燃烧过程可能发生的主要反应

反应序号	反应方程式	$\Delta_r H_{298}/(\text{kJ} \cdot \text{mol}^{-1})$
P-1	$C(s) + 0.5O_2(g) \rightarrow CO(g)$	-110.54
P-2	$CH_4(g) + 0.5O_2(g) \rightarrow CO(g) + 2H_2(g)$	-39.95
P-3	$Mg(l) + 0.5O_2(g) \rightarrow MgO(s)$	-611.40

续 表

反应序号	反应方程式	$\Delta_r H_{298}/(\text{kJ} \cdot \text{mol}^{-1})$
P-4	$Mg(l) + 2HCl\,(g) \rightarrow MgCl_2(g) + H_2(g)$	-459.68
P-5	$Mg(l) + Cl_2(g) \rightarrow MgCl_2(g)$	-402.26
P-6	$Mg(l) + H_2O(g) \rightarrow MgO(s) + H_2(g)$	-359.77
P-7	$Al(l) + 3/4C(s) \rightarrow 1/4Al_4C_3(s)$	-60.41
P-8	$Mg(g) + 0.5O_2(g) \rightarrow MgO(s)$	-748.70
P-9	$Mg(g) + 2HCl\,(g) \rightarrow MgCl_2(g) + H_2(g)$	-354.94
P-10	$Mg(g) + Cl_2(g) \rightarrow MgCl_2(g)$	-539.56
P-11	$Mg(g) + H_2O(g) \rightarrow MgO(s) + H_2(g)$	-506.85
P-12	$Al(g) + 3/4C(s) \rightarrow 1/4Al_4C_3(s)$	-381.72

注:表中 Mg 和 Al 均表示合金粉中活性 Mg 和 Al 相。

镁铝基水反应金属燃料推进剂一次燃烧的反应历程,由于氧化剂的含量较低,在燃烧不同阶段主要是 Mg、CH_4 和 C 竞争氧化的过程,但与 Mg 和 C 相比在一次反应过程中 CH_4 的含量要小得多,且放热量也较小,那么一次燃烧过程氧化放热主要考虑 Mg 和 C 竞争氧化即可;镁铝基水反应金属燃料推进剂一次燃烧过程中由于氧化剂含量不足使 C 与 Al 的放热反应得以进行。

4.4.2　镁铝基水反应金属燃料推进剂二次燃烧过程分析

(1)一次燃烧凝聚相产物热氧化性能。利用热重分析仪对一次燃烧凝聚相产物进行了热性能研究,其 TG-DTA 曲线如图 4.12 所示(测定气氛为空气 50 mL·min^{-1},温度范围为室温至 900℃)。由 TG 曲线可发现,在 430℃之前的分两个阶段质量减少 5.8%,结合一次燃烧产物的组分分析结果认为,产物中的氯化镁在接触空气后会以 $MgCl_2·6H_2O$ 存在,产物在这一温度范围的质量减少可能主要是产物中的残碳的飘浮和氯化镁分阶段失去结晶水所造成的;TG 曲线在 430℃后分三个阶段质量增加 8.2%,分别为 430~620℃的质量缓慢增加,620~710℃的质量迅速增加,710℃以后质量增加又有所减缓,并且 620 以后的 TG 曲线与合金粉在空气中分阶段氧化质量增加曲线十分相似,结合一次燃烧产物组分的分析结果,这阶段 TG 曲线的质量增加主要来自不同合金相的合金的氧化质量增加。

(2)一次燃烧凝聚相产物与高温水反应性能。利用高温透明管式炉通入高温水蒸气研究一次燃烧凝聚相产物在水蒸气氛围下的高温反应。将盛有一次燃烧产物(0.5 g)的刚玉舟放到透明管式炉内后,开始升温,当炉内温度稳定到 900℃时,向管式炉内开始持续通入水蒸气,20 min 后,停止加热和通入水蒸气,冷却后取出产物,并利用 XRD 对各温度下的产物进行物相分析。

利用摄像机对一次燃烧凝聚相产物在高温水中的反应过程进行记录,将记录进行等时间段划分成一系列图像(序号 1~16),如图 4.13 所示。一次产物在高温水中的反应从点火至燃烧结束持续了 13 s 左右,根据燃烧火焰的亮度不同整个燃烧过程可分为两个阶段,第一个阶段(序号 1~9)一次燃烧产物中的金属粉显得非常"活泼"火花四溅,第二个阶段(序号 10~16)

的亮度明显高于第一阶段,表明此时有更多的金属发生了燃烧。

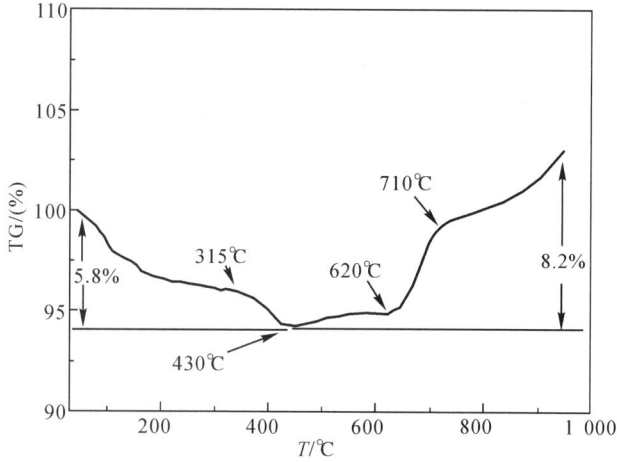

图 4.12　一次燃烧固相产物的 TG - DTA 曲线

分析认为,一次燃烧产物中含有未反应完全的金属,一部分分散性较好的合金粉颗粒更易吸收热量与水发生反应并燃烧溅射;随着这部分金属粉的燃烧放热,使得温度迅速升高,产物中其余大部分的合金开始燃烧,放热量大,火焰亮度高于前一阶段。

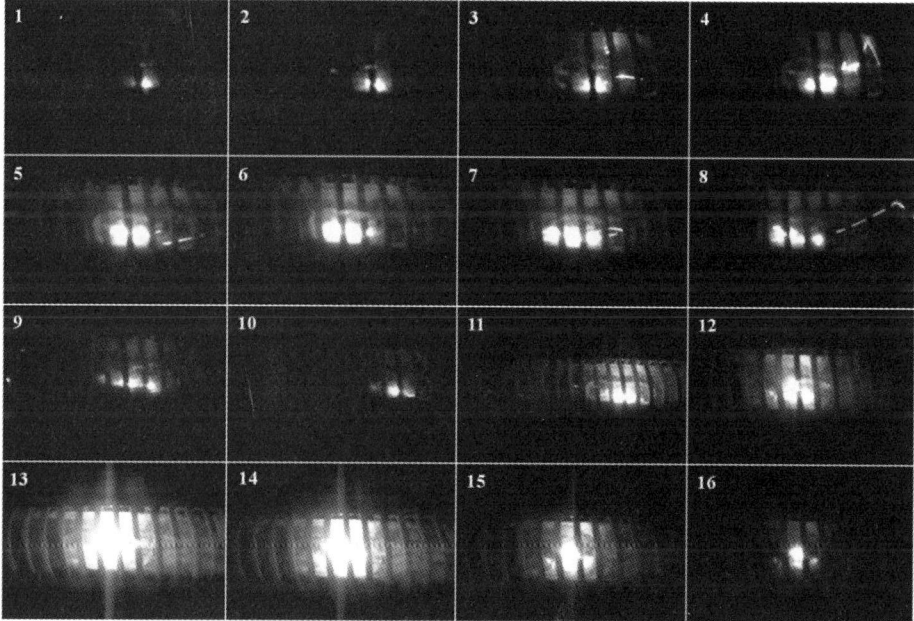

图 4.13　一次固相产物与高温水反应过程图像

(3)二次燃烧凝聚相产物的分析。对 900℃ 下一次燃烧凝聚相产物与水蒸气的反应产物进行收集,二次燃烧凝聚相产物的 SEM 如图 4.14 所示。

如图 4.14(a)所示,一次燃烧产物与水蒸气反应后,产物的整体形貌发生了变化,一次产物中的烧结的大颗粒消失,产物的平均粒径变小。

如图 4.14(b)所示中 3 区和 4 区表面元素 EDS 分析结果见表 4.13。从表 4.13 中可以看出,3 区中 Al 元素含量很高,根据含量对比计算可证明经过二次水反应后有未反应的 Al 存在,4 区中存在 Mg,O 和 Al 三种元素,根据含量对比推测为三者形成的氧化物。

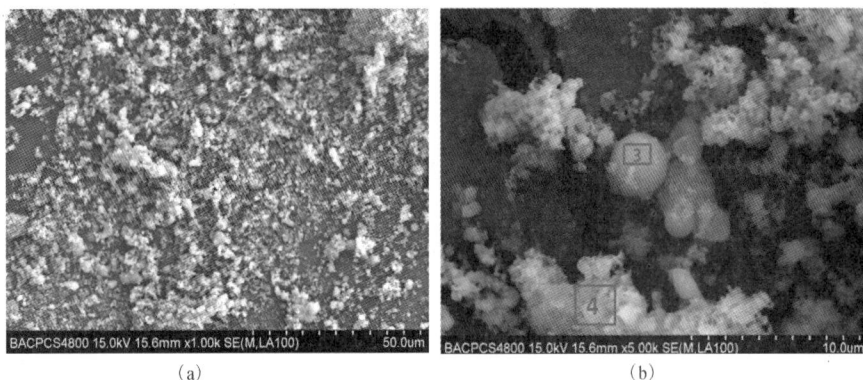

(a)　　　　　　　　　　　　　　　(b)

图 4.14　二次燃烧固相产物不同放大倍数 SEM 照片

(a)放大 1 000 倍 SEM 照片;(b)放大 5 000 倍 SEM 照片

表 4.13　二次燃烧固相产物 EDS 分析结果

元　　素	3 区		4 区	
	质量分数/(%)	摩尔分数/(%)	质量分数/(%)	摩尔分数/(%)
Al	89.81	85.23	21.97	18.67
Mg	2.83	2.98	15.79	22.62
O	7.36	11.79	62.24	58.70
总量	100.00	100.00	100.00	100.00

收集了一次燃烧产物在不同高温水蒸气(600 ℃,700 ℃,800 ℃和 900 ℃)下与水反应的产物,利用 XRF 测试各个温度下产物均由 Mg,O 和 Al 三种元素组成,并利用 XRD 对各温度下的 UXBC 相产物的组分进行定性分析,XRD 谱图如图 4.15 所示。

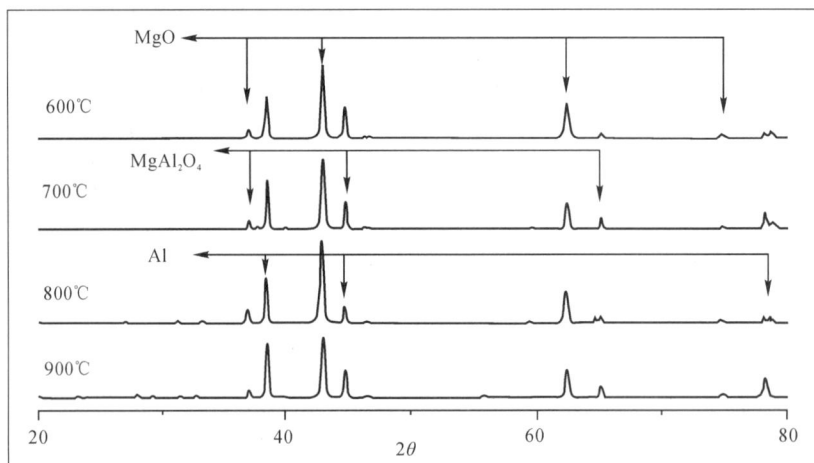

图 4.15　600～900 ℃下一次燃烧产物与高温水反应产物的 XRD 谱图

结合一次燃烧产物中存在 MgO，$MgCl_2$，$Mg_{17}Al_{12}$，Mg_2Al_3，Al_4C_3 和 C 等物质，在 600～900℃范围之间，二次产物均有 MgO，$MgAl_2O_4$ 和 Al 组成，表明在此温度范围内一次燃烧产物中 Mg 可完全反应，Al 只有部分反应，形成 Al_2O_3 与 MgO 以 $MgAl_2O_4$ 形式存在。

利用化学定量分析方法，一次燃烧产物在 900℃高温水蒸气下反应 20 min 对二次燃烧凝聚相产物中的组分进行了定量分析，结果见表 4.14。

表 4.14 二次燃烧固相产物化学分析结果

产物组分	MgO	$MgAl_2O_4$	Al
质量百分比	32.7%	57.2%	10.1%

镁铝基水反应金属燃料推进剂配方体系中合金粉组分为 70%，Mg、Al 元素的含量各为 35%，由表可知，合金粉中镁全部被氧化，二次燃烧产物中含有 10.1%的 Al，合金粉中铝的反应效率为 71.1%。

(4)镁铝基燃料二次燃烧过程分析。二次燃烧历程是高温下的一次燃烧产物与外界注入补燃室的水的反应，结合一次和二次燃烧产物的组成，可推测出二次燃烧反应中主要存在的反应见表 4.15，反应中的合金以气态或液态参与反应，取决于二次反应温度。

表 4.15 二次燃烧过程主要反应

反应序号	反应方程式	$\Delta_r H_{298}/(kJ \cdot mol^{-1})$
S-1	$C(s) + H_2O(g) \rightarrow CO(g) + H_2(g)$	131.31
S-2	$Mg(g) + H_2O(g) \rightarrow MgO(s) + H_2(g)$	-506.85
S-3	$Mg(l) + H_2O(g) \rightarrow MgO(s) + H_2(g)$	-369.58
S-4	$MgCl_2(g) + H_2O(g) \rightarrow MgO(s) + 2HCl(g)$	-151.94
S-5	$Al(g) + 1.5H_2O(g) \rightarrow 0.5Al_2O_3(s) + 1.5H_2(g)$	-805.11
S-6	$Al(l) + 1.5H_2O(g) \rightarrow 0.5Al_2O_3(s) + 1.5H_2(g)$	-483.79
S-7	$Al_2O_3(s) + MgO(s) \rightarrow MgAl_2O_4(s)$	-10.72
S-8	$Al_4C_3(s) + 9H_2O(g) \rightarrow 2Al_2O_3(s) + 3CO(g) + 9H_2(g)$	-1 299.69

二次燃烧过程中注入的水往往是过量的，即使反应物之间存在竞争反应，也不会影响二次燃烧产物的组成，只需要考虑的是二次燃烧温度 800～3 000 K 范围内表 4.15 中反应是否都能自发地进行。

4.5 金属粉的活化及其在水反应金属燃料推进剂中的应用

水反应金属燃料推进剂的关键技术之一是金属燃料与水的反应。研究水反应金属燃料推进剂的技术难点在于：金属燃料与水反应的顺利启动；金属基燃料与水反应的组织形式；如何提高金属基燃料与水反应的速度等。在水反应金属燃料推进剂燃烧时，往往由于金属燃料与水反应不迅速、不充分而影响能力释放，因而不能充分体现水冲压发动机的优越性能，不能实现超空泡技术所需要的能量。为了提高水反应金属燃料推进剂中金属粉的燃烧速度和效率,必须提高金属粉的反应活性。

国内外很多学者对提高金属粉的反应活性进行了研究,其中一种是金属粉进行纳米化处理,但现阶段纳米金属粉的生产成本较高,且纳米金属粉极易被氧化,在推进剂中的实际应用有一定难度。

镁铝合金粉兼顾镁粉和铝粉两者的优点,既有良好点火和燃烧性能,又有较高的能量密度,因此最近受到越来越多的重视。为了使水反应金属燃料推进剂得到更好的性能,本节通过高能球磨制备工艺制备了球磨金属镁粉和镁铝合金粉,并在球磨工艺中引入催化剂,研究了球磨后的金属粉在形貌、物相、热氧化及与高温水反应的特性。

4.5.1 金属粉活性表征方法

利用高温透明管式炉通入高温水蒸气,研究金属粉在700℃高温水蒸气下的燃烧火焰图片,测试了金属粉在600℃,700℃,800℃和900℃下的点火延迟时间(点火延迟时间为样品放入管式炉,同时通入水蒸气至发出明亮火焰的时间),在高温水蒸气氛围下反应5min后,取出产物并利用装置计算金属的反应效率,金属粉的反应效率 η 计算公式为

$$\eta = 1 - \frac{m_u}{m_a \times \varphi_M} \times 100\% \tag{4.5}$$

式中,m_a 为合金粉样品的质量;φ_M 为金属粉中活性金属的质量百分比;m_u 为产物中剩余活性金属的质量。

4.5.2 镁粉的活化

(1)球磨镁粉的表征。三种金属镁粉的扫描电镜图如图4.16所示,从图4.16中可以看出,雾化镁粉的形貌呈规则的球形,表面较光滑;经过1 h球磨后,雾化镁粉变成片层状,粒径变大,这是由于在球磨过程中,金属镁粉受球磨介质钢球反复挤压造成的,结合镁粉的延展性较好,所以球磨后出现较多的片层状;添加催化剂A的镁粉经过球磨后,既有较大粒径的片层状颗粒,又形成很多更小粒径的不规则粉末颗粒,粒径分布变大,可明显发现催化剂"镶嵌"在金属镁粉的表面且分散均匀。

图 4.16 金属粉扫描电镜图
(a)Mg-1; (b) Mg-2; (c) Mg-3

对三种金属镁粉进行粒径分布、比表面积、松装密度和活性金属含量的测试,结果见表 4.16。

表 4.16　三种镁粉基本参数

样　品	比表面积(BET) /(m² · g⁻¹)	$D_{50}/\mu m$	活性镁含量/(%)	松装密度/(g · cm⁻³)
Mg－1	1.04	76.15	99.8	0.89
Mg－2	0.77	97.23	99.1	0.75
Mg－3	4.76	58.35	96.9	0.52

从表 4.16 中可以看出,雾化镁粉 Mg－1 经过球磨后,中位粒径 D_{50} 变大,比表面积减小,松装密度变小,结合其电镜图可知,这是由于球磨后的镁粉形成较大粒径的片层状结构造成的;添加催化剂的镁粉经过球磨后,造成 D_{50}、松装密度降低,比表面积明显升高。分析认为:添加的催化剂 A 在球磨过程充当球磨分散剂,降低镁粉颗粒之间的团聚,使球磨后的金属粉更加分散。由于球磨过程中利用氩气进行保护,所以球磨后活性金属含量降低很少。

利用 X 射线衍射仪(XRD)对三种金属镁粉的物相进行了分析,结果如图 4.17 所示。雾化镁粉 Mg－1 衍射峰与镁的标准峰吻合很好;经过球磨后的镁粉 Mg－2 峰的位置与镁标准峰一致,由于球磨过程一方面形成了更小的晶型结构使峰形变宽,另一面镁粉的晶型沿着 c 轴方向的取向变强,造成对应 Mg－2 34.4° 处衍射峰明显增强;Mg－3 的衍射峰中可以发现催化剂的物相峰,但由于其含量较少在所以峰强很弱。

(2)球磨镁粉与高温水反应研究。利用高温水反应装置,研究了三种镁粉在 500℃、600℃ 和 700℃ 反应 5 min 的剩余活性金属含量(质量分数)、反应产物物相及点火延迟时间,结果见表 4.17。

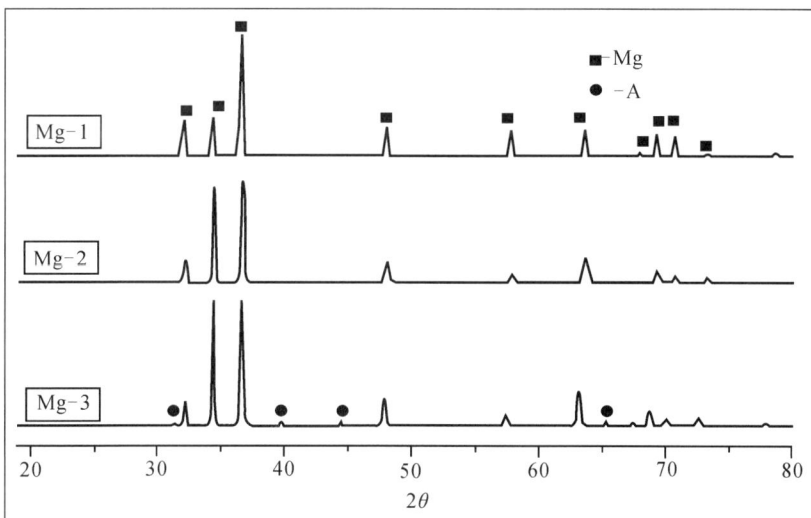

图 4.17　Mg－1,Mg－2,Mg－3 的 XRD 谱图

表 4.17　不同高温水蒸气下镁粉反应结果

样品		初始样品	500 ℃蒸汽	600 ℃蒸汽	700 ℃蒸汽
Mg-1	活性金属含量/(%)	99.8	92.5	24.0	0
	产物物相	Mg	Mg, $Mg(OH)_2$	Mg, MgO	MgO
	点火延迟时间/s	—	—	277	146
Mg-2	活性金属含量/(%)	99.1	84.6	9.4	0
	产物物相	Mg	Mg, $Mg(OH)_2$	Mg, MgO	MgO
	点火延迟时间/s	—	—	254	134
Mg-3	活性金属含量/(%)	96.9	72.8	6.8	0
	产物物相	Mg	Mg, $Mg(OH)_2$	Mg, MgO	MgO
	点火延迟时间/s	—	—	186	22

从表 4.17 中可以看出,在高温水蒸气氛围下,三种镁粉的反应都十分迅速,随着水蒸气氛围温度的升高,三种镁粉相同反应时间内反应程度增大,点火延迟时间逐渐缩短。在 500 ℃水蒸气氛围下,三种金属粉在 5 min 内均未发生燃烧,产物中均生成了氢氧化镁,三种金属粉的反应程度不同,分别为 7.5%,14.5% 和 24.1%;在 600 ℃水蒸气氛围下,三种金属粉均能够发生燃烧,并形成氧化镁,但三种金属均未完全反应,Mg-1,Mg-2 和 Mg-3 点火延迟时间逐渐缩短,金属反应程度也逐渐增加,球磨后镁粉 Mg-2 和 Mg-3 的反应程度比 Mg-1 增加了 15% 以上;在 700 ℃水蒸气氛围下,三种镁粉均能够完全反应形成氧化镁,Mg-3 的点火延迟时间只有 22 s,比其他两种镁粉提前了 100 s 以上。

由以上对比结果可以发现,随着球磨后金属粉的反应活性升高,催化剂的添加可以进一步提高镁粉的反应活性。球磨过程可以破坏雾化镁粉表面的氧化膜,使更多的活性金属镁粉裸露出来,使其反应活性增加;催化剂 A 的加入不仅使金属的粒径减小,比表面积增大,而且它在镁粉与水反应时形成低氢超电压阴极,可明显提高镁水反应速率。

利用金属高温水反应装置可拍摄三种镁粉在 700 ℃高温水蒸气氛围下的燃烧火焰图片(金属粉点燃 3 s 后拍摄),如图 4.18 所示。

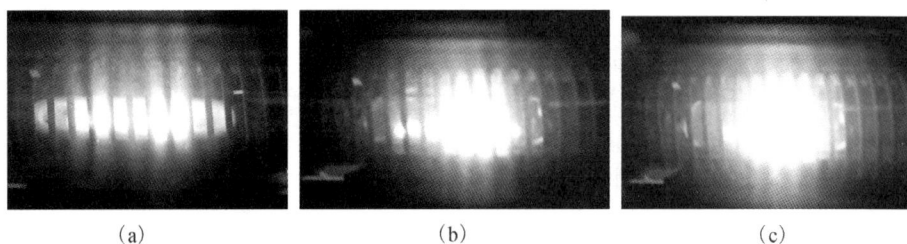

(a)　　　　　　　　　(b)　　　　　　　　　(c)

图 4.18　700 ℃高温水蒸气氛围下镁粉燃烧火焰图
(a)Mg-1;(b)Mg-2;(c)Mg-3

从图 4.18 中可以看出,三种镁粉在高温水蒸气氛围下的燃烧火焰有明显的区别,雾化镁粉的燃烧火焰十分明亮,球磨镁粉的燃烧火焰呈辐射状,其中心十分明亮而火焰外围呈现亮黄色,其中 Mg-3 的火焰辐射范围更广。分析认为,由于雾化镁粉 Mg-1 的表面氧化膜影响,镁粉点燃时所需的温度较高,粒度较为均一造成大部分镁粉同时达到燃点发生燃烧时放热量大,火焰十分明亮;球磨过程破坏了镁粉表层的氧化膜,其中一部分活性较高的镁粉点燃时所需的温度较低,首先被点燃,燃烧瞬间放出大量的热,温度迅速升高引燃其余部分镁粉,所以其火焰呈现辐射状。

　　三种镁粉在不同高温水蒸气下反应产物的扫描电镜照片如图 4.19 所示。从图 4.19 中可以看出,三种镁粉在不同温度下反应的产物形貌明显不同,相同温度下,三种金属粉的产物也有明显区别。500℃水蒸气氛围下,雾化镁粉 Mg-1 首先在其表面形成一些颗粒状的氧化产物,随着温度的升高,反应程度的增加,一部分镁粉发生破裂,形成一些壳形的氧化镁产物,当温度达到 700℃时,氧化镁壳破碎严重,表明反应更剧烈;球磨镁粉 Mg-2 和 Mg-3 的氧化反应也是从表面开始的,但反应的程度明显大于雾化镁粉,随着温度的升高其产物多为不规则的片状结构,温度越高,这种片状产物粒度越小,表明反应更加剧烈。

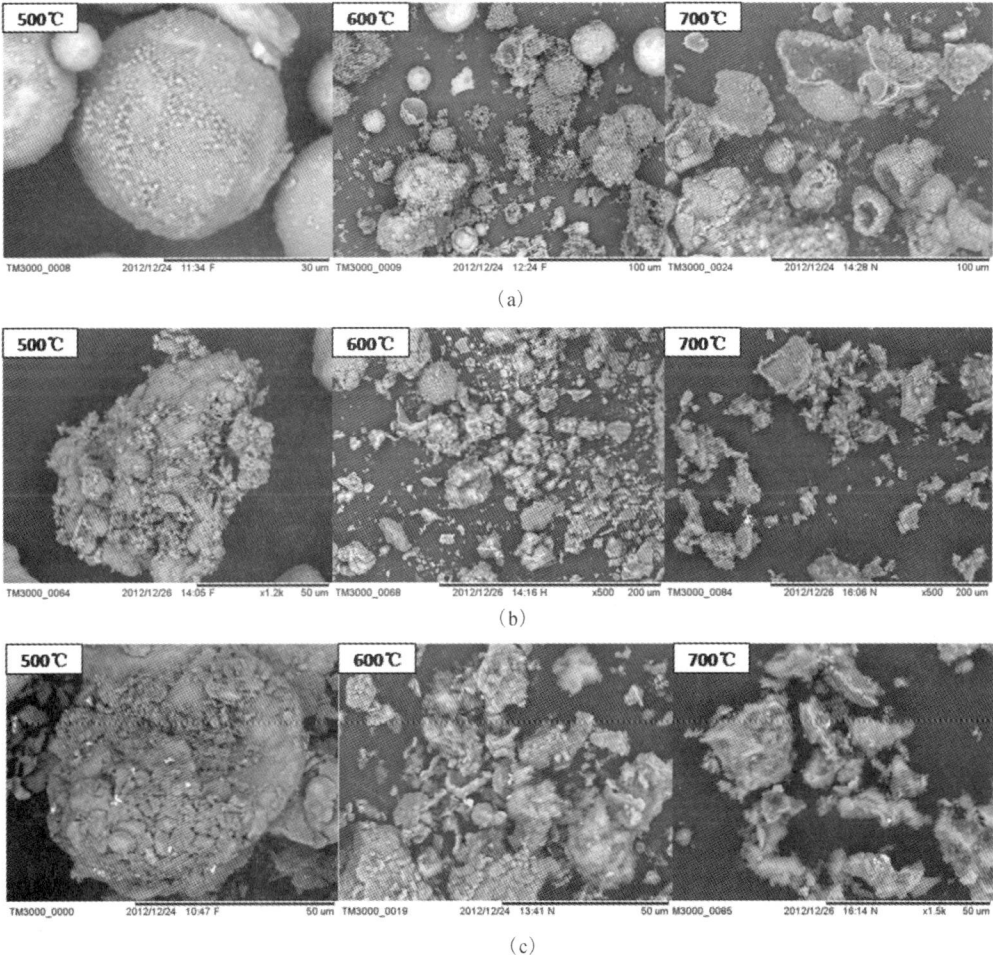

图 4.19　三种镁粉在 500℃,600℃,700℃高温水蒸气下反应产物 SEM 照片
(a) Mg-1 高温水蒸气下反应产物形貌;(b) Mg-2 高温水蒸气下
反应产物形貌;(c) Mg-3 高温水蒸气下反应产物形貌

利用粒度分析仪测试了三种合金粉在 $800℃$ 高温水蒸气下反应产物的粒径 D_{mn} 和粒度分布,见表 4.18 和图 4.20。球磨镁粉 Mg-2 和 Mg-3 比雾化镁粉 Mg-1 在高温水蒸气氛围下的产物平均粒径明显下降,尤其粒径大于 $500~\mu m$ 以上的产物体积分数明显降低,表明球磨后的镁粉在高温水反应时,在一定程度上降低了产物之间的团聚现象;Mg-3 与高温水的反应产物粒度 D_{10} 和 D_{90} 比 Mg-2 的有所增加,而中位径 D_{50} 有所降低,但 $D \leqslant 10\mu m$ 的产物体积分数明显增加,分析认为,Mg-3 在 $700℃$ 高温水反应时,一方面由于自身粒径较小,另一面由于与高温水反应时更加剧烈,进一步降低了合金粉与高温水反应时的团聚现象,分散效果也就更好。

表 4.18　三种镁粉 700℃ 高温水反应产物的粒径 D_{mn}

样　品	$D_{mn}/\mu m$		
	D_{10}	D_{50}	D_{90}
Mg-1	16.20	118.7	830.9
Mg-2	0.65	46.9	248.3
Mg-3	0.81	38.9	262.7

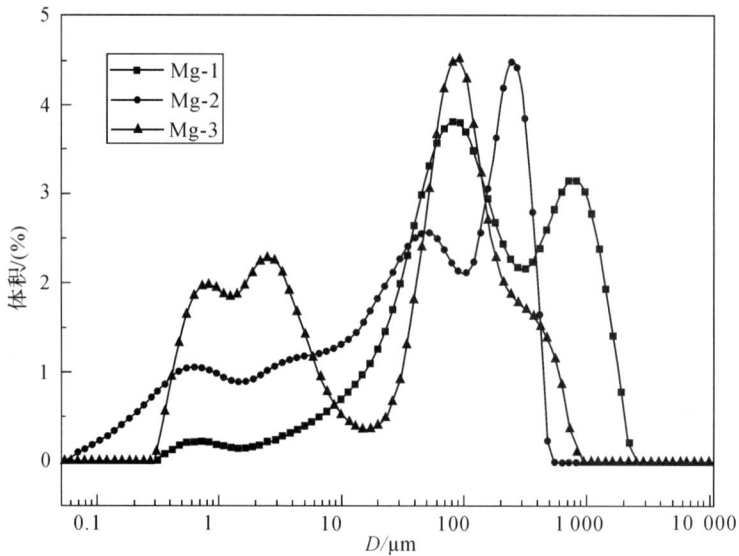

图 4.20　三种镁粉粉 700℃ 高温水反应产物的粒径分布

利用 TG 研究了三种金属镁粉在空气氛围下的热氧化性能,TG 曲线如图 4.21 所示。三种金属镁粉在空气氛围下,与空气中的氧发生氧化反应,在 $450 \sim 650℃$ 温度区间,发生急剧的质量增加峰,分别质量增加 66.4%,65.1% 和 62.2%,这部分质量增加是镁粉与氧气发生氧化反应形成氧化镁引起的。对比三种金属粉的 TG 曲线发现,球磨后的金属镁粉比雾化镁粉的起始氧化温度提前,添加催化剂 A 的球磨镁粉起始氧化温度进一步提前,这种趋势与三种镁粉在高温水蒸气氛围下的反应趋势一致,表明球磨过程及催化剂的添加,对镁粉的热氧化能力提高显著。

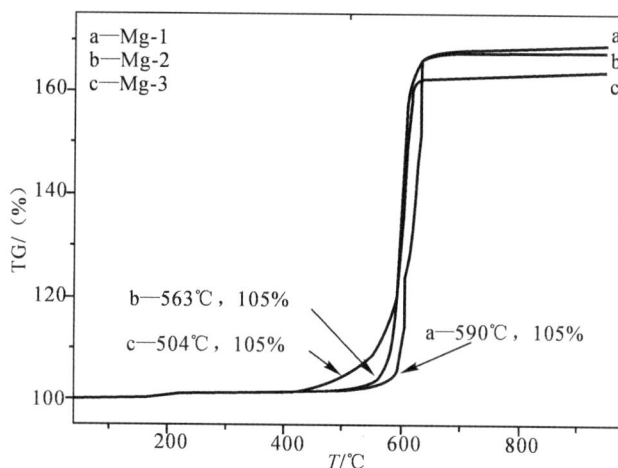

图 4.21 三种镁粉在空气氛围下的 TG 曲线

(3)活化镁粉在水反应金属燃料推进剂中的燃烧性能。将三种镁粉添加入水反应金属燃料推进剂中,配方中金属含量 70%,AP 为 25%,其他组分 10%,测试了一次燃烧性能,结果见表 4.19。

表 4.19 活化镁粉在水反应金属燃料推进剂中一次燃烧性能

样　品	3 MPa 燃速/(mm·s^{-1})	产物状态
Mg-1	14.3	少量结块
Mg-2	16.1	无结块
Mg-3	17.8	无结块

从表 4.19 中结果可以看出,球磨合金粉体系比雾化合金粉体系的一次燃速提高明显,产物状态也得到明显改善。分析认为,水反应金属燃料推进剂的一次燃烧过程中由于氧化剂的含量低,体系为贫氧体系,因此在一次燃烧过程中金属粉的氧化与黏合剂分解产物的氧化是竞争氧化关系,在一次燃烧过程中金属的氧化越多对体系的能量释放提高越明显,球磨过程一方面使得镁粉有了更广的粒度分布,更小的平均粒径,另一方面破坏了雾化镁粉表面的氧化膜,使得更多活性金属"裸露"出来,提高了其在推进剂中点火和燃烧性能,球磨过程添加催化剂进一步提高了镁粉的反应活性,进而进一步提高了水反应金属燃料推进剂的燃烧性能。

4.5.3 镁铝合金粉的活化

(1)合金粉的表征。三种镁铝合金粉的电镜扫描图如图 4.22 所示,雾化合金粉 AM-1 具有规则的球形形貌,经过球磨后合金粉 AM-2 类似球形颗粒被研磨成棱角分明的颗粒,形貌变得不规则,同时粒径分布扩大;添加催化剂球磨后的合金粉 AM-3 形貌上与 AM-2 类似,催化剂在合金粉的表面分布较为均匀。

表 4.20 列出了三种合金粉的相关参数,不难发现,球磨后合金 AM-2 和 AM-3 比雾化合金粉 AM-1 的平均粒径有所降低,比表面积增加明显,而松装密度的降低,表明了球磨合金粉在堆积时之间的间隙增加;球磨过程中添加催化剂也进一步降低了合金粉的平均粒径和松装密度。

表 4.20　镁铝合金粉相关参数

样　品	比表面积/(m² · g⁻¹)	$D_{50}/\mu m$	松装密度/(g · cm⁻³)
AM-1	0.587	38.4	1.17
AM-2	0.94	30.2	0.91
AM-3	1.04	26.5	0.86

利用 X 射线衍射仪(XRD)对三种镁铝合金粉的物相进行了分析,结果见图 4.23。合金粉的 AM-1 衍射峰显示合金是以 $Mg_{17}Al_{12}$ 的物相形式存在的;经过球磨后的合金粉峰的位置与 AM-1 峰形一致,球磨过程一方面形成了更小的晶型结构使峰形变宽,AM-3 的衍射峰中可以发现催化剂 B 的物相峰,但由于其含量较少所以峰强很弱。

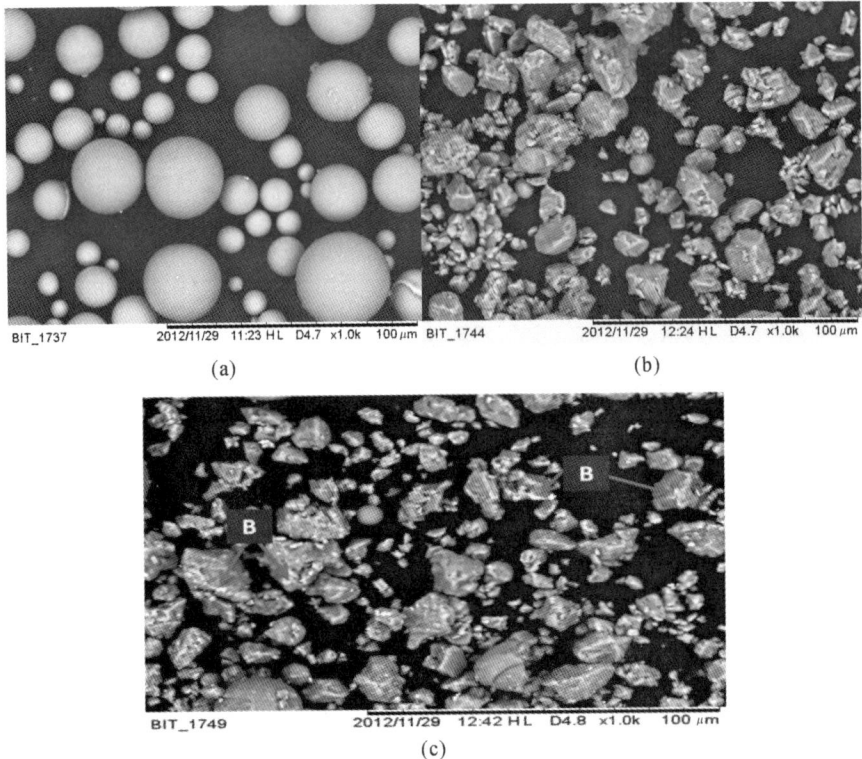

(a)　　　　　　　　　(b)

(c)

图 4.22　三种合金粉的微观形貌图
(a)AM-1;(b)AM-2;(c)AM-3

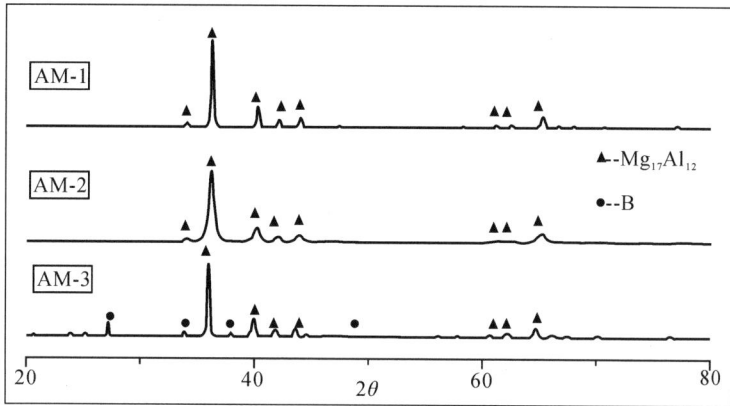

图 4.23   三种合金粉的 XRD 谱图

（2）活化镁铝合金粉与高温水反应研究。利用金属/高温水反应装置，测试了三种合金粉在不同高温下与水反应的点火延迟时间、反应后产物的物相和铝的反应效率，结果见表 4.21。

表 4.21   合金粉与不同高温水反应的对比

蒸气温度 / ℃		600	700	800	900
AM-1	铝的反应效率 η/(%)	58.6	61.2	72.2	85
	产物物相	MgO，MgAl$_2$O$_4$，Al			
	点火延迟时间/s	140	87	28	13
AM-2	铝的反应效率 η/(%)	62.4	65	73.7	85.8
	产物物相	MgO，MgAl$_2$O$_4$，Al			
	点火延迟时间/s	135	45	14	5
AM-3	铝的反应效率 η/(%)	67.8	72.3	75.2	86.1
	产物物相	MgO，MgAl$_2$O$_4$，Al			
	点火延迟时间/s	94	26	7	1

从表 4.21 可以看出，三种合金在 600℃ 以上高温水蒸气氛围下均能发生燃烧，且燃烧产物为 MgO、MgAl$_2$O$_4$ 和 Al，表明合金粉在经过点火后其包含的镁均能够完全燃烧；三种合金中铝的燃烧效率，随着温度的升高而增加，点火延迟时间随着温度的升高而缩短。对比三种合金粉发现，在各个温度下球磨后的合金粉在高温水蒸气中的点火性能得到了明显的提高；在 600℃ 高温水蒸气氛围下，球磨合金粉 AM-2 和 AM-3 中铝的反应效率比雾化合金粉 AM-1 中提高明显，分别提高了 3.8 % 和 9.2 %，但随着温度的升高，反应效率的提高逐渐降低，尤其当温度升高到 900℃ 时，燃烧效率只分别提高了 0.8 % 和 1.1 %；添加催化剂 B 的球磨合金

粉 AM-3 对比球磨合金粉 AM-2 在点火性能和铝的燃烧效率也有进一步的提高,尤其是在 600℃时铝的燃烧效率比 AM-2 提高了 5.4%。

分析认为,当镁铝合金粉中的镁含量超过 15%时,镁铝合金的熔点低于两种单纯的金属,并且合金中铝的氧化过程受氧化膜的影响也有明显降低;球磨过程使球形的金属粉表面氧化膜被破坏,更多的活性金属"裸露"出来,粒度分布更广,且平均粒径下降,提高了在高温水中的点火性能和铝的反应效率;铝的氧化速率随着温度升高而明显升高,因此球磨过程在更高的温度下对铝的燃烧效率的提高幅度逐渐缩小,球磨过程中添加催化剂 B,一方面降低了平均粒径,另一方面催化剂 B 与铝形成了金属间相,对金属的氧化有一定的促进作用。

利用金属高温水反应装置拍摄了三种合金粉在 700℃高温水蒸气氛围下的燃烧火焰图片,如图 4.24 所示。

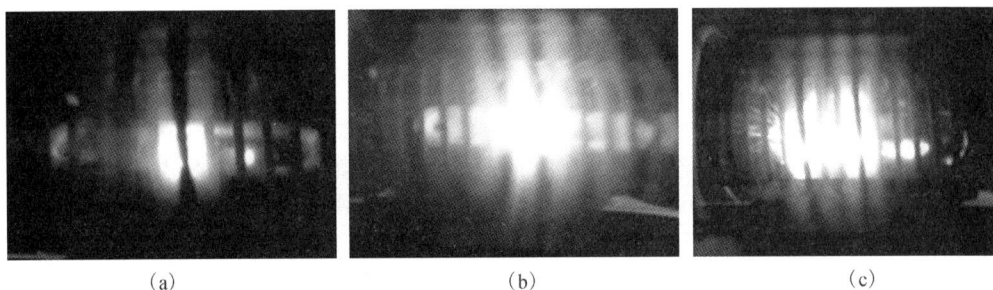

图 4.24 700℃高温水蒸气氛围下合金粉燃烧火焰
(a)AM-1;(b)AM-2;(c)AM-3

从图 4.24 中可以看出,三种合金粉在高温水蒸气氛围下的燃烧火焰有明显的区别,雾化合金粉 AM-1 的燃烧火焰十分明亮,球磨合金粉 AM-2 的燃烧火焰呈辐射状,其中心十分明亮而火焰外围呈现亮黄色,而 AM-3 的火焰辐射范围更广、更加明亮且有金属粉发生溅射。分析认为,雾化合金粉 AM-1 的点火延迟时间长,所需点燃时的温度高,达到燃点后发生燃烧放热量大,火焰十分明亮;AM-2 中一部分活性较高的合金粉首先被点燃,燃烧瞬间放出大量的热,引燃其余部分合金粉,所以其火焰呈现辐射状,添加催化剂的合金粉活性最高,瞬间燃烧释放的热量更大,燃烧也就更剧烈,发生溅射。

三种合金粉在不同高温水蒸气下反应产物的扫描电镜照片如图 4.28 所示。由图可发现,600℃水蒸气氛围下,AM-1 与水反应时,其表面氧化膜不像铝粉表面致密,随着裸露出的活性金属与高温水反应的进行氧化膜会被进一步的破坏,使更多的活性金属参与反应,随着温度的升高,反应程度的增加,合金粉表面被氧化产物覆盖,但形成的产物十分疏松粗糙,使得反应可以继续向内部扩散,当温度达到 800℃时,一部分金属会破壳而出进行反应,剩余一些氧化物的壳。对于 AM-2 和 AM-3 与高温水反应时其反应的程度明显大于 AM-1,由于表层氧化膜在球磨过程中遭到破坏,反应生成的氧化产物也向各个方向发展,随着温度的升高,反应也更加剧烈,形成的产物多为一些不规则的片状结构。

利用粒度分析仪测试了三种合金粉在 800℃高温水蒸气下反应产物的粒径 D_{mn} 和粒度分布,见表 4.22 和图 4.26。

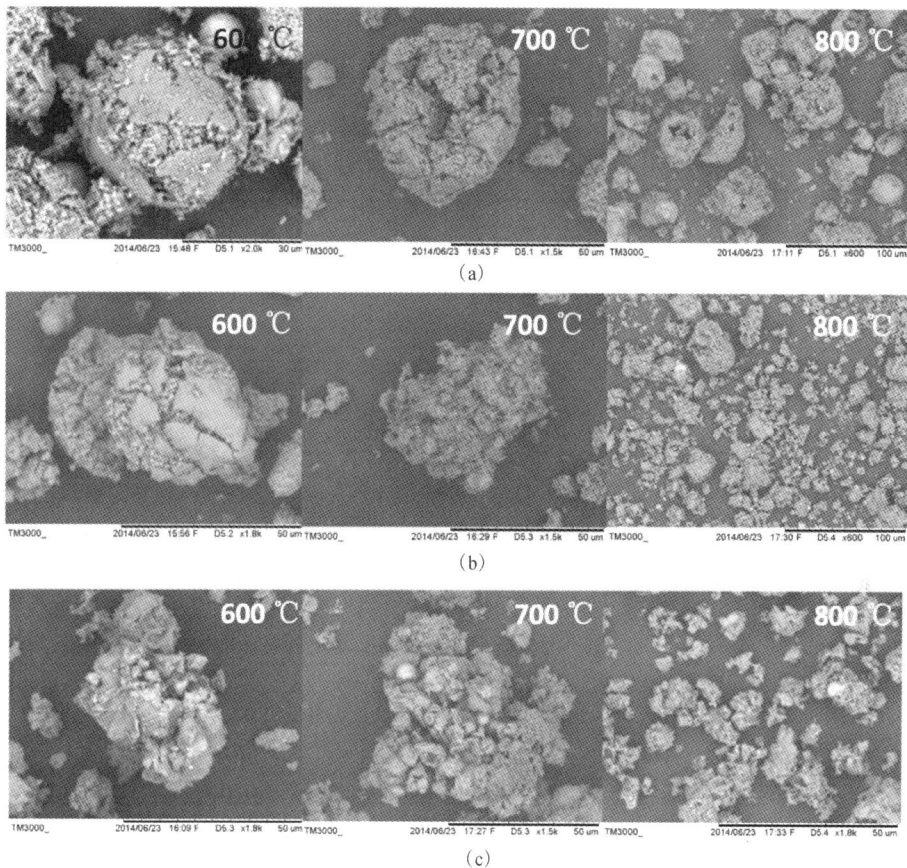

图 4.25 三种合金粉在 600℃，700℃，800℃高温水蒸气下反应产物 SEM 照片
(a)AM-1 高温水蒸气下反应产物形貌；(b)AM-2 高温水蒸气下
反应产物形貌；(c) AM-3 高温水蒸气下反应产物形貌

从表 4.22 和图 4.26 中可以明显看出，球磨的合金粉高温水蒸气氛围下的产物平均粒径下降十分明显，尤其是 D_{90}，表明球磨后的合金粉在高温水反应时在一定程度上降低了产物之间的团聚现象。AM-3 与高温水的反应产物粒度 D_{10} 和 D_{90} 比 AM-2 小，中位径 D_{50} 有所增加。分析认为 AM-3 在 800℃高温水反应时火焰喷射效果明显，进一步降低了合金粉与高温水反应时的团聚现象，$D \geqslant 500 \ \mu m$ 以上的产物体积分数明显降低；由于存在喷射现象，反应更加剧烈，分散效果也就越好，$D \leqslant 10 \ \mu m$ 明显降低。

表 4.22 三种合金粉与 800℃高温水反应产物的粒径 D_{mn}

样 品	$D_{mn}/\mu m$		
	D_{10}	D_{50}	D_{90}
AM-1	16.7	119.3	766.1
AM-2	1.2	26.5	241.8
AM-3	0.8	46.5	170.0

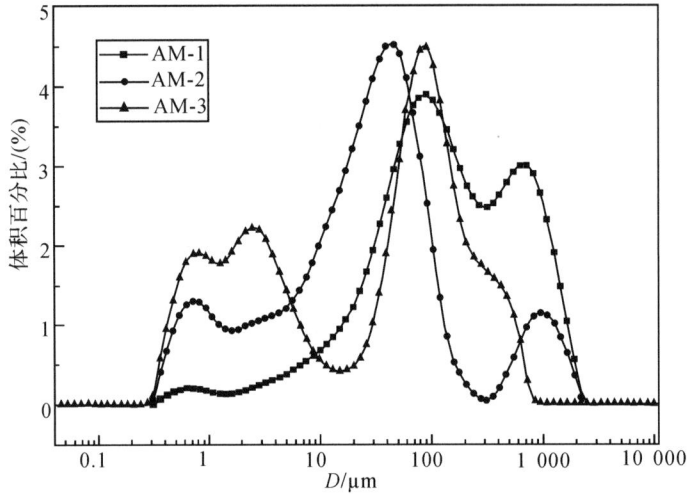

图 4.26　三种合金粉 800℃ 高温水反应产物的粒径分布

利用 TG 进一步研究三种镁铝合金粉在空气氛围下的热氧化性能,并与雾化镁粉和铝粉进行对比,五种金属粉的 TG 曲线如图 4.27 所示。

由图 4.27 可知,镁粉的 TG 曲线有一个十分明显的氧化质量增加峰(质量增加 66.4%),雾化铝粉在空气氛围下仅质量缓慢增加了 9.1%,这是由于铝粉表面致密的氧化膜阻碍了铝粉的氧化,而合金粉的氧化过程可以分成两个阶段,合金粉的起始氧化温度明显低于镁粉。对比三种合金粉的 TG 曲线,发现三种合金粉的质量增加曲线的趋势一致,第一阶段质量增加速度较快,第二阶段质量增加放缓,从 TG 曲线上可以发现,合金粉粉中的 Al 反应比较充分,AM-1,AM-2,AM-3 起始氧化温度依次降低,表明球磨过程可以降低合金粉的起始氧化温度。分析认为,当镁铝合金中的镁含量超过 15% 时,其表层的氧化膜对合金粉的氧化速率的影响变得很小,合金粉质量增加曲线分为两个阶段也与文献[51-52]中研究的结果一致,这是由于镁粉在氧化过程饱和蒸气压明显低于铝粉优先被氧化,这种选择性的氧化过程造成了合金粉 TG 曲线明显分为两个阶段。

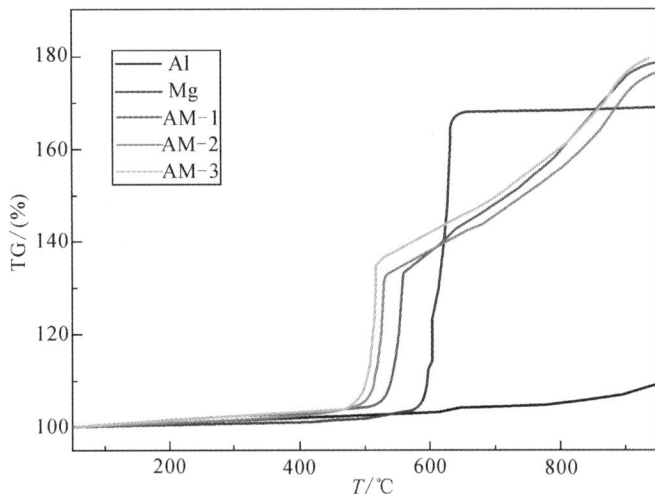

图 4.27　空气氛围下金属粉 TG 曲线

通过对镁铝合金在空气中的热氧化性能的研究发现其存在分阶段的热氧化特性,为此我们考察了镁铝合金与高温水的反应过程,为方便考察合金粉在点火前反应历程,我们选用点火延迟时间较长的 AM - 1(在 600℃ 高温水中的点火延迟时间为 180 s 左右),将点火前过程分成 6 个时间段进行考察,将合金在 600℃ 高温水蒸气氛围下分别反应 30 s,60 s,90 s,120 s,150 s 和 180 s(即点火后),迅速通入氩气进行降温,并对各时间段产物进行 XRD 物相分析,结果如图 4.28 所示。

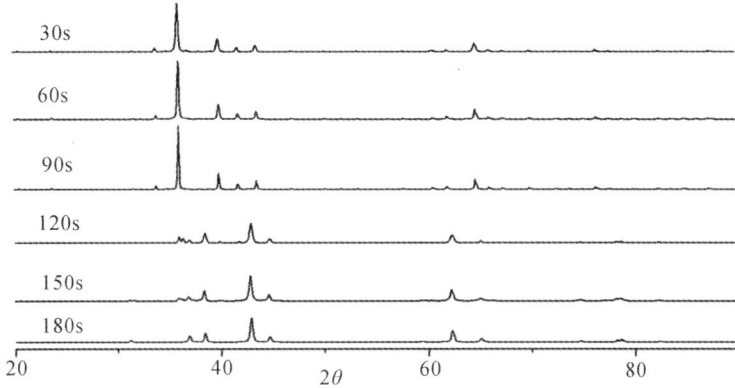

图 4.28　合金粉在 600℃ 高温水蒸气中各时间段反应产物物相对比

从图 4.28 中可以看出,30 s,60 s 和 90 s 的 XRD 谱图一致,120 s 和 150 s 一致,因此这里可以将这 6 个时间段反应分三个阶段进行考察:第一阶段为 30 s,60 s 和 90 s;第二阶段为 120 s 和 150 s;第三阶段为点火后,分析结果如图 4.29 所示。

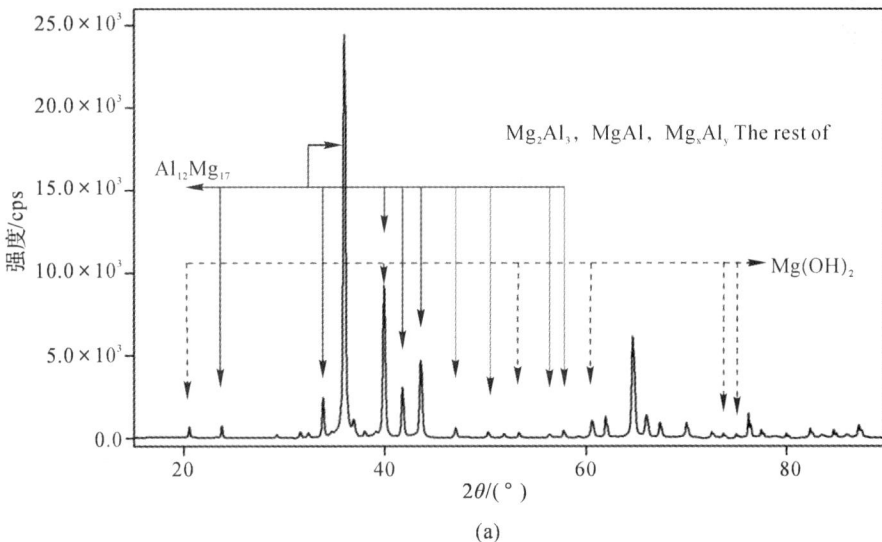

(a)

图 4.29　合金在 600℃ 高温水蒸气中三个阶段反应产物物相分析

(a)合金粉反应 30 s,60 s 和 90 s 产物物相分析;

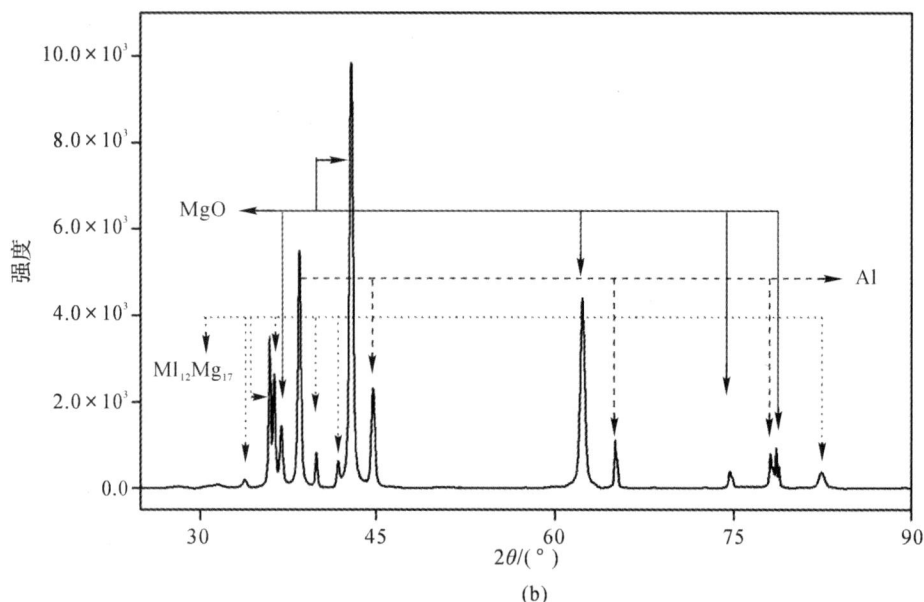

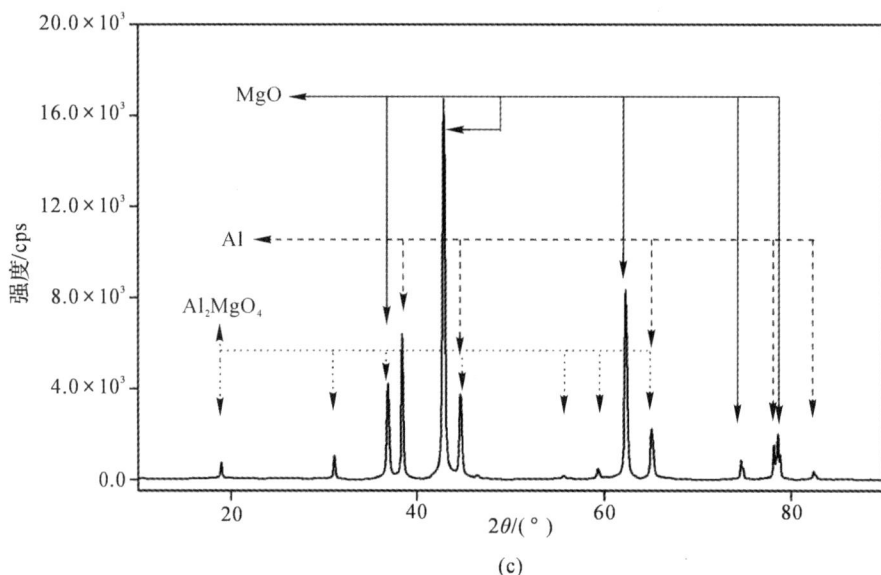

续图 4.29　合金在 600℃高温水蒸气中三个阶段反应产物物相分析

（a）合金粉反应 30 s,60 s 和 90 s 产物物相分析；（b）合金粉

反应 120s 和 150s 产物物相分析；（c）合金粉点火后产物物相分析

　　从图 4.29 中可以看出,第一阶段的产物由 $Mg(OH)_2$,$Al_{12}Mg_{17}$,Al_3Mg_2 和 AlMg 组成；第二阶段的产物由 MgO,$Al_{12}Mg_{17}$ 和 Al 组成；第三阶段产物由 MgO,$MgAl_2O_4$ 和 Al 组成。由以上三阶段的反应历程发现,AM－1 在高温水蒸气氛围下,合金中的镁先与水反应生成氢氧化镁；剩余的铝与镁形成新的合金相（Al_3Mg_2 和 AlMg）,随着温度的升高而这部分合金相中的镁会继续进行反应形成氧化镁,剩余单质铝存在；点火发生后,温度升高较快,这时合金中的部分铝也会进行反应,形成 $MgAl_2O_4$。通过以上研究发现,在与高温水蒸气反应过程中合

金相中的镁优先与水蒸气反应,与在空气氛围下的镁优先于氧发生反应一致。

（3）活化合金粉在水反应金属燃料推进剂中的燃烧性能分析。将三种合金粉分别加入水反应金属燃料推进剂中,按照金属含量 70%,AP 为 25%,其他组分 10%,测试了推进剂的一次燃烧性能,结果见表 4.23。

表 4.23 镁铝合金水反应金属燃料推进剂一次燃烧性能

样 品	3 MPa 燃速/(mm・s⁻¹)	产物状态
AM-1	7.5	大量结块
AM-2	15.0	无结块
AM-3	16.5	无结块

由表 4.23 结果可发现,球磨合金粉体系比雾化合金粉体系的一次燃速提高了一倍多,喷射产物状态也有明显改善。

收集一次燃烧后的凝聚相产物与高温水反应的产物,对反应后的产物中剩余铝含量进行标定,进而得到铝的总反应效率,结果见表 4.24。

表 4.24 水反应金属燃料推进剂中铝的反应效率

样 品	铝的反应效率 $\eta/(\%)$
AM-1	71.1
AM-2	81.8
AM-3	88.6

从表 4.24 中可以看出,含镁铝合金粉的水反应金属燃料推进剂中铝的反应效率均达到了 70% 以上,雾化合金粉经过球磨后,合金粉中铝的反应效率提高明显,球磨添加催化剂合金粉体系,对推进剂体系中的铝反应效率提高明显,比前两种体系分别提高了 17.5% 和 6.8%。

参 考 文 献

[1] 崔绪生.国外鱼雷技术进展综述[J].鱼雷技术,2003,11(1):6-11.

[2] 梁蔚华.应用超空泡突破水下推进速度屏障[J].鱼雷技术,2001,9(3):50-51.

[3] 丛敏.美国研究超空泡高速水下运输艇[J].飞航导弹,2007,(6):34-35.

[4] 杨应孚.俄罗斯的鱼雷武器[J].鱼雷技术,2001,9(1):6-9.

[5] 丛敏,刘乐华.德国 BARRACUDA 超空泡高速水下导弹的制导与控制[J].飞航导弹,2007,(5):38-43.

[6] 陈雄洲,熊志红,王绪军."超空泡"及其在水雷上的应用[J].水雷战与舰船防护,2004,(4):21-25.

[7]　赵卫兵，史小锋，伊寅，等. 水反应金属燃料在超高速鱼雷推进系统中的应用[J].火炸药学报，2006，29(5)：53 - 56.

[8]　李明权. 超空泡武器技术[J]. 现代军事，2001，(8)：38 - 40.

[9]　曹伟，魏英杰，王聪，等. 超空泡技术现状、问题与应用[J]. 力学进展，2006，36 (4)：571 - 579.

[10]　党建军，王育才，等. 金属/水反应水冲压发动机系统性能估算[J]. 推进技术，2004，25(6)：495 - 498.

[11]　何洪庆，潘洪亮，姚娜. 海水固冲发动机性能初估[C]. 冲压发动机技术交流会论文集，2005.

[12]　李智欣. 水冲压发动机系统几种工况下的能量计算[C]. 冲压发动机技术交流会论文集，2005.

[13]　LEE W W. Aluminum Powder/Water Reaction Ignited by Electrical Pulsed Power [R]. AD - A269223，1993.

[14]　FOOTE J P，TLINEBERRY J，THOMPSON B R. Investigation of Aluminum Particle Combustion for Underwater Propulsion Applications[R]. Florida：AIAA 96 - 3086. 1996.

[15　]罗凯，党建军，王育才，等. 金属/水反应水冲压发动机系统性能估算[J]. 推进技术 2004，25(6)：495 - 498.

[16]　缪万波，夏智勋，郭键，等.金属/水反应冲压发动机理性能计算与分析[J]. 推进技术，2005，26(6)：563 - 566.

[17]　李芳，夏智勋，张为华，等. 水/金属燃料发动机水滴蒸发非傅里叶效应研究[J].固体火箭技术，2005，28(3)：1692 - 1701.

[18]　胡凡，张为华，夏智勋，等. 水反应金属燃料发动机比冲性能与燃烧室长度设计理论研究[J].固体火箭技术，2007，30(1)：12 - 16.

[19]　胡凡，焦绍球，张为华，等. 水反应金属燃料发动机初步试验[J]. 推进技术，2008，29 (3)：367 - 370.

[20]　胡凡，张为华. 金属燃料/水冲压发动机一次进水试验研究[C]. 中国航空学会动力学分会火箭发动机专业委员会 2008 年会议论文集，2008：155 - 160.

[21]　李是良，张炜，朱慧，等. 镁基水反应金属燃料热分解性能研究[C].中国航空学会动力学分会火箭发动机专业委员会 2008 年会议论文集，2008：26 - 31.

[22]　李是良，张炜，周星，等. 镁基水反应金属燃料一次燃烧波特性研究[J]. 固体火箭技术，2009，32(2)：197 - 200.

[23]　李是良. 水冲压发动机用镁基水反应金属燃料一次燃烧性能研究[D]. 国防科学技术大学，2009.

[24]　韩超，夏智勋，胡建新. 高金属含量水反应金属燃料稳态燃烧模型[J]. 固体火箭技术，2011，34(5)：609 - 613.

[25]　郑邯勇. 铝水推进系统现状与发展前景[J]. 舰船科学技术，2003，25(5)：24 - 25.

[26]　孙展鹏，乐发仁.铝/水反应机理初探[J]. 化学推进剂与高分子材料，2006，4 (2)：37 - 39.

[27]　张运刚，庞爱民，张文刚，等. 金属基燃料与水反应研究现状与应用前景[J].固体火箭技术，2006，29(1)：52－55.

[28]　杨亚晶，何茂刚，徐厚达. 水冲压发动机的热力性能分析[J].推进技术，2009,30(2)：240－245.

[29]　周星. 镁基水反应金属燃料与水反应特性研究[D].国防科技大学，2010.

[30]　HUANG H T, ZOU M S, GUO X Y, et al. Analysis of the Aluminum Reaction Efficiency in Hydro－Reactive Fuel Propellant used for Water Ramjet，Combustion，Explosion，and Shock Waves，2013，49(5):541－547.

[31]　刘继华. 火药物理化学性能[M].北京:北京理工大学出版社，1992.

[32]　KIELY D H. Review of Underwater Thermal Propulsion，30th Joint Propulsion Conference and Exhibit[R]. AIAA，1994.

[33]　李颖，宋武林，谢长生,等. 纳米铝粉在固体推进剂中的应用进展[J].兵工学报，2005，26(1):121－125.

[34]　ARMSTRONG R W, BASCHUNG B, BOOTH D W, et al. Enhanced Propellant Combustion with Nanopaticles[J]. Nano Letters，2003，3(2):253－255.

[35]　HUANG H T, ZOU M S, GOU X Y, et al. Study of Reactions of Activated Mg－Based Powders in Heated Steam[J]. J. Power Sources，2014，246：960－964.

[36]　ZOU M S, GUO X Y, HUANG H T, et al. Preparation and Characterization of Hydro－Reactive Mg－Al Mechanical Alloy Materials for Hydrogen Production in Seawater[J]. J. Power Sources，2012，219：60－64.

[37]　黄海涛. 高能镁基水反应金属燃料推进剂研究[D]. 北京:北京理工大学,2015.

[38]　HUANG H T, ZOU M S, GOU X Y, et al. Analysis of the Solid Combustion Products of A Mg－Based Ruel－Rich Propellant Used for Water Ramjet Engines[J]. Propellants Explos. Pyrotech.，2012，37：407－412.

[39]　CZECH E, TROCYNSKI T. Hydrogen Generation Through Massive Corrosion of Deformed Aluminum in Water[J]. Int. J. Hydrogen Energy，2010，35：1029－1037.

[40]　GROSJEAN M H, ZIDOUNEA M, ROUEA L, et al. Hydrogen Production Viahydrolysis Reaction from Ball－Milled Mg－based Materials[J]. Int. J. Hydrogen Energy 2006，31:109－119.

[41]　GROSJEAN M H, ROUEA L. Hydrolysis of Mg－Salt and MgH_2－Salt Mixtures Prepared by Ball Milling for Hydrogen Production[J]. Int. J. Hydrogen Energy，2006，416:296－302.

[42]　SKROVAN J, IFANTAZI A, TROCZYNSKI T J. Enhancing Aluminum Corrosion in Water[J]. Appl Electrochem，2009，39:1695－702

[43]　SONG G L, ATRENS A. Corrosion Mechanisms of Magnesium Alloys[J]. Adv Eng Mater，1999,1(1):11－33.

[44]　BREITER A L, MALTSEV V M, POPOV E I. Models of Metal Ignition Combustion Exploration[J]. Shock Waves，1977，13:475－485.

[45]　SCHOENITZ M, DREIZIN E L. Oxidation Processes and Phase Changes in

Metastable Al – Mg Alloys[J]. J Propul Power，2004，20(6)：1064 – 1068.

[46] BREITER A L，MALTSEV V M，POPOV E I. Means of Modifying Metallic Fuel in Condensed Systems[J]，Combust. Explo. Shock Waves，1990，26(1)：86 – 92.

[47] HAHMA A，GANY A，PALOVUORI K. Combustion of Activated Aluminum[J]，Combustion and Flame，2006，145：464 – 480.

[48] SURLA K，VALDIVIESO F，PIJOLAT M，et al. Kinetic Study of the Oxidation by Oxygen of Liquid Al – Mg 5% Alloys[J]，Solid State Ionics 143，2001，355 – 365.

[49] IVANOV，SAFRONOV，GAVRILYUK. Macro Kinetics of Oxidation of Ultra disperse Aluminum by Water in the Liquid Phase[J]. Combustion Explosion and Shock Waves，2001，37(2)：173 – 177.

[50] 郑邯勇. 铝水推进系统的现状与发展前景[J]. 船舶科学技术，2003，25(5)：24 – 25.

[51] 郑邯勇，王永昌. 铝水反应机理的实验研究与分析[J]. 舰船科学与技术，2005，27(3)：81 – 83.

[52] 周星. 镁基水反应金属燃料与水反应特性研究[D]. 国防科技大学，2010.

第 5 章　铝冰低温固体推进剂

5.1　概　　述

铝冰低温固体推进剂是一种正在开发的新型化学火箭推进剂技术,结合了固体火箭发动机和低温液体推进剂两项技术,兼备了固体推进剂的简单可靠和液体推进剂的高比冲性能等双重优点,是固体火箭推进系统实现高性能的技术途径之一。铝冰低温固体推进剂作为低温固体推进剂的一种,克服了传统固体推进剂比冲性能低的缺点,并保留了固体推进剂的基本特点。采用理论分析的手段对铝冰低温固体推进剂的燃烧特性进行研究,从理论上导出铝冰固体推进剂的燃速定律并预示燃速值的大小,不仅可以更好地控制铝冰低温固体推进剂的燃烧性能,为铝冰低温固体推进剂燃烧性能的改善指出方向,还可以节省研究铝冰低温固体推进剂燃烧性能的实验成本,并有助于人们更好地了解铝冰低温固体推进剂的燃烧特性。

5.2　低温固体推进剂研究进展

目前,国内外低温固体推进剂有 H_2O_2 基低温固体推进剂、ALICE 推进剂和铝冰固体推进剂。

(1)H_2O_2 基低温固体推进剂。基于制备、贮存的便利性考虑,目前国内外对低温固体推进剂(Cryogenic solid propulsion,CSP)的研究主要围绕 H_2O_2 基和 H_2O 基的低温固体推进剂进行。在早期的 CSP 固体推进剂研究中,固态的 H_2O_2 或 O_2 与碳氢聚合物的组合被认为是最好的 CSP 推进剂。Richard 等人介绍了 DLR(德国宇航中心)和 ESA(欧洲空间中心)在CSP 技术领域的研究情况,所研究的推进剂组分主要有氧化剂和还原剂 2 类。经过筛选,氧化剂有 H_2O_2 和氧;燃料有碳氢化合物和金属添加剂。经研究,最好的 CSP 推进剂配方是以H_2O_2 作为氧化剂,以 PE、PU(聚氨酯)和 HTPB 作燃料的配方。CSP 推进剂需要在低温下储存以便使常温下本来是液态的氧化剂被冷冻成为固态,文献指出 CSP 推进剂的储存温度应比熔点低 5～10 K。

德国航天局研究了以 H_2O_2 或 OX 为氧化剂,气体燃料为甲烷或丙烷,液体燃料为煤油,固体燃料为 HTPB、聚乙烯和 GAP,实验发现氧化剂为 H_2O_2 和 OX,燃料为耐储存低温的液体或固体碳氢化合物和金属添加剂时性能较好。2005 年德国柏林航天中心已进行了装有1 kg低温固体推进剂的发动机试验。试验采用轴向模块式装药和混合装药两种装填方式,其中轴向模块式装药氧化剂和燃料彼此交替,燃烧以稳定的边界层方式进行。低温固体推进剂可用于 ARANE 5 的助推器。

Federica Franzoni 等人对 CSP 推进剂的可行性进行了研究,他们设计了一个专门的 CSP

试验发动机,可以装载 1 kg 基于冷冻凝固状态的 H_2O_2/PE 的推进剂。在研究初期,进行了 CSP 推进剂的组分的选择,选择所要考虑的因素有能量性能、环境影响、可制造性、实用性、成本、处理和储存。他们采用的候选物质包括氧化剂有 H_2O_2 和 O_2,燃料有碳氢化合物(可储存可冷冻的,包括固体和液体)和金属添加剂。在最终的选择中,组分的密度和比冲成为基本的选择标准。通过对各种性能综合考虑,H_2O_2 是性能优良的 CSP 推进剂的氧化剂。基于加工的简单性和实用性,选择的燃料为 PE,它成本低、无毒,并且可以与 Al 粉一起使用以便获得高的密度,其他可供选择的燃料还有 PU 和 HTPB。Adirim 成功地热爆破了几个采用 CSP 推进剂的火箭发动机,其试验配方组成为 H_2O_2/PE,在实验中,点火数秒后工作压强即达到 9 MPa。根据 CSP 的概念,CSP 推进剂的储存温度应比其熔点低。例如聚合物与固体 H_2O_2 的储存温度约为 260 K($-13.15℃$),聚合物与固态 O_2 的混合物的储存温度为 45K($-228.15℃$)。由于 CSP 推进剂在发动机装药后到发射前需要冷冻保存,且发动机需要有隔热层,这就增加了储存的难度和发动机的消极质量。如果推进剂的凝固点尽可能地接近环境温度,就可使上述 2 个缺点最小化。

在聚合物与固体 H_2O_2 反应观点的基础上,C.Franson 等人用金属或金属氢化物燃料代替部分或全部聚合物燃料,进行了新型推进剂的研究。目标之一是使推进剂具有接近于环境温度的冰点。所采用的组分有 H_2O_2、聚合物燃料、Al 和 AlH_3。该推进剂的预期比冲为 355~375 s,密度为 1 377~1 462 kg·m^{-3}(相比之下,Al 粉丁羟推进剂的比冲和密度分别为 315 s 和 1 800 kg·m^{-3})。在理论计算的基础上进行了配方研究,候选的组分有纯 H_2O_2、纯 H_2O 和 H_2O_2/H_2O 混合物,聚合物(PE、聚丁二烯)以及 Al 粉。研究结果表明,纯 H_2O_2 具有接近于 0℃ 的凝固点,且氧化性强,纯 H_2O_2 与 AlH_3 组成的配方的比冲最高,达到 378 s,实际上为了减少两相流损失,用 PE 代替了部分 AlH_3,比冲下降到了 373 s,如果用 Al 粉代替 AlH_3,比冲降至 355 s。在研究中,由于 H_2O_2 具有强氧化性和高反应活性,为了制备过程的安全,通常采用被 H_2O 稀释的 H_2O_2。

(2)ALICE 推进剂。近年来,ALICE 推进剂具有成本低、安全性好、环境友好等特点,能够替代部分现有的液体或固体推进剂等优良性能,日益引起研究者的关注。从理论上讲,ALICE 推进剂可在任意一个有水的天体上现场制备,避免了从地球往那里运输,从而降低宇宙航行的成本。ALICE 推进剂由纳米 Al 粉和冰组成,实质上是一种 H_2O 基铝冰低温固体推进剂,其原理是 Al 与 H_2O 发生如下反应:$2Al+3H_2O=Al_2O_3+3H_2$,释放出能量并产生推力,在这里 H_2O 是一种氧化剂,与水冲压发动机所用的推进剂不同的是,在 ALICE 推进剂里,水与 Al 粉混合均匀后一起被装进发动机内并冷冻为固态,而不是由环境提供冲压水。

F. Son Steven 研究了 Al 和 Mg 等金属粉与水的燃烧反应,研究结果表明,金属燃料与水的混合物的燃烧性能主要取决于金属粉末被氧化的难易程度,而金属粉燃料的氧化程度取决于混合物中金属粉燃料与水的比例;改变水的聚集状态(凝相或气相)不影响金属粉的氧化程度,在适当的条件下,金属燃料可以与以冰的形式存在的水发生反应。

2004 年,G. Rozner Alexander 讨论了利用铝水混合物用于太空推进的可能性。采用 NASA CEA 化学平衡反应代码,计算了各种喷管扩张比、氧燃比及压力状态下的比冲性能。在扩张比为 100,氧燃比为 1.2 左右的条件下,计算出的真空比冲超过 300 s,比大多数固体推进剂还要高。小型发动机预期的比冲比较低,还提出加入 H_2O_2 可提高比冲性能。由于液态水中的纳米 Al 粉会被氧化,增加贮存寿命的一种方法是将铝水混合物冰冻制成铝冰。T.R. Sippel 等人发现将纳米 Al 粉和 H_2O 混合物储存在 $-25℃$ 环境中 40 d 后,最初的活性铝含量保持不变,M.Cliff 等人又重复进行了该项试验。在经历同样的贮存时间后,纳米 Al 粉的活性铝含量比贮存在液态水中时高出 10%。另外,T.R.Sippel 等人发现在 6 个月的贮存期中,活性铝含量没有变化(考虑测量误差)。研究表明,Al 和 H_2O 的混合物在冷冻状态下,可以长期贮存,并可保持纳米 Al 粉的活性,Al 含量不变。

A. Ingenito 等人首次应用铝冰混合物作为火箭发动机推进剂。药柱的外直径为86 mm,中心孔直径为 60 mm,长 157 mm,药柱的总质量为 550 g,其中含有微米级和纳米级铝颗粒。发动机试验后检测发现,燃烧室中有大量铝残余物熔渣。对熔渣进行的分析显示大约有 17% 的铝没有参与反应,这就造成纳米级和微米级 Al 粉/H_2O 混合而成的推进剂预测工作压强为 3 MPa,而实际工作压强只有 1.6 MPa,造成性能降低。

C. Bruno 等人进行了 ALICE 推进剂产生推力和 H_2 的研究,应用静态标准燃烧试验装置和实验室规模的静态火焰发动机进行了试验。研制的推进剂的配方含纳米铝粉和去离子水两种组分,Al 粉平均粒径为 80 nm,密度为 3 g·cm^{-3}(因为含表面氧化层,所以密度较高),活性 Al 质量分数为 77%～79%。研究结果表明,这种纳米 Al 粉如果买来后立即与去离子水混合,在其表面会发生低温缓慢的氧化反应,有氨气生成,怀疑有氮吸附在纳米 Al 粉表面上,当进入水中时,取代了 O,因此生成了氨。为了使这种低温氧化反应最小化,并消除生成氨的反应,该纳米 Al 粉要放在空气中钝化一段时间再使用。

Streletskii 等人所制备的 ALICE 推进剂的混合过程是手工进行的,依据批次不同,最终的 ALICE 推进剂样品的稠度状态从"黏土"状到"焊料"状。结果表明,无论推进剂是黏土状还是焊料状,对推进剂的性能无明显影响。

ALICE 推进剂的混合需要注意两点,其一为使纳米 Al 粉适当钝化,钝化时间为 48～120 h;其二为在混合中采用高剪切力。推进剂的当量比(实际空燃比与理论空燃比的比值)$\Phi = 0.71$,所采用的纳米 Al 粉的含活性 Al 质量分数为 74.5%。物料混匀后放入模具,再把模具放入防爆的 $-35℃$ 的冷冻箱里冷冻。测得推进剂的密度为 (1.44 ± 0.03)g·cm^{-3}。研究结果表明,ALICE 推进剂被冻结后,没有纳米 Al 粉的氧化反应发生,这对于推进剂的长时间储存是非常重要的。

G. A. Risha 等人采用 3 种不同规格的火箭发动机试验了 ALICE 推进剂的性能。发动机既可以采用端面燃烧药柱,又可以采用中心穿孔药柱。通过试验获得了燃速、残渣积累、推力、工作压强等试验参数。在各种规格的发动机里,ALICE 推进剂都成功地实现了点火和燃烧。在扩张比为 10 以及采用 7.62 cm 长的中心多孔药柱的情况下,产生的推力在 991.95 N 以上。在采用 7.62 cm 的发动机的试验中,燃烧效率达到 70%,比冲效率达到 64%。还分别用冰与液态 H_2O 和 Al 粉的混合物进行了对比试验,冰/Al 粉推进剂的燃速压强指数为 0.74,而液态 H_2O/Al 粉推进剂的压强指数为 0.27,表明 ALICE 推进剂具有比液态 H_2O/Al 粉推进剂更高的压强指数。

J. L. Sabourin 等人开展了含纳米 Al 粉的 ALICE 推进剂在小型火箭发动机中应用的可行性研究,并对制备工艺进行了改进。由于早期的推进剂是用双齿轮混合器或手工制成的,混合效果及填料密度具有不确定性;因此需对混合工艺及设备进行改进,使用 Resodyn

LabRAM 共振混合机制造 ALICE 推进剂,该混合机可以使混合过程中混合频率不断与共振频率相匹配,从而保证了混合效果。ALICE 推进剂的制作首先是将去离子化水和 80 nm Al 粉混合,直到推进剂外观变成均匀糊状物质,此时推进剂就达到了均匀状态。把推进剂装入内径为 8 mm 管中并立即冷冻,之后在一个充 Ar 气的高压燃烧罐中对试样进行了点火试验,这种工艺所制成的推进剂的燃速压强指数为 0.57,低于 A. Rishal Grant 等人所制的推进剂,表明混合工艺对燃速压强指数有影响。在此基础上,进行了静态发动机点火试验,采用的发动机药柱长为 17.15 cm,外径为 7.62 cm,一个中心孔,在 11.38 MPa 压强下最大推为 2 224.11 N。

R. Sippel Trawis 等人介绍了 ALICE 推进剂的安全性能,冲击敏感试验表明,标准粒度 80 nm 的冰冻 Al 粒混合物的特性落高超过了试验仪器的高度(高于 2.2 m),而干燥状态下的粒度 200 nm 的 AP(高氯酸铵)的特性落高为 38.5 cm。ESD(静电放电)试验显示,理想配比的纳米 Al 冰混合物撞击感度大于 1.5 J,比人工 ESD 事件的感度高 1 000 倍。进行的冲击感度试验,结果显示 80 nm Al 粉冷冻推进剂性能稳定。上述试验表明 ALICE 推进剂是钝感推进剂,具有良好的安全性。

AFOSR(美国空军科学研究办公室)和 NASA(美国国家航空航天局)2009 年 8 月进行了一次 2.74 m 长的小型探空火箭的飞行试验,火箭飞上了 396.24 m 的高度,其推力达到了 2 891.34 N。该火箭采用 Purdue 大学、AFOSR、NASA、宾夕法尼亚大学合作研究的 ALICE 推进剂,所采用的 ALICE 推进剂由 Al 粉和冰组成,所用的 Al 粉是纳米级 Al 粉,平均粒度为 80 nm,具有很大的表面积和与水的反应活性。采用 80 nm 的细粒度的 Al 粉是提高推进剂性能的关键,纳米颗粒比大颗粒燃烧迅速,可以很好地控制反应和推力。

ALICE 在制备时具有牙膏一样的稠度,被装进模具内,在飞行前 24 h 被冷冻。之所以需要冷冻,是基于以下 2 个原因:①它必须在发射时的载荷下保持结构完整;②保证在使用前不发生 Al 粉和 H_2O 的缓慢反应。ALICE 被装入发动机中制成冷冻的中心开孔的药柱,一个小型火箭安装在燃料药柱的上部,它点火后,把高温燃气喷入 ALICE 药柱的孔内,引发 ALICE 的均匀点火。ALICE 在比冲方面相当于或者略微低于传统推进剂的水平,研究人员正在考虑用不同比例的 Al 粉-冰组成的推进剂进行其他的发射,可以采用调节 2 种组分的比例以及添加组分以提高其性能。改良工作仍在进行,主要是通过添加氧化剂来提高性能。经过改良,可以比传统推进剂具有更高的比冲。ALICE 有可能会代替一些液体或固体推进剂,同时它在凝固后非常安全,因为它很难被意外点燃。

(3)铝冰固体推进剂。对于铝水反应的研究最早可以追溯到 20 世纪 40—70 年代,主要的研究国家有美国和苏联。

1942 年,Rasor 开展了熔融铝与水反应的研究,并首次提出将铝水反应应用于水下推进系统。1956 年,文献[24]报道了利用铀 235 加热铝水混合物,探索铝水混合物发生爆炸反应的可能性的铝水实验的研究,铝水反应实验在一个高压容器中进行,容器中装有足够的铀将铝加热至熔融状态,6~18 s 后测得容器内混合物温度为 1 476 K,压强在 55.16~158.58 MPa 范围之间。对气体产物进行分析发现有氢气的形成,利用 X 射线衍射分析发现约 0.2% 的 Al 转化成了 Al_2O_3。

早期铝水反应研究进程缓慢的主要原因是使用的铝颗粒粒径多为微米级或大于微米级,导致铝水反应需在较高温度下才能进行,铝水混合物点火困难。近年来,随着纳米技术的出现,固体推进剂中的微米铝粉被纳米铝粉替代以改善推进剂的点火性能、燃烧效率以及燃烧速度,而纳米铝粉制备的简单化使得有关铝水反应的研究再次成为热门问题。因此,从 20 世纪 90 年代后期开始,人们对铝水反应又展开了新的研究。

Ivanov 等人第一次对纳米铝粉与水的混合物进行了燃烧实验的研究。通过向铝水混合物加入 3%(质量分数)的聚丙烯酰胺胶凝剂(polyacrylamide),来增加铝水混合物的黏度,使纳米铝粉与水更容易掺混。将铝水混合物置于 50~75℃ 的不同温度环境中约 40 min,观察是否有 H_2 的产生。实验结果表明,纳米级铝水混合物的反应在中等温度范围内就可以持续进行;同时温度越高,氢气的生成量越大,铝水反应速度随着温度的升高而急剧增大(呈指数的形式增大)。

Timothee L. Pourpoint 等人报道并分析了铝水混合物的理论性能,并研究了将铝水混合物应用于空间推进的可行性,尤其是将铝水混合物应用于微型火箭的可行性。利用美国国家航空航天局(NASA)的 CEA600 平衡计算程序,对铝水混合物的理论比冲、推力系数和绝热火焰温度进行了计算,得到铝水混合物在不同膨胀比、氧燃比以及压强条件下的比冲。计算结果发现,当膨胀比为 100,混合物氧燃比接近 1.2(贫燃)时,真空比冲超过 3 000 s,高于绝大多数固体火箭发动机的真空比冲。Ingenito 等人还简要介绍了通过加入过氧化氢来提高铝水混合物性能的方法,这种方法主要是提高了推进剂的燃烧温度,并认为只有温度达到铝的熔点温度以后,铝水混合物才会成功点火。

Streletskii 等人进行了含碳铝粉(即铝粉与碳粉的混合物)与水反应的实验。实验中采用的铝粉粒径分别为 120 nm 和 220 nm,将混合物放置于 50~90℃ 的环境中并保持绝热。观察发现,当温度低于 90℃ 时,反应缓慢进行,反应产物主要是固相的 AlOOH 而不是 Al_2O_3;当温度高于 90℃ 时,反应快速进行并发生热爆炸,主要的固体产物为 α-Al_2O_3 和 Al_4C_3。

G.A. Risha 等人对纳米铝粉与液态水的混合物的燃烧性能进行了研究,这是第一次在不添加任何交联剂情况下研究铝水混合物的燃烧特性。考虑了压强、氧燃比、氧化铝百分含量以及颗粒尺寸等因素对铝水混合物几何燃速和质量燃速的影响,并对绝热火焰温度进行计算。实验时,使用的铝粉粒径为 38~130 nm,将铝水混合物加入直径为 8 mm 的石英管中制成药条,在充满氩气的燃烧室中点火,研究不同压强(0.1~4.2 MPa)下混合物的燃烧特性。结果发现,对于 38 nm 的铝水混合物的压强指数为 0.47;压强指数受氧燃比的影响很小,燃速随着氧燃比的增大而减小,主要原因是氧燃比的变化将会改变火焰温度,从而改变混合物的燃烧状态;同时,燃速随着铝颗粒粒径的增大而减小。

J.L.Sabourin 等人通过实验研究了纳米铝粉与过氧化氢水溶液形成的混合物的燃烧特点。实验中使用的铝粉粒径为 38 nm,氧燃比从 0.5 增加到 1.3,溶液中过氧化氢的浓度在 0~32% 之间。结果表明,过氧化氢的加入将显著提高铝水混合物的燃烧热释放速度、火焰温度以及燃烧速度。过氧化氢浓度的增大不仅可以缩短点火延迟时间,还会增大燃速并提高压强指数。当压强为 3.65 MPa 时,在化学当量比混合条件下,随着过氧化氢浓度从 0 增加到 32%,质量燃速由 6.93 g·(cm²·s)⁻¹ 增大到 37.04 g·(cm²·s)⁻¹,对应的几何燃速从 9.58 cm·s⁻¹ 增大到 58.2 cm·s⁻¹。随着过氧化氢浓度从 10% 增加到 25%,燃速压强指数由 0.44 减小到 0.38。对于过氧化氢浓度大于 32% 的情况并没有进行燃速的测量,主要原因是当双氧水浓度超过 32% 时,石英管内由于压强过大,导致石英管破裂。通过高速摄像仪与压力传感器的监测发现,在石英管破裂之前混合物的燃烧会出现爆燃的现象,而在石英管内并没有明显的压强建立过程,即石英管破裂是由于压强突然增大引起的。含有过氧化氢溶液的混合物的燃烧效率高于理论值的 90%,接近理论最大值。

R. Sippel Travis 等人对纳米铝冰固体推进剂的理论性能和安全性进行了研究。通过平衡计算发现,对于氧燃比为 1,氧化剂为含 25% 的 H_2O_2 水溶液的铝冰固体推进剂的真空比冲最大可达 3 700 s。将铝冰固体推进剂放置在 $-25℃$ 环境储存 40 d 以后,活性铝含量基本不改变,储存 200 d 以后,活性铝含量仅减少了 2%。通过燃速测试实验发现,80 nm 铝冰固体推进剂的压强指数为 0.25,与 80nm 铝水混合物的压强指数类似。通过冲击感度和静电感度实验发现,相比于其他推进剂,铝冰固体推进剂对冲击与静电等因素的反应更迟钝,即冲击、静电等因素不会造成铝冰固体推进剂的意外点火。

A. Risha Grant 等人通过实验对纳米铝粉与水混合物的燃烧特性和燃烧效率进行了研究。结果表明,根据铝颗粒粒径的不同,燃烧效率在 27% 至 99% 之间,对于粒径为 38 nm 的纳米铝粉,燃烧效率大于理论值的 85%,特定情况,燃烧效率高达 95%,而 130 nm 铝水混合物的燃烧效率最低。同时燃烧效率还受到混合物的装填密度和点火能量的影响。燃速与铝颗粒粒径成反比,即燃速随着铝粉粒径的减小而增大,表明铝水混合物的燃烧过程是由扩散火焰控制。对应于 38 nm,80 nm 和 130 nm 的铝水混合物的燃速压强指数分别为 0.47,0.27 和 0.31。由于铝颗粒粒径不同,颗粒间的间隙不同,导致混合物的装填密度也不相同,同时燃烧时颗粒间填充的气体不同,在高压下就会影响铝水混合物的燃速。对铝水混合物中加入 3% 的丙烯酸酰胺,发现丙烯酸酰胺对混合物燃速与燃烧效率的影响很小。对于 38 nm 铝水混合物,当压强低于 3.5 MPa 时,燃速随压强的变化关系遵循维耶里定律(即 $r=ap^n$),且压强指数 n 为 0.5;当压强大于 3.5 MPa 时,燃速不随压强的变化而改变。这是由于铝水混合物空隙被氩气填充,高压下吸收热量,导致铝水混合物燃烧时火焰温度降低。

A. Risha Grant 等人对铝冰固体推进剂进行了燃速测试和发动机试验,目的是研究铝冰固体推进剂的性能。通过燃速测试发现,铝冰固体推进剂的燃速随压强的变化规律遵循维耶里定律,即 $r=ap^n$,其中压强指数 n 为 0.73,大约是铝水混合物压强指数的两倍。采用三种不同直径的发动机对铝冰固体推进剂进行了发动机试验,结果表明,三种发动机都可以成功点火并稳定燃烧。对于燃烧室直径为 7.62 cm 的发动机,燃烧效率在 70% 左右,比冲效率为 64%。铝冰固体推进剂在低压下点火困难且燃烧效率低,因此,可以通过提高点火压强来改善推进剂的燃烧性能。

2009 年 8 月,美国空军、美国国家航空航天局(NASA)、普渡大学以及宾夕法尼亚大学利用铝冰固体推进剂火箭发动机进行了火箭发射试验。发动机药柱采用的是直径为 7.62 cm、长度为 17.78 cm 的铝冰固体推进剂端燃药柱,火箭长度为 3 m,总质量为 13.61 kg。在整个试验过程中,火箭共飞行 30.09 km,最大飞行高度为 396.24 m;火箭在发射后 1.5 s 获得最大推力为 2.67 kN,平均比冲效率和推力系数效率分别为 50% 和 65%。

文献[34]从理论和实验两方面报道了纳米铝冰固体推进剂中部分纳米铝粉被三氢化铝和微米铝粉所替代后推进剂的燃烧现象,其中微米铝粉和三氢化铝在燃烧剂中的含量从 0% 增加到 25%。结果发现,燃速随着燃烧剂中三氢化铝含量的增加而减小;加入少量的三氢化铝会使推进剂的比冲提高 10%,火焰温度降低 5%。同时三氢化铝的加入会增加燃烧产物中氢气的含量,减小氧化铝的生成量。定压条件下,微米铝粉的加入基本不影响铝冰固体推进剂的燃速和燃烧效率。随着三氢化铝含量的增加,燃速系数由 $0.992 \, mm \cdot (MPa^n \cdot s)^{-1}$ 减小到 $0.429 \, mm \cdot (MPa^n \cdot s)^{-1}$,压强指数变化不大;随着微米铝粉含量的增加,燃速系数由 $0.992 \, mm \cdot (MPa^n \cdot s)^{-1}$ 减小到 $0.820 \, mm \cdot (MPa^n \cdot s^{-1})$,压强指数由 0.405 增加到 0.504;这表明,与三氢化铝相比,微米铝粉对铝冰固体推进剂的燃速特性影响更大。

S. Sundaram Dilip 等人对含有三氢化铝、微米铝粉的铝冰固体推进剂的燃烧现象进行了研究。通过将铝冰固体推进剂燃烧区域分为固相预热区、液相预热区、纳米铝粉反应区以及微米铝粉反应区等六个区域,建立一个多区燃烧模型来研究铝冰固体推进剂中部分纳米铝粉被微米铝粉或三氢化铝替代后混合物的燃烧规律。由于三氢化铝在铝冰固体推进剂着火前就已经分解,因此,微米三氢化铝的加入,将导致铝冰固体推进剂燃烧时火焰温度的降低。同时微米颗粒燃烧时间比纳米颗粒燃烧时间长,这两者的相互作用导致火焰传播速度减慢。对于含有微米铝粉的铝冰固体推进剂,由于氧化铝的含量降低导致火焰温度上升,火焰传播速度减小。含有两种铝粉的铝冰固体推进剂的火焰厚度比只含单一铝粉的铝冰固体推进剂的火焰厚度更厚。

R. Sippel Travis 等人对不同铝水比例(纳米铝粉与水的质量比分别为 $1.00,0.75$ 和 0.67)条件下 $80 \, nm$ 的铝冰固体推进剂的燃烧性能进行了试验研究。结果发现,推进剂的燃速与压强指数受铝水比例的影响很小,压强指数仅从 0.42 变化到了 0.50,同时 $6.9 \, MPa$ 时,燃速由 $2.05 \, cm \cdot s^{-1}$ 变化到了 $2.10 \, cm \cdot s^{-1}$。当铝水比例从 1.0 减小到 0.67 时,燃烧效率由 70% 提高到 95%。利用电子显微镜对燃烧产物分析发现,对应于燃烧效率为 70% 的燃烧产物中含有许多未反应的铝,分析认为,这是由于铝水燃烧是由扩散火焰控制的缘故。为了对铝冰固体推进剂进行寿命分析,将铝水混合物放置 $-30\,℃$ 的环境储存 $200 \, d$,发现纳米铝粉基本上没有被氧化。对铝冰固体推进剂进行静电感度、冲击感度和震动敏感性实验发现,铝冰固体推进剂对这些刺激条件不敏感,即使铝粉粒径变大,铝冰固体推进剂对这些因素依旧不敏感。

M. W. Beckstead 报道了微米铝粉与过氧化氢制成的混合物的燃速特性。通过对混合物进行燃速测试发现:当压强为 $6.9 \, MPa$ 时,燃速范围为 $0.5 \, cm \cdot s^{-1}$ 到 $4.5 \, cm \cdot s^{-1}$ 之间,燃速随着过氧化氢浓度的增加而增大,随着铝粉粒径和氧燃比(氧化剂与燃烧剂的质量比)的增加而减小。对于氧燃比为 1,过氧化氢浓度为 30% 的混合物,随着铝粉粒径从 $12 \, \mu m$ 减小到 $3 \, \mu m$,燃速压强指数从 0.4 变化到 1.0,表明燃烧过程由扩散火焰控制转变为由动力学控制;同时在氧燃比和铝粉粒径相同的情况下,过氧化氢浓度由 30% 增加到 60% 时,压强指数从 0.4 增大到 0.7。应用统计分析的方法对影响燃速的因素进行回归分析,发现铝粉粒径是影响燃速的最主要的因素,过氧化氢浓度是影响燃速压强指数的主要因素,同时过氧化氢浓度的变化还极大地影响火焰温度,并弱化燃速与铝水比例之间的关系。

刘冠德和万俊等人利用理论分析和实验的方法对铝水混合物燃烧过程的火焰传播进行了报道。分析所使用的铝粉粒径为 $38 \sim 130 \, nm$,压强范围为 $1 \sim 10 \, MPa$。为更好地研究铝水混合物的燃烧特性和火焰结构,建立了一个三区火焰模型,将铝水混合物的燃烧过程分为液相区、气相区和反应区三个区域。通过对各区域控制方程的求解,分析铝水混合物的燃烧特性。同时,在一个定容容器中对铝水混合物燃烧时的火焰厚度进行测量。在研究火焰传播的时候,主要研究铝颗粒粒径和压强的影响。通过对燃烧模型的数学求解,得到燃速与压强以及铝颗

粒粒径之间的关系式,为

$$r[\text{cm} \cdot \text{s}^{-1}] = 98.8 \times (p[\text{MPa}])^{0.32} (d_p[\text{nm}])^{-1.0}$$

火焰厚度随着铝颗粒粒径的增大而增大,随着压强的升高而减小。

William Georges 等人研究了不同类型纳米铝粉与水的混合物在较大压强范围(6.9~34.5 MPa)内的燃速规律。结果表明,由氧化铝钝化层包覆的纳米铝粉与水的混合物在压强低于 14 MPa 时,燃速随着压强的增加而增大,燃速的变化规律服从维耶里定律即 $r = ap^n$,燃速压强指数 n 为 1.07,比其他文献中所获得的压强指数都要高;当压强大于 14 MPa 时,燃速随着压强的增大而减小。分析认为,这可能是由于压强大于 14 MPa 时,铝水混合物的燃烧过程是由不同的反应机理所控制引起的。由棕榈酸包覆的纳米铝粉与水的混合物所测得的燃速实验数据杂乱而不呈现任何规律。这可能是由于表面活性剂的加入使铝水混合物在混合过程中出现了大量泡沫,导致铝水混合物中混入许多空气,混合物内部呈疏松多孔状,不利于火焰的传播;同时还有可能造成测得的燃速比正常燃速大很多。由氟橡胶包覆的纳米铝粉与水的混合物的燃速规律:在整个压强范围内随着压强的增加,燃速增大,燃速压强指数为 0.57,这与其他一些文献所得到的燃速压强指数值相近。对于同时含有纳米铝粉与微米铝粉的铝水混合物,随着铝粉中微米铝含量的增加,燃速明显的减小,这可能是因为铝粉粒径增大,铝颗粒比表面积相应减小,导致火焰不能继续向下传播。

Dilip Srinivas Sundaram 等人对于 80 nm 铝水混合物的燃烧进行了研究,主要目的是研究铝颗粒的卷吸和团聚作用对燃速压强曲线的影响。在 Vigor Yang 等人提出的燃烧模型基础上,增加了卷吸参数来研究铝颗粒卷吸作用对燃速的影响。结果表明,当考虑颗粒的卷吸作用时,火焰厚度增加了 10 倍,导致着火前锋热量传递速率减小,燃速减小。燃速随压强的变化关系主要归咎于铝颗粒的燃烧时间以及颗粒运动速度受压强的影响。受到扩散因素的限制,当颗粒卷吸参数从 0 增加到 1.0 时,压强指数从 0 增加到 0.5,燃速则相应减小。通过动力学控制模型可以看出,燃速及压强指数随卷吸参数的变化而变化。分析认为,颗粒由于团聚形成直径 3~5 μm 的团聚块,导致高压下铝的燃烧由扩散火焰控制。

5.3 铝冰低温固体推进剂燃烧性能

5.3.1 燃速测试

根据国家军用标准《靶线法测燃速》中(GJB 770B—2005)的方法与要求,并采用酒精低温循环制冷的方式对燃烧室进行保温,把燃烧室环境控制到所需要的试验温度,对铝冰低温固体推进剂进行了燃速测试实验,获得纳米铝冰低温固体推进剂燃速实验数据与燃烧实验录像。本章主要对铝冰低温固体推进剂燃速测试实验现象进行分析,同时利用最小二乘法对燃速实验数据进行处理,从而分析不同情况下,铝冰低温固体推进剂的燃速特性。

5.3.2 铝冰低温固体推进剂燃烧现象

由铝冰低温固体推进剂燃速测试的实验录像可以看出,推进剂着火以后,发光的火焰附着在推进剂表面,逐步向下退移,这是一种典型的平行层燃烧现象。将燃烧之后的石英管取出,对燃烧产物进行观测发现,石英管内部灰黑色的铝冰固体推进剂已变成白色的氧化铝燃烧产物,同时,触摸石英管发现石英管非常烫手,表明铝冰低温固体推进剂在燃烧过程中释放出了大量热量。对燃烧室检查发现,燃烧室壁面附着有少量的冰,这是由于推进剂中未参加反应的氧化剂水受热从石英管中蒸发出去,遇到燃烧室冷壁面冷凝而成的。燃烧过程通过压强传感器对燃烧室的压强进行监测发现,在实验药条着火以后,燃烧室内的压强会小幅度增大,这是因为铝冰低温固体推进剂反应时释放出氢气,在封闭的燃烧室中,气体的增加导致燃烧室内压强的增大。

5.3.3　点火延迟

点火延迟是铝冰低温固体推进剂与其他推进剂不同的一个明显特点,冰需要融化成水,再变成水蒸气才与铝粉反应,这个从固态冰到气态水的过程需要时间,所以造成了点火延迟。点火延迟时间指的是点火器开始工作到推进剂开始燃烧所需的时间,它与推进剂的化学特性以及点火系统的工作和化学特性有关。由于发动机试验时同样存在点火延迟的问题,通过点火延迟时间的测试可揭示铝冰低温固体推进剂及发动机的特点及属性。因此,点火延迟是推进剂点火时所遇到的不可避免的现象,只能尽量地减小。

在进行铝冰低温固体推进剂燃速测试实验时,对于初温不同的药条,点火延迟时间也不相同。实验结果表明,铝冰低温固体推进剂的初温越低,点火延迟时间越长。在燃速测试实验中,使用电阻丝作为点火丝对铝冰低温固体推进剂药条进行点火,电阻丝将持续发热直到药条点燃为止。因此,对于初温越低的铝冰低温固体推进剂药条,点火所需的能量就越多;而单位时间内电阻丝供给的能量是一定的,为了保证推进剂能够燃烧,必须延长点火时间,导致点火延迟时间就越长。

从图 5.1 列出的点火延迟时间随压强的变化关系中可以看出,随着压强的增大,点火延迟时间逐渐缩短,即压强越大,点火延迟时间越短。由 Smolensiki 等人的研究结果可知,点火延迟时间与推进剂燃速的二次方成反比。这就解释了铝冰低温固体推进剂的点火延迟时间随压强的增大而缩短的原因。即增大点火压强,引起推进剂燃速的增大,导致点火延迟时间缩短。

因此,减小铝冰低温固体推进剂点火延迟时间的方法有两种,即提高点火器的能量或者提高点火压强。

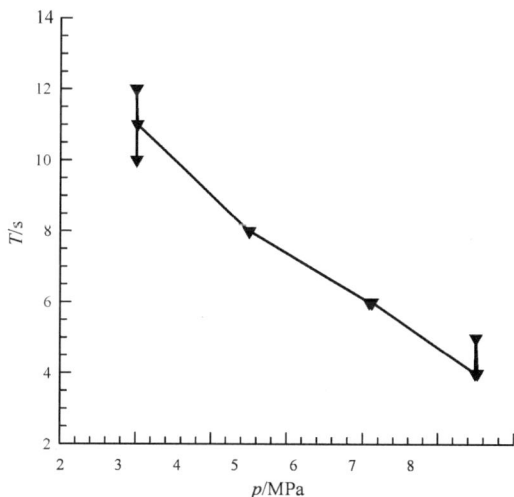

图 5.1　点火延迟时间随压强的变化关系

5.3.4 铝冰低温固体推进剂燃速实验及分析

1. 铝冰低温固体推进剂燃速实验数据处理

通过燃速测试实验,得到了不同初温与不同水燃比情况下,铝冰低温固体推进剂的燃速实验数据。经大量试验证明,铝冰低温固体推进剂的燃速遵循维埃里定律,即遵守平行层燃烧规律:

$$r = ap^n \tag{5.1}$$

对式(5.1)两边取对数,则

$$\lg r = \lg a + n\lg p \tag{5.2}$$

为方便计算,令

$$b = \lg a ; X = \lg p ; Y = \lg r$$

假设 m 为实验次数,利用最小二乘法计算燃速系数 a 与燃速压强指数 n

$$b = \frac{\sum X_i \sum (X_i Y_i) - \sum (X_i)^2 \sum Y_i}{\left(\sum X_i\right)^2 - m \sum (X_i)^2} \tag{5.3}$$

$$n = \frac{\sum X_i \sum Y_i - m \sum (X_i Y_i)}{\left(\sum X_i\right)^2 - m \sum (X_i)^2} \tag{5.4}$$

式中,i 为第 i 次实验的燃速实验数据。

利用式(5.3)与式(5.4),根据实验数据就可以得到相应的燃速系数与燃速压强指数。

2. 铝冰低温固体推进剂实验燃速分析

基于实验数据处理方法,得到不同情况下,燃速随压强的变化关系曲线。根据燃速压强曲线对铝冰固体推进剂的燃速特性进行分析。

(1)初温对燃速压强曲线的影响。为了研究初温对燃速的影响,将同一水燃比的铝冰低温固体推进剂药条分组放置于不同的低温环境进行冷冻成型。根据各组药条燃速实验得到的燃速数据进行对比,分析初温变化对燃速压强曲线的影响。图5.2~图5.5分别给出了水燃比为0.95,1.00,1.10和1.20四种条件下,初温对燃速压强曲线的影响关系。表5.1~表5.4分别给出了水燃比为0.95,1.00,1.10和1.20四种条件下,初温对燃速系数压强指数的影响。从图5.2中可以看出,同一压强下的燃速随着初温的升高而增大,即初温越高,燃速越大。

图5.2给出了水燃比为0.95时,初温对燃速压强曲线的影响。从图中可以看出,尽管初温不同,但随着压强的增大,燃速曲线逐渐靠拢,出现交点。表明压强的增大会逐渐缩小由于初温引起燃速差异。通过表5.1给出的燃速系数与压强指数随初温的变化关系,可以看出,压强指数随着初温的升高而减小,燃速系数却随着初温的升高而增大。由于图5.2中压强指数表示的是燃速曲线的斜率,因此可以看出,斜率越大(即压强指数越大),燃速随压强的变化越敏

感,即压强的微小变化就会引起燃速较大的变化。

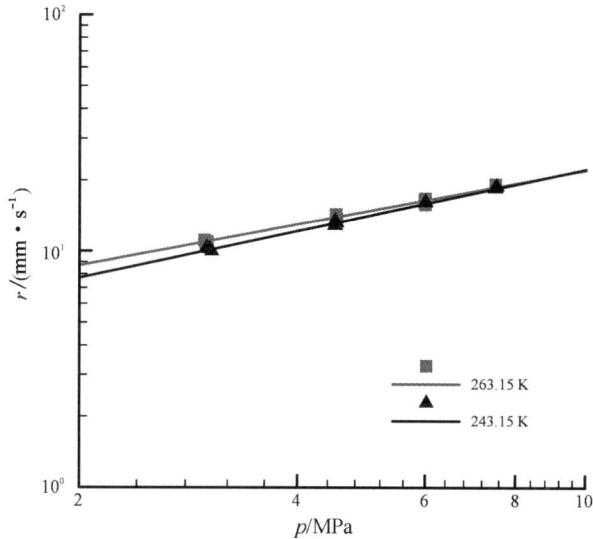

图 5.2　水燃比 0.95 时,初温对燃速压强曲线的影响

表 5.1　水燃比 0.95 时,初温对燃速压强曲线的影响

初温 T_0/K	燃速系数 $a/[mm \cdot (MPa^n \cdot s)^{-1}]$	压强指数 n
243.15	4.88	0.66
263.15	5.82	0.58

　　图 5.3 和图 5.4 分别给出了水燃比为 1.00 和 1.10 时,初温对燃速压强曲线的影响。从图 5.3 和图 5.4 中燃速曲线的斜率可以看出,随着初温的降低,燃速曲线的斜率相应地减小,即燃速压强指数相应的减小,这与表 5.2 和表 5.3 中压强指数的变化规律相一致。从图 5.3 和图 5.4 中还可以看出,由于压强指数随着初温的降低而减小,几条燃速曲线呈发散状态,即随着压强的不断增大,同一压强下,不同初温间的燃速差值会增大,同时燃速也会随着初温的降低而越小。

表 5.2　水燃比 1.00 时,初温对燃速压强曲线的影响

初温 T_0/K	燃速系数 $a/[mm \cdot (MPa^n \cdot s)^{-1}]$	压强指数 n
243.15	8.55	0.44
253.15	8.61	0.53
263.15	8.42	0.61

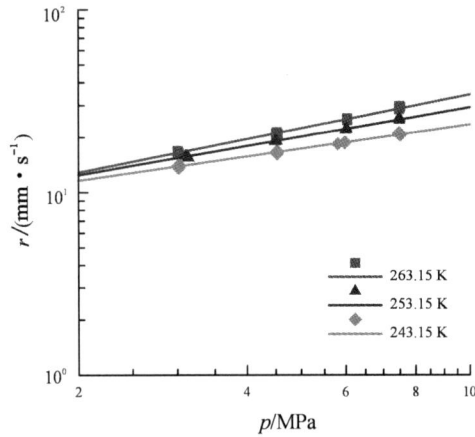

图 5.3 水燃比为 1.00 时,初温对燃速压强曲线的影响

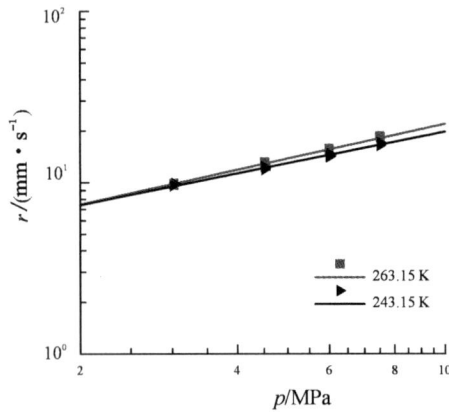

图 5.4 水燃比 1.10 时,初温对燃速压强曲线的影响

表 5.3 水燃比 1.10 时,初温对燃速压强曲线的影响

初温 T_0/K	燃速系数 a/[mm·(MPa^n·s)$^{-1}$]	压强指数 n
243.15	4.85	0.61
263.15	4.69	0.67

从图 5.5 中可以看出:当水燃比为 1.20 时,两条燃速曲线基本保持平行。表明初温变化对铝冰低温固体推进剂燃速压强指数的影响很小,这与表 5.4 中压强指数随初温的变化关系相对应。从表 5.4 中可以看出,燃速系数随着初温的升高而增大,表明在压强指数变化不大情况下,燃速系数随初温的升高而增大导致燃速的增大。

表 5.4 水燃比 1.20 时,初温对燃速压强曲线的影响

初温 T_0/K	燃速系数 a/[mm/(MPa^n · s)$^{-1}$]	压强指数 n
243.15	3.69	0.74
263.15	4.49	0.71

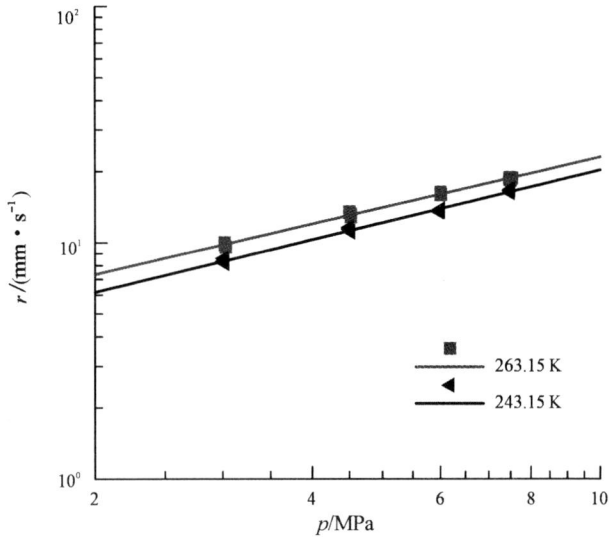

图 5.5 水燃比 1.20 时,初温对燃速压强曲线的影响

(2)水燃比对燃速压强曲线的影响。在研究水燃比变化对铝冰低温固体推进剂燃速压强曲线的影响规律时,固定铝冰低温固体推进剂的初温,仅保持水燃比为变量。图 5.6~图 5.9 分别给出了初温为 263.15 K 和 243.15 K 条件下,初温变化对燃速压强曲线的影响以及燃速随水燃比的变化而变化的规律。表 5.5 和表 5.6 分别给出了初温为 263.15 K 和 243.15 K 条件下,水燃比变化对燃速系数和压强指数的影响。

表 5.5 初温为 263.15K 时,初温对燃速压强曲线的影响

水燃比 α	燃速系数 a/[mm · (MPa^n · s)$^{-1}$]	压强指数 n
0.95	5.82	0.58
1.00	7.58	0.66
1.10	4.69	0.67
1.20	4.49	0.71

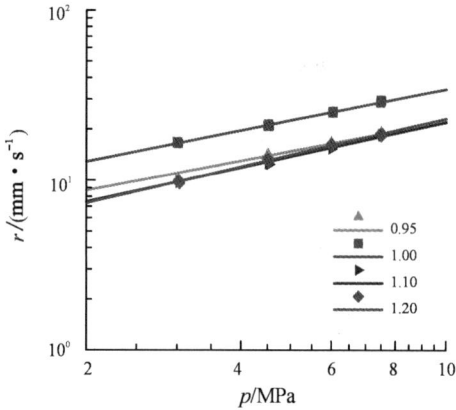

图 5.6 初温为 263.15 K 时,初温对燃速
压强曲线的影响

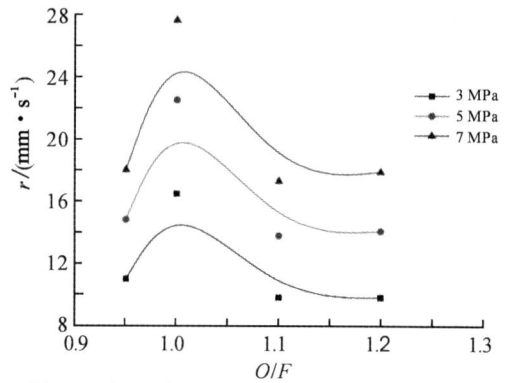

图 5.7 初温为 263.15 K 时,燃速随水燃比的
变化而变化的规律

表 5.6 初温 243.15K 时,初温对燃速压强曲线的影响

水燃比 α	燃速系数 $a/[mm \cdot (MPa^n \cdot s)^{-1}]$	压强指数 n
0.95	4.88	0.66
1.00	8.55	0.44
1.10	4.85	0.61
1.20	3.69	0.74

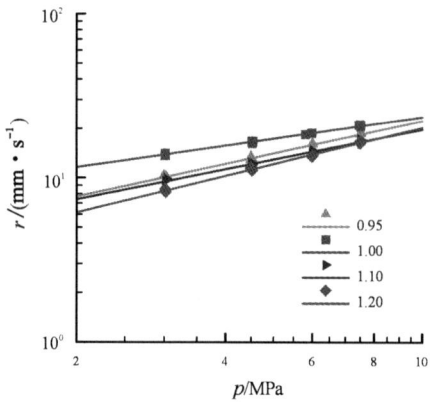

图 5.8 初温为 243.15 K 时,初温对燃速压强
曲线的影响

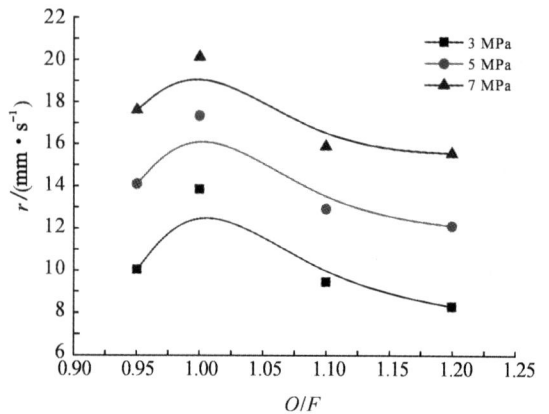

图 5.9 初温为 243.15 K 时,燃速随水燃比的变化而
变化的规律

从图 5.6～图 5.9 中可以看出,当初温一定时,同一压强下,水燃比为 1 时对应的燃速最大。根据燃速压强曲线的斜率变化规律可以看出,随着水燃比从 1 增大到 1.20,斜率增大,即压强指数随着水燃比的增大而增大。这从表 5.5 和表 5.6 中压强指数随水燃比的变化关系也可以看出。

从图 5.6 中还可以看出,水燃比为 1.10 和 1.20 对应的燃速曲线几乎重合,燃速相差不大,即当初温为 263.15 K,水燃比由 1.10 变化到 1.20 时,水燃比对燃速压强曲线的影响很小。从图 5.7 和图 5.9 可以看出,随着水燃比的增大,同一压强下的燃速先增大后减小,并且当水燃比为 1 时,同一压强下的燃速取得最大值;当水燃比大于 1 时,燃速随着水燃比的增大而减小。这与表 5.5 和表 5.6 中燃速系数随着水燃比的变化关系相对应。

5.4　铝冰低温固体推进剂粒状扩散火焰(GDF)燃速模型推导

众所周知,最初的并相对成熟的复合低温推进剂燃烧模型是 GDF 模型,在 GDF 模型出现之后,研究者才逐渐建立了其他类型的燃烧模型,GDF 模型具有广泛的适用范围。由于铝冰低温固体推进剂燃烧的物理过程与 GDF 模型的假设基本一致,因此,使用 GDF 模型描述铝冰低温固体推进剂的燃烧规律。利用 GDF 模型对铝冰低温固体推进剂的燃速性能进行分析时,需要对 GDF 模型进行一些必要的假设,以体现燃烧规律的数学模型,即铝冰燃烧也是冰先变成气相再与铝粉反应。本节将对铝冰低温固体推进剂的燃烧过程做出一些基本假设,并在此基础上对 GDF 模型进行数学推导,以便让 GDF 模型更适用于铝冰低温固体推进剂的燃速特性分析。

5.4.1　简化假设

为了便于使用 GDF 模型对铝冰低温固体推进剂的燃速特性进行分析,对铝冰低温固体推进剂的燃烧过程做出以下简化假设。

(1)燃烧火焰是一维的,且气态火焰与燃烧表面不直接接触。

(2)铝冰低温固体推进剂吸热融解、升华,Al 与 A_2O_3 组成的颗粒微团直接由固相析出,忽略固相中发生的化学反应。

(3)H_2O,Al 与 A_2O_3 组成的微团(气、固、液三相)从固相逸出,然后燃烧,微团的质量与压强无关。微团以一定的速度不断被消耗,消耗速度由微团通过火焰区时的扩散混合速度和化学反应速度控制,并以相应的速度放出燃烧热。

(4)由铝水燃烧火焰放出的能量回传给暴露的燃烧表面以维持燃烧继续进行,能量传递的方式主要是热传导,并忽略重力影响与辐射传热。

基于以上假设,将铝冰低温固体推进剂的燃烧过程分为两个阶段:①推进剂表面上进行着吸热的由固相至液相、气相的融解、升华反应;②推进剂燃烧表面附近的气相中进行着的 Al/H_2O 放热化学反应,微团开始反应消耗。放热反应供给燃烧表面上固相融解、升华反应所需要的全部热量,其具体过程如图 5.10 所示,温度分布如图 5.11 所示。

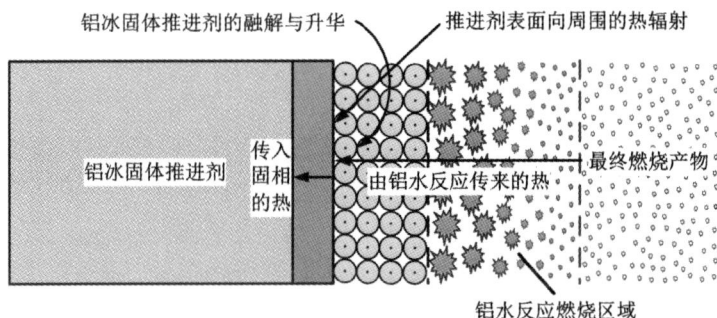

图 5.10　铝冰低温固体推进剂 GDF 火焰模型

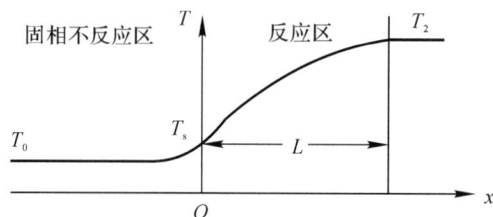

图 5.11 铝冰低温固体推进剂燃烧过程中的温度分布

5.4.2 铝冰低温固体推进剂燃速公式推导

基于上述简化假设,由能量守恒可得

$$\dot{m}c(T_s - T_0) + \dot{m}Q_s - \lambda_g \left(\frac{dT}{dx}\right)_s = 0 \tag{5.5}$$

式中,$\dot{m}$ 为铝冰低温固体推进剂的质量燃速(表达式 $\dot{m} = \rho_p r$),单位:$kg \cdot m^{-2} \cdot s^{-1}$;$\rho_p$ 为铝冰低温固体推进剂密度,单位:$kg \cdot m^{-3}$;r 为铝冰低温固体推进剂线性燃速,单位:$m \cdot s^{-1}$;c 为铝冰低温固体推进剂的比热,单位:$J \cdot (kg \cdot K)^{-1}$;$T_s$ 为铝冰低温固体推进剂燃烧表面的平均温度,单位:K;T_0 为铝冰低温固体推进剂的初温,单位:K;λ_g 为铝冰低温固体推进剂燃烧时火焰到推进剂表面的平均导热系数,单位:$W \cdot (m \cdot K)^{-1}$;Q_s 为单位质量铝冰低温固体推进剂融化、升华时的净吸热量,单位:$J \cdot kg^{-1}$;$\dfrac{dT}{dx}\Big|_s$ 为铝冰低温固体推进剂燃烧表面气相的温度梯度,单位:$K \cdot m^{-1}$;

由式(5.5)可知,从铝水反应释放出的热量有一部分回传至推进剂表面加速推进剂的融解、升华;另一部分热量则传回推进剂内部引起推进剂内能的变化。在正常燃烧情况下,这两部分的能量都是由推进剂的燃烧释放热提供的,保持燃烧室内推进剂药柱持续稳定的燃烧。然而,在发动机工作的初始阶段,这两部分的能量则必须由点火系统提供。针对不同类型的管型装药,通过计算初始燃烧面积就可以大致估算出推进剂点火所需要的最低能量 E_{ig},为了保证推进剂被成功点燃,点火系统提供的能量至少应该大于最低能量 E_{ig},否则就会出现点不着火或者点火延迟时间很长的情况。

假设气相反应区的温度呈线性分布,则

$$\frac{dT}{dx}\Big|_s = \frac{T_2 - T_s}{L} \tag{5.6}$$

将式(5.6)代入方程式(5.5),得

$$\dot{m}\left[c(T_s - T_0) + Q_s\right] = \lambda_g \frac{T_2 - T_s}{L} \tag{5.7}$$

式中,L 为铝冰低温固体推进剂气相火焰厚度,单位:m;T_2 为最终火焰温度(即定压燃烧温度),单位:K。

由于铝冰低温固体推进剂中只含有氧化剂水和燃烧剂纳米铝粉两种组分,不存在黏合剂的热解。在这里,假设铝冰低温固体推进剂燃烧表面的平均温度为 T_s,并认为它与压强无关。因此,当推进剂配方一定时,表面温度 T_s 为常数。

由方程式(5.7)可以看出,若要得到质量燃速 $\dot{m}$ 与压强 p 之间的函数关系式,则要先得到中间变量火焰厚度 L 与压强 p 之间的函数关系。若将高压与低压这两种极端情况结合在一起处理,在数学上求解是相当困难的。因此,在求解火焰厚度 L 时可以先分别研究高压与低压两种极端情况,然后再考虑一般情况下的函数关系。

(1)低压情况下 L_1 的确定。由于化学反应速度与压强成正比,质量扩散速率与压强成反比,因此低压下扩散速度大于化学反应速度。假设纳米铝粉与水蒸气组分的掺混在瞬间完成,这就意味着气相化学反应发生在预混气体中,铝冰低温固体推进剂的燃烧为预混火焰燃烧,主要由化学反应速度控制。

低压情况下,将预混火焰的传播看作一种速度为 v_1 的气流,并假设质量燃速为 $\dot{m}_1$,气流密度为 ρ_g,由燃面上的连续方程可得

$$v_1 = \frac{\dot{m}_1}{\rho_g} = \frac{\rho_p r}{\rho_g} \tag{5.8}$$

假设整个化学反应时间为 t_1,低压下的火焰厚度 L_1 为

$$L_1 = v_1 t_1 = \frac{\dot{m}_1}{\rho_g} t_1 \tag{5.9}$$

以 v_1 表示低压情况下的平均化学反应速度(反应程度),从而完成化学反应所需要的时间为

$$t_1 = \frac{1}{v_1} \tag{5.10}$$

则式(5.10)可写成

$$L_1 = \frac{\dot{m}_1}{\rho_g} \frac{1}{v_1(\text{v})} \tag{5.11}$$

假设铝水反应为二级反应,根据二级反应的化学反应速度公式和阿雷尼乌斯公式有

$$v_1 = \left(\frac{\mathrm{d}\varepsilon}{\mathrm{d}t}\right)_{aV} = K\rho_g(1-\varepsilon)^2, \quad K = A\mathrm{e}^{-E/R_0 T_g} \tag{5.12}$$

式中,ε 为单位时间内已反应的气体体积百分数;E 为化学反应的活化能,单位:J·mol^{-1};A 为指前因子,单位:m^3·(mol·s)$^{-1}$;R_0 为通用气体常数,单位:J·(mol·K)$^{-1}$;T_g 为气相反应区的平均温度:$T_g = (T_s + T_2)/2$,单位:K;ρ_g 为平均温度下的气体密度,单位:kg·m^{-3};

因此,L_1 可以写成如下式:

$$L_1 = \frac{\dot{m}_1}{\rho_g} \frac{1}{(1-\varepsilon)^2 \rho_g A \mathrm{e}^{-E/R_0 T_g}} \tag{5.13}$$

低压情况下,化学反应速度较慢,可将 ε 忽略不计,则有

$$L_1 = \frac{\dot{m}_1}{\rho_g} \frac{1}{\rho_g A \mathrm{e}^{-E/R_0 T_g}} \tag{5.14}$$

把式(5.14)代入能量守恒方程式(5.7),解出低压下的质量燃速 $\dot{m}_1$

$$\dot{m}_1 = \rho_g \left[\frac{\lambda_g(T_2 - T_s) A \mathrm{e}^{-E/R_0 T_g}}{c(T_s - T_0) + Q_s}\right]^{1/2} \tag{5.15}$$

把 $\dot{m}_1$ 代入式(5.14)即可求出低压情况下火焰厚度 L_1

$$L_1 = \frac{1}{\rho_g} \left\{ \frac{\lambda_g (T_2 - T_s)}{[c(T_s - T_0) + Q_s] A e^{-E/R_0 T_g}} \right\}^{1/2} \tag{5.16}$$

(2)高压情况下 L_2 的确定。高压情况下,化学反应速度比扩散速度快得多,燃烧主要由扩散混合过程控制,形成扩散火焰。因此,纳米铝颗粒在气相火焰停留的时间主要取决于气体扩散速度。当铝颗粒离开铝冰低温固体推进剂表面时,被周围的水蒸气包裹形成一个个"微团"从推进剂表面逸出。"微团"的尺寸与推进剂中氧化剂水的质量和燃烧剂纳米铝颗粒的数目有关;认为"微团"的生存时间等于它向周围的水蒸气气体产物扩散的时间。同时将这一情况同液滴蒸发现象进行比较,用液滴蒸发时间的计算公式表示"微团"的生存时间。并引用如下近似表达式

$$t_2 = \frac{d_1^2}{D_g} \tag{5.17}$$

式中,t_2 为分子扩散时间,单位:s;d_1 为微团尺寸,单位:m;D_g 为燃气分子扩散系数,单位:$m \cdot s^{-1}$。

铝冰低温固体推进剂在燃烧时,微团的尺寸与质量可通过计算得出。忽略纳米铝颗粒的团聚现象,假设每一个铝颗粒与周围的水蒸气形成一个微团,微团尺寸一致。取总质量为 m 的铝冰低温固体推进剂作为研究对象,推进剂中水燃比(即铝冰低温固体推进剂中氧化剂水与燃烧剂纳米铝粉的质量比)为 α,则推进剂中氧化剂水的总质量为

$$m_{H_2O} = \frac{\alpha}{1+\alpha} m \tag{5.18}$$

推进剂中燃烧剂纳米铝粉的总质量为

$$m_{Al} = \frac{1}{1+\alpha} m \tag{5.19}$$

假设气相区与反应区的水蒸气为理想气体,由理想气体状态方程可得气相区水蒸气的体积为

$$V_{H_2O} = \frac{m_{H_2O} R_0 T_g}{p M_{H_2O}} = \frac{\alpha}{1+\alpha} \frac{m R_0 T_g}{p M_{H_2O}} \tag{5.20}$$

式中,p 为燃烧室压强,单位:MPa;M_{H_2O} 为水蒸气的摩尔质量,单位:$kg \cdot mol^{-1}$。

假设纳米铝颗粒的钝化程度(即铝颗粒中氧化铝的质量分数)为 β,铝颗粒粒径为 d,则单个铝颗粒的质量为

$$m_1 = \frac{\rho_{Al_2O_3} \rho_{Al} \pi d^3}{6 [\rho_{Al} \beta + \rho_{Al_2O_3} (1-\beta)]} \tag{5.21}$$

式中,ρ_{Al} 为铝的密度,单位:$kg \cdot m^{-3}$;$\rho_{Al_2O_3}$ 为氧化铝的密度,单位:$kg \cdot m^{-3}$。

铝冰低温固体推进剂中纳米铝颗粒的数目为

$$N = \frac{m_{Al}}{m_1} \tag{5.22}$$

则微团体积为

$$V_g = \frac{V_{H_2O}}{N} = \frac{\alpha \rho_{Al_2O_3} \rho_{Al} \pi d^3}{6 [\rho_{Al} \beta + \rho_{Al_2O_3} (1-\beta)]} \frac{R_0 T_g}{p M_{H_2O}} \tag{5.23}$$

将微团看作一个均匀的球体,则微团的直径为

$$d_1 = \left[\frac{\alpha \rho_{Al_2O_3} \rho_{Al} d^3}{\rho_{Al}\beta + \rho_{Al_2O_3}(1-\beta)} \frac{R_0 T_g}{p M_{H_2O}} \right]^{\frac{1}{3}} \tag{5.24}$$

所以

$$d_1^2 = \left[\frac{\alpha \rho_{Al_2O_3} \rho_{Al} d^3}{\rho_{Al}\beta + \rho_{Al_2O_3}(1-\beta)} \frac{R_0 T_g}{p M_{H_2O}} \right]^{\frac{2}{3}} \tag{5.25}$$

定义 μ 为微团质量,并假设其表达式为

$$\mu = \frac{\alpha \rho_{Al_2O_3} \rho_{Al} d^3}{\rho_{Al}\beta + \rho_{Al_2O_3}(1-\beta)} \tag{5.26}$$

则式(5.25)可化为

$$d_1^2 = \left(\frac{\mu R_0 T_g}{p M_{H_2O}} \right)^{2/3} \tag{5.27}$$

令

$$\rho_{H_2O} = \frac{p M_{H_2O}}{R_0 T_g} \tag{5.28}$$

则高压情况下火焰厚度 L_2 为

$$L_2 = V_2 t_2 = \frac{\dot{m}_2}{\rho_g} t_2 = \frac{\dot{m}_2}{\rho_g} \frac{d_1^2}{D_g} =$$

$$\frac{\dot{m}_2}{\rho_g} \frac{1}{D_g} \left(\frac{\mu R_0 T_g}{P M_{H_2O}} \right)^{2/3} = \frac{\dot{m}_2}{\rho_g \rho_{H_2O}^{2/3}} \frac{\mu^{2/3}}{D_g} \tag{5.29}$$

式中,$\dot{m}_2$ 为推进剂在高压下的质量燃速,单位:$kg \cdot s^{-1}$;

将式(5.29)代入方程式(5.7),得到高压下铝冰低温固体推进剂的质量燃速 $\dot{m}_2$ 为

$$\dot{m}_2 = \frac{[\lambda_g D_g (T_2 - T_s)]^{1/2} \rho_g^{1/2} \rho_{H_2O}^{1/3}}{[c(T_s - T_0) + Q_s]^{1/2} \mu^{1/3}} \tag{5.30}$$

将式(5.30)代入式(5.29),得

$$L_2 = \frac{\mu^{1/3}}{D_g^{1/2} \rho_g^{1/2} \rho_{H_2O}^{1/3}} \left[\frac{\lambda_g (T_2 - T_s)}{c(T_s - T_o) + Q_s} \right]^{1/2} \tag{5.31}$$

到此为止,已分别获得低压和高压这两种极端情况下的火焰厚度,然而,中等压强情况下火焰厚度的求解仍相当复杂。假设中等压强情况下的火焰厚度与压强有关,认为这种情况下的火焰厚度一部分是由化学反应速度控制的 L_1,一部分是由扩散速度控制的 L_2。因此,得到中等压强下的火焰厚度 L 的表达式

$$L = Z_1 L_1 + Z_2 L_2 \tag{5.32}$$

式中,Z_1,Z_2 为低压、高压情况下火焰厚度的修正系数。

为方便计算,取

$$Z_1 = Z_2 = 1 \tag{5.33}$$

将式(5.16)及式(5.31)代入式(5.32),得

$$L = \frac{1}{\rho_g} \left\{ \frac{\lambda_g (T_2 - T_s)}{[c(T_s - T_0) + Q_s] A e^{-E/R_0 T_g}} \right\}^{1/2} + \frac{\mu^{1/3}}{D_g^{1/2} \rho_g^{1/2} \rho_{H_2O}^{1/3}} \left[\frac{\lambda_g (T_2 - T_s)}{c(T_s - T_0) + Q_s} \right]^{1/2} =$$

$$\left[\frac{\lambda_g (T_2 - T_s)}{c(T_s - T_0) + Q_s} \right]^{1/2} \left[\frac{1}{\rho_g (A e^{-E/R_0 T_g})^{1/2}} + \frac{\mu^{1/3}}{D_g^{1/2} \rho_g^{1/2} \rho_{H_2O}^{1/3}} \right] \tag{5.34}$$

将式(5.34)代入能量守恒方程式(5.7)，得

$$\dot{m}\left[c\left(T_s-T_0\right)+Q_s\right]=$$

$$\lambda_g \cfrac{T_2-T_s}{\left[\cfrac{\lambda_g\left(T_2-T_s\right)}{c\left(T_s-T_0\right)+Q_s}\right]^{1/2}\left\{\cfrac{1}{\rho_g\left(Ae^{-E/R_0T_g}\right)^{1/2}}+\cfrac{\mu^{1/3}}{D_g^{1/2}\rho_g^{1/2}\rho_{H_2O}^{1/3}}\right\}} \tag{5.35}$$

化简，整理可得

$$\dot{m}=\frac{\lambda_g\left(T_2-T_s\right)}{c\left(T_s-T_0\right)+Q_s}\cfrac{1}{\left[\cfrac{\lambda_g\left(T_2-T_s\right)}{c\left(T_s-T_0\right)+Q_s}\right]^{1/2}\left\{\cfrac{1}{\rho_g\left(Ae^{-E/R_0T_g}\right)^{1/2}}+\cfrac{\mu^{1/3}}{D_g^{1/2}\rho_g^{1/2}\rho_{H_2O}^{1/3}}\right\}}=$$

$$\left[\frac{\lambda_g\left(T_2-T_s\right)}{c\left(T_s-T_0\right)+Q_s}\right]^{1/2}\cfrac{1}{\cfrac{1}{\rho_g\left(Ae^{-E/R_0T_g}\right)^{1/2}}+\cfrac{\mu^{1/3}}{D_g^{1/2}\rho_g^{1/2}\rho_{H_2O}^{1/3}}} \tag{5.36}$$

所以

$$\frac{1}{\dot{m}}=\left[\frac{c\left(T_s-T_0\right)+Q_s}{\lambda_g\left(T_2-T_s\right)}\right]^{1/2}\left[\frac{1}{\rho_g\left(Ae^{-E/R_0T_g}\right)^{1/2}}+\frac{\mu^{1/3}}{D_g^{1/2}\rho_g^{1/2}\rho_{H_2O}^{1/3}}\right] \tag{5.37}$$

根据质量守恒定律，有 $\dot{m}=\rho_p r$，取其倒数得 $1/r=(1/\dot{m})\rho_p$。经整理，可得

$$\frac{1}{r}=\frac{1}{\dot{m}}\rho_p=\rho_p\left[\frac{c\left(T_s-T_0\right)+Q_s}{\lambda_g\left(T_2-T_s\right)}\right]^{1/2}\left[\frac{1}{\rho_g\left(Ae^{-E/R_0T_g}\right)^{1/2}}+\frac{\mu^{1/3}}{D_g^{1/2}\rho_g^{1/2}\rho_{H_2O}^{1/3}}\right]=$$

$$\left[\frac{c\left(T_s-T_0\right)+Q_s}{\lambda_g\left(T_2-T_s\right)}\right]^{1/2}\frac{\rho_p}{\rho_g\left(Ae^{-E/R_0T_g}\right)^{1/2}}+\left[\frac{c\left(T_s-T_0\right)+Q_s}{\lambda_g\left(T_2-T_s\right)}\right]^{1/2}\frac{\rho_p\mu^{1/3}}{D_g^{1/2}\rho_g^{1/2}\rho_{H_2O}^{1/3}}=$$

$$\frac{\rho_p R_0 T_g}{pM}\left\{\frac{\left[c\left(T_s-T_0\right)+Q_s\right]}{\left[\lambda_g\left(T_2-T_s\right)\right]\left(Ae^{-E/RT_g}\right)}\right\}^{1/2}+$$

$$\frac{\rho_p\mu^{1/3}}{M^{1/2}M_{H_2O}^{1/3}}\left(\frac{R_0 T_g}{p}\right)^{5/6}\left\{\frac{\left[c\left(T_s-T_0\right)+Q_s\right]}{\left[\lambda_g\left(T_2-T_s\right)\right]D_g}\right\}^{1/2} \tag{5.38}$$

分子扩散系数 D_g 可写作

$$D_g=K_1\frac{T_g^{3/2}}{p} \tag{5.39}$$

将式(5.38)代入式(5.37)，则有

$$\frac{1}{r}=\frac{\rho_p R_0 T_g}{pM}\left\{\frac{\left[c\left(T_s-T_0\right)+Q_s\right]}{\left[\lambda_g\left(T_2-T_s\right)\right]\left(Ae^{-E/RT_g}\right)}\right\}^{1/2}+$$

$$\frac{\rho_p\mu^{1/3}}{M^{1/2}M_{H_2O}^{1/3}}\left(\frac{R_0 T_g}{p}\right)^{5/6}\left\{\frac{\left[c\left(T_s-T_0\right)+Q_s\right]}{\left[\lambda_g\left(T_2-T_s\right)\right]K_1\cfrac{T_g^{3/2}}{p}}\right\}^{1/2}=$$

$$\frac{\rho_p R_0 T_g}{pM}\left\{\frac{\left[c\left(T_s-T_0\right)+Q_s\right]}{\left[\lambda_g\left(T_2-T_s\right)\right]\left(Ae^{-E/R_0T_g}\right)}\right\}^{1/2}+$$

$$\frac{\rho_p\mu^{1/3}T_g^{1/12}}{p^{1/3}}\left(\frac{R_0}{M}\right)^{1/2}\left(\frac{R_0}{M_{H_2O}}\right)^{1/3}\left\{\frac{\left[c\left(T_s-T_0\right)+Q_s\right]}{\left[\lambda_g\left(T_2-T_s\right)\right]K_1}\right\}^{1/2}=$$

$$\frac{a}{p}+\frac{b}{p^{1/3}} \tag{5.40}$$

此方程即为铝冰低温固体推进剂的燃速方程。

　　其中：

$$a = \frac{\rho_p R_0 T_g}{M} \left\{ \frac{[c(T_s - T_0) + Q_s]}{[\lambda_g(T_2 - T_s)](A e^{-E/R_0 T_g})} \right\}^{1/2} \tag{5.41}$$

称作反应时间参数，它与二级反应速度成反比：

$$b = \frac{\rho_p \mu^{1/3} R_0^{5/6} T_g^{1/12}}{M^{1/2} M_{H_2O}^{1/3}} \left\{ \frac{[c(T_s - T_0) + Q_s]}{[\lambda_g(T_2 - T_s)] K_1} \right\}^{1/2} \tag{5.42}$$

称作扩散时间参数，它与微团的质量 μ 有关。

　　将式（5.40）改写成下式：

$$\frac{p}{r} = a + bp^{2/3} \tag{5.43}$$

　　对于推进剂的燃速公式，一般习惯用压强-燃速公式的形式表示。为了用指数形式表示式（5.40），应首先找出对应的关系。具体推导过程如下：

$$r = p(a + bp^{2/3})^{-1} \tag{5.44}$$

对 r 求一阶导数，即

$$\frac{\mathrm{d}r}{\mathrm{d}p} = p\left[-\frac{2}{3}bp^{-1/3}(a + bp^{2/3})^{-2}\right] + (a + bp^{2/3})^{-1} =$$

$$-\frac{2bp^{2/3}}{3(a + bp^{2/3})^2} + (a + bp^{2/3})^{-1} \tag{5.45}$$

　　根据压强指数的定义：

$$n = \frac{\mathrm{d}\ln r}{\mathrm{d}\ln p} = \frac{p}{r}\frac{\mathrm{d}r}{\mathrm{d}p} \tag{5.46}$$

将式（5.45）带入式（5.46），得

$$n = -\frac{p}{r}\frac{2bp^{2/3}}{3(a + bp^{2/3})^2} + \frac{p}{r}(a + bp^{2/3})^{-1} =$$

$$-\frac{2}{3}bp^{2/3}(a + bp^{2/3})^{-1} + 1 =$$

$$1 - \frac{2}{3}brp^{-1/3} \tag{5.47}$$

　　将式（5.44）带入式（5.47），得

$$n = 1 - \frac{2}{3}\frac{bp^{2/3}}{(a + bp^{2/3})} = 1 - \frac{2}{3}\left[\frac{a}{bp^{2/3}} + 1\right]^{-1} \tag{5.48}$$

5.4.3　铝冰低温固体推进剂 GDF 模型计算结果及分析

根据燃速公式的数学推导，利用自编程序计算并分析不同条件下铝冰低温固体推进剂的燃速特性。

1.计算初始参数

在使用 GDF 模型计算铝冰低温固体推进剂燃速之前,需给定以下一些初始参数,具体数值见表 5.7。

表 5.7 GDF 模型计算初始参数

燃烧室压强 p/MPa	$0.1\sim10$
铝冰低温固体推进剂的比热 $c_p/[\text{J}\cdot(\text{kg}\cdot\text{K})^{-1}]$	1 891.989
水燃比 α	$1:1$
氧化剂(冰)的密度 $\rho_o/(\text{kg}\cdot\text{m}^{-3})$	917.000
燃烧剂(纳米铝粉表面有氧化铝层)的密度 $\rho_f/(\text{kg}\cdot\text{m}^{-3})$	3 000.000
纳米铝粉颗粒粒径 d/m	8.000×10^{-8}
燃面气相导热系数 $\lambda_g/[\text{W}\cdot(\text{m}\cdot\text{K})^{-1}]$	1.412
装药初温 T_0/K	253.150
装药表面温度 T_s/K	1 000.000
最终火焰温度 T_f/K	2 800.000
单位质量推进剂在溶解、升华过程中所吸收的热量 $Q_s/(\text{J}\cdot\text{kg}^{-1})$	1.520×10^6
铝冰化学反应的反应活化能 $E/(\text{J}\cdot\text{mol}^{-1})$	5.300×10^5
阿累尼乌斯公式指前因子 $A/(\text{m}^3\cdot(\text{mol}\cdot\text{s})^{-1})$	1.140×10^6
铝冰固体推进剂的相对分子质量 M	22.255
分子扩散系数中的常数 K_1	4.807×10^{-6}

根据铝水化学反应平衡方程式(5.49)可知铝与水恰好完全反应时质量比为 $1:1$。为保证 GDF 模型中纳米铝粉与水恰好完全反应,因此,铝冰低温固体推进剂水燃比采用化学当量比 $1:1$。对于铝冰低温固体推进剂这种双组元推进剂,根据推进剂中各组元质量分数与比热的乘积来计算推进剂的比热容,具体计算公式如式(5.46)所示。

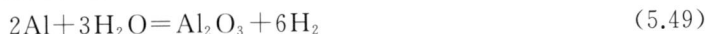

$$2Al+3H_2O=Al_2O_3+6H_2 \tag{5.49}$$
$$c_p=\omega_1 c_{p1}+\omega_2 c_{p2} \tag{5.50}$$

式中,c_p,c_{p1} 和 c_{p2} 为推进剂的比热容、水的比热容和铝颗粒的比热容,单位:$\text{J}\cdot(\text{kg}\cdot\text{K})^{-1}$;$w_1$,$w_2$ 为铝冰固体推进剂中水与铝颗粒的质量分数。

为了全面分析较宽压强范围内压强对铝冰低温固体推进剂燃速的影响,给定的压强范围为 $0.1\sim10$ MPa。在此范围内,将压强平均分成一百份,即压强从 0.1 MPa 开始以一个大气压的大小递增,得到不同压强条件下的燃速和压强指数值,以此来分析不同压强下的燃速规律。

表 5.8　铝在水蒸气气氛中燃烧的主要反应

序　号		反　应	$A/[\text{m}^3\cdot(\text{mol}\cdot\text{s})^{-1}]$	n	$E/(\text{J}\cdot\text{mol}^{-1})$
1	界面	$\text{Al(l)} \rightarrow \text{Al(g)}$	—	—	—
2	反应	$\text{Al(l)} + \text{AlO(g)} \rightarrow \text{Al}_2\text{O(g)}$	—	—	—
3		$\text{Al} + \text{O}_2 \rightarrow \text{AlO} + \text{O}$	9.72×10^7	0	671.79
4		$\text{Al} + \text{O} + \text{M} \rightarrow \text{AlO} + \text{M}$	3.0×10^{11}	-1	0.00
5		$\text{AlO} + \text{O}_2 \rightarrow \text{AlO}_2 + \text{O}$	4.62×10^8	0	83 520.78
6		$\text{Al}_2\text{O}_3 \rightarrow \text{Al}_2\text{O}_2 + \text{O}$	3.0×10^9	0	410 129.96
7		$\text{Al}_2\text{O}_3 \rightarrow \text{AlO}_2 + \text{AlO}$	3.0×10^9	0	533 399.54
8		$\text{Al}_2\text{O}_2 \rightarrow \text{AlO} + \text{AlO}$	1.0×10^9	0	495 180.00
9	气相	$\text{Al}_2\text{O}_2 \rightarrow \text{Al} + \text{AlO}_2$	1.0×10^9	0	625 380.00
10	反应	$\text{Al}_2\text{O}_2 \rightarrow \text{Al}_2\text{O} + \text{O}$	1.0×10^9	0	437 849.75
11		$\text{AlO}_2 \rightarrow \text{AlO} + \text{O}$	1.0×10^9	0	371 909.41
12		$\text{Al}_2\text{O} \rightarrow \text{AlO} + \text{Al}$	1.0×10^9	0	559 439.75
13		$\text{AlOH} \rightarrow \text{AlO} + \text{H}$	1.0×10^9	0	481 740.00
14		$\text{AlOH} \rightarrow \text{Al} + \text{OH}$	1.0×10^9	0	554 400.00
15		$\text{Al} + \text{H}_2\text{O} \rightarrow \text{H} + \text{AlOH}$	1.0×10^9	0	3 695.16
16		$\text{Al} + \text{H}_2\text{O} \rightarrow \text{AlO} + \text{H}_2$	1.14×10^6	0	23 940.00
17		$\text{O} + \text{O} + \text{M} \rightarrow \text{O}_2 + \text{M}$	6.17×10^7	-0.5	0.00
18	裂解 反应	$\text{Al}_2\text{O}_3\text{(l)} \rightarrow \text{AlO} + \text{O}_2$	—	—	—
19		$\text{AlO} + \text{O}_2 \rightarrow \text{Al}_2\text{O}_3\text{(l)}$	—	—	—
20		$\text{AlO} + \text{H}_2\text{O} \rightarrow \text{Al}_2\text{O}_3\text{(l)} + \text{H}_2$	—	—	—
21	凝聚	$\text{Al}_2\text{O} + \text{O}_2 \rightarrow \text{Al}_2\text{O}_3\text{(l)}$	—	—	—
22	反应	$\text{Al}_2\text{O} + \text{H}_2\text{O} \rightarrow \text{Al}_2\text{O}_3\text{(l)} + \text{H}_2$	—	—	—
23		$\text{AlO}_2 + \text{AlO} \rightarrow \text{Al}_2\text{O}_3\text{(l)} + \text{O}_2$	—	—	—
24		$\text{Al}_2\text{O}_3 \rightarrow \text{Al}_2\text{O}_3\text{(l)}$	—	—	—

　　铝冰低温固体推进剂的燃烧反应的本质实际上是纳米铝颗粒与水蒸气发生化学反应,然而,到目前为止,对于铝冰化学反应总反应式(5.40)的化学反应活化能 E 与指前因子 A 仍没有定值。根据参考文献[49],得到铝在水蒸气氛围中燃烧时各分级反应的反应活化能 E 与指前因子 A,见表 5.8。铝水化学反应速度为

$$k = AT^n \exp(-E/RT)$$

　　为了简化计算,假设铝与水蒸气的总反应为零级反应,则化学反应速度

$$k = A \exp(-E/RT)$$

　　通过计算发现在各分级反应中,若给定燃烧室温度,函数 $\exp(-E/RT)$ 的值在 0.96 附近波动,因此化学反应速度主要受到指前因子的影响。取

$$\exp(-E/RT) = 0.96$$

得到铝水反应的化学反应活化能

$$E = 5.30 \times 10^5 \text{ J} \cdot \text{mol}^{-1}$$

对照表 5.2 中各分级反应指前因子 A 的值,并对铝与水蒸气反应进行总体考虑,发现氧对铝的燃烧反应以及 Al_2O_2 和 Al_2O_3 的构成有着重要影响,从而影响铝颗粒在水蒸气中的燃烧反应。因此,指前因子 A 的值取这几个化学反应方程中的最小值,即

$$A = 1.14 \times 10^6 \, \mathrm{m^3 \cdot (mol \cdot s)^{-1}}$$

2. 铝冰低温固体推进剂燃速计算结果分析

基于前面给定的初始条件以及 GDF 模型的燃速推导公式,计算得到多种不同条件下,铝冰低温固体推进剂燃速随压强的变化关系,进而研究不同因素对燃速规律变化的影响。

(1)计算结果与实验结果对比分析。图 5.12 和图 5.13 分别给出了初温为 253.15 K,水燃比为 1∶1 条件下(试验推进剂配方中的比例也是 1∶1),通过实验数据拟合(Experiment)与理论计算(Calculation)得到的燃速压强曲线对比关系。其中,由实验数据拟合的燃速曲线是根据燃速测量实验中得到的燃速数据,经过最小二乘法处理得到的;通过理论计算得到燃速公式为

$$r = 10.647 p^{0.434} \ \mathrm{mm \cdot s^{-1}}$$

由实验数据拟合得到的燃速公式为

$$r = 8.606 p^{0.531} \ \mathrm{mm \cdot s^{-1}}$$

从图 5.12 中可以看出,随着压强从 0 逐渐增大到 2 MPa,理论燃速值与实验燃速值之间的差值由 1.377 mm $\cdot$ s^{-1} 增大为 1.951 mm $\cdot$ s^{-1};当压强大于 2 MPa 时,理论燃速值与实验燃速值之间的差值随着压强的增大而逐渐减小。分析认为,压强由 0 增加至 2 MPa 的过程为铝冰低温固体推进剂燃烧的建立过程,在这个阶段会出现燃烧不完全,燃烧不稳定的现象。当压强大于 2 MPa 时,认为稳定的燃烧已经逐步建立,推进剂进入正常燃烧状态,这时,随着压强的升高,实验燃速值逐渐向理论燃速值接近。同时,从图 5.13 中看出,两条燃速压强曲线的斜率不一致,这是由于直线的斜率代表燃速压强指数,理论计算的燃速压强指数为 0.434 比由实验得到的燃速压强指数 0.531 要小,导致两条燃速曲线的斜率不一致。整体上看,在整个压强范围内,随着压强的增大,二者之间的燃速差(同一压强下)越来越小,燃速相差的值最大不超过 2.000 mm $\cdot$ s^{-1}。通过对比各个压强点的实验燃速值,发现理论计算的燃速与实验相符合的较好,这说明,由理论计算得到的燃速曲线是合理的,GDF 模型可以用来对铝冰低温固体推进剂的燃速特性进行分析。

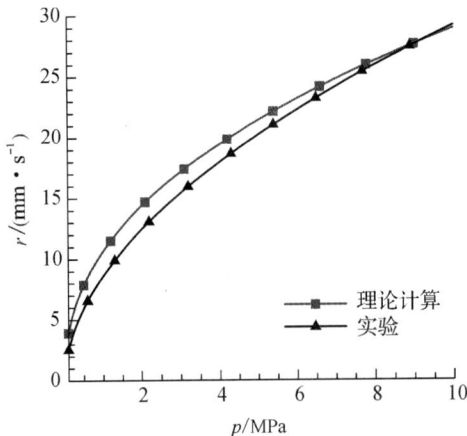

图 5.12　理论计算燃速与实验燃速对比　　图 5.13　对数坐标系下理论燃速与实验燃速对比

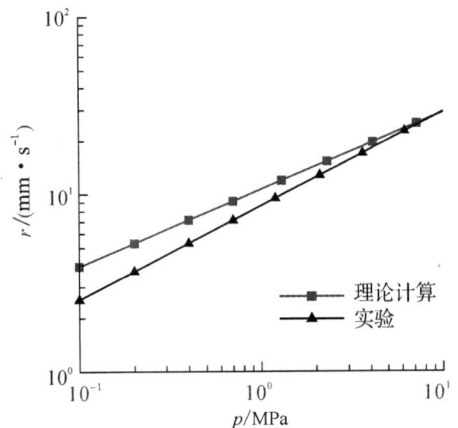

（2）密度变化对燃速压强曲线的影响。图 5.14 给出了铝冰低温固体推进剂的密度变化对燃速压强曲线的影响关系。研究密度变化对燃速的影响，主要是在燃烧模型计算过程中，其他参数的变化将影响铝冰低温固体推进剂密度的变化，而通过理论计算得到的铝冰低温固体推进剂密度与实验测量的密度又有一定的差别。其中，理论计算得到的密度值为 1 380.409 kg·m^{-3}，实验测量的密度值为 1 447.054 kg·m^{-3}，文献查阅得到的密度值为 1 600.000 kg·m^{-3}。从图 5.14 中可以看出，同一压强下燃速随着密度的增大而减小，密度变化的幅度越大，燃速的改变量越大。而从图 5.14 中的燃速曲线平行，以及表 5.9 中的压强指数不变可以看出，密度的变化只会引起燃速系数的变化，对压强指数没有影响。由表 5.9 中燃速系数的变化可以看出，燃速系数随着密度的增大而减小，燃速系数减小的幅度与密度减小的幅度成正比。

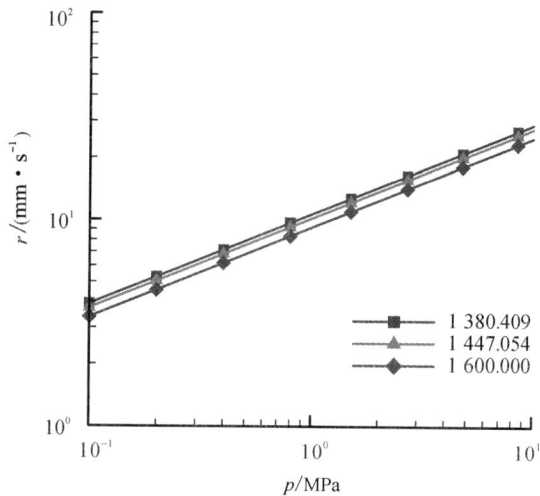

图 5.14　密度变化对燃速压强曲线的影响

表 5.9　密度变化对燃速系数和压强指数的影响

密度 ρ_p/(kg·m^{-3})	燃速系数 a/[mm·(MPa^n·s)$^{-1}$]	压强指数 n
1 380.409	10.647	0.434
1 447.054	10.157	0.434
1 600.000	9.186	0.434

（3）比热容变化对燃速压强曲线的影响。根据 5.2 节 GDF 模型数学推导，得出铝冰低温固体推进剂燃速压强指数的表达式为

$$n = 1 - \frac{2}{3} \left[\frac{R_0^{1/6} T_g^{11/12} K_1^{1/2}}{\mu^{1/3} M^{1/6} \left[A e^{-E/R_0 T_g} \right]^{1/2} p^{2/3}} + 1 \right]^{-1} \tag{5.51}$$

由式（5.51）中可以看出，只有铝冰低温固体推进剂燃烧时表面温度、微团质量以及指前因子的变化会引起压强指数的变化。

对于铝冰低温固体推进剂的真实比热容值还无法确定，只能通过计算得到推进剂的比热容。选取的推进剂配方为水燃比 1∶1 的化学当量比配方。因此，利用求平均数的方法来求铝冰低温固体推进剂的比热容,从而分析比热变化对燃速的影响。

1)

$$c_{\text{p}} = \frac{2c_{\text{p1}}c_{\text{p2}}}{c_{\text{p1}} + c_{\text{p2}}} = 1\,598.576\ \text{J} \cdot (\text{kg} \cdot \text{K})^{-1} \tag{5.52}$$

2)

$$c_{\text{p}} = \sqrt{c_{\text{p1}}c_{\text{p2}}} = 1\,739.106\ \text{J} \cdot (\text{kg} \cdot \text{K})^{-1} \tag{5.53}$$

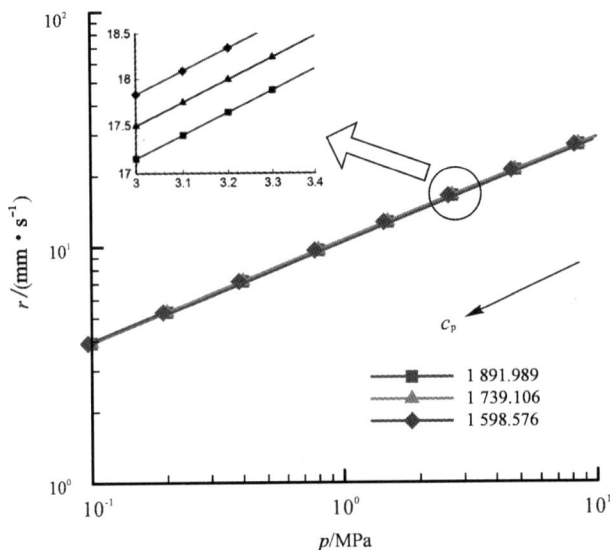

图 5.15　比热变化对燃速压强曲线的影响

表 5.10　比热变化对燃速系数和压强指数的影响

比热容 $c_{\text{p}}/[\text{J} \cdot (\text{kg} \cdot \text{K})^{-1}]$	燃速系数 $a/[\text{mm} \cdot (\text{MPa}^n \cdot \text{s})^{-1}]$	压强指数 n
1 598.576	11.068	0.434
1 739.106	10.860	0.434
1 891.989	10.647	0.434

　　基于式(5.50)、式(5.51)和式(5.52)计算得到的推进剂比热,代入燃烧模型中进行计算,得到三种不同比热条件下,铝冰低温固体推进剂燃速随压强的变化关系,如图 5.15 所示。表 5.10 则给出了比热变化对燃速系数和压强指数的影响关系。

　　从图 5.15 中看出,三条燃速曲线呈平行状态,表明铝冰低温固体推进剂比热的变化影响的只是燃速系数,而不影响压强指数。这种现象与前面的分析和表 5.10 中列出的燃速系数和压强指数相对应。同一压强下,燃速随着比热的减小而增大。燃速增大的幅度与比热减小的幅度成正比。结合表 5.10 可以看出,比热的变化主要影响燃速系数,不影响压强指数的变化。燃速系数随着比热的减小而增大是导致推进剂燃速随着比热变化而变化的主要因素。

　　(4)推进剂燃烧时表面温度变化对燃速压强曲线的影响。图 5.16 给出了铝冰低温固体推进剂燃烧时表面温度变化对燃速压强曲线的影响。表 5.11 给出了推进剂燃烧时表面温度变化对燃速系数和压强指数的影响。由图中可以看出,随着推进剂表面温度的升高,同一压强下燃速减小,相邻燃速基本成等值变化;四条燃速压强曲线呈平行状态,表明推进剂表面温度的变化对燃速压强指数没有影响或影响很小。由表 5.11 可以看出,随着表面温度的升高,燃速系数逐渐减小,压强指数的变化较小。随着温度由 900 K 升高到 1 200 K,表面温度每改变 100 K,燃速系数的变化量由 0.760 mm · $(MPa^n · s)^{-1}$ 减小到 0.665 mm · $(MPa^n · s)^{-1}$,压强指数只改变了 0.002,表明随着推进剂表面温度的升高,燃速系数的变化量逐渐减小,而压强指数的变化量较小,基本可以忽略不计;可以认为推进剂表面温度的变化并不影响燃速压强指数,只会小幅度改变燃速系数,导致燃速改变。

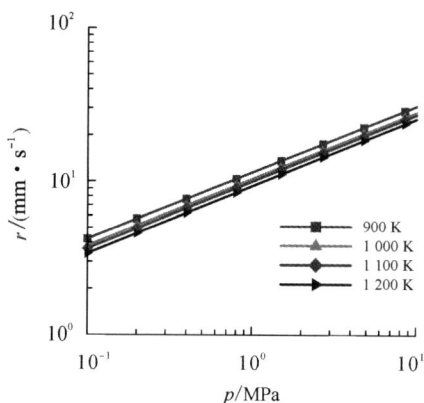

图 5.16　推进剂燃烧时表面温度变化对燃速压强曲线的影响

表 5.11　推进剂燃烧时表面温度变化对燃速系数和压强指数的影响

表面温度 T_s/K	燃速系数 a/$[mm · (MPa^n · s)^{-1}]$	压强指数 n
900.000	11.411	0.432
1 000.000	10.647	0.434
1 100.000	9.940	0.436
1 200.000	9.282	0.438

　　(5)火焰温度变化对燃速压强曲线的影响。图 5.17 给出了推进剂燃烧火焰温度变化对燃速压强曲线的影响。表 5.12 给出了推进剂燃烧火焰温度变化对燃速系数和压强指数的影响。从图中可以看出,随着温度的升高,同一压强下燃速增大,温度每变化 100 K 燃速的改变量基本保持不变;同时,四条燃速压强曲线近似呈平行关系。从表 5.12 中燃速系数和压强指数的值可以看出,随着温度从 2 500 K 升高至 2 800 K,燃速系数和压强指数均逐渐增大;温度每变化 100 K,燃速系数变化值从 0.239 mm · $(MPa^n · s)^{-1}$ 变化到 0.203 mm · $(MPa^n · s)^{-1}$,压强指数每次改变 0.002。表明火焰温度越高,燃速系数变化幅度越小,压强指数则基本以一个稳定的数值递增,但是,在一定范围内,压强指数的变化幅度不大,基本可以忽略不计。因此可以认为,最终火焰温度的变化主要影响燃速系数的大小,对压强指数的大小基本不影响。

表 5.12　火焰温度变化对燃速系数和压强指数的影响

表面温度 T_s/K	燃速系数 a/[mm·(MPa^n·s)$^{-1}$]	压强指数 n
2 500.000	9.990	0.428
2 600.000	10.222	0.430
2 700.000	10.441	0.432
2 800.000	10.647	0.434

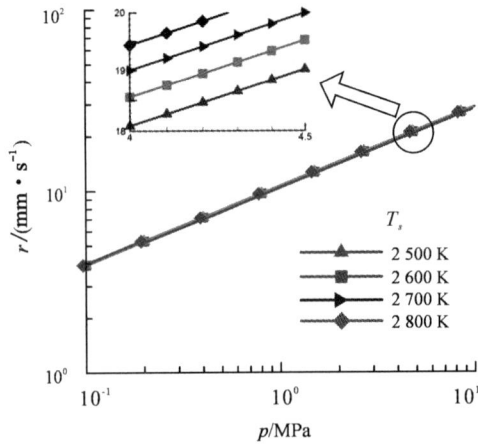

图 5.17　火焰温度变化对燃速压强曲线的影响

（6）导热系数变化对燃速压强曲线的影响。铝冰低温固体推进剂的导热系数的具体值,至今还没有经过任何实验测量获得。对于铝冰低温固体推进剂这种由纳米铝粉与冰混合的双组元推进剂,为了方便研究这种混合物的导热系数,可以将推进剂看作是一种以纳米铝粉为骨架的多孔介质,而冰则填充于多孔介质的空隙。由于铝的导热系数远远大于冰的导热系数,因此,在分析混合物的导热系数时认为由冰填充的空隙是绝热的。根据这种假设,就可得到铝冰低温固体推进剂的导热系数计算公式为

$$\lambda_m = \lambda_p e^{-1.5\Phi_f/(1-\Phi_f)} \tag{5.54}$$

式中,ϕ 为氧化剂冰或水体积分数;f 为液体、流体;m 为混合物;λ_p 为纳米铝粉的导热系数,W/(m·K)。具体表达式如下:

$$\lambda_p = \frac{\lambda_{Al}^2 R}{(r-R)[2\lambda_{Al}\ln a - 2\lambda_{ox}\ln a - (\lambda_{Al}^2/\lambda_{ox})] + r\lambda_{Al}} \tag{5.55}$$

其中,

$$a = \frac{b - \lambda_{Al}R}{b - \lambda_{Al}(R-r)} \tag{5.56}$$

$$b = 2(R-r)\lambda_{ox} + 2r\lambda_{Al} \tag{5.57}$$

式中,R 为纳米铝颗粒半径,单位:nm;r 为纳米铝颗粒内部活性铝的半径,单位:nm。

为方便计算,将铝冰低温固体推进剂液相区(即纳米铝粉与液态水混合的区域)的导热系

数作为整个燃烧过程的导热系数。利用式(5.54)、式(5.55)、式(5.56)以及式(5.57)计算出推进剂的导热系数为 $1.412 \; W \cdot (m \cdot K)^{-1}$。

对于双组元混合物的导热系数的计算,还可以采用经典的 Maxwell 模型。这个模型可用于计算固体颗粒与液体形成的混合物的导热系数。因此,在计算推进剂液相区导热系数时,可以采用这个模型。计算公式为

$$\lambda_{eff} = \lambda_m \left[1 + \frac{3(\alpha_0 - 1)V}{(\alpha_0 + 2) - (\alpha_0 - 1)V} \right] \tag{5.58}$$

式中,λ_{eff} 为混合物的导热系数,单位:$W \cdot (m \cdot K)^{-1}$;λ_m 为液体的导热系数,单位 $W \cdot (m \cdot K)^{-1}$;α_0 为固体颗粒导热系数与液体导热系数的比值;V 为固体颗粒的体积分数。

基于式(5.58)计算得到推进剂的导热系数为 $1.429 \; W \cdot (m \cdot K)^{-1}$。根据这两种模型计算的导热系数值相差不大,为更好分析导热系数对燃速压强曲线的影响,在这两种导热系数的前后又取两组导热系数值,即 $1.200 \; W \cdot (m \cdot K)^{-1}$ 和 $1.600 \; W \cdot (m \cdot K)^{-1}$。基于这四组不同的导热系数,根据 GDF 模型计算得到导热系数变化对燃速压强曲线的影响关系,如图 5.18 所示。

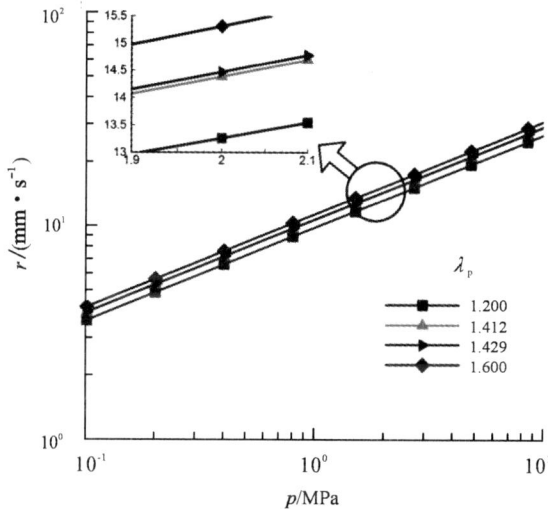

图 5.18　导热系数变化对燃速压强曲线的影响

表 5.13　导热系数变化对燃速系数和压强指数的影响

导热系数 $\lambda_g / (W \cdot (m \cdot K)^{-1})$	燃速系数 $a / [mm \cdot (MPa^n \cdot s)^{-1}]$	压强指数 n
1.200	9.815	0.434
1.412	10.647	0.434
1.429	10.711	0.434
1.600	11.333	0.434

从图 5.18 中可以看出,随着导热系数的增大,同一压强下的燃速逐渐增大,并且导热系数改变得越厉害,燃速的变化量越大。这是因为推进剂导热系数越大,热量传递速度越快,未反应区在较短的时间内迅速升温至反应温度,从而加速了反应的进行,引起推进剂燃速的增大。从图中四条曲线呈平行关系,并对比表 5.13 给出的导热系数变化对燃速系数和压强指数的影响关系可以看出,导热系数的变化并不会影响燃速压强指数,只会影响燃速系数。即燃速系数随着导热系数的增大而增大,而导热系数的变化量与燃速系数的改变量成正相关的关系,即导热系数改变量越大,燃速系数变化越大。

(7)纳米铝颗粒钝化程度对燃速压强曲线的影响。为了防止纳米铝粉在储存过程中,活性铝被氧化,一般将对纳米铝粉的外表面进行处理。常用的方法有钝化处理和棕榈酸包覆两种方法。实验中使用的是经过钝化处理的纳米铝粉,即铝颗粒表面覆盖一层氧化铝。而氧化铝层的厚度不一样,纳米铝颗粒的稳定性就不一样,氧化铝层越厚,纳米铝粉在空气中越稳定,铝粉内部的活性铝越不容易被周围的氧化物氧化。为了研究纳米铝粉中活性铝含量对铝冰固体推进剂燃速性能的影响,使用钝化程度来表征纳米铝粉氧化的完善程度,利用纳米铝颗粒中氧化铝的质量分数来表征钝化程度的大小。因此,钝化程度越大,表示纳米铝粉中氧化铝含量越高,活性铝含量越低;反之则表示纳米铝粉中活性铝含量越高,氧化铝含量越低。同时,可认为所有的纳米铝颗粒表面都被氧化铝均匀包覆,稳定性一致,钝化程度对铝颗粒的稳定性影响很小。

下面分析钝化程度对各物性参数的影响。

1)推进剂中含有三种成分,即氧化铝、铝和水(这里铝冰低温固体推进剂的配比为水与纳米铝颗粒的质量比为 $1:1$)。因此,各组分的质量分数为

$$\alpha_{Al_2O_3} = \frac{\beta}{2} \tag{5.59}$$

$$\alpha_{H_2O} = 0.5 \tag{5.60}$$

$$\alpha_{Al} = \frac{1-\beta}{2} \tag{5.61}$$

式中, β 为纳米铝颗粒中氧化铝的质量分数。

2)推进剂的比热容:

$$c_P = \alpha_{Al} c_{Al} + \alpha_{H_2O} c_{H_2O} + \alpha_{Al_2O_3} c_{Al_2O_3} \tag{5.62}$$

3)推进剂的密度:

$$\rho_P = \frac{1}{\alpha_{H_2O}/\rho_{ICE} + \alpha_{Al}/\rho_{Al} + \alpha_{Al_2O_3}/\rho_{Al_2O_3}} \tag{5.63}$$

4)相对分子质量的变化:

$$M = \frac{1}{\alpha_{H_2O}/18 + \alpha_{Al}/27 + \alpha_{Al_2O_3}/102} \tag{5.64}$$

5)相变吸热量的影响:

$$Q_s = \alpha_{H_2O}(Q_{ICE} + Q_{H_2O}) + \alpha_{Al} Q_{Al} + \alpha_{Al_2O_3} Q_{Al_2O_3} \tag{5.65}$$

6)导热系数的影响:

根据式(5.65)计算导热系数。

表 5.14　钝化程度改变对物性参数的影响

钝化程度	10%	11%	12%	13%
推进剂密度 $\rho_P/(kg \cdot m^{-3})$	1 380.409	1 381.557	1 382.707	1 380.409
相对分子质量 M	22.255	22.322	22.390	22.459
比热 $c/[J \cdot (kg \cdot K)^{-1}]$	1 891.989	1 892.394	1 892.799	1 893.204
最终火焰温度 T_2/K	2 800.000	2 750.000	2 700.000	2 650.000
推进剂相变吸热 $Q_s/(J \cdot kg^{-1})$	1.525×10^6	1.528×10^6	1.532×10^6	1.535×10^6
导热系数 $\lambda_g/[W \cdot (m \cdot K)^{-1}]$	1.412	1.342	1.276	1.215

　　表 5.14 给出了纳米铝颗粒钝化程度对物性参数的影响。基于表 5.14 中的物性参数计算得到钝化程度不同情况下,燃速随压强的变化规律,如表 5-15 及图 5.19 所示。

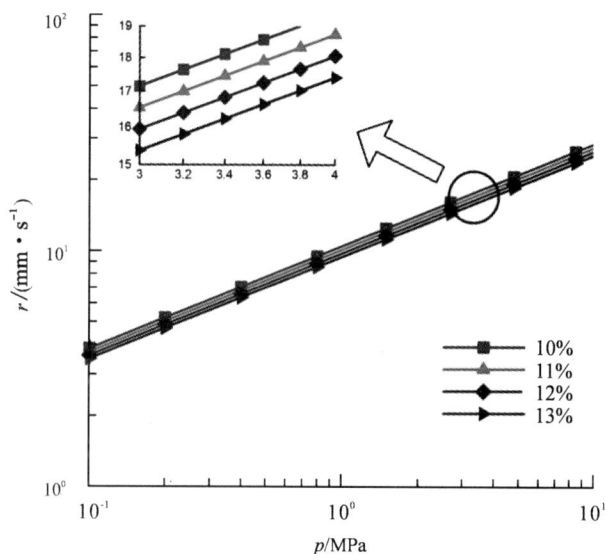

图 5.19　钝化程度不同对燃速压强曲线的影响

表 5.15　钝化程度对燃速系数和压强指数的影响

钝化程度/(%)	燃速系数 $a/[mm \cdot (MPa^n \cdot s)^{-1}]$	压强指数 n
10	10.647	0.434
11	10.277	0.433
12	9.919	0.432
13	9.576	0.431

　　从表 5.15 中可以看出,随着铝颗粒中氧化铝含量的增加,推进剂的密度、相对分子质量、

比热以及推进剂相变吸热量等参数的值会增大,而燃烧室的温度与导热系数等参数的值会减小。

从图 5.19 中可以看出,同一压强下的燃速随着钝化程度的加剧而减小,但是图中的燃速直线都近似地互相平行,表明钝化程度的改变对压强指数的影响很小。从表 5.15 中不同钝化程度对应的燃速系数和压强指数的关系可以看出,随着铝颗粒中越来越多的铝被氧化,燃速系数和压强指数会相应地减小;钝化程度每改变 1%,燃速系数改变了约 0.36 mm・$(MPa^n \cdot s)^{-1}$,压强指数则改变了 0.001。这样微小的改变基本可以忽略不计。综上所述,钝化程度的改变主要改变了燃速系数,基本上不影响压强指数的大小,燃速随压强的变化关系仍然服从维耶里关系。

(8)水燃比变化对燃速压强曲线的影响。铝冰低温固体推进剂中水燃比是指推进剂中氧化剂水与燃烧剂纳米铝粉的质量。研究不同水燃比条件下,燃速的变化规律具有很大的实际意义。下面分析由水燃比变化引起的物性参数的变化规律,取单位质量(1 kg)的铝冰低温固体推进剂作为研究对象。

1)铝冰低温固体推进剂中各组分的质量分数(即推进剂中各组分的质量占推进剂总质量的百分比),纳米铝粉钝化 10%,计算公式如下。

①冰的质量分数:

$$m_{ICE} = \frac{\alpha}{1+\alpha} \tag{5.66}$$

②铝的质量分数:

$$m_{Al} = \frac{0.9}{1+\alpha} \tag{5.67}$$

③氧化铝的质量分数:

$$m_{Al_2O_3} = \frac{0.1}{1+\alpha} \tag{5.68}$$

式中,α 为铝冰低温固体推进剂中的水燃比。

2)推进剂的比热容。

在铝冰低温固体推进剂中,经计算可得铝的平均比热容和水的平均比热,则按照两种组分的质量分数来计算推进剂的比热容,即

$$c = m_{ICE} \cdot c_{ICE} + m_{Al} c_{Al} + m_{Al_2O_3} \cdot c_{Al_2O_3} \tag{5.69}$$

式中,c_{ICE},c_{Al} 和 $c_{Al_2O_3}$ 为冰、铝和氧化铝的比热,单位:$J \cdot (kg \cdot K)^{-1}$;

3)推进剂的密度:

$$\rho_p = \frac{1}{m_{ICE}/\rho_{ICE} + m_{Al}/\rho_{Al} + m_{Al_2O_3}/\rho_{Al_2O_3}} \tag{5.70}$$

式中,ρ_{ICE},ρ_{Al} 和 $\rho_{Al_2O_3}$ 为冰、铝和氧化铝的密度,单位:$kg \cdot m^{-3}$。

4)相对分子质量的变化:

$$M = \frac{1}{m_{ICE}/M_{ICE} + m_{Al}/M_{Al} + m_{Al_2O_3}/M_{Al_2O_3}} \tag{5.71}$$

式中,M_{ICE},M_{Al} 和 $M_{Al_2O_3}$ 为冰、铝和氧化铝的相对分子质量。

5)相变吸热量的影响:

$$Q_s = m_{ICE}(Q_{ICE} + Q_{H_2O}) + m_{Al}Q_{Al} + m_{Al_2O_3}Q_{Al_2O_3} \tag{5.72}$$

式中,Q_{ICE}为冰的溶解热,单位:$J \cdot kg^{-1}$;Q_{H_2O}为水的气化潜热,单位:$J \cdot kg^{-1}$;Q_{Al}为铝的溶解热,单位:$J \cdot kg^{-1}$;$Q_{Al_2O_3}$为氧化铝的溶解热,单位:$J \cdot kg^{-1}$。

6)燃烧室温度的影响。

根据铝水化学反应 $2Al+3H_2O \rightarrow Al_2O_3 + 3H_2$,可以看出,当水燃比为1时,铝和水刚好完全反应,此时推进剂放出的热量最多,燃烧室的温度最高;当水燃比不为1时,推进剂中总有一部分的水或铝不参加反应,而纯吸收热量,导致燃烧室温度降低。

7)导热系数的影响。

根据式(5.55)计算不同水燃比条件下的导热系数值。

8)微团质量的计算。

根据式(5.72)计算水燃比不同情况下,微团的质量:

$$\mu = \frac{\alpha \rho_{Al_2O_3} \rho_{Al} d^3}{\rho_{Al}\beta + \rho_{Al_2O_3}(1-\beta)} \tag{5.73}$$

表 5.16　水燃比变化对物性参数的影响

水燃比 α	0.8	0.9	1.0	1.1	1.2
推进剂密度 $\rho_p/(kg \cdot m^{-3})$	1 462.531	1 418.128	1 380.409	1 347.971	1 319.777
相对分子质量 M	22.855	22.535	22.255	22.007	21.786
推进剂比热 $C_p/[J \cdot (kg \cdot K)^{-1}]$	1 809.203	1 852.775	1 891.989	1 927.469	1 959.723
最终火焰温度 T_2/K	2 700.000	2 750.000	2 800.000	2 700.000	2 600.000
推进剂相变吸热 $Q_s/(J \cdot kg)^{-1}$	1.406×10^6	1.469×10^6	1.525×10^6	1.576×10^6	1.622×10^6
导热系数 $\lambda_g/[W \cdot (m \cdot K)^{-1}]$	3.281	2.145	1.412	0.929	0.619
微团质量 μ/kg	1.143×10^{-18}	1.286×10^{-18}	1.429×10^{-18}	1.572×10^{-18}	1.715×10^{-18}

表5.16给出了水燃比变化对物性参数的影响。从表5.16中可以看出,随着水燃比的增大,铝冰低温固体推进剂的密度、相对分子质量以及导热系数都减小,而推进剂的比热、单位质量推进剂升华蒸发吸收的热量以及微团的质量都随之增大。这是因为随着水燃比的增大,推进剂中水的质量分数增大,铝和氧化铝的质量分数减小。同时,铝和氧化铝的比热、密度、相对分子质量、导热系数都比水大,导致推进剂的密度、相对分子质量以及导热系数都减小;而铝和氧化铝比热、单位质量推进剂升华蒸发吸收的热量比水小,致使推进剂对应的参数变大。

基于表5.16中的物性参数计算得到水燃比不同条件下,燃速随压强的变化规律,如图5.20所示。从图5.20中可以看出,随着水燃比从0.8增大至1.2,同一压强下,燃速减小,5条燃速压强曲线近似呈平行关系,且相邻两条平行线的距离基本一致,表明水燃比的变化对压强指数的影响不大,较大幅度地改变了燃速值。结合表5.17给出的燃速系数压强指数受水燃比的影响关系,可以看出,水燃比每改变0.1,燃速系数的改变值由 3.5 mm $\cdot$ (MPa$^n \cdot$ ℃ $\cdot$ s)$^{-1}$ 减小到1.8 mm $\cdot$ (MPa$^n \cdot$ ℃ $\cdot$ s)$^{-1}$,压强指数的改变由 0.002 增大到 0.004。表明随着水燃比的增大,燃速系数改变的幅度减小,压强指数变化的幅度却在增大。

表 5.17 水燃比变化对燃速系数压强指数的影响

水燃比 α	燃速系数 a/[mm·(MPa^n·℃·s)$^{-1}$]	压强指数 n
0.8	16.631	0.438
0.9	13.272	0.436
1.0	10.647	0.434
1.1	8.307	0.430
1.2	6.520	0.426

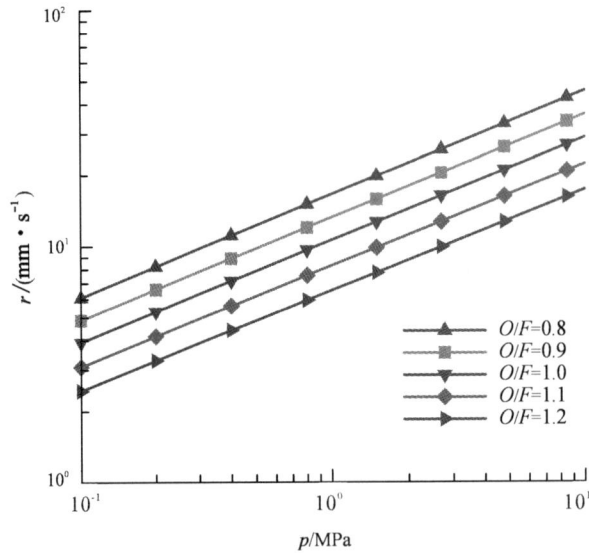

图 5.20 水燃比变化对燃速压强曲线的影响

结合图 5.20 和表 5.17 发现,给定压强下,当水燃比为 1 时,并不是推进剂燃速达到最大值的时候,燃速随着水燃比的增大而减小,这种现象与其他推进剂的燃速规律不一致,其他推进剂当氧燃比为化学当量比时,燃速最大。造成这种现象的原因是其他类别的推进剂的产物基本上全是气体,而燃烧剂或氧化剂在高温高压条件下都会形成气体,离开推进剂的表面,不影响推进剂的燃烧。铝冰低温固体推进剂在燃烧过程中,当水燃比小于 1 时,推进剂中水少铝多,铝的导热系数是水的数百倍,导致推进剂的导热系数比水燃比为 1 的推进剂大,单位质量推进剂蒸发升华吸收的热量却减小,有利于反应热反馈回固相区,加速推进剂的导热,从而提高推进剂燃烧的速度;然而由于过多的铝粉不参与反应,在实际发动机工作中,这些多余的铝粉只会吸收热量而不会产生任何能量,并且会在发动机内凝聚沉积,使发动机的试验后质量增加。因此,水燃比小于 1 的情况在实际发动机使用时是不会考虑的,没有实际应用价值。当水燃比大于 1 时,随着水燃比的增加,推进剂中水越来越多,纳米铝粉的含量却越来越少,这就导致推进剂的导热系数减小,单位质量推进剂蒸发升华吸收的热量却增加,推进剂中传热速率大大减小,延缓推进剂的反应速度,从而降低推进剂的燃烧速度。

(9)铝粉粒径对燃速压强曲线的影响。在实际应用中,为保证推进剂可以长期贮存,并且在贮存或制造过程中纳米铝粉足够稳定,不会与周围的氧化剂发生氧化反应,实验使用的纳米铝粉都经过钝化处理,这样纳米铝颗粒表面包覆一层氧化铝来保证纳米铝粉在有氧环境中的稳定性。对于纳米铝粉来讲,颗粒粒径越小,颗粒中活性铝的含量越低。在本节中,考虑纳米铝颗粒包覆的氧化铝厚度均为 1 nm。因此,对于不同粒径的纳米铝粉其钝化程度也就不一样。在考虑铝粉粒径变化对物性参数的影响时,要结合不同粒径下,铝粉钝化程度的影响。

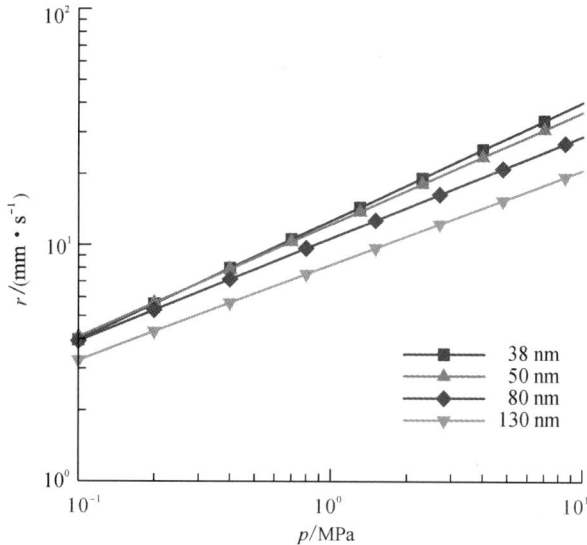

图 5.21　粒径变化对燃速压强曲线的影响

表 5.18　铝粉粒径变化对燃速系数压强指数的影响

纳米铝粉粒径/nm	燃速系数 a/[mm・(MPa^n・s)$^{-1}$]	压强指数 n
38	12.639	0.503
50	12.216	0.476
80	10.647	0.434
130	8.229	0.402

结合不同粒径纳米铝粉,对应的物性参数计算得到铝粉粒径变化对燃速压强曲线的影响关系,如图 5.21 所示。从图 5.21 中可以看出,随着压强的增大,三条燃速曲线逐渐发散;同一压强下的燃速随着颗粒粒径的增大而减小,压强越大,不同粒径对应的燃速相差越大。由于燃速压强曲线呈发散状态,而不是平行关系,表明随着粒径的改变,燃速压强指数也改变。对比三条曲线的斜率可以看出,随着颗粒粒径的增大,曲线斜率逐渐减小,表明随着铝粉粒径的增大,燃速压强指数逐渐减小。对应分析表 5.18 中燃速系数和压强指数随粒径变化的关系可以看出,燃速系数与压强指数随着粒径的增大而减小。由此可见,铝粉粒径的改变不仅影响燃速系数,还改变燃速压强指数。在整个压强范围内,随着铝粉粒径的增大,同一压强下燃速减小,压强指数减小。这是因为,铝粉粒径越大,铝颗粒的燃烧时间越长,从而使推进剂的总体燃速减小。

(10)指前因子对燃速压强曲线的影响。由于铝水反应过程复杂,其中涉及许多分级反应,到目前为止,对于这种多步反应尚无法直接获得总化学反应的相关参数,如阿雷尼乌斯公式的指前因子以及化学反应活化能,等。根据各分级反应中指前因子的不同,研究指前因子的变化对燃速压强曲线的影响。图 5.22 给出了指前因子对燃速压强曲线的影响。从图中可以看出,当指前因子由 1.14×10^6 增加到 6.17×10^7 时,同一压强下燃速急剧增大,燃速曲线斜率迅速变小;随着指前因子由 6.17×10^7 逐渐增大至 3.00×10^9,燃速曲线基本平行,且同一压强下燃速增大的幅度很小。由表 5.19 中指前因子变化对应的燃速系数和压强指数的变化规律来看,随着指前因子的增大,燃速系数也增大,压强指数却减小。当指前因子由 1.14×10^6 增加到 6.17×10^7 时,燃速系数变化了 $3.524 \ \mathrm{mm} \cdot (\mathrm{MPa}^n \cdot \text{℃} \cdot \mathrm{s})^{-1}$,压强指数变化了 0.055;随着指前因子由 6.17×10^7 逐渐增大至 3.00×10^9,燃速系数仅改变了 $0.638 \ \mathrm{mm} \cdot (\mathrm{MPa}^n \cdot \text{℃} \cdot \mathrm{s})^{-1}$,压强指数仅改变了 0.043。表明指前因子由 6.17×10^7 逐渐增加至 3.00×10^9 时,燃速系数与压强指数的改变量很小,而当指前因子由 1.14×10^6 变为 6.17×10^7 时,燃速系数与压强指数都发生了较大变化。表明在铝冰低温固体推进剂的燃烧过程中,指前因子为 1.14×10^6 将极大地影响推进剂的燃速压强曲线,进而导致推进剂的燃速的改变。因此,选取指前因子为 1.14×10^6 作为总反应的指前因子是正确的。在所研究的压强范围内,同一压强条件下燃速随着指前因子的增大而增大,而压强指数则随着指前因子的增大而减小。分析认为这是因为指前因子 A 的增大就表示化学反应速度的加快,从而引起铝冰固体推进剂的燃烧速度增大。

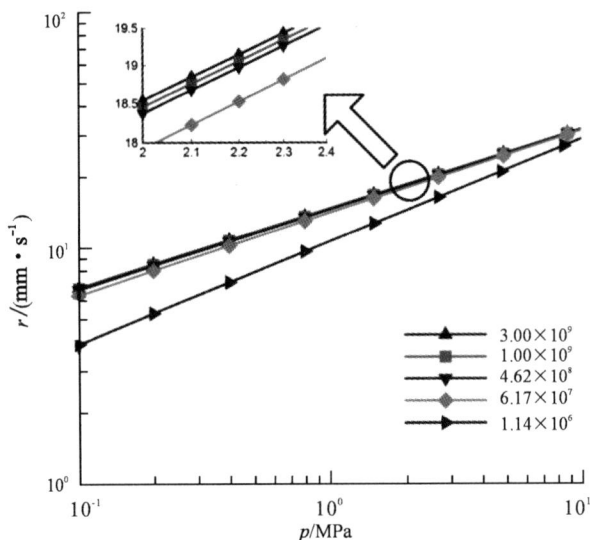

图 5.22 指前因子变化对燃速压强曲线的影响

表 5.19 指前因子变化对燃速系数与压强指数的影响

指前因子 A	燃速系数 $a/[\mathrm{mm} \cdot (\mathrm{MPa}^n \cdot \mathrm{s})^{-1}]$	压强指数 n
1.14×10^{-6}	10.647	0.434
6.17×10^{-7}	14.069	0.349
4.62×10^{-8}	14.523	0.339
1.00×10^{-9}	14.610	0.337
3.00×10^{-9}	14.689	0.336

　　(11)初温对燃速压强曲线的影响。由式(5.40)、式(5.41)以及式(5.42)可以看出,当装药初温 T_0 增加时,a 和 b 的值会随之减小,而燃速 r 会增大,因此,可以得到冰冻温度(即装药初温)对燃速的影响规律:即燃速随着冰冻温度的降低而减小,随着冰冻温度的升高而增大。图 5.23 给出了推进剂初温变化对燃速压强曲线的影响。从图 5.23 中看出,随着初温的升高,同一压强下,燃速逐渐增大,而不同初温对应的燃速曲线均呈平行关系。对应于表 5.20 给出的推进剂初温变化对燃速系数与压强指数的影响关系可以看出,随着初温的升高,燃速系数由 10.512 mm·(MPa^n·℃·s)$^{-1}$ 增大至 10.617 mm·(MPa^n·℃·s)$^{-1}$,压强指数由 0.433 增加到 0.435,初温每变化 10 K,燃速系数就大约改变 0.135 mm·(MPa^n·℃·s)$^{-1}$,而压强指数仅改变 0.001。表明初温的改变对压强指数、燃速系数的影响不大,虽然燃速会随着初温的升高而增大,但总体改变量不大。

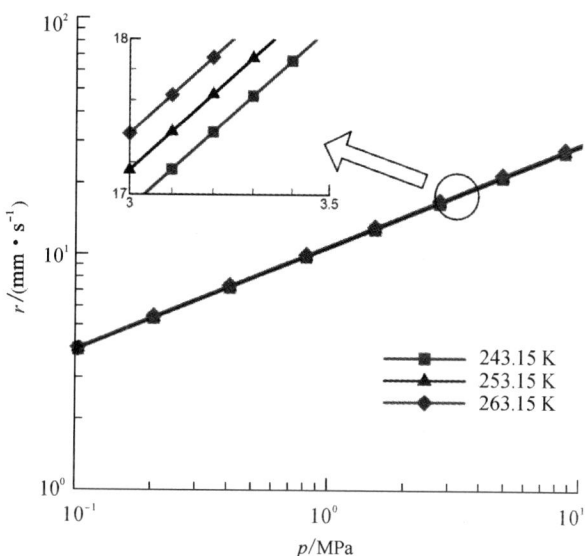

图 5.23　初温变化对燃速压强曲线的影响

表 5.20　推进剂初温变化对燃速系数与压强指数的影响

推进剂初温/K	燃速系数 a/(mm·(MPa^n·s)$^{-1}$)	压强指数 n
243.15	10.512	0.433
253.15	10.647	0.434
263.15	10.780	0.435

5.5　铝冰低温固体推进剂燃速模型的建立

5.5.1　简化假设

　　基于对铝冰低温固体推进剂燃烧现象的分析,为方便模型的数学推导,对铝冰低温固体推进剂的燃烧过程做出如下简化假设。

（1）纳米铝颗粒的大小是均匀一致的。

（2）忽略颗粒间的碰撞以及相互作用。

（3）忽略气相区及反应区的重力影响和热辐射作用，在整个燃烧区域热量传递的方式只有热传导。

（4）假设颗粒与蒸气之间温度保持平衡。

（5）忽略固相区、液相区和气相区发生的化学反应，反应只在反应区进行。

基于以上假设，铝冰低温固体推进剂在发生化学反应之前将经历一系列的物理变化过程，即由最初未受燃烧反应影响的固相转变为受反馈热量影响并缓慢融化的液相和继续吸热的气相。在水蒸气与铝颗粒共存区域，随着温度的继续升高，铝颗粒与水开始反应，铝冰低温固体推进剂开始燃烧。铝冰低温固体推进剂分区模型示意图如图 5.24 所示，各个区域温度分布如图 5.25 所示。图 5.25 中的 Ⅰ区、Ⅱ区、Ⅲ区和Ⅳ区分别对应图 5.24 中的 $Al-H_2O$ 固相区、$Al-H_2O$ 液相区、$Al-H_2O$ 气相区以及 $Al-H_2O$ 反应区，以铝冰低温固体推进剂点火温度对应的位置为坐标原点。

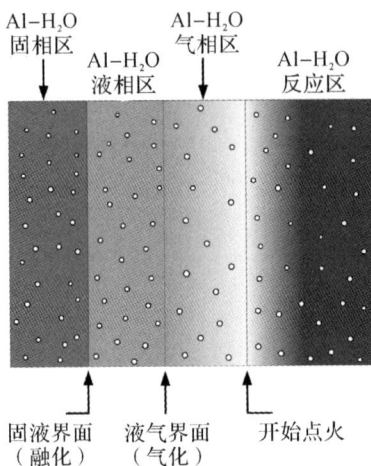

图 5.24　铝冰固体推进剂燃速模型

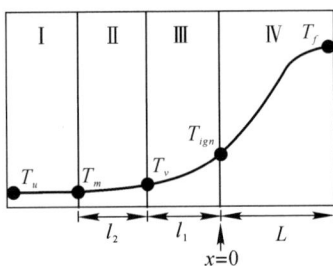

图 5.25　铝冰固体推进剂燃速模型温度分布

5.5.2　铝冰低温固体推进剂燃速模型的数学推导

（1）$Al-H_2O$ 固相区（铝冰区Ⅰ）。这个区域的推进剂都是固相的铝冰低温固体推进剂，由于热传导的作用，推进剂会吸收由反应区反馈的热量，温度将逐步上升，但整个区域内的推

进剂仍保持固相。固相区的范围为 $x=-\infty$ 与 $x=-(l_1+l_2)$ 之间的区域,其能量守恒方程为

$$(\rho_{Al}C_{p,Al}\Phi_{Al}+\rho_{ox}C_{p,ox}\Phi_{ox}+\rho_I C_{p,I}\Phi_I)r_b\frac{dT}{dx}=\lambda_1\frac{d^2T}{dx^2} \tag{5.74}$$

式中,ρ_{Al},ρ_{ox},ρ_I 为铝、氧化铝和冰的密度,单位:$kg \cdot m^{-3}$;$C_{p,Al}$,$C_{p,ox}$,$C_{p,I}$ 为铝、氧化铝和冰的比热,单位:$J \cdot (kg \cdot K)^{-1}$;$\Phi_{Al}$,$\Phi_{ox}$,$\Phi_I$ 为推进剂中铝、氧化铝和冰的体积分数;r_b 为铝冰低温固体推进剂的燃速,单位:$m \cdot s^{-1}$;λ_1 为铝冰低温固体推进剂固相区导热系数,单位:$W \cdot (m \cdot K)^{-1}$。

边界条件为

$$\left.\begin{array}{l} x=-\infty,T=T_u \\ x=-(l_1+l_2),T=T_m \end{array}\right\} \tag{5.75}$$

式中,T_u 为铝冰低温固体推进剂的初温,单位:K;T_m 为铝冰低温固体推进剂的融化温度,单位:K;l_1 为铝冰低温固体推进剂液相区的厚度,单位:m;l_2 为铝冰低温固体推进剂固相区的厚度,单位:m。

为了求解过程中便于书写,做出如下简化,令

$$k_1=\frac{r_b(\rho_{Al}C_{p,Al}+\rho_{ox}C_{p,ox}\Phi_{ox}+\rho_I C_{p,I}\Phi_I)}{\lambda_1}=\frac{(\rho C_p)_1}{\lambda_1}r_b \tag{5.76}$$

则方程式(5.74)可以简化为

$$k_1\frac{dT}{dx}=\frac{d^2T}{dx^2} \tag{5.77}$$

以下对微分方程式(5.77)进行求解:

假设 $dT/dx=p$,则可以推出 $d^2T/dx^2=dp/dx$,因此有

$$k_1 p=\frac{dp}{dx}\Rightarrow \ln p=k_1 x+B_1\Rightarrow \frac{dT}{dx}=p=e^{k_1 x+B_1} \tag{5.78}$$

根据式(5.78),可以求得固相区温度的表达式为

$$T=\frac{1}{k_1}e^{k_1 x+B_1}+C_1 \tag{5.79}$$

将边界条件式(5.75)代入式(5.79),分别求出未知常数 B_1、C_1 的表达式为

$$\left.\begin{array}{l} B_1=\ln[k_1(T_m-T_u)]+k_1(l_1+l_2) \\ C_1=T_u \end{array}\right\} \tag{5.80}$$

将式(5.80)代入式(5.79),求得固相区温度 T 随坐标 x 变化关系的表达式为

$$T=T_u+(T_m-T_u)e^{k_1(x+l_1+l_2)} \tag{5.81}$$

(2)Al-H_2 液相区(铝水区 II)。这个区域是铝颗粒与水共存的区域,这是由于温度升高,冰逐渐融化成水的缘故。液相区的厚度为 l_2,范围为 $x=-(l_1+l_2)$ 与 $x=-l_1$ 之间的区域。液相区的能量控制方程为

$$(\rho_{Al}C_{p,Al}\Phi_{Al}+\rho_{ox}C_{p,ox}\Phi_{ox}+\rho_w C_{p,w}\Phi_w)r_b\frac{dT}{dx}=\lambda_2\frac{d^2T}{dx^2} \tag{5.82}$$

式中,ρ_w 为水的密度,单位:$kg \cdot m^{-3}$;$C_{p,w}$ 为水的比热,单位:$J \cdot (kg \cdot K)^{-1}$;$\Phi_w$ 为推进剂中水的体积分数;λ_2 为铝冰固体推进剂液相区导热系数,单位:$W \cdot (m \cdot K)^{-1}$。

边界条件为

$$\left.\begin{array}{l} x=-l_1,T=T_v \\ x=-(l_1+l_2),\lambda_2\frac{dT}{dx}=\lambda_1\frac{dT}{dx}+h_{sl}\Phi_I\rho_I r_b \end{array}\right\} \tag{5.83}$$

式中, h_{sl} 为氧化剂冰由固相变为液相的相变吸热, 单位: $J \cdot kg^{-1}$; T_v 为推进剂中水汽化温度, 单位: K。

根据简化假设, 同样可以得到下式:

$$k_2 = \frac{r_b(\rho_{Al}C_{p,Al}\Phi_{Al} + \rho_{ox}C_{p,ox}\Phi_{ox} + \rho_w C_{p,w}\Phi_w)}{\lambda_2} = \frac{(\rho C_p)_2}{\lambda_2}r_b \tag{5.84}$$

则有

$$k_2\frac{dT}{dx} = \frac{d^2T}{dx^2} \tag{5.85}$$

对微分方程式(5.85)进行求解, 可得

$$\frac{dT}{dx} = e^{k_2 x + B_2} \Rightarrow T = \frac{1}{k_2}e^{k_2 x + B_2} + C_2 \tag{5.86}$$

将式(5.86)对 x 进行求导, 可得

$$\frac{dT}{dx} = k_1(T_m - T_u)e^{k_1(x + l_1 + l_2)} \tag{5.87}$$

取 $x = -(l_1 + l_2)$, 则由式(5.87)可得

$$\left.\frac{dT}{dx}\right|_{x = -(l_1 + l_2)} = k_1(T_m - T_u) \tag{5.88}$$

同理, 将 $x = -(l_1 + l_2)$ 代入式(5.88), 可得

$$\left.\frac{dT}{dx}\right|_{x = -(l_1 + l_2)} = e^{-k_2(l_1 + l_2) + B_2} \tag{5.89}$$

由于式(5.87)、式(5.88)是相等的, 联立两式可以求得 B_2 的值为

$$B_2 = \ln[k_1(T_m - T_u)] + k_2(l_1 + l_2) \tag{5.90}$$

则有

$$T = \frac{k_1}{k_2}(T_m - T_u)e^{k_2(x + l_1 + l_2)} + C_2 \tag{5.91}$$

根据式(5.88)中的边界条件: 当 $x = -l_1$ 时, $T = T_v$; 将其代入式(4.18), 可得 C_2 的值为

$$C_2 = T_v - \frac{k_1}{k_2}(T_m - T_u)e^{k_2 l_2} \tag{5.92}$$

将式(5.92)回代入式(5.91), 得到液相区温度 T 与坐标 x 的关系表达式:

$$T = \frac{k_1}{k_2}(T_m - T_u)e^{k_2(x + l_1 + l_2)} + T_v - \frac{k_1}{k_2}(T_m - T_u)e^{k_2 l_2} \tag{5.93}$$

1)对固液界面($x = -(l_1 + l_2)$固相区与液相区相邻的界面)处进行分析。

根据固相区在界面位置 $x = -(l_1 + l_2)$ 处给定的边界条件 $T = T_m$ 同样满足式(5.93), 将相应的条件代入式(5.93), 则有

$$T_m = \frac{k_1}{k_2}(T_m - T_u) + T_v - \frac{k_1}{k_2}(T_m - T_u)e^{k_2 l_2} \tag{5.94}$$

进而得到下列关系式:

$$\frac{k_1}{k_2}(T_m - T_u) = \frac{T_m - T_v}{1 - e^{k_2 l_2}} \tag{5.95}$$

将式(5.95)代入式(5.93), 可得

$$T = \frac{k_1}{k_2}(T_m - T_u)\,\mathrm{e}^{k_2(x+l_1+l_2)} + T_v - \frac{k_1}{k_2}(T_m - T_u)\,\mathrm{e}^{k_2 l_2} =$$

$$\frac{T_m - T_v}{1 - \mathrm{e}^{k_2 l_2}}\,\mathrm{e}^{k_2(x+l_1+l_2)} + T_v - \frac{T_m - T_v}{1 - \mathrm{e}^{k_2 l_2}}\,\mathrm{e}^{k_2 l_2} =$$

$$\frac{T_m\big[\mathrm{e}^{k_2(x+l_1+l_2)} - \mathrm{e}^{k_2 l_2}\big] + T_v\big[1 - \mathrm{e}^{k_2(x+l_1+l_2)}\big]}{1 - \mathrm{e}^{k_2 l_2}} =$$

$$\frac{T_v\big[\mathrm{e}^{k_2(x+l_1)} - \mathrm{e}^{-k_2 l_2}\big] + T_m\big[1 - \mathrm{e}^{k_2(x+l_1)}\big]}{1 - \mathrm{e}^{-k_2 l_2}} \tag{5.96}$$

因此,铝水液相区温度 T 随坐标 x 变化关系的最终表达式为

$$T = \frac{T_v\big[\mathrm{e}^{k_2(x+l_1)} - \mathrm{e}^{-k_2 l_2}\big] + T_m\big[1 - \mathrm{e}^{k_2(x+l_1)}\big]}{1 - \mathrm{e}^{-k_2 l_2}} \tag{5.97}$$

2)下面求解液相区的厚度 l_2。

根据边界条件式(5.97),当 $x = -(l_1 + l_2)$ 时,有关系式

$$\lambda_2\,\frac{\mathrm{d}T}{\mathrm{d}x} = \lambda_1\,\frac{\mathrm{d}T}{\mathrm{d}x} + h_{sl}\Phi_l\rho_l r_b \tag{5.98}$$

将式(5.98)代入式(5.97),可得

$$\lambda_2 k_1(T_m - T_u) = \lambda_1 k_1(T_m - T_u) + h_{sl}\Phi_l\rho_l r_b \tag{5.99}$$

根据式(5.99)中解出液相区的厚度 l_2,并联立式(5.26)可得

$$l_2 = \frac{1}{k_2}\ln\left[1 - \frac{k_2(T_m - T_v)}{k_1(T_m - T_u)}\right] =$$

$$\frac{1}{k_2}\ln\left[1 + \frac{\lambda_{m,2}k_2(T_v - T_m)}{\lambda_{m,1}k_1(T_m - T_u) + h_{sl}\Phi_l\rho_l r_b}\right] \tag{5.100}$$

式(5.100)就是Ⅱ区的厚度 l_2 的最终表达式。

(3)Al–H_2O 气相区(铝气区Ⅲ)。铝水气相区是铝颗粒与水蒸气共存的区域,由于温度的升高,这个区域还伴随着铝由固相向液相的转变。气相区的厚度为 l_1,范围为 $x = -l_1$ 与 $x = 0$ 的区域。气相区的质量守恒方程为

$$\rho_w r_b = \rho_v v_g \tag{5.101}$$

式中,ρ_v 为水蒸气密度,单位:$kg \cdot m^{-3}$;v_g 为水蒸气流动速度,单位:$m \cdot s^{-1}$。

在气相区认为颗粒运动速度与颗粒密度均保持不变。

气相区能量控制方程为

$$(\rho_{Al}C_{p,Al}\Phi_{Al} + \rho_{ox}C_{p,ox}\Phi_{ox} + \rho_w C_{P,v}\Phi_w)r_b\,\frac{\mathrm{d}T}{\mathrm{d}x} = \lambda_3\,\frac{\mathrm{d}^2 T}{\mathrm{d}x^2} \tag{5.102}$$

式中,$C_{p,v}$ 为水蒸气的比热,单位:$J \cdot (kg \cdot K)^{-1}$;$\lambda_3$ 为气相区的导热系数,单位:$W \cdot (m \cdot K)^{-1}$。

气相区边界条件为

$$\left.\begin{array}{l} x = -l_1,\ \lambda_3\,\dfrac{\mathrm{d}T}{\mathrm{d}x} = \lambda_2\,\dfrac{\mathrm{d}T}{\mathrm{d}x} + h_{fg}\Phi_w\rho_w r_b + h_{Al}\Phi_{Al}\rho_{Al}r_b \\[2mm] x = 0,\ T = T_{ign} \end{array}\right\} \tag{5.103}$$

式中,h_{fg} 为水由液相变为气相时相变吸热,单位:$J \cdot kg^{-1}$;h_{Al} 为铝由固相变为液相时相变吸热,单位:$J \cdot kg^{-1}$;T_v 为铝冰低温固体推进剂的点火温度,单位:K。

根据式(5.76)的简化假设,同样可以得到下式:

$$k_3 = \frac{r_b(\rho_{Al}C_{p,Al}\varPhi_{Al} + \rho_{ox}C_{p,ox}\varPhi_{ox} + \rho_w C_{p,v}\varPhi_w)}{\lambda_3} = \frac{(\rho C_p)_3}{\lambda_3}r_b \tag{5.104}$$

则式(5.102)可转换为

$$k_3\frac{\mathrm{d}T}{\mathrm{d}x} = \frac{\mathrm{d}^2 T}{\mathrm{d}x^2} \tag{5.105}$$

对式(5.105)进行求解,可得

$$\frac{\mathrm{d}T}{\mathrm{d}x} = \mathrm{e}^{k_3 x + B_3} \tag{5.106}$$

$$T = \frac{1}{k_3}\mathrm{e}^{k_3 x + B_3} + C_3 \tag{5.107}$$

在气液界面即 $x = -l_1$ 处,将式(5-93)对 x 求导可得

$$\frac{\mathrm{d}T}{\mathrm{d}x} = k_1(T_m - T_u)\mathrm{e}^{k_2(x + l_1 + l_2)} \tag{5.108}$$

令 $x = -l_1$,可得

$$\left.\frac{\mathrm{d}T}{\mathrm{d}x}\right|_{x=-l_1} = k_1(T_m - T_u)\mathrm{e}^{k_2 l_2} \tag{5.109}$$

将 $x = -l_1$ 代入式(5.109)得

$$\left.\frac{\mathrm{d}T}{\mathrm{d}x}\right|_{x=-l_1} = \mathrm{e}^{-k_3 l_1 + B_3} \tag{5.110}$$

联立式(5.110)和式(5.111),求出常数 B_3 得

$$B_3 = \ln[k_1(T_m - T_u)] + k_3 l_1 + k_2 l_2 \tag{5.111}$$

$$\mathrm{e}^{B_3} = k_1(T_m - T_u)\mathrm{e}^{k_3 l_1 + k_2 l_2} \tag{5.112}$$

将边界条件 $x = 0, T = T_{\text{ign}}$ 代入式(5.107),可得

$$T_{\text{ign}} = \frac{1}{k_3}\mathrm{e}^{B_3} + C_3 \tag{5.113}$$

解出常数 C_3 为

$$C_3 = T_{\text{ign}} - \frac{1}{k_3}\mathrm{e}^{B_3} = T_{\text{ign}} - \frac{k_1}{k_3}(T_m - T_u)\mathrm{e}^{k_3 l_1 + k_2 l_2} \tag{5.114}$$

将式(5.110)、式(5.113)代入式(5.106),可得

$$T = \frac{k_1}{k_3}(T_m - T_u)\mathrm{e}^{k_3(x + l_1) + k_2 l_2} + T_{\text{ign}} - \frac{k_1}{k_3}(T_m - T_u)\mathrm{e}^{k_3 l_1 + k_2 l_2} \tag{5.115}$$

根据边界条件:当 $x = -l_1$ 时,$T = T_v$;代入式(5.42),可得

$$T_v = \frac{k_1}{k_3}(T_m - T_u)\mathrm{e}^{k_2 l_2} + T_{\text{ign}} - \frac{k_1}{k_3}(T_m - T_u)\mathrm{e}^{k_3 l_1 + k_2 l_2} \tag{5.116}$$

对式(5.116)进行整理就可以得到如下关系式:

$$\frac{k_1}{k_3}(T_m - T_u)\mathrm{e}^{k_2 l_2} = \frac{T_v - T_{\text{ign}}}{1 - \mathrm{e}^{k_3 l_1}} \tag{5.117}$$

将式(5.117)代入式(5.115),可得

$$T = \frac{T_v - T_{\text{ign}}}{1 - \mathrm{e}^{k_3 l_1}}\mathrm{e}^{k_3(x + l_1)} + T_{\text{ign}} - \frac{T_v - T_{\text{ign}}}{1 - \mathrm{e}^{k_3 l_1}}\mathrm{e}^{k_3 l_1} =$$

$$\frac{T_v\left[e^{k_3(x+l_1)}-e^{k_3 l_1}\right]+T_{ign}\left[1-e^{k_3(x+l_1)}\right]}{1-e^{k_3 l_1}}=$$

$$\frac{T_v(1-e^{k_3 x})+T_{ign}(e^{k_3 x}-e^{-k_3 l_1})}{1-e^{-k_3 l_1}} \tag{5.118}$$

因此,气相区中温度 T 随坐标 x 的变化关系式为

$$T=\frac{T_v(1-e^{k_3 x})+T_{ign}(e^{k_3 x}-e^{-k_3 l_1})}{1-e^{-k_3 l_1}} \tag{5.119}$$

以下求解气相区的厚度 l_1。

根据式(5.117)可得

$$l_1=\frac{1}{k_3}\ln\left[1-\frac{k_3(T_v-T_{ign})}{k_1(T_m-T_u)e^{k_2 l_2}}\right] \tag{5.120}$$

将式(5.109)代入式(5.103),可得

$$\lambda_3 k_1(T_m-T_u)e^{k_2 l_2}=\lambda_2 k_1(T_m-T_u)e^{k_2 l_2}+h_{fg}\Phi_w\rho_w r_b+h_{Al}\Phi_{Al}\rho_{Al}r_b \tag{5.121}$$

由式(5.22)可得

$$k_1(T_m-T_u)=k_2\frac{T_m-T_v}{1-e^{k_2 l_2}} \tag{5.122}$$

联立式(5.120)、式(5.121)和式(5.122),就可以求出气相区的厚度 l_1

$$l_1=\frac{1}{k_3}\ln\left[1+\frac{\lambda_3 k_3(T_{ign}-T_v)}{\dfrac{\lambda_2 k_2(T_v-T_m)}{1-e^{-k_2 l_2}}+h_{fg}\Phi_w\rho_w r_b+h_{Al}\Phi_{Al}\rho_{Al}r_b}\right] \tag{5.123}$$

式(5.123)即为气相区厚度 l_1 的表达式。

(4)Al-H_2O 反应区(反应区Ⅳ)。铝水反应区是水蒸气与铝颗粒发生化学反应的区域,在这个区域会释放大量的热量,导致温度急剧上升。同时铝水反应还会生成 Al_2O_3 和 H_2,其化学反应式为

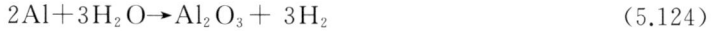

$$2Al+3H_2O\rightarrow Al_2O_3+3H_2 \tag{5.124}$$

反应区能量守恒方程为

$$(\rho_{Al}C_{p,Al}\Phi_{Al}+\rho_{ox}C_{p,ox}\Phi_{ox}+\rho_w C_{p,v}\Phi_w)r_b\frac{dT}{dx}=\lambda_4\frac{d^2 T}{dx^2}+\frac{\rho_{u,m}Q}{\tau_b} \tag{5.125}$$

式中,$\rho_{u,m}$ 为铝冰低温固体推进剂的密度,单位:kg·m^{-3};λ_4 为气相区导热系数,单位:W·(m·K)$^{-1}$;τ_b 为纳米铝颗粒燃烧时间,单位:s;Q 为铝水反应生成热,单位:J·kg^{-1}。

反应区边界条件为

$$\left.\begin{array}{l}x=0,\lambda_4\left.\dfrac{dT}{dx}\right|_{0+}=\lambda_3\left.\dfrac{dT}{dx}\right|_{0-}\\[3mm]x\rightarrow L,\dfrac{dT}{dx}\rightarrow 0\end{array}\right\} \tag{5.126}$$

式中,L 为反应区的厚度,单位:m。

根据式(5.76)的假设,令

$$k_4=\frac{r_b(\rho_{Al}C_{p,Al}\Phi_{Al}+\rho_{ox}C_{p,ox}\Phi_{ox}+\rho_w C_{p,v}\Phi_w)}{\lambda_4}=\frac{(\rho C_P)_4}{\lambda_4}r_b \tag{5.127}$$

则式(5.127)可以转换为

$$k_4 \frac{\mathrm{d}T}{\mathrm{d}x} = \frac{\mathrm{d}^2 T}{\mathrm{d}x^2} + \frac{\rho_{u,m} Q}{\lambda_4 \tau_b} \tag{5.128}$$

对微分方程式(5.128)进行通解的求解,就可以得到通解的表达式为

$$T = A_1 \mathrm{e}^{k_4 x} + \frac{\rho_{u,m} Q}{\lambda_4 k_4 \tau_b} x + A_2 \tag{5.129}$$

由边界条件式(5.103)可知:在 $x = 0$ 处,满足关系式 $T = T_{\text{ign}}$;代入式(5.56),可得

$$T_{\text{ign}} = A_1 + A_2 \tag{5.130}$$

根据式(5.130),对 x 求导,可得

$$\frac{\mathrm{d}T}{\mathrm{d}x} = A_1 k_4 \mathrm{e}^{k_4 x} + \frac{\rho_{u,m} Q}{\lambda_4 k_4 \tau_b} \tag{5.131}$$

由边界条件式(5.126),可得

$$A_1 k_4 \mathrm{e}^{k_4 L} + \frac{\rho_{u,m} Q}{\lambda_4 k_4 \tau_b} = 0 \tag{5.132}$$

由式(5.132)解出未知数 A_1 的表达式为

$$A_1 = -\frac{\rho_{u,m} Q}{\lambda_4 k_4^2 \tau_b} \frac{1}{\mathrm{e}^{k_4 L}} \tag{5.133}$$

联立式(5.131)和式(5.133)解出未知数 A_2 的表达式为

$$A_2 = T_{\text{ign}} + \frac{\rho_{u,m} Q}{\lambda_4 k_4^2 \tau_b} \frac{1}{\mathrm{e}^{k_4 L}} \tag{5.134}$$

因此,反应区温度 T 随坐标 x 的变化关系式为

$$T = -\frac{\rho_{u,m} Q}{\lambda_4 k_4^2 \tau_b} \mathrm{e}^{k_4 (x-L)} + \frac{\rho_{u,m} Q}{\lambda_4 k_4 \tau_b} x + T_{\text{ign}} + \frac{\rho_{u,m} Q}{\lambda_4 k_4^2 \tau_b} \frac{1}{\mathrm{e}^{k_4 L}} \tag{5.135}$$

假设反应区的厚度为

$$L = r_b \tau_b \tag{5.136}$$

由式(5.119)对 x 求导,可得

$$\frac{\mathrm{d}T}{\mathrm{d}x} = \frac{k_3 (T_{\text{ign}} - T_v) \mathrm{e}^{k_3 x}}{1 - \mathrm{e}^{-k_3 l_1}} \tag{5.137}$$

由式(5.135)对 x 求导,可得

$$\frac{\mathrm{d}T}{\mathrm{d}x} = -\frac{\rho_{u,m} Q}{\lambda_4 k_4 \tau_b} \mathrm{e}^{k_4 (x-L)} + \frac{\rho_{u,m} Q}{\lambda_4 k_4 \tau_b} \tag{5.138}$$

联立式(5.137)、式(5.138),由边界条件式(5.126)可得

$$\frac{\rho_{u,m} Q}{k_4 \tau_b} (1 - \mathrm{e}^{-k_4 L}) = \frac{\lambda_3 k_3 (T_{\text{ign}} - T_v)}{1 - \mathrm{e}^{-k_3 l_1}} \tag{5.139}$$

将式(5.100)和式(5.123)代入式(5.139),可得

$$\frac{\rho_{u,m} Q}{k_4 \tau_b} (1 - \mathrm{e}^{-k_4 L}) = \lambda_1 k_1 (T_m - T_u) + \lambda_2 k_2 (T_v - T_m) + \lambda_3 k_3 (T_{\text{ign}} - T_v) + $$
$$h_{sl} \Phi_l \rho_l r_b + h_{\text{ig}} \Phi_w \rho_w r_b + h_{\text{Al}} \Phi_{\text{Al}} \rho_{\text{Al}} r_b \tag{5.140}$$

化简可得

$$G(1 - \mathrm{e}^{-E\tau_b r_b^2}) = EF \tau_b r_b^2 \tag{5.141}$$

其中:

$$E = \frac{(\rho C_P)_4}{\lambda_{m,4}} \tag{5.142}$$

$$F = (\rho(T_m - T_u) + (\rho(T_v - T_m) + (\rho(T_{\text{ign}} - T_v) + \\ h_{\text{sl}} \Phi_I \rho_I + h_{\text{fg}} \Phi_w \rho_w + h_{\text{Al}} \Phi_{\text{Al}} \rho_{\text{Al}} \tag{5.143}$$

$$G = \rho_{u,m} Q \tag{5.144}$$

通过求解超越方程式(5.141),可得到不同压强条件下铝冰固体推进剂的燃速。

为了直接得到燃速的表达式,对式(5.141)中的 e 指数项进行泰勒展开并保留前三项,进而得到燃速公式的一个近似数学解析表达式:

$$r_b = \sqrt{\frac{2(G-F)}{GE} \frac{1}{\tau_b}} \tag{5.145}$$

5.5.3　铝冰低温固体推进剂燃速模型计算结果及分析

1.铝冰低温固体推进剂燃速模型计算初始参数

(1)物性参数与初始计算条件的确定。在求解超越方程式(5.141)时,必须给出水、铝和氧化铝在各个区域的物性参数。结合式(5.142)、式(5.143)和式(5.144)所需要的初始参数,还需计算得到铝冰低温固体推进剂的密度,水、铝和氧化铝的体积分数以及这三种物质的相变参数等。对于导热系数的计算,采用计算导热系数的方法,利用式(5.55)、式(5.56)、式(5.57)和式(5.58)可计算得到铝冰低温固体推进剂各个区域的导热系数。计算时涉及的一些初始条件与物性参数分别见表 5.21 和表 5.22。

表 5.21　计算初始条件

物性参数	值
燃烧室压强/MPa	0.1～10
水燃比	1∶1
铝冰低温固体推进剂的密度/(kg·m^{-3})	1 380.41
纳米铝粉颗粒粒径/m	8.00×10^{-8}
纳米铝颗粒氧化铝厚度/m	1.00×10^{-9}
铝冰低温固体推进剂初温/K	253.15
铝冰低温固体推进剂融化温度/K	273.15
铝冰低温固体推进剂汽化温度/K	527.00
铝冰低温固体推进剂点火温度/K	1 160.00
铝水反应释放热/(J·kg^{-1})	4.40×10^6
冰的熔化热/(J·kg^{-1})	3.35×10^5
水的汽化潜热/(J·kg^{-1})	2.26×10^6
铝的融化热/(J·kg^{-1})	3.98×10^5

表 5.22　物性参数

名　称	固相区	液相区	气相区	反应区
(冰)水的密度/(kg·m^{-3})	917.00	1 000.00	8.58	5.17
(冰)水的比热/[J·(kg·K)$^{-1}$]	2 100.00	4 200.00	2 178.61	2 909.03
铝的密度/(kg·m^{-3})	2 700.00	2 700.00	2 700.00	2 700.00
铝的比热/[J·(kg·K)$^{-1}$]	863.18	944.29	1 128.24	1 177.48
铝的导热系数/[W·(m·K)$^{-1}$]	240.00	240.00	236.00	143.00
氧化铝的密度/(kg·m^{-3})	4 000.00	4 000.00	4 000.00	4 000.00
氧化铝的比热/[J·(kg·K)$^{-1}$])	667.11	912.79	1 183.13	1 320.25
氧化铝的导热系数/[W·(m·K)$^{-1}$]	22.20	22.20	9.50	6.40

(2)纳米铝颗粒燃烧时间的计算。许多学者对纳米铝颗粒的燃烧时间进行了大量的研究，认为铝颗粒的燃烧时间服从 D^n 定律，n 的取值介于 0.3～2 之间。对于微米级或更大尺寸的颗粒燃烧，周围气体温度对颗粒燃烧时间的影响很小。颗粒的燃烧主要是由扩散火焰控制的，其火焰温度可以预测为颗粒表面氧化层汽化-分离的温度。燃烧时间的表达式为

$$\tau_b = \frac{C_1 d^{1.8}}{T_0^{0.2} p^{0.1} X_{\text{eff}}} \tag{5.146}$$

式中，X_{eff} 为有效氧化剂的摩尔分数：$X_{\text{eff}} = C_{O_2} + 0.6 C_{H_2O} + 0.22 C_{CO_2}$；$p$ 为压强，单位：MPa；T_0 为初温，单位：K；d 为颗粒直径，单位：μm；C_1 为常数：7.35×10^{-3}。

对于纳米级颗粒的燃烧，主要由动力学控制燃烧时间的火焰受到燃烧火焰温度的影响很大。例如，在 1 500 K 环境的纳米铝颗粒的燃烧时间比 2 000 K 环境中的燃烧时间长很多。燃烧时间的表达式为

$$\tau_b = \frac{d^{0.3}}{C_2 e^{-E_b/RT} \cdot X_{\text{eff}}} \tag{5.147}$$

式中，d 为颗粒直径，单位：μm；E_b 为活化能，单位：73.6 kJ·mol^{-1}；R 为通用气体常数；C_1 为常数：5.50×10^4。

考虑到压强与温度对铝颗粒燃烧时间的影响，本节在计算铝颗粒燃烧时间时，采用下列拟合公式计算铝颗粒的燃烧时间：

$$\tau_b = \frac{c[a_1 \exp(b_1 T) + a_2 \exp(b_2 T)] d_p^2}{p^m} \tag{5.148}$$

式中，d_p 为颗粒直径，单位：nm；p 为燃烧室压强，单位：MPa。

式(5.148)中的常数见表 5.23。

表 5.23　燃烧时间表达式中的常数

常数	c	a_1	b_1	a_2	b_2
值	1.736×10^{-3}	204.650	-9.848×10^{-3}	1.842×10^{-4}	3.461×10^{-5}

（3）纳米铝颗粒点火温度的计算。铝颗粒的点火温度不仅与颗粒粒径有关,还与颗粒所处的环境有关。对于纳米级的铝颗粒,其点火温度低至 900 K,并随着粒径的减小而减小。有关铝颗粒在空气中的氧化反应行为已有大量的研究,对铝颗粒在水蒸气中的氧化反应的研究还较少。Mirko Schoenitz 等人通过热重分析法研究了铝颗粒在水蒸气中的氧化反应。结果发现,铝粉在水蒸气和氧气中氧化是两种完全不同的情况,在干燥的氧气中,铝氧化的速度主要由氧气或者铝从氧化铝层扩散的速度控制,并且在氧化层上还会发生多形态的相变,但这些都与铝的熔点没有关系。在水蒸气的环境中,当温度到达铝熔点时会观察到颗粒质量逐步增长的现象,完全氧化时,水蒸气环境中的温度低于氧气中的温度,其原因是在水蒸气环境中,低温下颗粒表面会形成比较稳定的 $\gamma - Al_2O_3$,而致密的 $\alpha - Al_2O_3$ 会在高温下缓慢形成。在同时含有氧气与水蒸气的环境中,温度达到铝熔点以上时,氧化物的尺寸只与水蒸气的浓度有关。分析认为这是由于氧化铝不稳定的孔隙度的影响,而孔隙度的形成由水蒸气的浓度控制,或者认为颗粒表面氧化层由于受到内部融化铝体积膨胀的作用,氧化层表现出了一种类似于半透膜的功能,导致含水类物质的扩散速度比氧气大,更容易从氧化层扩散进入颗粒内部,更利于纳米铝颗粒与水蒸气反应。

由上面的分析可以看出,铝颗粒与水蒸气和铝颗粒与氧气是两种不同的反应。因此,研究铝颗粒在水蒸气中的点火温度时,就不能直接沿用铝颗粒在空气中的点火温度。通过对 Theofanous 等人实验数据(铝颗粒在水蒸气中点火温度实验数据)的分析与整理,拟合得到铝颗粒点火温度随粒径的变化关系,如图 5.26 所示,拟合公式如下：

$$T = 1\ 273.85 e^{0.099 \lg(d)} \tag{5.149}$$

式中,d 为铝颗粒直径,单位：μm。

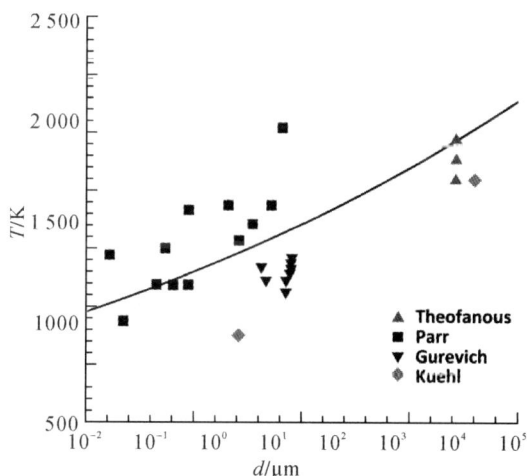

图 5.26　铝颗粒点火温度随粒径的变化关系

2.铝冰低温固体推进剂燃速计算结果分析

（1）燃速计算结果与实验燃速对比。

在求解方程式(5.141)之前对方程进行了初步分析。将 5.4.3 节中给定一些物性参数和初始条件,代入式(5.142)、式(5.143)、式(5.144)以及式(5.141)中,发现方程式(5.141)左右两边是关于未知量 $\tau_b r_b^2$ 的函数。将两个函数随 $\tau_b r_b^2$ 的变化关系利用曲线表示出来,如图 5.27 所示。从图 5.27 中可以看出,两条曲线有两个交点,分别为 $\tau_b r_b^2$ 为 0 的位置与 $\tau_b r_b^2$ 取值范围在 $2.4 \times 10^{-7} \sim 2.5 \times 10^{-7}$ 之间的位置,这两个交点表示方程式(5.141)有两个理论精确解。由于纳米铝颗粒燃烧时间不可能为 0 s,若要 $\tau_b r_b^2 = 0$,只能是燃速 $r_b = 0$,这显然与实际推进剂燃烧情况不符,所以 $\tau_b r_b^2 = 0$ 这个解必须舍去。因此,方程式(5.141)只有一个精确解。利用牛顿迭代法对方程式(5.141)求解,得到 $\tau_b r_b^2 = 2.449 \times 10^{-7}$,介于 2.4×10^{-7} 到 2.5×10^{-7} 之间,与分析结果一致。表明此解是合理、有效的。

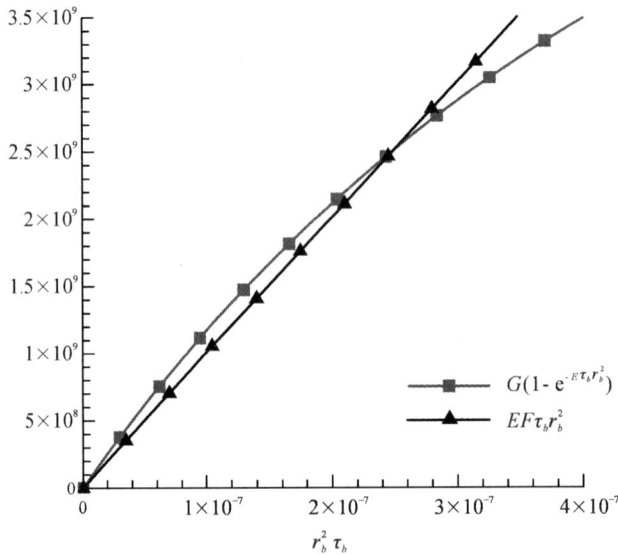

图 5.27　燃速公式图

表 5.24　不同计算方法得到的燃速系数与压强指数

计算方法	燃速系数 $a/[\mathrm{mm}/(\mathrm{MPa}^n \cdot \mathrm{s})^{-1}]$	压强指数 n
Vigor Yang 近似解	15.978	0.528
精确解	10.280	0.528
本节近似解	9.441	0.528
实验数据拟合	8.606	0.531

　　将不同压强下铝颗粒的燃烧时间值代入 $\tau_b r_b^2 = 2.449 \times 10^{-7}$ 中就可以得到不同压强条件下,铝冰低温固体推进剂的燃速。理论燃速计算值与实验燃速结果进行对比,如图 5.28 所示,燃速系数与压强指数见表 5.24。图 5.28 中四条曲线由上至下分别表示利用 Vigor Yang 论文方法求解得到燃速近似解、由式(5.141)求解得到的燃速精确解、由式(5.145)求解得到的燃速近似解以及由实验测得燃速数据拟合得到的燃速压强曲线。从图 5.28 中可以看出,四条曲线呈平行关系,表示无论是实验值还是计算值,得到的燃速压强指数基本一致。从相邻平行线间

的距离可以看出,利用本节计算方法得到的燃速值与实验燃速值相差比较小,在 0.1～10 MPa 的压强范围内,本节方法得到的燃速与实验燃速值之间最大相差值仅为 5.51 mm·s^{-1};而利用 Vigor Yang 论文近似方法计算的燃速与实验燃速值最小相差 2.19 mm·s^{-1},最大相差 24.72 mm·s^{-1}。这种现象由表 5.23 中各种方法对应的燃速系数与压强指数的变化关系也可以看出。如此大的计算误差表明在计算燃速时本节计算方法更准确,即使为了获得燃速数学解析表达式,本节的近似方法也优于 Vigor Yang 提供的方法。同时,由图 5.28 中可以看出,本节计算方法得到的燃速值与实验符合的比较好,可以利用文中提供的方法较为准确地对铝冰低温固体推进剂的燃速特性进行分析。

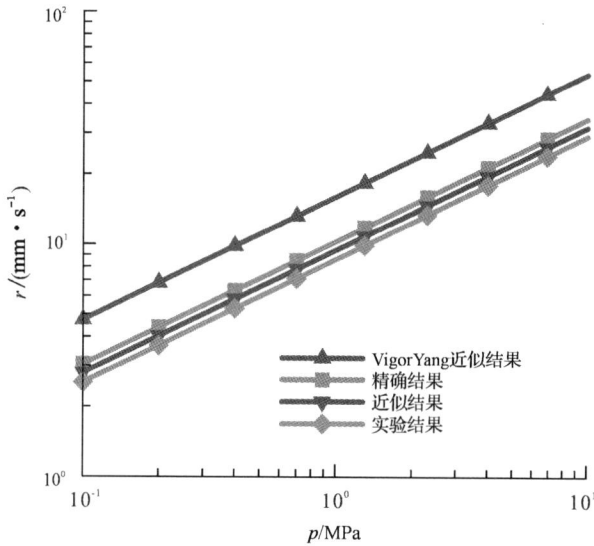

图 5.28　理论燃速计算与实验燃速结果对比

(2)各区域厚度以及温度分布分析。

图 5.29 给出了铝冰低温固体推进剂燃烧时各个区域厚度随压强的变化情况。图 5.29 中 l_2,l_1 与 L 分别对应图 5.25 中液相区、气相区和反应区的厚度,而 $L_总$ 表示三个区域的总厚度。

由图 5.29 中可以看出,随着压强的增大,各个区域的厚度明显减小,在三个区域中反应区最薄,气相区次之,液相区最厚。当压强由 0 MPa 逐渐增至 2 MPa 时,各个区域厚度急剧减小,液相区由 378.87 μm 减小到 77.85 μm,气相区由 131.15 μm 减小到 26.95 μm,反应区由 82.04 μm 减小到 16.86 μm,总厚度由 592.05 μm 减小到 121.66 μm。各个区域厚度的急剧变化可能是由于低压情况下,推进剂稳定的燃烧过程正在逐步建立,由反应区反馈的热量会因为稳定燃烧过程的建立而越来越多,导致推进剂溶化、汽化的速度加快,从而各个区域的厚度将急剧减小。随着压强由 2 MPa 继续增大,虽然各个区域的厚度仍在减小,但减小的幅度大幅下降,各个区域厚度的变化值较小。这是由于随着压强的增大推进剂燃速增大,颗粒燃烧时间缩短,导致铝颗粒在各个区域停留的时间缩短,因此,各个区域的厚度也相应减小。同时,推进剂燃速的增大导致铝水反应释放热量的速度增大,更多的热量反馈至推进剂表面加速推进剂的融化、升华,导致各个区域厚度减小。

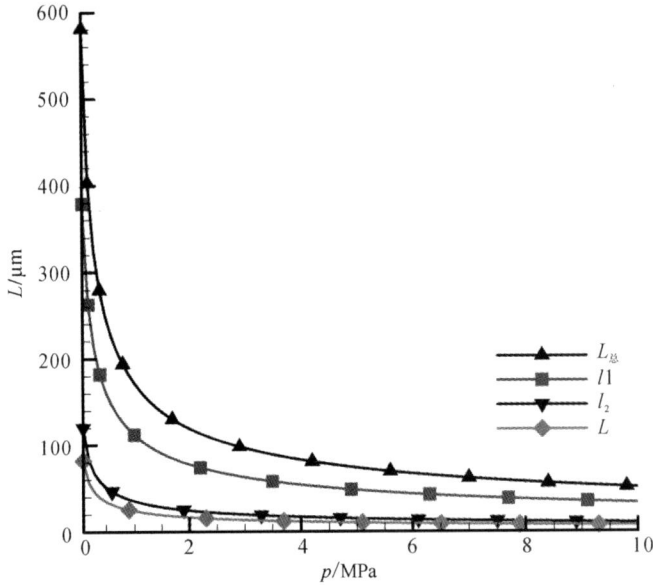

图 5.29　各个区域厚度随压强的变化情况

　　图 5.30 列出了不同压强下各个区域的温度分布情况。图 5.30 中Ⅱ区、Ⅲ区和Ⅳ区域分别对应铝冰低温固体推进剂燃烧过程中的液相区、气相区和反应区,图 5.30 中相邻两温度节点横坐标的距离表示相应区域的厚度,曲线的斜率表示温度的梯度。

　　由图 5.30 可以看出随着压强的增大,相邻两个温度节点之间的距离减小,曲线的斜率增大,表明各区域的厚度随压强的增大而减小,升温速率随着压强的增大而增大。造成这种现象的原因是,铝冰低温固体推进剂的燃速随着压强的增大而增大,较快的燃烧速度将增加热量释放的速度,从而缩短铝颗粒在各个区域停留的时间,加快热量由反应区向未反应区传递的速度,导致各个区域升温速度提高,各个区域厚度减小。

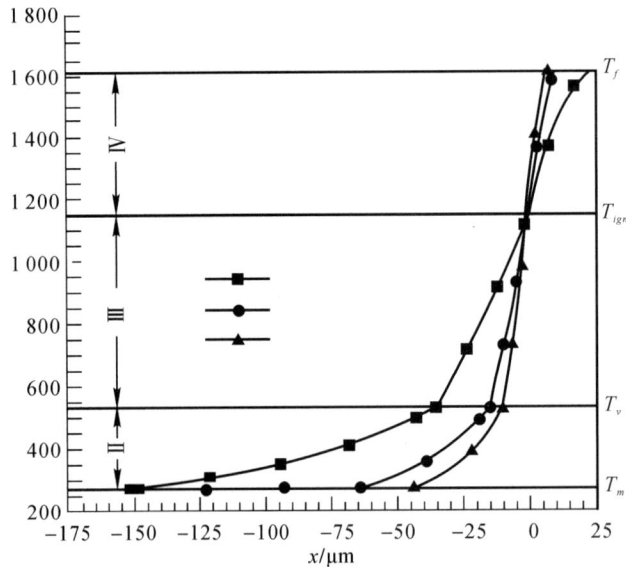

图 5.30　不同压强下各区域温度的分布情况

（3）参数变化对铝冰低温固体推进剂燃烧特性的影响。

1）纳米铝颗粒钝化程度对铝冰低温固体推进剂燃烧特性的影响。

在 5.4.3 节已详细分析了纳米铝粉不同钝化程度对铝冰低温固体推进剂比热、密度、相对分子质量以及导热系数等因素的影响。在这里将利用分区模型着重研究钝化程度变化对铝冰低温固体推进剂燃烧特性的影响。图 5.31 和图 5.32 分别给出了钝化程度不同条件下，燃速、液相区厚度、气相区厚度、反应区厚度以及三个区域（即液相区、气相区和反应区）总厚度随压强的变化规律。

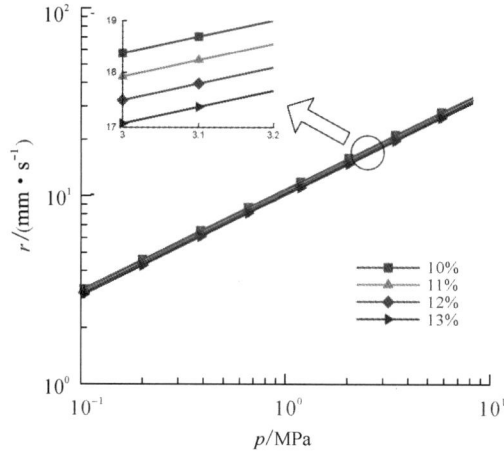

图 5.31 钝化程度不同对燃速的影响

由图 5.31 可以看出，随着纳米铝粉钝化程度由 10% 逐步提高到 13%，四条燃速压强曲线均呈平行关系，且相邻两条曲线的距离基本相等。表明随着钝化程度的增大，同一压强下，燃速减小，燃速压强指数保持不变；同时钝化程度每变化 1%，燃速均发生等值变化，以压强为 3 MPa 时对应的燃速为例，钝化程度变化 1%，燃速仅变化了 0.5 mm·s^{-1}。由于钝化程度越大，纳米铝颗粒表面氧化铝包覆层越厚，致使纳米铝粉内部活性铝与水蒸气越难反应，铝冰低温固体推进剂总的反应速度减小。

由于铝冰低温固体推进剂燃烧时各区域的厚度随着压强的增大而减小，因此，在研究铝颗粒钝化程度对各区域厚度的影响关系时，应给定燃烧室压强。图 5.32 给出的是压强为 5 MPa 时，各区域厚度随钝化程度的变化关系。由图 5.32 可以看出，液相区、气相区、反应区以及三区总厚度随着纳米铝颗粒钝化程度的增大而减小，且液相区受钝化程度的影响最大，气相区次之，反应区受钝化程度的影响最小。由于铝颗粒钝化程度越大，纳米铝粉中活性铝含量越低，导致铝粉与水蒸气反应的时间缩短，致使铝颗粒在各个区域停留时间减小，因此，各个区域的厚度随着铝粉钝化程度的增大而减小，见表 5.25。

表 5.25 钝化程度变化对燃速系数与压强指数的影响

钝化程度/（%）	燃速系数 a/[mm·(MPa^n·s)$^{-1}$]	压强指数 n
10	10.280	0.528
11	10.032	0.528
12	9.789	0.528
13	9.554	0.528

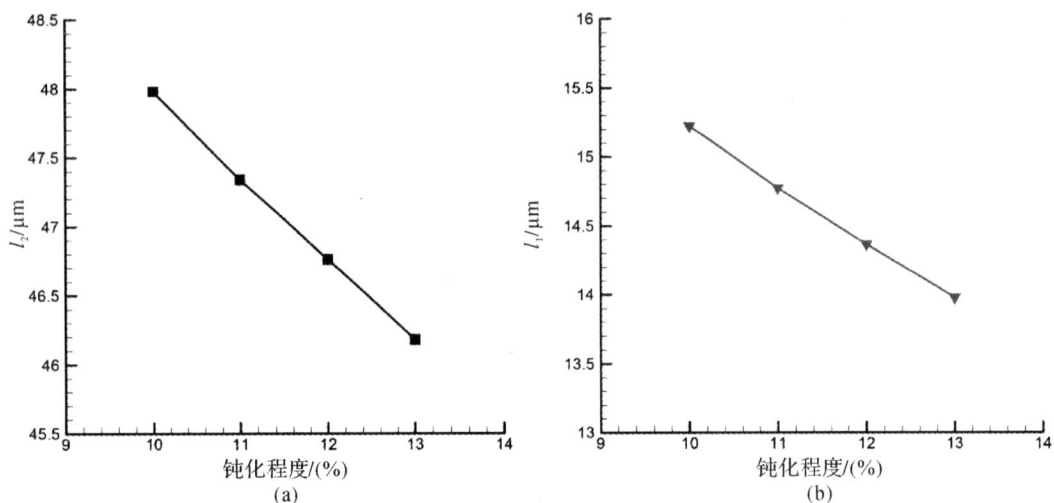

图 5.32　钝化程度不同对各区域厚度的影响

(a)液相区;(b)气相区

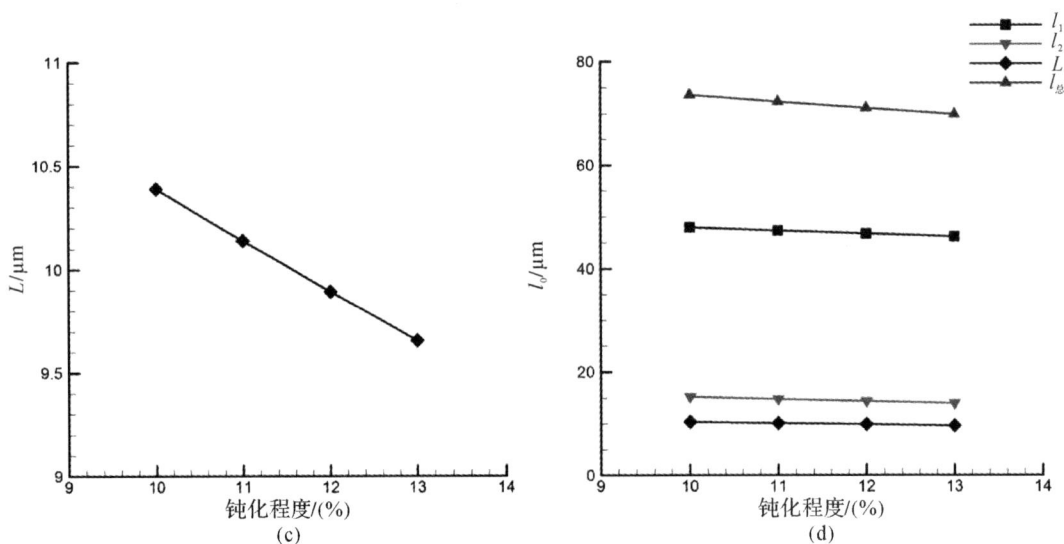

续图 5.32　钝化程度不同对各区域厚度的影响

(c)反应区;(d)各区域厚度对比

2)纳米铝颗粒粒径对铝冰低温固体推进剂燃烧特性的影响。

由于本节中所使用的纳米铝粉都是经过钝化处理的,不同粒径的纳米铝粉的钝化层不同,其内部活性铝含量也不相同。在这里,假设所有纳米铝粉的钝化层都是 1 nm,在此基础上研究铝粉粒径变化对铝冰低温固体推进剂燃烧特性的影响。表 5.26 给出了不同铝粉粒径对应的燃速系数与压强指数,图 5.33 和图 5.34 分别给出了铝粉粒径变化对铝冰低温固体推进剂燃速以及液相区、气相区、反应区和三个区域总厚度的影响关系。

　　结合表 5.26 给出的不同粒径下燃速系数与压强指数的关系和图 5.33 给出的燃速压强曲线可以看出,随着纳米铝粉粒径的增大,燃速系数与压强指数均减小,同一压强下的燃速也减小。从表 5.26 中可以看出,铝粉粒径的增大导致燃速系数大幅度减小,压强指数减小的很微弱了;对应于图 5.33 中燃速压强曲线的关系可以看出,各曲线基本保持平行。表明铝粉粒径的变化对燃速压强指数的影响较小,对燃速系数影响较大,而导致燃速变化的主要因素则是燃速系数的大幅度变化。分析认为,纳米铝粉的粒径越小,比表面积越大,对周围水蒸气的吸附能力越强,相应的点火温度越低,燃烧时间越短。这些因素将导致铝粉与水越容易反应,同时反应时间越短,从而致使铝冰固体推进剂越容易反应,燃速越大。因此,铝冰固体推进剂的燃速随着纳米铝粉粒径的减小而增大。

表 5.26　纳米铝粉粒径变化对燃速系数与压强指数的影响

纳米铝粉粒径/nm	燃速系数 $a/[\mathrm{mm} \cdot (\mathrm{MPa}^n \cdot \mathrm{s})^{-1}]$	压强指数 n
38	15.398	0.573
50	13.253	0.561
80	10.280	0.528
130	7.099	0.523

　　图 5.34 给出的是压强为 5 MPa 时,各区域厚度随铝颗粒粒径的变化关系。从图中可以看出,铝冰低温固体推进剂的液相区、气相区、反应区以及三个区域总的厚度随着纳米铝粉粒径的增大而增大,且液相区受粒径的影响最大,气相区次之,反应区最小。这是因为随着粒径的增大,纳米铝颗粒中活性铝的含量越多,颗粒的燃烧时间越长,导致铝颗粒在各区域停留的时间越长,引起各区域的厚度越大。

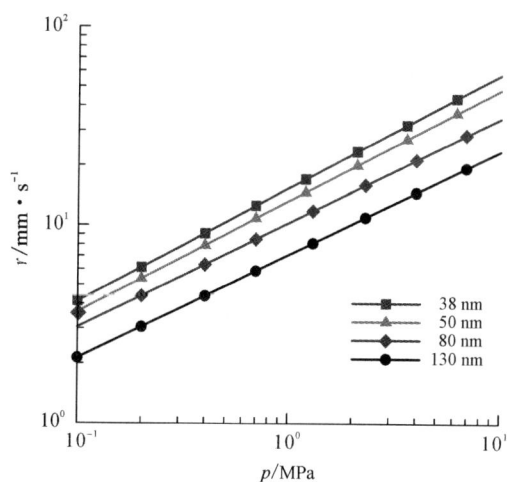

图 5.33　粒径变化对燃速压强曲线的影响

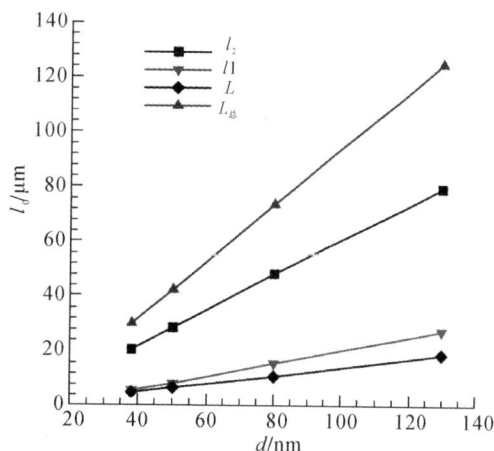

图 5.34　各区域厚度随粒径变化的变化关系

3)水燃比变化对铝冰低温固体推进剂燃烧特性的影响。

水燃比指的是铝冰低温固体推进剂中去离子水与纳米铝粉的质量比,研究水燃比对铝冰低温固体推进剂燃烧特性的影响有助于人们选择合适的推进剂配方。表 5.27 给出了水燃比变化对燃速系数和压强指数的影响,图 5.35 和图 5.36 分别给出了水燃比变化对燃速压强曲线和各区域厚度的影响。

表 5.27 水燃比变化对燃速系数与压强指数的影响

水燃比 α	燃速系数 $a/[\mathrm{mm} \cdot (\mathrm{MPa}^n \cdot s)^{-1}]$	压强指数 n
0.8	17.726	0.528
0.9	13.493	0.528
1.0	10.280	0.528
1.1	7.846	0.528
1.2	6.001	0.528

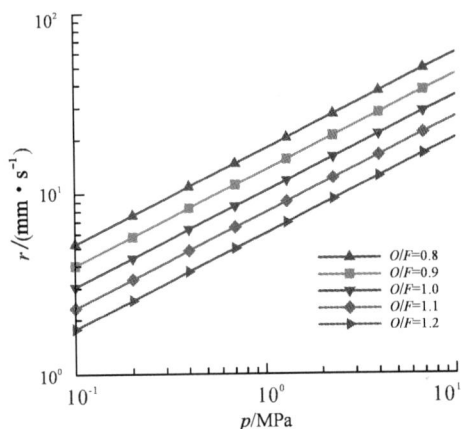

图 5.35 水燃比变化对燃速压强曲线的影响

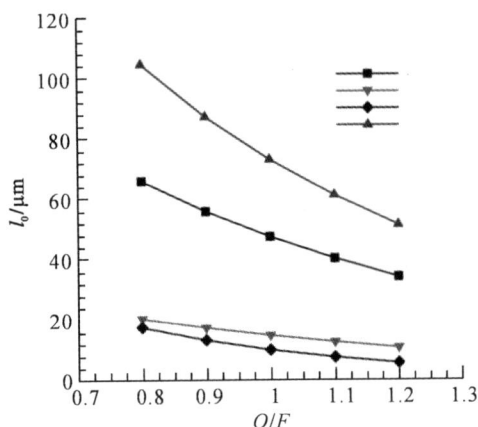

图 5.36 水燃比变化对各区域厚度的影响

由图 5.35 可以看出,水燃比变化对铝冰低温固体推进剂燃速的影响规律与使用 GDF 模型计算的结果一致,即铝冰低温固体推进剂的燃速随着水燃比的增大而减小,压强指数受水燃比的影响很小,基本可以忽略。

图 5.36 给出的是压强为 5 MPa 时,各区域厚度随水燃比的变化关系。由图 5.36 可以看出,液相区、气相区、反应区以及三个区域总厚度随着水燃比的增大而减小;同时,随着水燃比的增大,各区域厚度改变的幅度减小。由于水燃比表示水与纳米铝粉的质量比,因此,随着水燃比的增大,铝冰低温固体推进剂中水的含量增大,铝粉的含量减小,导致推进剂燃烧过程中,纳米铝颗粒随水蒸气的流动性增强,铝颗粒与水蒸气的流动速度加快,致使铝颗粒在各个区域停留的时间缩短,各个区域的厚度减小。相反,若水燃比减小,纳米铝颗粒在推进剂燃烧过程中的流动性减弱,颗粒在各个区域的停留时间变长,各区域厚度增大。因此,铝冰低温固体推进剂燃烧时各区域的厚度随着水燃比的增大而减小,随着水燃比的减小而增大。

4)初温变化对铝冰低温固体推进剂燃烧特性的影响。

推进剂的初温是影响燃速的一个重要因素。一般来说,推进剂的初温升高,燃速也随之增大。因为初温升高就意味着固相推进剂中所含的初始热能较多,只需要吸收较少的热量就可使推进剂各组分分解气化。因此,研究初温变化对铝冰低温固体推进剂燃烧性能的影响十分必要。图 5.37 和图 5.38 分别给出了初温变化对铝冰低温固体推进剂燃速性能的影响,表5.28 则给出了初温变化对燃速系数和压强指数的影响。

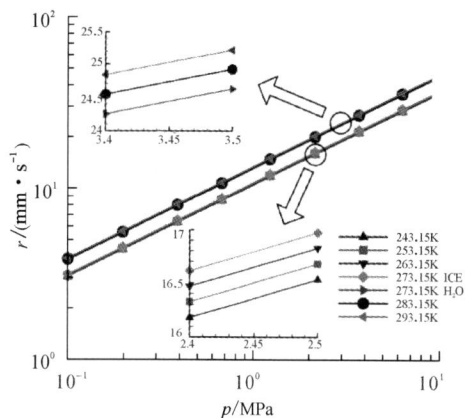

图 5.37　初温变化对燃速压强曲线的影响

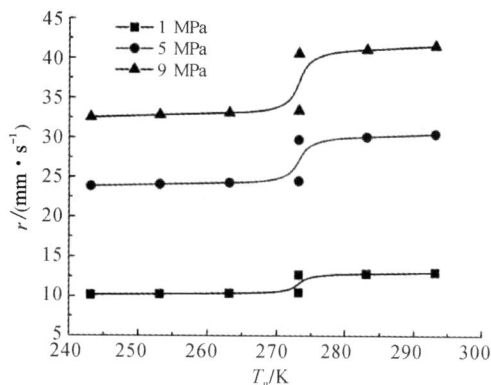

图 5.38　不同压强下燃速随初温的变化关系

表 5.28　初温变化对燃速系数与压强指数的影响

初温 T_u/K	燃速系数 a/[mm·(MPa^n·s)$^{-1}$]	压强指数 n
243.15	10.186	0.528
253.15	10.280	0.528
263.15	10.371	0.528
273.15（ICE）	10.462	0.528
273.15（H_2O）	12.705	0.528
283.15	12.859	0.528
293.15	13.012	0.528

　　由图 5.37 可以看出,随着初温的变化,燃速压强曲线均保持平行关系,表明初温的变化并不影响曲线的斜率,即燃速压强指数不随初温的改变而改变。在铝冰低温固体推进剂熔点温度(273.15 K)附近,燃速压强曲线分成了重叠的两部分,且燃速出现了跳跃性的变化。这是因为,当温度低于 273.15 K 时,铝冰低温固体推进剂在燃烧过程中会出现由固相至液相的相变吸热反应,必须考虑冰的相变吸热;当温度高于 273.15 K 时,就不会考虑冰的相变吸热,加速了推进剂的燃烧反应速度。因此,当铝冰低温固体推进剂的初温变化范围跨过 273.15 K 时,燃速会出现跳跃性的变化。结合表 5.28 可以看出,初温的变化不改变压强指数,仅影响燃速系数,即燃速系数随着初温的升高而增大。由图 5.38 可以看出,当温度低于或者高于铝冰低温固体推进剂的熔点温度时,随着初温的增大,燃速变化不明显;当温度由 243.15 K 升高到 263.15 K 时,5 MPa 下的燃速仅改变了 0.427 mm·s^{-1},当温度由 273.15 K 升高到 293.15 K 时,5 MPa 下的燃速则改变了 0.719 mm·s^{-1},若初温为 273.15 K,压强为 5 MPa,固相的铝冰低温固体推进剂比液相的铝冰低温固体推进剂燃速低 5.249 mm·s^{-1}。可见,在熔化温度

(273.15 K)以下铝冰低温固体推进剂的燃速变化较缓慢,当初温超过熔化温度时变化要快一些,而且当初温刚刚大于熔化温度时,燃速有一个很大的增量。因此,铝冰低温固体推进剂的燃速随着初温的升高而增大,且燃速的改变主要是由于燃速系数随这初温的变化而变化引起的。

图 5.39 给出了压强为 5 MPa 时,各区域厚度随初温的变化关系。由图 5.39 中可以看出,液相区、反应区与三区域总厚度随着初温的升高而增大,气相区的厚度随着初温的升高而减小。这是因为随着初温的升高,铝冰低温固体推进剂的燃烧速度增大,单位质量的推进剂在反应前的吸热量减少,导致固相区更多的推进剂吸热熔解,引起液相区厚度的增加;由于燃烧速度的增大,铝颗粒在气相区停留的时间缩短,导致气相区厚度随着初温的升高而增大;由于反应区的厚度是由铝颗粒燃烧时间与推进剂的燃速两个因素共同决定的,而铝颗粒的燃烧时间不随初温的改变而变化,因此,在燃烧时间不变时,相同时间内,燃速越大,反应区厚度越大,导致反应区的厚度随着初温的升高而增大。

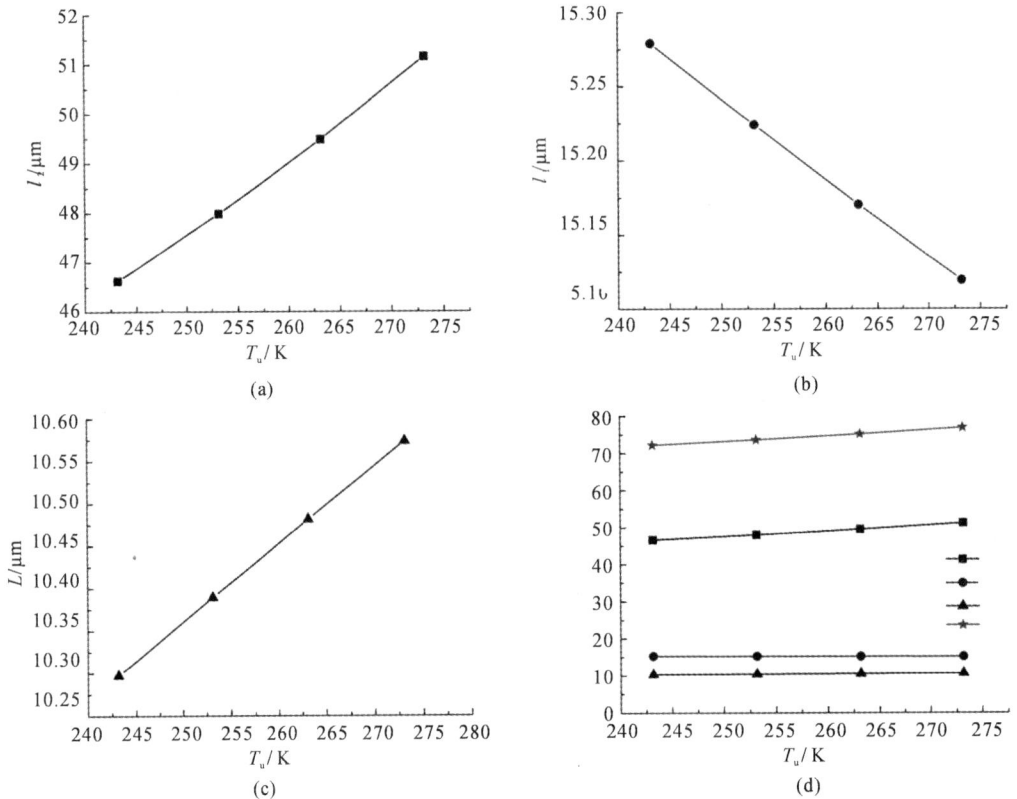

图 5.39 各区域厚度随初温的变化关系
(a)液相区;(b)气相区;(c)反应区;(d)各区域厚度对比

5.6 低温固体推进剂的发展前景

低温固体推进剂结合了固体推进和液体推进的优势,是一类全新的化学火箭推进剂,可满足未来航天器的高能量、高可靠性、低成本和低污染要求,在未来航天发射方面具有广阔的应用前景。近年来,国外 CSP 在配方研制、试验验证等方面进展显著,尽管距工程化应用还有一定差距,但综合分析发现 CSP 已显示出具有革新火箭推进技术的巨大潜力,有希望作为新型化学火箭推进技术革命的前驱,其主要发展趋势包括以下几方面。

(1)探索研究 H_2O_2 常温赋型技术,进一步提高 CSP 的使用和贮存温度。赋型即通过一定的物理、化学方法及特殊工艺,使 H_2O_2 在常温下固体化的一种方法。虽然 CSP 的使用和贮存温度远高于低温液体推进剂(液 O_2、液 H_2),但仍在 $-60\ ℃\sim0\ ℃$ 之间,其贮存维护费用仍占相当比例,如果能运用赋型法将 H_2O_2 在常温下赋型固化,添加燃料制成药柱,则不需要对药柱进行冷冻,将大大简化制备工艺,降低生产成本。

(2)研究 CSP 复合配方技术。选择合适燃料及添加剂,将 H_2O_2、燃料及添加剂通过一定的比例混合,制备成类固体推进剂复合药柱。此关键技术的突破,将打破固体和液体推进剂的界限,使固体推进剂扩展至整个化学推进剂领域。

(3)高能量密度化合物(HEDM)在 CSP 中的应用技术。由比冲性能来看,CSP 比低温液体推进剂低,可以向其中加入诸如高张力碳氢笼状化合物和多氮化合物的 HEDM 来进一步提高 CSP 的能量性能。

参 考 文 献

[1]　RISHA G A,TERRENCE L C JR,Michael W. Novel Energetic Materials for Space Propulsion[A]. Air Force Office of Scientific Research.Arlington,2011:1-110.

[2]　张德雄,姚润森.低温固体推进技术基础和研究现状[J].固体火箭技术,2002,25(3):8-11.

[3]　张兴高,张炜,朱慧. 新型化学推进剂技术研究发展[D]. 长沙:国防科技大学,2000:1-7.

[4]　李文斌,庞爱民,肖金武,等. 低温固体推进(CSP)技术研究进展[J].含能材料,2009,17(2):244-248.

[5]　RICHARD A Y,GRANT A R,STEVEN F S. Metal particle combustion and nanotechnology[J]. Proceedings of the Combustion Institute,2009(32):1819-1838.

[6]　庞维强,樊学忠,赵凤起. 含硼富燃料固体火箭推进剂技术[M]. 北京:国防工业出版社,2016.

[7]　黄开金. 纳米材料的制备及应用[M]. 北京:冶金工业出版社,2009.

[8]　DAVID E K,TIMOTHE E L POURPOINT,LORI J G,et al. Further Development of an Aluminum and Water SolidRocket Propellant[A]//47th AIAA/ASME/SAE/ASEE Joint Propulsion Conference & Exhibit[C]. California,AIAA,2011.

[9]　FEDERICA F,MASSIMO M,LUCA M,et al. Combined Hydrogen Production and Power Generation from Aluminum Combustion with Water:Analysis of the Concept[A]. International Journal of Hydrogen Energy [J],2010(35):1548-1559.

[10]　李葆萱,王克秀. 固体推进剂性能[M]. 西安:西北工业大学出版社,1990.

[11] STEVEN F S. Characterization of Aluminum and Ice Solid Propellants[D].Purdue University Master of Science in Mechanical Engineering,2009.

[12] ALEXANDER G R, JAMES R H. Fast Reactions of Aluminum – A Literature Review[R]. Naval Surface Weapons Center 77 – 163, 1977.

[13] ELGERT O J, BROWN A W. In Pile Molten Metal – Water Reaction Experiment [R].Technical Report, U.S. Atomic Energy Publication, 1956.

[14] MILLER T F, HERR J D. Green Rocket Propulsion by Reaction of Al andMg Powders and Water[A]. 40th AIAA/ASME/SAE/ASEE Joint Propulsion Conference and Exhibit[C]. Florida, AIAA, 2004.

[15] IVANOV, SAFRONOV, GAVRILYUK. Macro kinetics of Oxidation of Ultra disperse Aluminum by Water in the Liquid Phase[J]. Combustion Explosion and Shock Waves, 2001, 37(2): 173 – 177.

[16] INGENITO A, CUOCO F. Using Aluminum for Space Propulsion [J]. PROPULSION AND POWER, 2004(20): 1056 – 1063.

[17] BRUNO C, INGENITO A, CUOCO F. Using Powdered Aluminum For Space Propulsion[J]. Propulsion And Power,2004(32): 1001 – 1020.

[18] STRELETSKII, KOLBANEV, BORUNOVA, BUTYAGIN. Mechanochemical Activation of Aluminum: Kinetics of Interaction between Aluminum and Water[J]. Colloid Journal, 2005, 67(5): 631 – 637.

[19] RISHA G A, SON S F, YETTER R A, et al. Combustion of Nano – aluminum and Liquid Water[J]. Proceedings of the Combustion Institute, 2007(31): 2029 – 2036.

[20] SABOURIN J L, RISHA G A, YETTER R A, et al. Combustion Characteristics of Nanoaluminum,Liquid Water, and Hydrogen Peroxide Mixtures[J]. Combust And Flame, 2008,114: 587 – 600.

[21] TRAVIS R S, STEVER F S. Combustion and Characterization of Nanoscale Aluminum and Ice Propellants[A]. 44th AIAA/ASME/SAE/ASEE Joint Propulsion Conference & Exhibit [C].Hartford, AIAA Oct. 2008.

[22] GRANT A R, JUSTIN L S, VIGOR Y, et al. Combustion and Conversion Efficiency of Nanoaluminum – water Mixtures[J]. Combustion Science and Technology, 2008, 180: 2127 – 2142.

[23] TYLER D W, MARK A P, Timothee L P, et al. Aluminum – Ice (ALICE) Propellants for Hydrogen Generation and Propulsion[A]. 45th AIAA/ASME/SAE/ ASEE Joint Propulsion Conferen ce & Exhibit[C]. Colorado, AIAA, 2009.

[24] TIMOTHEE L P, TYLER D W, MARK A P. Feasibility Study and Demonstration of an Aluminumand Ice Solid Propellant [J]. International Journal of Aerospace Engineering. 2012(10): 1 – 11.

[25] TYLER D W, MARK A P, Timothee L P. Feasibility Study and Demonstrationof an Aluminum and Ice Solid Propellant [A]. 45th AIAA/ASME/SAE/ASEE Joint Propulsion Conference & Exhibit[C]. Colorado, AIAA, 2009.

[26]　TIMOTHE E L P, TRAVIS R S, CHRIS Z, et al. Detailed Characterization of Al/ Ice Propellants[A]. 46th AIAA/ASME/SAE/ASEE Joint Propulsion Conference & Exhibit. Nashville, AIAA, 2010,88: 1 - 11.

[27]　TERRENCE L C J, GRANT A R, RICHARD A Y. Combustion of Alane and Aluminum with Water for Hydrogen and Thermal Energy Generation[J]. Proceedings of the Combustion Institute. 2010,88: 1 - 9.

[28]　DILIP S S, VIGOR Y. Combustion of Aluminum, Aluminum Hydride, and Ice Mixtures[A]. 49th AIAA Aerospace Sciences Meeting[C]. Florida, AIAA, 2011.

[29]　TRAVIS R S, TIMOTHE L P, STEVEN F S. Combustion of Nanoaluminum and Water Propellants: Effect of Equivalence Ratio and Safety/Aging Characterization[J]. Propellants Explosives Pyrotechnics, 2013,38: 56 - 66.

[30]　CHRISTOPHER R Z, STEVEN F S, TIMOTHEE L P. Combustion of Micron - Aluminum and Hydrogen Peroxide Propellants[J]. Combust and Flame, 2013,160: 184 - 190.

[31]　DILIP S S, VIGOR Y, YING H. Effects of particle size and pressure on combustion of nano - aluminum particles and liquid water[J]. Combust and Flame,2013,250: 18 - 26.

[32]　WILLIAM G, YINON Y, ANDREW J. Higginsz, Sam Goroshinx. Burning Rate of nano - Aluminum - Water Propellant at High Pressures[A]. 52nd Aerospace Sciences Meeting[C]. Maryland, AIAA, 2014.

[33]　DILIP S S, VIGOR Y. Effects of Entrainment and Agglomeration of Particles on Cmbustion of Nano - Aluminum and Water Mixtures[J]. Combust and Flame, 2014 (17): 1 - 3.

[34]　郑邯勇. 铝水推进系统的现状与发展前景[J]. 船舶科学技术, 2003, 25(5): 24 - 25.

[35]　郑邯勇,王永昌. 铝水反应机理的实验研究与分析[J]. 舰船科学与技术,2005,27(3): 81 - 83.

[36]　孙展鹏,乐仁发. 铝水反应机理初探[J]. 化学推进剂与高分子材料,2006, 4(2): 37 - 39.

[37]　BECKSTEAD M W. A Summary of Aluminum Combustion [C]. Internal Aerodynamics in Solid Rocket Propulsion. Belgium, 2004.

[38]　刘冠鹏,李凤生,郭效德. 铝粉燃料与水反应的研究进展[J]. 固体火箭技术,2007,30(2): 138 - 141.

[39]　万俊. 铝/水反应特性及热动力学研究[D]. 湖北:华中科技大学,2012.

[40]　仝大明,蔡水洲,谢长生,等. 铝粉与水反应的电化学研究[J]. 含能材料, 2013, 21(1): 261 - 267.

[41]　中国国家军用标准 GJB770B — 2005:火炸药实验方法:燃速测试方法 706.1 靶线法[S]. 北京. 2007.

[42]　王克秀,李葆萱,吴心平. 固体火箭推进剂及燃烧[M]. 北京:国防工业出版社,1983.

[43]　李秋萍. 复合固体推进剂静态燃速测试方法述评[J]. 宇航计测技术, 1991: 53 - 59.

[44] 李庆扬,王能超,易大义. 数值分析[M]. 北京：清华大学出版社,2008.

[45] KUO K K, SUMMERFIELD M. 固体推进剂燃烧基础(上、下册)[M].北京：宇航出版社,1994.

[46] BARETT D H. Solid Rocket Motor Igniter[M]. NASA Monograph SP - 8051, 1971：15 - 22.

[47] 张平,孙维申,眭英. 固体火箭发动机原理[M]. 北京：北京理工大学出版社,1992.

[48] 董师颜,孙思诚,张兆良,等. 固体火箭发动机原理[M]. 北京：国防工业出版社,1983.

[49] 李凤生,郭效德. 固体推进剂技术及纳米材料的应用[M]. 北京：国防工业出版社,2008.

[50] PABST W, GREGOROV E A. Mooney - Type Relation for the Porosity Dependence of the Effectivetensile Modulus of Ceramics [J]. JOURNAL OF MATERIALS SCIENCE,2004,39：3213 - 3215.

[51] WILLI P, EVA G A, GABRIELA TICH A. Elasticity of Porous Ceramics - A Critical Study of Modulus - Porosity Relations [J]. Journal of the European Ceramic Society,2006(26)：1085 - 1097.

[52] QING Z X. Model for Efective Thermal Conductivity of Nanofluids[J]. Physics Letters A 307, 2003,307：313 - 317.

[53] BECKSTEAD M W. Correlating Aluminum Burning Times [J]. Combustion, Explosion, and Shock Waves,2005,41(5),：533 - 546.

[54] ROBERT G, CARLO B, EDWARD L D. Combustion Times and Emission Profiles of Micron - Sized Aluminum Particlesburning in Different Environments[J]. Combustion and Flame, 2010,157：2015 - 2023.

[55] BELYAEV A F, YU V F, KOROTKOV A I. Combustion And Ignition of Particles of Finely Dispersedaluminum[J]. Fizika Goreniya i Vzryva,1968,4(3)：323 - 329.

[56] TIM B, HERMAN K, NICK G. Combustion of Nanoaluminum at Elevated Pressure and Temperature Behind Reflected Shock Waves[J]. Combustion and Flame, 2006,145：703 - 713.

[57] MIRKO S, CHEN C M, EDWARD L. Dreizin. Oxidation of Aluminum Particles in the Presence of Water[J]. New Jersey Institute of Technology, 2009,113：5136 - 5140.

[58] THEOFANOUS T G, CHEN X, PIAZZA P D, et al. Ignition of Aluminum Droplets Behind Shock Waves in Water[J]. Physics of Fluids, 1994(6)：3513 - 3515.

[59] KUEHL D K. Ignition and Combustion of Aluminum and Beryllium[J]. AIAA, 1965,12(3)：2239 - 2247.

第6章 膏体推进剂

6.1 概　　述

膏体推进剂是由固体推进剂演变而成的,是化学火箭推进剂领域一类特殊的新型化学推进剂,是用少量胶凝剂(或增稠剂)将其质量的3~1 000倍的液体组分(燃料、氧化剂或二者的混合物)凝胶化,同时使大量固体氧化剂和燃料均匀悬浮于体系中,形成具有一定结构和特定性能,并具有一定贮存期,能长期保持稳定的"牙膏"状悬浮凝胶体系。当其不受外力作用时可保持不流动的半固体状态,加压时像液体一样易流动,从而兼备固体推进剂和液体推进剂的优点。将其应用于火箭发动机中,不仅保持了液体推进剂的优点,能实现推力可调节和向量控制,实现多次关机、启动,且凝胶作用还可降低体系的蒸气压,在一定程度上具有固体推进剂一样较高的维护和使用安全性;另外,在能量密度上,因加入了大量轻金属粉末而比双元液体推进剂有较大幅度的提高,克服了液体推进剂危险性大、发动机结构复杂等缺点,是实现能量灵活控制的有效途径。这种凝胶体系可用作各种火箭发动机动力源,膏体推进剂以其众多优点势必将在军事上发挥更大的作用。

6.2　膏体推进剂及其主要性能

在推进剂发展史上,经历了固体推进剂、液体推进剂、膏体推进剂与凝胶推进剂几个过程。其中膏体推进剂具有压力或剪切触变性,在技术上可控与安全性能等方面兼顾了固体推进剂与液体推进剂的优点,成为新一代"灵巧推进剂"。膏体推进剂的组成及制造工艺与复合固体推进剂有类似之处,都含有氧化剂、黏合剂、燃料和性能调节剂。膏体推进剂配方设计也以能量、成气性和安全性为主要考虑因素。

膏体推进剂是由固体推进剂发展演变而来的,它是用少量胶凝剂将一定量的液体组分凝胶化,同时使大量的固体燃料均匀地悬浮于体系中,形成具有一定结构和特定性能,并具有一定贮存期、能长期保持稳定的凝胶体系,其兼备固体推进剂和液体推进剂的双重优点,既能实现推力大小调节和向量控制,实现多次关机、起动,又克服了液体推进剂危险大、发动机结构复杂等缺点,是实现灵活能量控制的有效途径。鉴于此,国外对膏体推进剂进行了大量研究,尤其以俄罗斯和乌克兰技术相对成熟,并处于领先地位。膏体推进剂一般分为两大类:①由液体推进剂衍化而来的"Gel Propellants",美国已成功地进行了"灵巧战术导弹"的飞行实验;②由固体推进剂衍化而来的"Pasty Propellants",俄罗斯和乌克兰已完成全套地面试验,其相关技术已达到实用化水平。

膏体推进剂根据其燃料凝胶与氧化剂凝胶的贮存方式分为双元推进剂与单元推进剂。双元膏体推进剂是一类氧化剂凝胶与燃料凝胶分别置于两个不同体系的推进剂,在膏体推进剂研究中,常用双元液体推进剂的液体组分包括肼类化合物及其含碳衍生物、烃类、液氢、添加抑制剂的红色发烟硝酸、四氧化二氮等。为提高双元膏体推进剂的安全性能和能量密度,在燃料凝胶体系中往往加入一定质量比的固体燃料(如 Al、Be、B、Mg 及其氢化物等);单元膏体推进剂是一类氧化剂与燃料呈一体的推进剂,是将常规高能液体燃料、氧化剂和固体燃料混合,形成触变单元膏体推进剂,它是为克服双元膏体推进剂和单元膏体推进剂的缺点而发展起来的,美、法等国已将这种配方应用到水下推进系统、太空飞船动力系统及导弹推进系统等方面。

在膏体推进剂配方中一般都使用胶凝剂(增稠剂)来使推进剂凝胶化。上述两类膏体推进剂中,所采用的胶凝剂一般都不属于小分子有机胶凝剂,而是各种亲油性聚合物,如纤维素衍生物、树胶、聚丙烯酰胺等。此外,高度分散的纳米固体微粒(如精细二氧化硅、碳黑等)也可作为胶凝剂使用。时至今日,小分子有机胶凝剂在膏体推进剂方面的直接应用尚未见到公开报道,但是,由于相对分子质量的小有机胶凝剂(Low Molecular – Mass Organic Gelators,LMOG)的高效性和可设计性,在膏体推进剂领域中有望得到应用。

根据文献[13]和文献[14],俄罗斯曾采用端面燃烧膏体推进剂用以改进喀秋莎、闪电、暴风雪等,使其射程增加约 30%;利用膏体推进剂发动机推力可调性及可多次启动性,曾为地-空导弹研制过续航发动机,为地地导弹研制过末制导和机动弹采用的发动机。乌克兰也已经研制成功黏度为 200 Pa·s 的膏体推进剂,且研制过挤压供料的多次启动、推力可控的膏体推进剂发动机。1973 年美国专利公开报道的膏体推进剂配方:N_2H_4 为 39.2%,Al 为 20.4%,$N_2H_5ClO_4$ 为 37.4%,聚丙烯酰胺为 3.0%,平均压力为 7 MPa,燃速为 26 mm·s^{-1},比冲为 237 s,较非凝胶类似配方高 16 s。

国内膏体推进剂研究起步相对较晚,20 世纪 90 年代初以来,航天领域多家单位相继开展了膏体推进剂配方及性能研究,其中上海航天 806 所率先在国内开始膏体推进剂的研究工作。符全军等人分别以胶凝剂 XH 和 SD 制备了 UD-MH/NTO(偏二甲肼/四氧化二氮)双组元膏体推进剂;肖金武等人开展了 PEPA/AP 型膏体推进剂配方研究;张文刚以 PEPA/EG 为黏合剂、无定形硼粉为燃料添加剂制备了膏体推进剂。李鑫等人开展了 NM/RDX/nAl 膏体推进剂配方研究,对比冲进行了预估,同时测量了流变性能和燃烧性能。实验用 NM/RDX/nAl 型膏体推进剂配方组成见表 6.1,其中:H 为燃烧热,ρ 为密度,w 为质量分数。

表 6.1 NM/RDX/nAl 膏体推进剂配方

组 分	NM	RDX	nAl	胶凝剂	NTO – Pb
$H/(J \cdot g^{-1})$	1.2×10^4	9.5×10^3	6.18×10^4	–	–
$\rho/(g \cdot cm^{-3})$	1.137	1.816	2.7	–	–
$w/(\%)$	34.0	41.85	18.75	3.4	2.0

其中,nAl 为纳米铝粉。

据表 6.1 所述配方将氧化剂、铝粉和催化剂置于丙酮中超声分散 30 min 至均匀,真空干燥至丙酮挥发完全,备用。称取一定量液体黏合基质 NM,在搅拌的条件下加入胶凝剂,并在常压下搅拌 20 min,后在真空环境下搅拌 30 min 至物料成为完全均一稠状物,即完全没有相黏的微粒及凝块存在,然后将事先混匀的固体原料加入混合器中,真空搅拌 40 min 形成膏体推进剂。

尽管如此,国内在膏体推进剂配方研究方面比较少,还远远落后于其他一些国家,且距离应用尚有很长距离。

6.2.1　能量性能

按一般推进剂的配方组分计算,膏体推进剂基本特性变化范围如下:比冲 1 700~3 200 N·s·kg^{-1},燃烧产物温度 1 000~3 500 K,密度 13 00~2 200 kg·m^{-3}。

采用通用的最小自由能法计算上述膏体推进剂的能量性能,设定计算条件如下:推进剂初温 T_0 =298.15 K,燃烧室压强 p_c =7 MPa,出口压强 p_e =0.1 MPa,环境压强 p_a =0.1 MPa。在此条件下计算的推进剂比冲是海平面环境和最佳喷管扩张比情况下的标准理论比冲。表6.2列出了膏体推进剂比冲 I_{sp},燃温 T_c 、燃气平均分子量 M 以及特征速度 C^* 等能量性能表征参数。

表 6.2　膏体推进剂的能量性能

$I_{sp}/(N \cdot s \cdot kg^{-1})$	T_c/K	M	$C^*/(m \cdot s^{-1})$
2 674.2	3 559.68	27.304	1 637.8

6.2.2　流变性能

流变性能是膏体推进剂的关键性能,也是最难控制的性能之一。膏体推进剂发动机能否大幅度灵活地调节推力,实现多次启动,能否在脉冲工况下大范围地改变工作时间、冲量及工况转换的时间间隔,都涉及膏体推进剂的流变性能。膏体推进剂就其本身的物理、化学状态来说,属于中等或高度充填的分散体系,具有由固化剂和固体填充物粒子构成的复杂的内部结构,它们既独立又有联系,因而具有不同的流变性能。

刘凯强研究发现,膏体推进剂是高黏性牛顿假塑性流体,随着温度升高和变形速度增大,黏性下降,趋于常值,是一种既有黏性又有弹性的黏弹材料,而且黏度通常约为 5.0~12.0 Pa·s,改变组分及其含量,可在很宽范围内调节推进剂流变性能。

肖金武等人研究了增稠剂种类、含量及温度对膏体推进剂流变学参数的影响。研究发现,按照 η (特性黏度)~γ (剪切速率)关系,γ 在 0~10 s^{-1} 时,膏体推进剂的流动遵循 Ostwalld 幂定律,表明采用膏体推进剂的发动机具有大幅度调节推力的能力,可采用不同的增稠剂来改变膏体推进剂的流变参数,以满足不同的使用要求,并且得出温度变化可使膏体推进剂的内部结构发生变化的结论。

1. 稳态剪切流变特性

作为膏体推进剂性能的一个重要流变学参数,屈服应力 τ_{yield} 关系到凝胶体系的静态储存或动态飞行过程中的稳定性、泄漏时的流动减缓性、输送管道的压力控制、喷射雾化的射流速度等。当 τ_{yield} =0 时,Herschel - Bulkley 本构方程 $\tau = \tau_{yield} + K\gamma n$ 就是典型的 Ostwald de Waele 方程。

式中，n 为非牛顿系数；K 为稠度系数；τ_{yield} 为屈服应力；τ 为剪切应力；γ 为剪切速率。

图 6.1 是膏体推进剂在 30℃下的初始流变曲线，图 6.2 是膏体推进剂在不同温度下的流变曲线，利用 Ostwald de Waele 以及 Herschel－Bulkley 模型对图 6.2 曲线进行拟合，所得流变参数见表 6.3，其中，η 为表观黏度，r 为线性相关系数。

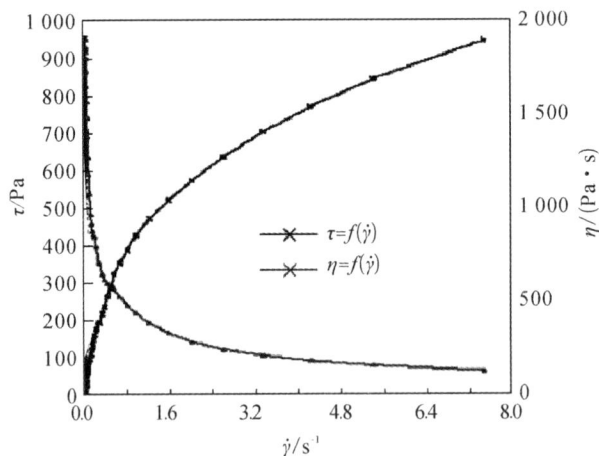

图 6.1　30℃下膏体推进剂初始流变曲线

由图 6.1 可看出，膏体推进剂的剪切应力对剪切速率的关系为一向下弯的曲线，且表观黏度随剪切速率增加而下降，表明该膏体推进剂属假塑性非牛顿流体，具有剪切变稀的特性。由图 6.2 和表 6.3 可以看出，在 0～30℃ 范围内，膏体推进剂稠度系数 K 和屈服应力 τ_{yield} 均随温度升高而降低，但在 40℃时两者迅速增加，分析原因可能是由于膏体推进剂黏合剂组分 NM 在温度较高时饱和蒸气压 p 较高[Antoine 公式求得 p（40℃时）≈ 4.25 kPa]，挥发性较强，从而使得膏体推进剂稠度系数和屈服应力迅速增大。而且，在 40℃时膏体推进剂的假塑性指数大于 1，其流变类型也发生了改变。因此，该类膏体推进剂应在较低的温度下（不高于 30℃）使用，在存储过程中为防止 NM 挥发应在低温密闭条件下处理。同时，从线性相关系数分析可知，Herschel - Bulkley 本构方程比 Ostwald de Waele 方程拟合度更好，更能准确模拟膏体推进剂的流变性能。

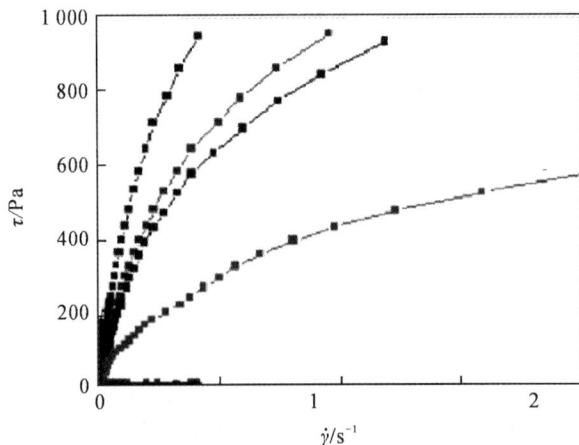

图 6.2　不同温度下膏体推进剂的流变曲线

表 6.3　不同温度下膏体推进剂的流变参数

$T/℃$	Ostwald de Waele 方程			Herschel - Bulkley 方程			
	K	n	r	K	n	r	τ_{yield}
0	1 515	0.557 9	0.979 7	1 506	0.545 7	0.980 0	87.97
10	950.5	0.340 9	0.988 3	650.2	0.330 2	0.968 85	84.93
20	634.1	0.332 9	0.987 4	635.2	0.331 9	0.998 1	54.25
30	436.2	0.393 7	0.992 9	445.7	0.385 0	0.993 2	36.66
40	5.673×10^6	1.265 0	0.992 5	5.689×10^6	1.260 0	0.992 5	592.4

2.触变性

触变性是一个依赖于时间的流变现象,该现象与凝胶有关。对于膏体推进剂的触变要求是,需要在给定剪切速率或剪切应力下表现出良好的剪切稀化性,同时在移除剪切速率或剪切应力后,黏度又能逐渐恢复,即要求触变性是可逆的。图 6.3 是测得的膏体推进剂触变曲线,测量方法选用 CS 模式,即逐渐改变 τ,测出相应的 γ 值,画出一条 τ - γ 曲线,经过三次 CS 模式最终形成一闭合环。具体测试条件如下:CS 模式 1 为 0.00~1 000.00 Pa,$t=60.00$ s,$T=25℃$;CS 模式 2 为 1 000.00 Pa,$t=30.00$ s,$T=25℃$;CS 模式 3 为 1 000.00~0.00Pa,$t=60.00$ s,$T=25℃$。图 6.3 中曲线滞后回路面积的大小可以定性地表示触变性:回路面积越大,触变性越高。

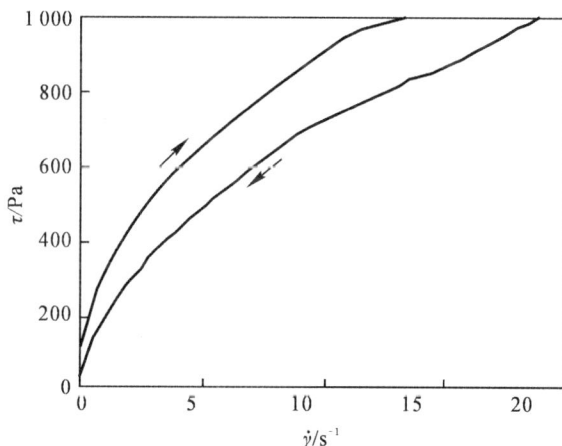

图 6.3　膏体推进剂触变曲线

由图 6.3 中可以看出,膏体推进剂具有明显的正触变性。随着剪切速率的增加,膏体推进剂体系网络结构破坏,黏度迅速下降(由曲线斜率可看出),在撤销剪切速率后,膏体推进剂网络结构逐渐恢复黏度进而逐步增加,由于膏体推进剂网络结构被破坏,其恢复需要一定的时间,所以在剪切应力/剪切速率曲线上形成封闭的触变环,即该膏体推进剂发生了不可逆触变。根据文献[25],当凝胶体系中固体含量较大且氧化剂粒形不规整、不光滑时,触变破坏程度明显。因此,为减小触变性,应降低固体含量且尽量选用球形氧化剂。

3. 蠕变-回复性

通常,蠕变曲线代表三部分贡献的叠加:理想的弹性形变、推迟弹性形变及黏性流动。上述三种形变的相对比例依具体条件不同而不同。在非常短的时间内,仅有理想的弹性形变,且形变量很小;随着时间的延长,蠕变速度开始增加很快,然后逐渐变慢,最后基本达到平衡;加载时间很长,推迟弹性形变已充分发展,达到平衡值,最后是纯粹的黏性形变。蠕变回复曲线中,理想弹性形变瞬间恢复,推迟弹性形变逐渐恢复,最后保留黏流形变。

将膏体推进剂试样在25℃,持续施加60 s的100 Pa的恒定剪切应力,除去剪切应力再观察60 s,蠕变曲线用应变(γ)来描述,测试结果如图6.4所示。

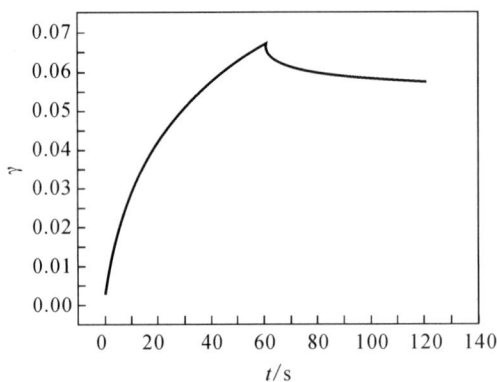

图 6.4 膏体推进剂蠕变-回复曲线

由图6.4可看出,膏体推进剂表现出一定蠕变-回复特性,在100 Pa蠕变剪切应力作用下产生微小形变,其最大形变为6.5%,去除剪切应力后,形变部分回复到起始状态,表明膏体推进剂呈现出静态黏弹性行为。由于蠕变-回复特性与温度、剪应力以及作用时间等因素有关,因此,条件的选择对蠕变-回复大小有非常重要的影响。

4. 动态黏弹性

通过考察膏体推进剂体系结构对外界刺激(如应力、角频率的变化)的响应程度,分析体系的动态黏弹特性。如图6.5所示是膏体推进剂体系在温度为25℃,角频率为1 Hz=6.28 rad·s^{-1}时的应力曲线。其中,G'是(剪切)储能模量,反映材料形变过程由于弹性形变而储存的能量;G''是(剪切)损耗模量,反映材料形变过程以热损耗的能量。

由图6.5可以看出,低应力下(低于50 Pa),膏体推进剂体系的储能模量(G')和损耗模量(G'')基本无变化,且储能模量(G')大于损耗模量(G''),表明此时膏体推进剂具有较稳定的三维网络结构。随着应力的增加,在50~100 Pa的应力范围内膏体推进剂储能模量(G')和损耗模量(G'')同时迅速下降。当应力超过100 Pa时,模量又趋于稳定,但此时储能模量(G')远远小于损耗模量(G''),基本相差一个数量级,表明膏体推进剂网络结构已经破坏。

同时,实验对膏体推进剂在应力为10 Pa的线性黏弹区内进行频率扫描,结果如图6.6所示。图6.6中f为角频率,η^*为复数黏度,$\tan\delta$为损耗因数。扫描实验损耗因数 $\tan\delta=G''/G'$结果可进一步描述体系的黏弹性能,损耗因数小说明膏体推进剂以弹性形变为主。由图

6.6 可见,随着角频率 f 增加,凝胶体系的 G' 和 G'' 均有所增加($G''<G'$),但二者的比值 $\tan\delta$ = G''/G' 整体上表现下降的趋势,$\tan\delta$ 值越小,表明体系散逸能量的能力越弱,即消耗于克服内耗或内摩擦阻力上的能量越小。而且,凝胶体系的复合黏度 η^* 随着 f 的增加也呈现下降趋势,这与体系的黏度/剪切速率关系相一致。

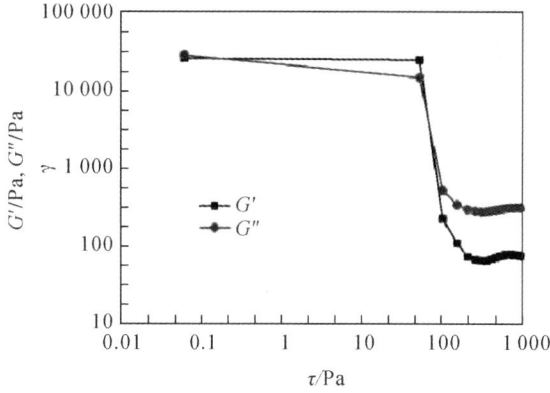

图 6.5　膏体推进剂在 1 Hz 频率下的应力扫描曲线

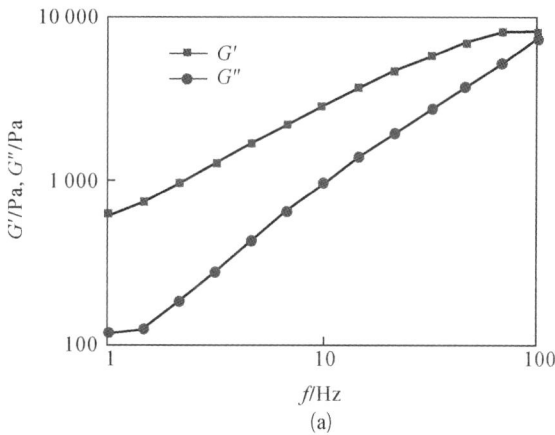

(a)

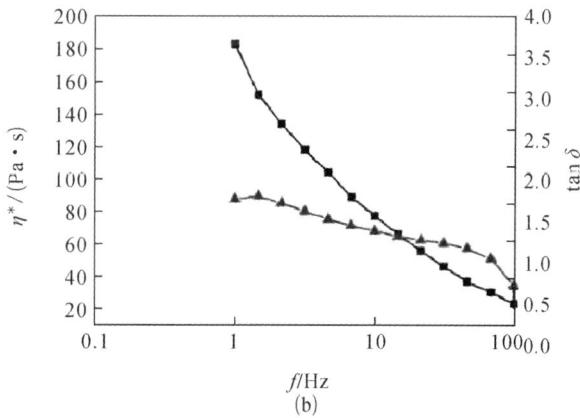

(b)

图 6.6　膏体推进剂角频率扫描曲线

(a)角频率-储能模量;(b)角频率-复合黏度

6.2.3 燃烧性能

膏体推进剂按其本身结构,很大程度上呈现复合固体推进剂的特性,但依赖于填充物的分散性,在燃烧过程中也具有接近于双基推进剂的特性。膏体火箭发动机具有特殊的燃烧组织方式,即通过外力将贮箱中的推进剂挤入燃烧室燃烧,外力中止,燃烧也就随之停止,以此来实现发动机的重复点火和多次启动。因此要求膏体推进剂具有良好点火性能和较高的燃速。

肖金武等人研究了燃烧调节剂 FC-1 和 CAT-1 对膏体推进剂的燃速和燃速压强指数的影响及 FC-1 对其点火性能的改善。研究发现,FC-1 既能有效地提高膏体推进剂的燃速,又可明显降低其燃速压强指数,是适用于膏体推进剂的良好催化剂。而且,将 FC-1 加入膏体推进剂配方中,能显著降低推进剂的点火延迟时间,可有效改善膏体推进剂的点火性能。

采用声波法测定膏体推进剂分别在 5 MPa,7 MPa,10 MPa,13 MPa 和 15 MPa 下的燃速,为便于同添加微米/纳米铝粉膏体推进剂燃速进行比较,实验同时对此进行了测试,所得结果见表 6.4。

表 6.4 含微米/纳米铝粉的膏体推进剂燃速和燃速压力指数结果

样品	燃速 $r/(mm \cdot s^{-1})$					n			
	5 MPa	7 MPa	10 MPa	13 MPa	15 MPa	5~7 MPa	7~10 MPa	10~13 MPa	13~15 MPa
GT-1	点不着火	8.28	12.44	14.24	19.43	—	1.140	0.510	0.72
GT-2	点不着火	3.44	4.68	6.41	7.81	—	0.860	1.200	1.38
GT-3	8.44	9.79	11.13	12.32	13.84	0.468	0.402	0.384	0.27

其中:GT-1 表示含纳米铝粉膏体推进剂,GT-2 表示含微米铝粉膏体推进剂,GT-3 表示含铝热剂 nano-Al/PbO 双基系推进剂。

由表 6.4 可看出,GT-1 推进剂在 5 MPa 下未能点火燃烧,在 7 MPa 以上能点火燃烧,且燃速明显大于添加微米铝粉的 GT-2 推进剂,分析认为:①纳米铝粉比表面积大,在膏体推进剂燃烧表面能迅速破壳点火燃烧,且燃烧完全放出大量的热,增加了燃面的热反馈,进而使燃速增加,而微米铝粉在燃面附近破壳后相互黏结形成较大的铝液滴,燃烧时间增加,导致铝粉不能完全燃烧,燃烧效率降低,热损失增加,使得燃速相对降低;②纳米铝粉在膏体推进剂中一定程度上可以作为胶凝剂,其相对于微米铝粉而言形成的膏体推进剂所容纳固体填料多,密度相对较高,在点火燃烧过程中,密度较大的膏体推进剂其燃烧释放的热量更大,因而燃速相对较高。GT-1 推进剂在 10~15 MPa 的燃速大于含铝热剂 nano-Al/PbO 双基系推进剂 GT-3。GT-1 推进剂在 7~10 MPa 的燃速压力指数大于1,在 10~13 MPa 和 13~15 MPa 的燃速压力指数小于1,且在所测压力范围内未出现燃烧"平台效应",因此,该膏体推进剂体系中所采用的燃烧催化剂尚待进一步研究。

Becksted 等人用高速摄影和电子显微镜研究推进剂的燃烧,提出了多火焰模型(BDP 模型),BDP 模型是应用最为广泛的固体推进剂燃烧模型。膏体推进剂燃烧时,表面熔化层内的凝聚相反应由氧化剂及黏合剂各自热分解和分解产物间非均相反应组成,总的热效应是放热。氧化剂颗粒周围存在 3 个火焰:AP 分解产物和 $HClO_4$ 形成的 AP 焰;AP 分解产物和黏合剂

热解产物反应形成的初焰(PF);黏合剂热解产物和 AP 火焰富氧产物反应形成的终焰(FF)
(见图 6.7)。

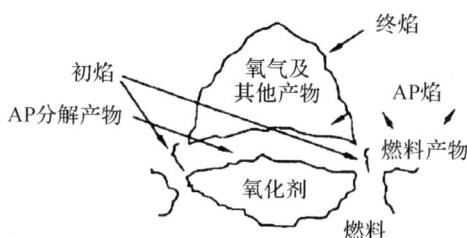

图 6.7　膏体推进剂的燃烧火焰结构

6.2.4　贮存性能

膏体推进剂是高黏性的固液悬浮触变体,理想的膏体推进剂首先应具有良好的物理稳定
性能,以满足长期贮存和使用的需要。肖金武等人以推进剂表观黏度的变化为量度,采用高温
加速贮存实验考察了膏体推进剂的贮存稳定性。研究发现,加有增稠剂 NJ - 4 的膏体推进剂
在 50℃贮存 16 周,推进剂表观黏度基本保持不变,表明其具有良好的贮存稳定性,表明膏体
推进剂在贮存过程中能保持良好的流动性。

近年来,美国的高能量密度材料计划中,正在研制"可变黏度"的膏体推进剂。俄罗斯、乌
克兰的膏体推进剂的研制水平领先于美国,包括快燃膏体推进剂、高比冲膏体推进剂、低特征
信号膏体推进剂及膏体燃气发生剂等。俄罗斯已研制出以含氧酸胺盐乙二醇溶液为黏合剂的
膏体推进剂配方,从而满足不同需求。

6.3　膏体推进剂发动机及其应用

膏体推进剂是把燃料和氧化剂融于一体的固液悬浮体系,燃烧方式主要采用从贮箱挤入
燃烧室或直接浇入发动机进行端面燃烧。根据文献[30]介绍,膏体推进剂火箭发动机结构有
如下几种:第 1 种如图 6.8 所示,为推进剂贮箱与燃烧室合在一起的结构;第 2 种如图 6.9 所
示,推进剂贮箱与燃烧室分开;第 3 种如图 6.10 所示,采用液压驱动,带有调节阀的喷头块将
贮箱中的膏体推进剂送入燃烧室;第 4 种是由 1 个燃料贮箱和 4 个可控制的燃烧室组成的膏
体推进剂火箭发动机,贮箱中的膏体推进剂依靠排料燃气发生器的作用向各个燃烧室供料。

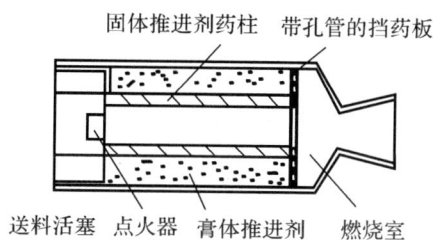

图 6.8　推进剂贮箱与燃烧室一体的结构示意图

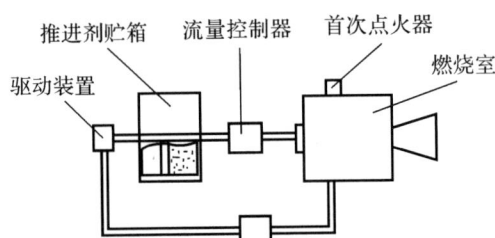

图 6.9 推进剂贮箱与燃烧室分开的结构示意图

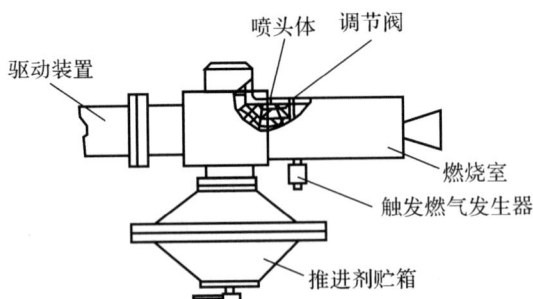

图 6.10 单燃烧室膏体推进剂火箭发动机的组成示意图

近年来,膏体推进剂的实际应用已经取得突破性进展。根据文献[31],由 TRW 公司研制的能量可控膏体推进系统在美国空军和导弹部队联合进行的第二次飞行实验中获得成功。该推进系统装填的燃料是黏性、半固态的膏体推进剂,这种推进剂集固体和液体推进剂的优点于一身,存放时呈固态,加压后呈液态,这样就使得推进系统像液体推进系统一样可根据需要调节推力强度。在 1999 年的实验中,用此推进系统进行了 8 km 的飞行实验。第二次在导弹上加装了识别系统,在 51 s 飞行时间内,推进系统成功点火 5 次,导弹成功命中目标,表明该推进系统安全可靠。

膏状推进剂在民用上也卓有成效。膏状灭火剂、膏状焊接剂和原油压裂弹等已实用化。俄罗斯已将膏体推进剂用在人工降雨和防雹火箭上。根据文献[32]的研究,膏体推进剂作为一种拥有广阔发展前景的新型推进剂,其基本的挤压安全性和摩擦安全性能够得到保证,脉冲式膏体推进剂发动机在推力调节和多次启动方面的确具有很大的灵活性和可行性。但进一步研究发现,膏体推进剂发动机还需解决许多技术问题,如如何实现推进剂挤出速度与燃速相匹配,如何防止回火(指燃烧室工作压强大于膏体推进剂挤出压强,火焰由燃烧室窜至贮箱)及研制多次点火装置等。

膏体推进剂发动机较好地兼顾了液体、固体推进剂发动机的特点,克服了两者的缺点。与液体发动机相比,它较安全、易于贮存,消除了起动晃动,几乎无搬运和运输上的困难,并且不会发生像 100% 液体燃料那样的泄漏,此外,膏体推进剂比液体推进剂密度大得多,提高了发动机装填密度;结构方面,膏体推进剂发动机无液体发动机所需的复杂喷注管路系统和过多的阀门部件,因而可靠性较高;与固体发动机相比,膏体推进剂具有灵活的能量可控性,膏体推进剂属假塑性流体,可实现节流,而且燃面调节较固体推进剂易于实施,其对力学性能要求较低,避免了固体推进剂苛刻的药柱完整性要求,显而易见,具有推力可控和多次启动能力的膏体推进剂具有广阔的应用前景。

6.4　膏体推进剂性能计算及分析

膏体推进剂是在液体推进剂中均匀混入固体颗粒(金属或非金属),再添加胶凝剂和助剂而生成的"有形"且与原推进剂物理和化学性质不同的混合物,固体推进剂在常态下呈半固体状态,当施加一定的剪切应力时,能像液体一样流动,融合了固体和液体推进剂的优势,具有高安全性、高性能、长期贮存、使用维护方便等一系列优点,称为动力系统研发的方向之一。

一个理想的膏体推进剂组成选择需要考虑的因素很多,其基本依据应当包括配方合理、密度大、比冲高以及稳定性好等方面。由于胶凝剂的影响,非金属膏体推进剂的性能通常比原液体推进剂低 2%～5%。为了提高推进剂的能量和密度,通常向膏体推进剂中添加一定量的金属粉。金属化膏体推进剂是指添加了高能金属燃料的膏体推进剂,这些高能金属燃料包括铝、硼、碳、锂和铍等,但不特指金属粉。

6.4.1　膏体推进剂理论性能计算方法

非金属膏体推进剂化学组成通常包括的化学元素有 C,H,O,N,S,Cl,F 和 Si 等,在非金属膏体推进剂的基础上添加一定量的金属(Al,B,Be 和 Mg 等)颗粒,则形成金属化膏体推进剂。在性能计算中,忽略胶凝剂中含量较小的 S,Cl,F 和 Si 等微量元素,并假设以下几种情况。

(1)燃烧室内为等压燃烧,忽略燃烧室中的燃气流速。

(2)燃烧室中推进剂雾化和混合均匀,燃烧室各个横截面上推进剂混合比均等。

(3)在燃烧室末端,燃烧产物为具有平衡组分的完全气体。

(4)燃烧产物服从理想气体定律,凝固相的粒子不影响理想气体的特征。

(5)喷管中的流动为一维定熵过程。

(6)喷管中化学反应与流动状态的关系服从下列三种流动模型之一:平衡流、冻结流和平衡冻结流。

推力室的热力计算是对给定的推进剂在给定条件下,从能量指标上预估推进剂和推力室的理论性能。针对液体推进剂可能选择的高分子或小分子类胶凝剂和助剂,将胶凝剂分子包含的 C,H,O 和 N 原子的个数和熔值(燃烧热)作为变量,以适应不同胶凝剂和助剂成分;将燃料和氧化剂中胶凝剂的质量含量作为变量,以考虑胶凝剂在推进剂中质量含量的变化;将燃烧室压力、推进剂的混合比、喷管面积比等作为变量,以考虑推力室设计参数的变化,研究非金属膏体推进剂热力气动力参数计算软件。软件计算结果主要包括燃烧室温度、特征速度、喷管给定面积比处的燃气温度、理论比冲、气体速度、马赫数、气体常数以及包括 CO_2、H_2O、OH、O_2、N_2、NO、CO、H、O、N、CH_4、HCO、HCN、NH_3、C_2H_4 和 C_2H_2 等在内的燃气成分及摩尔分数。

6.4.2　非金属膏体推进剂

图 6.11 列出了 N_2O_4/含铝的 N_2H_4 体系(A1 曲线)和 N_2O_4/含铍的 N_2H_4 体系(B1 曲

线)的计算结果,并与参考文献[39]进行了对比。

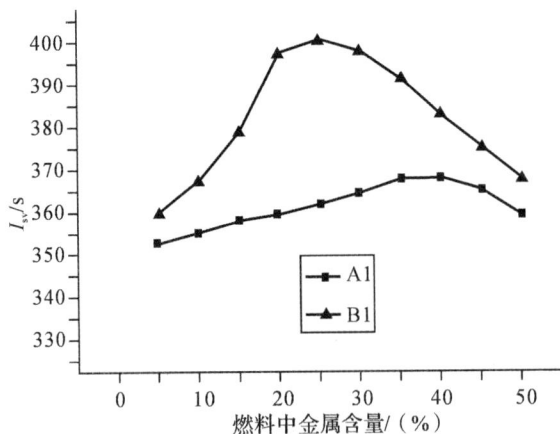

图 6.11　国内外计算结果对比

根据计算结果,针对非金属凝胶四氧化二氮(N_2O_4)/凝胶-甲基肼(MMH)的热力学特性进行了计算,胶凝剂在推进剂中质量分数为 $0\sim2.5\%$,余氧系数 α:$0.5\sim1.1$,燃烧室压力 P_c 为 6.8 MPa,喷管压比为 100。图 6.12 是不同胶凝剂含量下真空比冲 I_{sv} 与 α 的关系,图 6.13 是不同胶凝剂含量下特征速度 C^* 与 α 的关系。

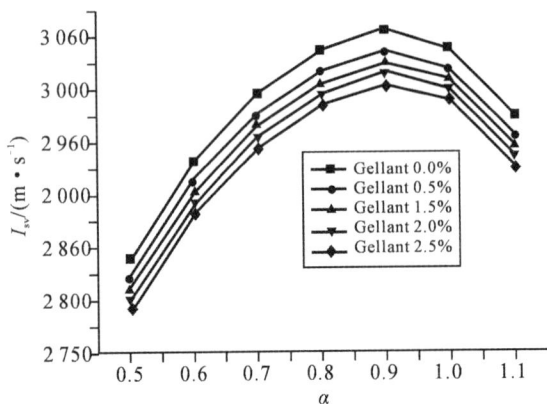

图 6.12　I_{sv} 与 α 的关系

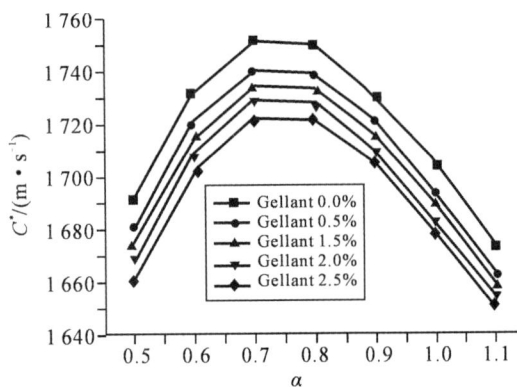

图 6.13　C^* 与 α 的关系

从图 6.12 和图 6.13 中可以看出,在其他参数不变的条件下,随着 α 的增加,I_{sv},T 和 C^* 均呈先上升后下降的趋势,并存在一个最佳的 α 点,这一点与原推进剂特性相同;随着胶凝剂含量的增加,比冲和特征速度均降低;胶凝剂质量分数在 $0\sim2.5\%$ 范围变化时,最佳混合比附近的膏体推进剂 I_{sv} 比原推进剂降低了 $1\%\sim2.6\%$,C^* 降低了 $1.1\%\sim2.2\%$。

6.4.3　金属化膏体推进剂

由于金属燃烧后能释放出大量的热,同时金属粉有较大的密度,因此,膏体推进剂中添加金属燃料可提高推进剂的能量和密度,这一优点已经成为重要的发展方向。对金属颗粒燃料的要求是燃烧热高、密度大、贮存性能好、耗氧量低。铝(Al)、硼(B)、碳(C)、锂(Li)、铍(Be)、镁(Mg)和锂(Li)等是常用的高能金属燃料,其中,铍及其燃烧产物毒性很大,不宜用于推进剂组分,锂粉的燃烧热和耗氧量较好,但其很不稳定,且密度小,实用价值不大,镁粉耗氧量小,燃烧热也较高,但相对密度也较小,综合性能不如铝粉。因此,本节主要对碳粉、铝粉和硼粉的膏体推进剂开展研究。表 6.5 列出了常用金属燃料的基本性质。

表 6.5　常用金属燃料的基本性质

金属	符号	分子量	密度 $(g \cdot cm^{-3})$	耗氧量 $(g \cdot g^{-1})$	燃烧热 $(MJ \cdot kg^{-1})$	燃烧产物
锂	Li	6.94	0.53	1.16	42.988	Li_2O
铍	Be	9.01	1.85	1.77	64.058	BeO
镁	Mg	24.31	1.74	0.66	25.205	MgO
硼	B	10.81	2.34	2.22	58.280	B_2O_3
铝	Al	26.98	2.70	0.88	30.480	Al_2O_3
碳	C	12.01	2.25	2.66	33.076	CO_2

注:硼和碳不属于金属,为了与其他金属和金属化膏体推进剂性能对比,这里也将硼碳及其推进剂归入金属类。

1.含碳粉的膏体推进剂

针对膏体 N_2O_4/含碳粉的凝胶 MMH 热力学特性进行了计算,胶凝剂在推进剂中的质量分数为 1.5%,碳粉为 0~50%,余氧系数 α 为 0.5~1.1,燃烧室压力 p_c 为 6.8 MPa,喷管压力比为 100。图 6.14~图 6.17 分别是不同碳粉含量下的 I_{sv},C^*,燃烧温度 T^*,密度比冲 ρI_{sv} 与 α 的关系。

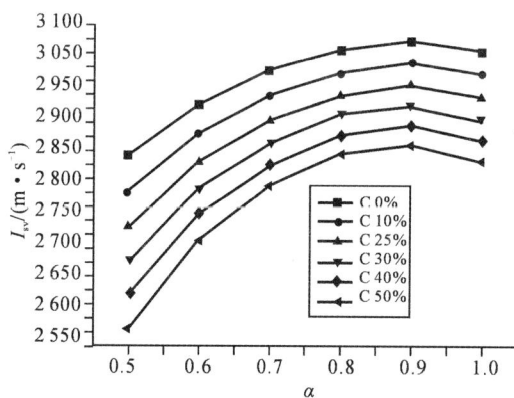

图 6.14　不同碳粉质量分数下 I_{sv} 与 α 的关系

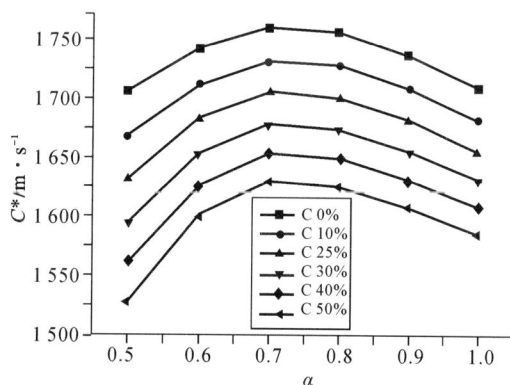

图 6.15　不同碳粉质量分数下 C^* 与 α 的关系

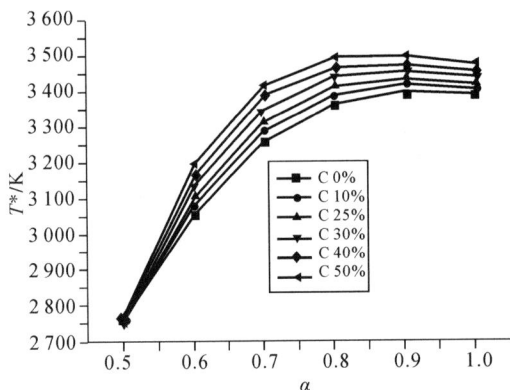

图 6.16 不同碳粉质量分数下 T^* 与 α 的关系

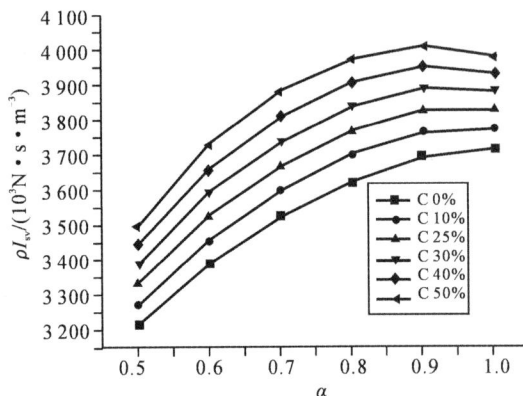

图 6.17 不同碳粉质量分数下 ρI_{sv} 与 α 的关系

从图 6.14～图 6.17 中可以看出,在其他参数不变的条件下,随着 α 的增大,不同碳粉含量下推进剂的 I_{sv},C^* 呈现先上升后下降趋势,并存在一个最佳的 α 值;随着碳粉含量的增加,膏体推进剂的比冲降低,密度比冲和燃烧温度均增加,但燃烧温度的增幅较小;当碳粉质量分数为 10% 时比冲降低了 1.3%,密度比冲增加了 1.8%,碳粉质量分数为 50% 的比冲降低了 6.1%,密度比冲增加了 8.6%。

2.含铝粉的膏体推进剂

针对膏体 N_2O_4/含铝粉的凝胶 MMH 热力学特性进行了计算,没有考虑胶凝剂含量的影响,铝粉为 0%～50%,余氧系数 α 为 0.5～1.1,燃烧室压力 p_c 为 6.8 MPa,喷管压力比为 100。图 6.18～图 6.21 分别是不同铝粉含量下的 I_{sv}、C^*、燃烧温度 T^*、密度比冲 ρI_{sv} 与 α 的关系。

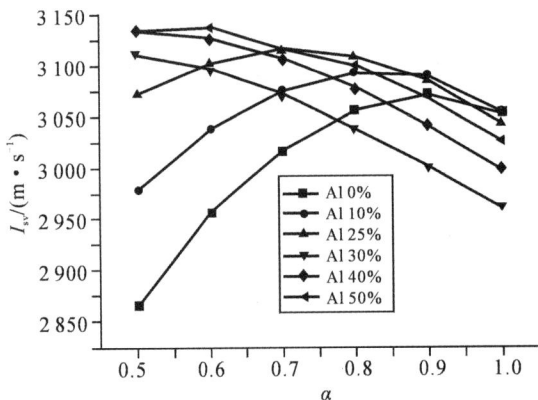

图 6.18 不同铝粉质量分数下 I_{sv} 与 α 的关系

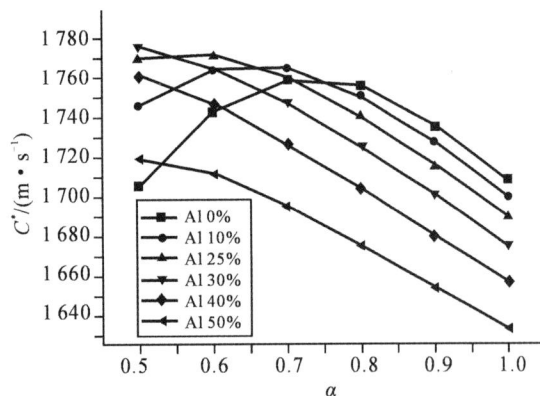

图 6.19 不同铝粉质量分数下 C^* 与 α 的关系

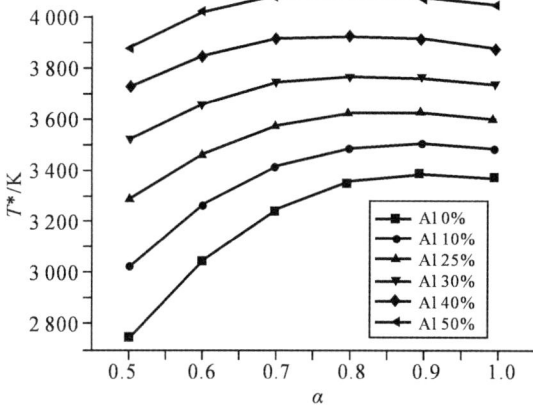

图 6.20　不同铝粉质量分数下 T^* 与 α 的关系

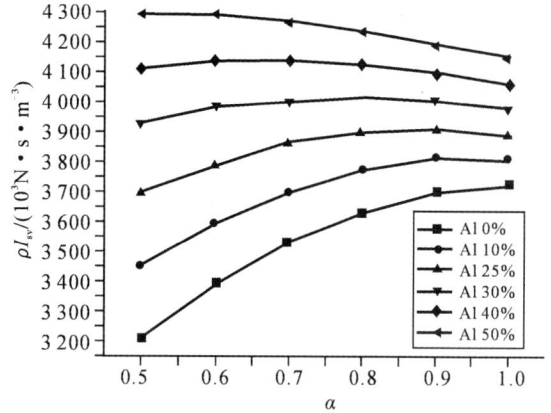

图 6.21　不同铝粉质量分数下 ρI_{sv} 与 α 的关系

从图 6.18~图 6.21 中可以看出,在其他参数不变的条件下,随着 α 的增大,不同铝粉含量下推进剂的 I_{sv} 和 C^* 呈现先上升后下降趋势,并存在一个最佳的 α 值;随着铝粉含量的增加,膏体推进剂的密度比冲和燃烧温度均增加,最佳比冲性能对应的铝粉质量分数先增加后减小,最佳的铝粉质量分数为 30%~40%。

3.含硼粉的膏体推进剂

针对膏体 N_2O_4/含铝粉的凝胶 MMH 热力学特性进行了计算,没有考虑胶凝剂含量的影响,硼粉为 0~50%,余氧系数 α 为 0.5~1.1,燃烧室压力 p_c 为 6.8 MPa,喷管压力比为 100。图 6.22~图 6.25 分别是不同硼粉含量下的 I_{sv}、C^*、燃烧温度 T^*、密度比冲 ρI_{sv} 与 α 的关系。

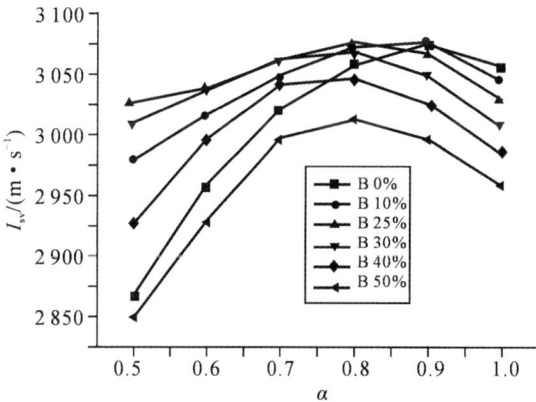

图 6.22　不同硼粉质量分数下 I_{sv} 与 α 的关系

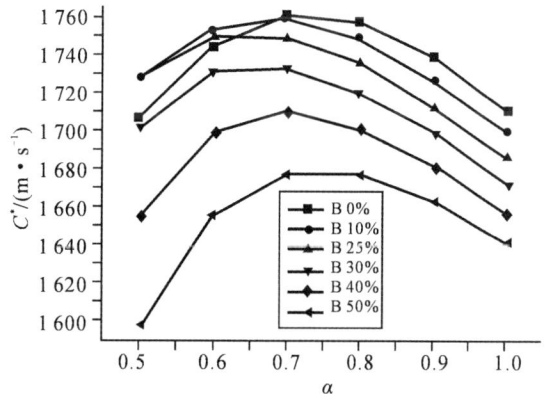

图 6.23　不同硼粉质量分数下 C^* 与 α 的关系

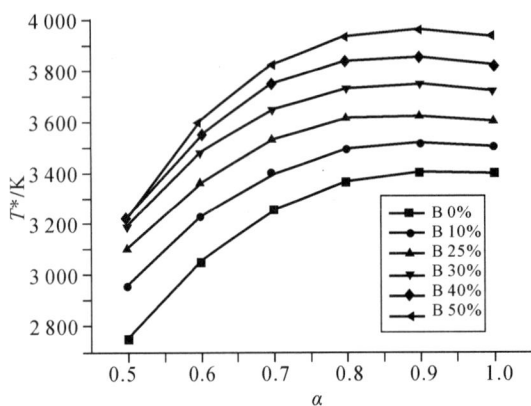

图 6.24 不同硼粉质量分数下 T^* 与 α 的关系

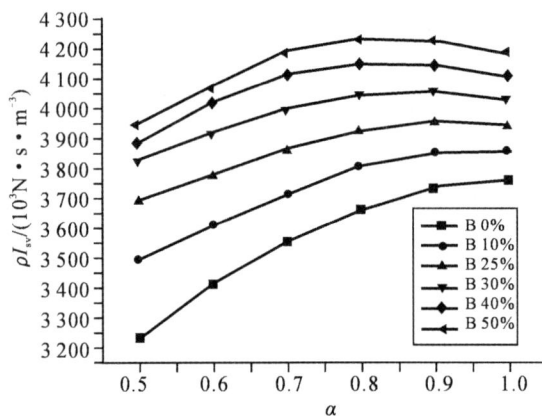

图 6.25 不同硼粉质量分数下 ρI_{sv} 与 α 的关系

从图 6.22~图 6.25 中可以看出,在其他参数不变的条件下,随着 α 的增大,不同硼粉含量下推进剂的 I_{sv} 和 C^* 呈现先上升后下降趋势,并存在一个最佳的 α 值;随着硼粉含量的增加,膏体推进剂的密度比冲和燃烧温度均增加,最佳比冲性能对应的硼粉质量分数先增加后减小,最佳的硼粉质量分数为 20%。

4. 金属特性对膏体推进剂性能的影响

图 6.26~图 6.29 分别给出了相同金属质量分数(均为 30%)的条件下,含 C,Al 和 B 膏体推进剂的比冲、特征速度、密度比冲和余氧系数的关系,计算中没有考虑胶凝剂含量的影响,余氧系数 α 为 0.5~1.1,燃烧室压力 p_c 为 6.8 MPa,喷管压力比为 100。

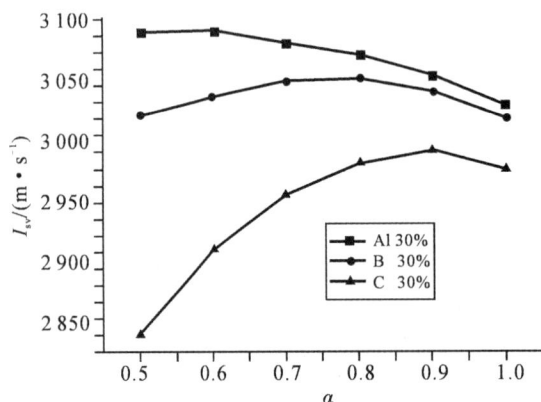

图 6.26 相同金属质量分数下 I_{sv} 与 α 的关系

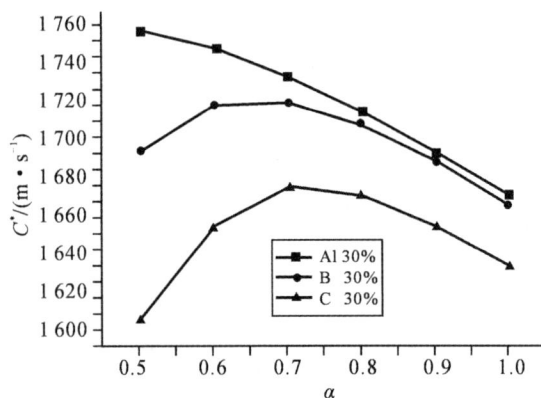

图 6.27 相同金属质量分数下 C^* 与 α 的关系

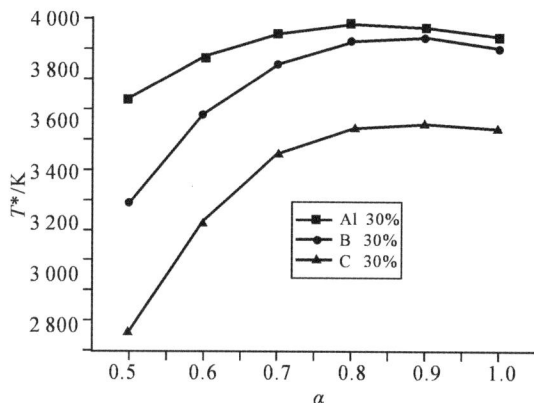

图 6.28　相同金属质量分数下 T^* 与 α 的关系

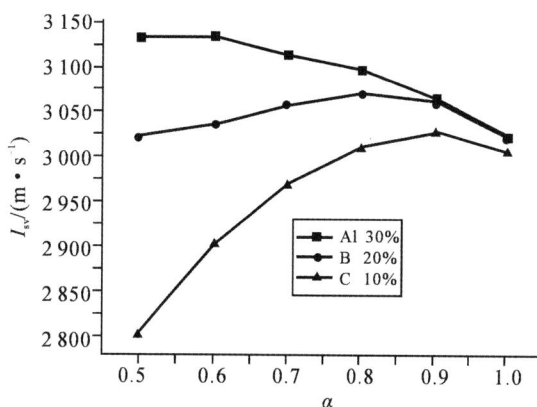

图 6.29　相同金属质量分数下 ρI_{sv} 与 α 的关系

从图 6.26～图 6.29 中可以看出,在相同的条件下,含铝粉推进剂的比冲、特征速度、密度比冲和燃烧温度最高,含硼推进剂的次之,含碳粉推进剂的最低。

图 6.30～图 6.33 分别给出了在最佳金属含量(Al 粉取 30%、硼粉取 20% 和碳粉取 10%)条件下,膏体推进剂的比冲、特征速度、密度比冲和余氧系数的关系,计算中没有考虑胶凝剂含量的影响,余氧系数 α 为 0.5～1.1,燃烧室压力 p_c 为 6.8 MPa,喷管压力比为 100。

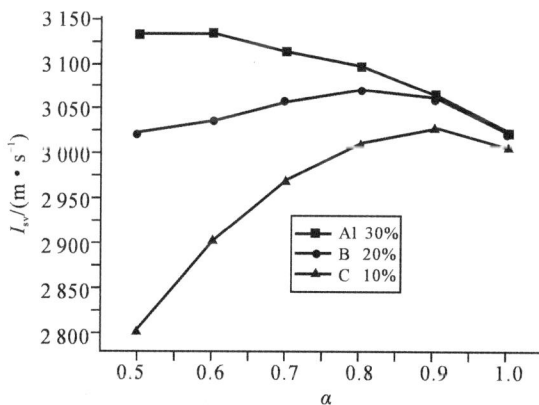

图 6.30　最佳金属质量分数下 I_{sv} 与 α 的关系

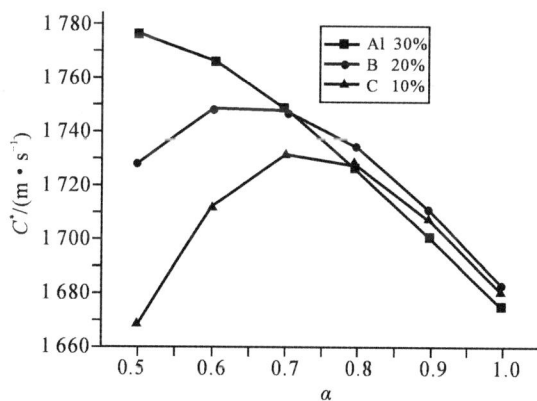

图 6.31　最佳金属质量分数下 C^* 与 α 的关系

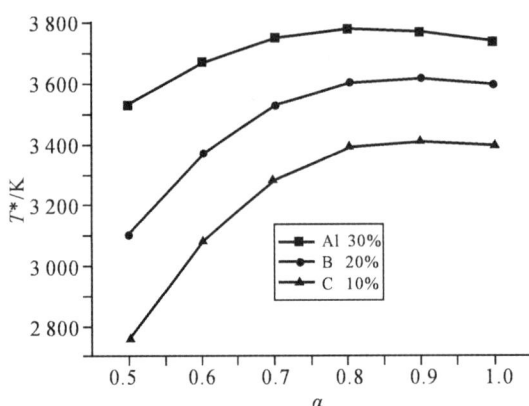

图 6.32　最佳金属质量分数下 T^* 与 α 的关系

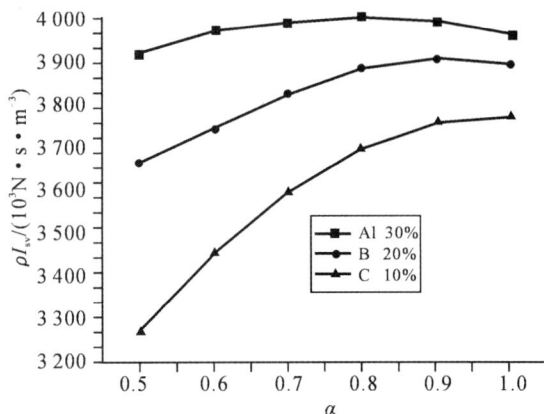

图 6.33　最佳金属质量分数下 ρI_{sv} 与 α 的关系

从图 6.30～图 6.33 可以看出,在相同的条件下,含铝粉推进剂的比冲、特征速度、密度比冲和燃烧温度最高,含硼粉推进剂的次之,含碳粉推进剂的最低。

综合来说,铝粉虽然耗氧量($0.88\ \mathrm{g \cdot g^{-1}}$)较低,但燃烧热值较高,密度高,对提高推进剂的比冲和密度比冲效果明显,再加上原材料丰富、成本低,是金属化膏体推进剂用较为理想的高能燃料发展方向;但随着铝粉含量的增加,燃烧温度也明显提高,含 50% 铝粉的膏体推进剂的燃烧温度达到了 4 000 K 左右,对燃烧室的热防护提出了非常苛刻的要求,这也是铝粉膏体推进剂发动机结构设计中需要重点考虑的问题;碳粉虽然燃烧热值和密度与铝粉相当,但由于其耗氧量($2.66\ \mathrm{g \cdot g^{-1}}$)较高,导致随着碳粉含量的增加,比冲降低,而密度比冲增加不明显,导致其在工程应用上优势不明显;硼粉的燃烧热值很高,耗氧量($2.22\ \mathrm{g \cdot g^{-1}}$)也较大,但含硼膏体推进剂的实际性能不如铝粉的高,这需要做进一步研究。

6.5　膏体推进剂的发展方向及应用前景

膏体推进剂有很多突出优点,但要得到实际应用,尚需解决下列关键技术。

(1)研究膏体推进剂配方中几个关键组分如液体黏合剂、胶凝剂或增稠剂及黏合基质,探索制备高性能黏合基质的工艺方法、路线及控制条件,尤其是含能有机胺盐的合成技术,以满足膏体推进剂的不同性能要求。

(2)研制推力可调、可多次启动、结构优良的膏体推进剂火箭发动机。

(3)进行膏体推进剂及发动机概念研究,主要是总体设计思路、性能表征、燃烧模型的建立等。

(4)加强应用研究,如在新型发动机上应用,进行性能检验和改进。就应用技术问题开展单项研究,如黏弹特性的控制、雾化、燃烧、输送特性的改善等,以使这一新型推进剂发挥更大效能,更好地为国防现代化服务。

随着各种新技术和新材料的发展,膏体推进剂的性能将更加完善,更适用于实际。就配方中所用胶凝剂来说,发展各种高效能的胶凝剂将使推进剂更加稳定和高能;对于有机高聚物类的胶凝剂,可采用各种高分子合成及改性方面的新技术,在其分子中引入大量含能基团,使其成为富能组分;对于微粒型的胶凝剂,可采用先进的制备工艺和技术,制备颗粒更小且含有可燃有机基团的物质,从而减少其在推进剂中的用量和增高能量;若将配方中常用的固体燃料铝、铍、硼等制备成纳米级的颗粒,可用作胶凝剂,从而实现固体燃料的多功能化。由于膏体推进剂的研究涉及许多学科和各种新技术,因此这方面的研究成果不仅在军用上,而且在民用方面也有广阔的前景。军用方面,随着各种关键技术的突破,膏体推进剂将用于各种战术导弹、战略导弹和反导武器系统;民用方面,使用凝胶石油燃料可极大降低飞机失事的破坏性,使用凝胶气体发生器的灭火系统将具有二次灭火功能;油井驱水气体发生器将可实现智能化。

然而,膏体推进剂火箭发动机也有如下缺点:①与固体推进剂火箭发动机比,要增加推进剂输送和控制部件。②膏体推进剂流变性不太稳定,与温度有指数关系,会影响内弹道特性调节精度。因此有待于进一步深入研究,如果解决了以上缺点,膏体推进剂火箭发动机作为一种新型火箭动力源将有良好的应用前景。

参 考 文 献

[1] VARGHESE T L, GAINDHAR S C, DAVID J, et al. Developmental Studies on Metallised UDMH and Kerosene Gels[J]. Def Sci J,1995,45:25 - 28.

[2] 王宁飞,莫红军,樊学忠. 凝胶推进剂的发展及应用[J].含能材料,1998,6(3):139 - 144.

[3] 郑凯斌,陈林泉,张胜勇. 非化学平衡条件下膏体富燃料推进剂的热力计算]J].火箭推进,2006,32(3):31 - 34.

[4] 张蒙正,仲伟聪. 非金属凝腔推进剂热力特性计算及分析[J]. 火箭推进,2008,34(2):55 - 58.

[5] 陈世武.凝胶推进剂的由来与发展[J].火炸药学报,1996(1):47 - 52.

[6] 宋明德,叶定友,吴心平. 膏体推进剂和固体推进剂药浆稳态燃烧研究[J]. 固体火箭技术,1998,21(4):7 - 13.

[7] 宋明德,叶定友,吴心平. 膏体推进剂脉冲火箭发动机新方案的理论和实验研究[J]. 推进技术,1999,20(1):1 - 5.

[8] 王铮.航天新动力——膏体推进剂火箭发动机[J].航空知识,2003,2(10):24 - 25.

[9] DOUGLAS C R, ROBER L Z. Characterization of Aluminum/RP - l Gel Propellant Properties [R]. AIAA,1 988 - 2821.

[10] WILLIAM C BURKHARDT. Gel Propellant Ammunition[P]. US:5189249,1993.

[11] KUKUSHKIN V I. State and Propects of Solid Propellant Rocket Development[R]. AIAA,1992 - 3872.

[12] KUKUSHKIN V I, IVANCHENKO A N. Thepastypropellant Rocket Engines Development[R].AIAA,1993 - 1754.

[13] 秦宝元. 膏体推进剂发动机飞行试验成功[J]. 推进技术,1999,20(5):34 - 35.

[14] 陈志刚,杨荣杰. 金属化凝胶推进剂的性能评估[J]. 推进技术,1998,19(1):102 - 105.

[15] WILLIAN D S. Smart Propuision for Smart Missile[R]. Army Research, Development & Acquisition Bulletin,1992.

[16] 王长起,胡申林. 一种新型推进剂——膏状推进剂[J]. 火炸药学报,1997,1(2):27 – 29.

[17] 符全军,杜宗罡,兰海平,等. UDMH/NTO 双组元凝胶推进剂的制备及性能研究[J]. 火箭推进,2006,32(3):48 – 53.

[18] 肖金武,张文刚. 膏体推进剂技术的发展和展望[A]. 航天四院技术创新科技论文集[C]. 襄樊:航天科技集团公司 42 所,2000.

[19] 张文刚,王春华,庞爱民. 膏体富燃料推进剂配方研究[J]. 固体火箭技术,2008,31(2):154 – 156.

[20] 沈海琴. 膏体推进剂火箭发动机研究进展[J]. 化学推进剂与高分子材料,2004,2(4):32 – 37.

[21] 刘凯强,屈育龙,王明珍,等. 小分子有机凝胶剂和凝胶推进剂的研究进展[J]. 火炸药学报,2003,26(4):23 – 28.

[22] 肖金武,张文刚. PEPA/AP 膏体推进剂配方研究[J]. 固体火箭技术,2001,24(4):46 – 50.

[23] YYASUHARA W H. Advanced Gel Propulsion Controls for Kill Vehicles[R]. AIAA,1993 – 2636.

[24] WICKMAN J. Gelled Liquid Oxygen/Metal Powder Monopropellant]R]. AIAA,1992 – 3450.

[25] 张胜勇,张明信. 膏体推进剂流动特性实验研究[C]. 固体火箭推进技术学术会议论文集[C]. 上海:2004.

[26] 李越森,王德升,李岐海. 脉冲式膏体推进剂发动机实验研究[J]. 航空动力学报,1998,13(3):310 – 350.

[27] 徐温干. 固体火箭发动机推力大小调节技术的发展[J].推进技术,1994,15(1):2 – 5.

[28] 李文斌,庞爱民,肖金武,等.低温固体推进(CSP)技术研究进展[J].含能材料,2009,17(2):244 – 248.

[29] 张运刚,庞爱民,张文刚,等.金属基燃料与水反应研究现状及应用前景[J].固体火箭技术,2006,29(1):52 – 55.

[30] BRYANP. Propellant Technologies:Far – Reaching Benefits for Aeronautical and Space – Vehicle Ljropulsion[J]. Journal of Propulsion and Power,1998,14(5):12 – 15.

[31] 庞维强,樊学忠. 膏体推进剂及其在火箭发动机中的应用进展[J]. 化学推进剂与高分子材料,2008,6(1):31 – 34.

[32] MISHRA D P, ADVITYA P, MANISHA P. Effects of Gellant Concentration on the Burning and Flame Structure of Organic Gel Propellant Droplets[J]. Fuel,2011,90(5):1805 – 1810.

[33] MISHRA D P, ADVITYA P. Effects of Initial Droplet Diameter and Pressure on Burning of ATF Gel Propellant Droplets[J]. Fuel,2012(2),95:226 – 233.

[34] 闫大庆,周宏民,单建胜. 凝胶/膏状推进剂研究发展状况[J]. 火箭推进,2003,29(1):38 – 46.

[35]　NIEDER E，HARROD C，RODGERS F，et al. Metallized Gelled Monopropellants [R]. NASA TM‐105418,1992.

[36]　莫红军.特种推进剂研究进展（Ⅰ）:凝胶推进剂技术[C]. 西安:兵器工业第 204 研究所信息中心,2004.

[37]　沈铁华,杨敬贤,孙庆曼.膏体推进剂发动机试验[J]. 推进技术,2004,25(2):173‐176.

[38]　张淑慧,胡波,孟雅桃.推力可控固体火箭发动机应用及发展[J].固体火箭技术,2002,25(4):12‐15.

[39]　侯克鹏,杨晓雷.浆液流变性及其测试研究[J]. 试验技术与试验机,2002,42(1,2):18‐22.

[40]　蔚红建,樊学忠,付小龙,等. 浇铸无烟 CMDB 推进剂流变性能[J]. 含能材料,2012,20(1):71‐75.

[41]　胥会祥,赵凤起,庞维强,等. 纳米 Al/HTPB 悬浮液的流变性能[J]. 火炸药学报,2012,35(6):89‐93.

[42]　张景春.固体推进剂化学及工艺学[M]. 长沙:国防科学技术大学出版社,1987.

[43]　吕少一,邵自强,张振玲,等. 新型刺激响应性纤维素基含能凝胶的流变性能[J]. 高等学校化学学报,2012,33(2):409‐415.

[44]　吕少一,邵自强,张振玲,等. 新型含能纤维素基凝胶推进剂的流变性能研究[J]. 化学学报,2012,70(2):200‐206.

[45]　胡洪波,翁春生,白桥栋.气相二氧化硅/汽油凝胶燃料流变特性实验研究[J]. 推进技术,2013,34(10):1414‐1419.

[46]　安亭.多功能纳米铝热剂的制备、表征及其在双基系推进剂中的应用研究[D]. 西安:西安近代化学研究所,2011.

[47]　ESCOT B P，DAVIDENKO D，SAROU K V，et al. Experimental and Numerical Studies on the Burning of Aluminum Micro and Nanoparticle Clouds in Air[J]. . Experimental Thermal and Fluid Science,2010,34(3):299‐307.

[48]　ROBERT L Z，JAMES M G. An Evaluation of Metallized Propeltants Based on Vehicle Performance[R]. AIAA‐87‐1773.

[49]　BENVEBSITE N，SHAI R. The Status of Gel Propellants in year 2000 [C]. Combustion of Energetic Materials. Boca Raton:Begcl House,2001,172‐194.

第7章 激光增强化学推进技术

7.1 概　　述

激光推进技术是一种新型推进技术,其原理是将来自地基、天基或搭载在飞行器上的激光器辐射的激光能量传递给工质,通过光热和激光等离子体效应将激光能量转换为推进热能,通过工质的膨胀、气化、等离子体化实现推进。由于激光推进系统结构简单、成本低、可靠性和可维护性高,并且容易实现集成化和微型化,将是微小航天器的姿态保持和轨道转移的最佳推进技术之一。

激光增强化学推进技术(LACPT)的原理是推进剂燃烧速率与激光辐射强度的相互关系,即激光辐射作用下推进剂的凝聚相化学反应得到增强,宏观上表现出推进剂燃烧速率得到提高,推进剂燃烧速率可以通过激光辐射功率来调控,实现激光控制下的变推力推进和推进工况的开启和关断。

7.2 激光增强化学推进原理

激光增强化学推进技术是基于激光辐射下的推进剂燃烧原理。激光辐射作为外来的"热反馈"能源,将辐射能量转化为热能,加热推进剂燃烧表面,提高推进剂的燃烧速率或燃料的退移速率。

实验获得的双基推进剂和 HTPB 在激光辐射下的燃烧速率和退移速率分别如图 7.1 和图 7.2 所示。双基推进剂的燃烧速率与辐射通量(或光强度)之间存在两段线性关系,其中线性关系的转折点是因为在双基推进剂燃烧表面处产生了阻挡光辐射的碳膜层所致。而激光辐射下,HTPB 的退移速率与辐射通量存在单一的线性关系。

双基推进剂的燃速-激光辐射强度关系存在两段线性关系,第二段线性关系的出现是因为在燃烧表面出现了沉积的碳层,导致部分激光辐射被碳层吸收,如图 7.3 所示。

燃烧速率方程可以表达成为式(7.1)的线性关系,其中燃烧速率由无辐射作用下的燃速和有辐射作用下的燃速构成。

$$u = a + bq \tag{7.1}$$

其中,u 为推进剂的燃烧速率,单位:$mm \cdot s^{-1}$;a 为无辐射作用的燃烧速率,单位:$mm \cdot s^{-1}$;b 为辐射敏感系数,单位:$mm \cdot s^{-1} \cdot MW \cdot m^{-2}$;$q$ 为辐射通量(或辐射强度),单位:$MW \cdot m^{-2}$。

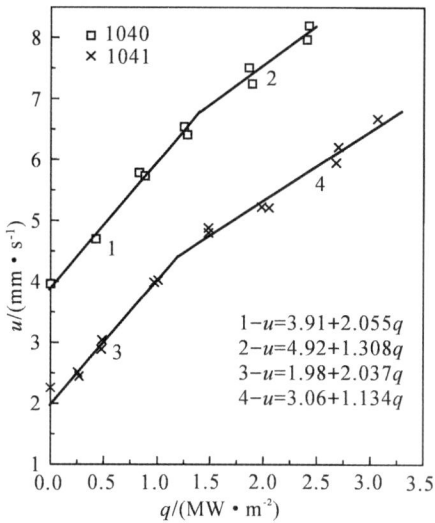

图 7.1　1040 和 1041 双基推进剂
在 1.49MPa 时的燃烧速率

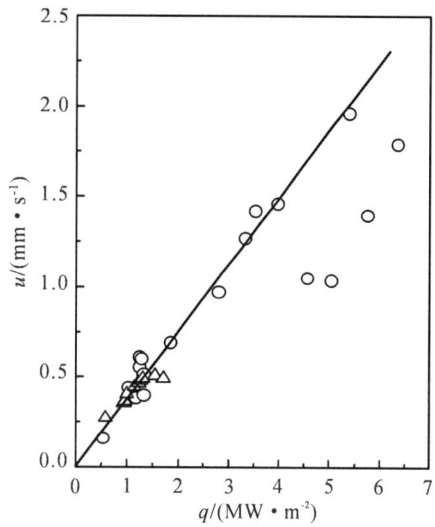

$1-u=3.91+2.055q$
$2-u=4.92+1.308q$
$3-u=1.98+2.037q$
$4-u=3.06+1.134q$

图 7.2　HTPB 在 0.1MPa 时的退移率

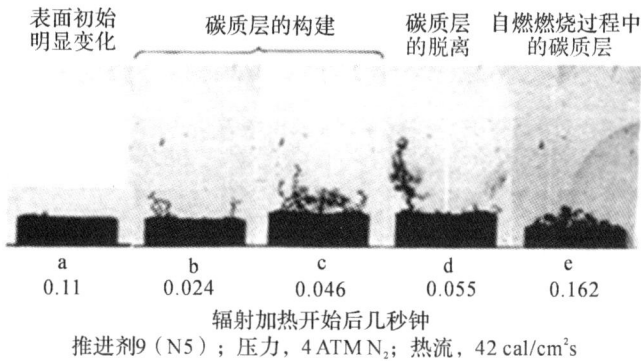

表面初始　　　碳质层的构建　　碳质层　自燃燃烧过程中
明显变化　　　　　　　　　　　的脱离　　的碳质层

a　　　　b　　　　c　　　　d　　　　e
0.11　　0.024　　0.046　　0.055　　0.162
辐射加热开始后几秒钟
推进剂 9（N5）；压力，4 ATM N_2；热流，42 cal/cm^2 s

图 7.3　激光辐射下双基固体推进剂燃烧表面处形成的碳层

　　激光辐射下的推进剂燃烧原理图如图 7.4 所示。燃烧气相反应区反馈到推进剂的燃烧表面处能量和外界辐射能量辐射到燃烧表面的能量共同支撑推进剂的燃烧。

　　推进剂稳定燃烧过程中的热平衡方程可以表示为简化的 Fourier 方程：

$$m[c(T_s - T_0) - Q_s] = q_g + q \tag{7.2}$$

或

$$u = a + bq \tag{7.3}$$

$$\left. \begin{aligned} a &= \frac{q_g}{\rho[c(T_s - T_0) - Q_s]} \\ b &= \frac{1}{\rho[c(T_s - T_0) - Q_s]} \end{aligned} \right\} \tag{7.4}$$

式中，u 为推进剂的燃烧速率，单位：mm · s^{-1}；c 为在 T_0 到 T_s 温度范围内的推进剂比热容；T_s 为燃烧表面温度；T_0 为推进剂初始温度；Q_s 为推进剂的凝聚相化学反应热；q 为外界辐射通量

（或激光强度），单位：$MW \cdot m^{-2}$；q_g 为气相化学反应区向凝聚相区反馈的热量；a 为无激光辐射状态下的推进剂燃烧速率，单位：$mm \cdot s^{-1}$；b 为辐射敏感系数，单位：$mm \cdot s^{-1} \cdot MW \cdot m^{-2}$。

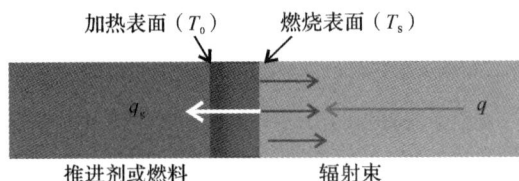

图 7.4　激光辐射下的推进剂燃烧原理图

依据式（7.4），气相区向凝聚相区反馈的热量可以表达为

$$q_g = \frac{a}{b} \tag{7.5}$$

激光辐射下的推进剂燃烧速率与辐射的激光强度存在线性关系。依据这关系，可以计算得到气相区反馈到凝聚相区的热量 q_g。

激光辐射下，推进剂维持燃烧所需要的能量来自于燃烧表面区的凝聚相化学反应热（Q_s）、气相区向凝聚相区热传导的热反馈能量（q_s）和激光辐射的能量（q），如图 7.5 所示。

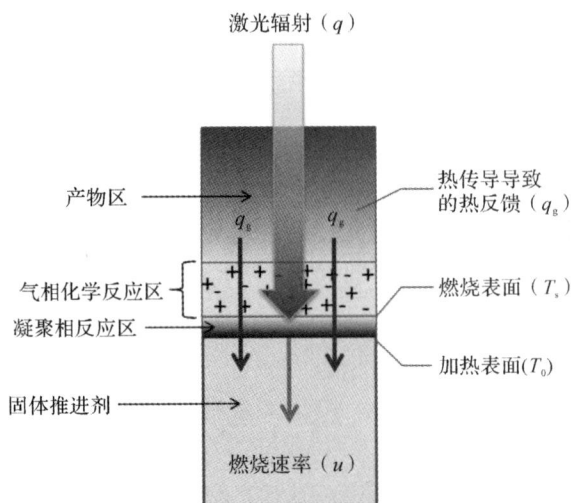

图 7.5　激光辐射下固体推进剂的燃烧火焰结构示意图

实验获得不同的固体推进剂、含能材料和 HTPB 的燃速和辐射敏感系数，见表 7.1。HTPB 是不能自己燃烧的燃料，因此无辐射作用下的退移速率为零，辐射敏感系数为 0.34。

表 7.1　推进剂燃烧方程中的系数值

样　品	1#		2#		压强 MPa	参考文献
	$a/(mm \cdot s^{-1})$	$b/(mm \cdot s^{-1}/(MW \cdot m^2))$	$a/(mm \cdot s^{-1})$	$b/(mm \cdot s^{-1}/(MW \cdot m^2))$		
HTPB	0	0.34	—	—	0.1	［11］
RDX	0.38	0.63	—	—	0.1	［12］［13］
HMX	0.40	1.20	0.65	0.46	0.1	［14］

续 表

样 品	1#		2#		压强 MPa	参考文献
	$a/(\text{mm} \cdot \text{s}^{-1})$	$b/(\text{mm} \cdot \text{s}^{-1}/(\text{MW} \cdot \text{m}^2))$	$a/(\text{mm} \cdot \text{s}^{-1})$	$b/(\text{mm} \cdot \text{s}^{-1}/(\text{MW} \cdot \text{m}^2))$		
N5 DB	0.56	3.35	—	—	0.1	[15]
1040 DB	3.91	2.06	4.92	1.31	1.5	[16]
1041 DB	1.98	2.04	3.06	1.13	1.5	[16]
SQ - 2 DB	1.11	0.98	2.45	0.19	0.1	[17]
	0.31	0.75	—	—	0.1	[18]
AP/HTPB (50/50)	0.42	0.97	—	—	0.3	[18]
	0.32	1.02	—	—	0.5	[18]

用于空间推进的激光推进动力,希望实现推进器工作状态可以启动和关断,和推力调控能力强、调控范围大,因此需要推进剂的辐射敏感系数大。

7.3　激光辐射下的燃烧特性和规律

激光推进器中,为了防止推进剂燃烧产生的烟雾对光路上的光学元器件污染,要求推进剂燃烧的气体尽可能地清洁和无污染。富氮化合物的燃烧或分解形成的气体产物以氮气为主,是一类有可能作为清洁推进剂主要成分的化合物。可以作为推进剂的富氮化合物有硝酸铵(AN)、硝酸胍(GN)、尿素和5-氨基四唑(5-ATZ)。这些化合物的分子结构如下所列,性质见表7.2。

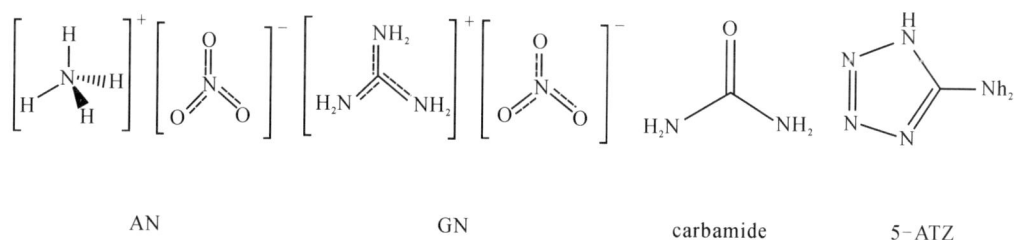

AN　　　　　　　　　　GN　　　　　　　carbamide　　　　　　5-ATZ

表 7.2　富氮化合物性质

化合物	氧平衡系数 (CO_2)	氮含量	燃烧热 $(\text{kJ} \cdot \text{kg}^{-1})$	爆热 $(\text{kJ} \cdot \text{kg}^{-1})$
AN	20%	35%	-2 631.25	1 601
GN	-26.21%	46%	-7 179.7	2 709
carbamide	-80%	47%	-10 519.15	none
5 - ATZ	-30.7%	54%	-8 493.56	3 724

可能的推进剂配方是 AN/GN,AN/Carbamide 和 AN/5 - ATZ,其中 AN 是氧化剂,GN、尿素和 5 -氨基四唑作为燃料。为了提高光吸收系数,在推进剂配方中添加少量的炭黑(1%~5%)。

5 -氨基四唑推进剂是一种性能较好的用于激光增强推进器的推进剂,主要成分为 5 - ATZ、AN 和 C 等基本成分,可以调整 AN 含量获得不同推进剂能量的配方。5 - ATZ 的性质见表 7.3。

表 7.3 5 - ATZ 的性质

氧平衡系数	氮含量	熔点 ℃	沸点 ℃	燃烧热 (kJ·kg^{-1})	爆热 (kJ·kg^{-1})
- 30.7%	54%	203	360	- 8 493.56	3 724

不含 AN 的 5 - ATZ 推进剂组成为 95% 的 5 - ATZ 和 5% 的碳黑。推进剂的燃烧性能通过 N_2 流动的恒压透明燃烧室进行测试和分析,激光器为 808 nm 半导体激光器,燃烧室原理图如图 7.6 所示。

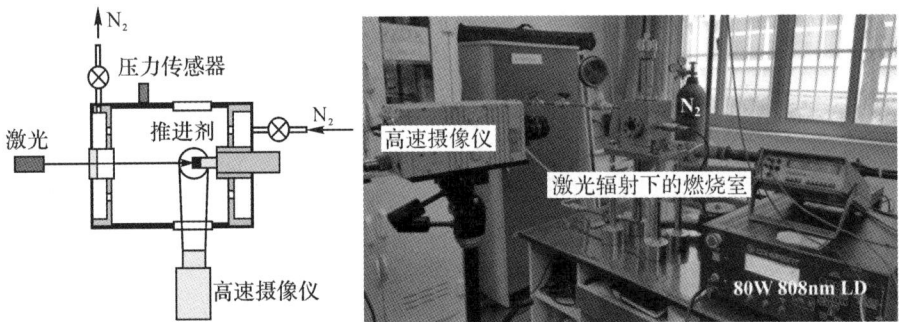

图 7.6 激光辐射下的燃烧性能测试系统

考虑到激光控制激光推进器的开机和关机功能,以及充分利用推进剂的化学反应热,推进剂应该具备不能自持燃烧,但是无辐射下凝聚相化学反应热(和来自气相的热传导热反馈之和)应低于和接近自持燃烧的能量临界值($E_{chem} < E_{cr}$)。在开机状态下,化学反应热和激光辐射能量大于自持燃烧的能量临界值 $E_{chem} + E_{laser} \geq E_{cr}$。推进剂设计的能量要求示意图如图7.7所示。

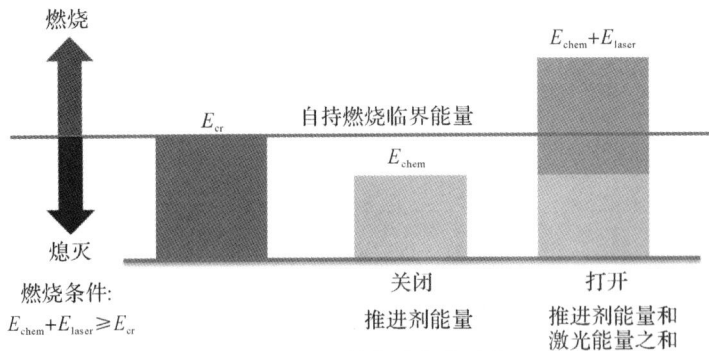

图 7.7 推进剂能量设计要求

密度为 1.0 g·cm^{-3} 和直径为 8 mm 的 5 - ATZ 在 0.18 MPa 燃烧室压力下,采用 808 nm 半

导体激光器作为辐射源,激光辐射作用下的燃烧结构图如图 7.8 所示。燃烧表面处形成一个振荡的泡泡层,内部结构为多孔结构。这一结构将会影响到激光辐射到凝聚相的能量。在激光辐射下,5 - ATZ 的退移速率随着激光辐射强度的增大而增加。由于泡泡层的膨胀和收缩,获得的退移速率也会散布显著,如图 7.9 所示。这一泡泡层的刻蚀可以通过添加氧化剂和调整氧平衡系数解决。推进剂在相同的辐射强度下燃速散布比较明显,造成燃速散布大的原因主要是 5 - ATZ 推进剂燃烧表面的特异性导致激光辐射能量不能有效地辐射到推进剂亚表面处。

　　在燃烧过程中泡泡层会周期性地出现和破裂,如图 7.10 所示。这种周期性的特性,是导致燃烧不稳定的主要原因。

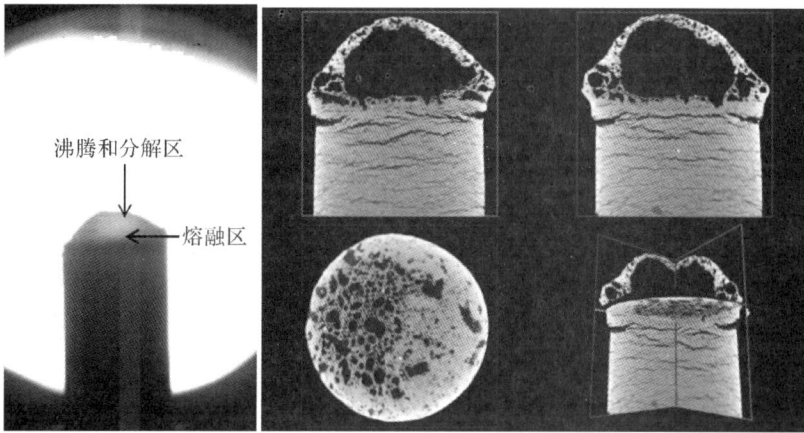

图 7.8　5 - ATZ(95%)/C(5%)推进剂燃烧表面结构

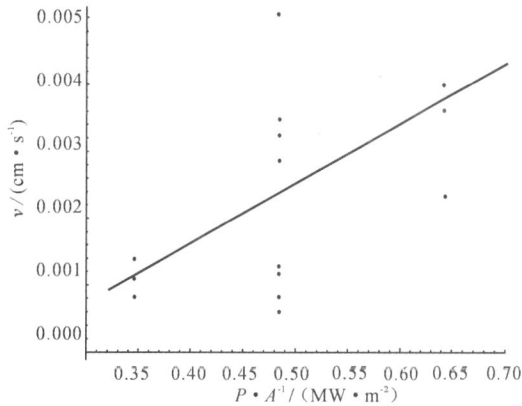

图 7.9　5 - ATZ(95%)/C(5%)推进剂的燃烧速率

图 7.10　5 - ATZ(95%)/C(5%)推进剂的泡泡层形成与消失过程

这种周期性的特性与激光辐射功率、燃烧压力有着密切的关系,随着燃烧压力和激光辐射功率的增大,泡泡层破裂的时间也随之延长,如图 7.11 所示。宏观上导致激光辐射到推进剂内部的能量不稳定。因此泡泡层的存在不利于激光增强化学推进的效率提升和性能稳定。解决此问题的基本方法是采用氧化剂分解形成的氧刻蚀主要成分为碳的泡泡层。

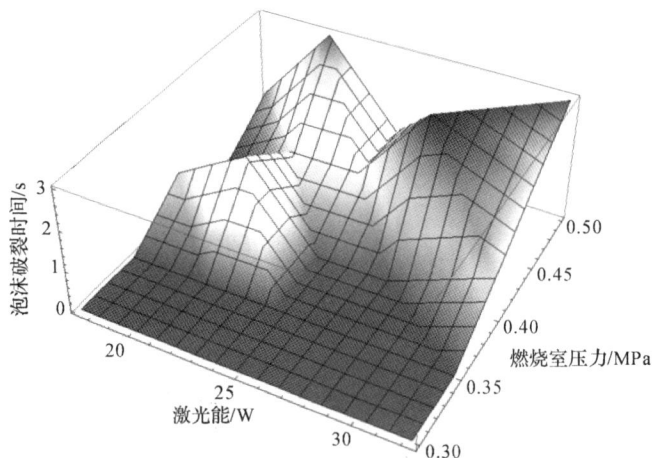

图 7.11　5 - ATZ(95％)/C(5％)推进剂的泡泡层的相关因素

7.4　激光增强化学推进弹道方程

推进剂在激光辐射下生成气体产物,质量速率和释放出来的能量分别由式(7.6)和式(7.7)所示。

$$\dot{m}_g = \rho(a + bq)A_r \tag{7.6}$$

$$H_g = \rho(a + bq)A_r q_c + A_r q \tag{7.7}$$

式中,$\dot{m}_g$ 为辐射作用下的推进剂燃烧或分解的质量速率;A_r 为辐射表面的面积;H_g 为化学反应释放的热量和激光辐射到推进剂表面的能量的总和;q 为辐射通量或辐射强度;q_c 为化学反应热。

基于经典的固体火箭发动机内弹道理论,推力和理论比冲分别如式(7.8)和式(7.9)所示。

$$F_{cp} = I_{sp}\dot{m}_g \text{ 或 } F_{cp} = I_{sp}\rho A_r(a + bq) \tag{7.8}$$

$$I_{sp} = \left[\left(\frac{2k}{k-1}\right)(R^0/\dot{m}_g)T_c\left(1 - \left(\frac{p_e}{p_c}\right)^{\frac{k-1}{k}}\right)\right]^{0.5} \tag{7.9}$$

$$T_c = \frac{H_g}{\bar{c}\dot{m}_g} + T_0 \tag{7.10}$$

式中,p_c 为燃烧室压力;p_e 为环境压力;T_c 为燃烧室内的温度;R^0 为气体常数;$\bar{c}$ 为温度从 T_0 到 T_c 之间的平均比热。

激光推进器通常应用于空间任务。推进器的环境压力趋于零,即 $p_e = 0$。考虑到推力的可控和推进器可以有效开/断,在激光辐射下推进剂分解或燃烧,而激光辐射关断后,推进剂终止分解或燃烧,因此要求 $a=0$。

$p_c \geqslant 0$ 时,推力和比冲由式(7.11)和式(7.12)所示,

$$F_{cp} = I_{sp}\rho b A_r q \tag{7.11}$$

$$I_{sp} = \left[\left(\frac{2k}{k-1}\right)(R^0/\dot{m}_g)T_c\right]^{0.5} \text{ 或 } I_{sp} = \left[\left(\frac{2k}{k-1}\right)\frac{R^0 T_c}{\rho b A_r q}\right]^{0.5} \tag{7.12}$$

$$T_c = \left(\frac{q_c}{c} + \frac{1}{c\rho B} + T_0\right) \tag{7.13}$$

激光增强的推进器内弹道方程表明了,推力与辐射强度呈线性关系,辐射强度增强,推力也变大,但是比冲与 $1/\sqrt{q}$ 呈现线性关系,辐射强度增强,比冲降低。

由式(7.11)和式(7.12)可知:

推力:
$$F_{cp} \propto \sqrt{q} \tag{7.14}$$

比冲:
$$I_{sp} \propto 1/\sqrt{q} \tag{7.15}$$

为了获得大范围的推力控制和调整,应该选择推进剂光辐射敏感系数大的推进剂。

7.5　激光增强化学推进器设计原理

激光增强化学推进器的设计原则如下。

(1)激光增强化学推进器基于推进剂的辐射燃烧原理。

(2)推进能量来自于激光辐射能量和化学反应热,其中激光用于控制推进剂的燃烧。

(3)固体推进剂的化学反应热不足以支持自持燃烧,即($E_{chem} < E_{cr}$)。

激光增强化学推进器的关键是设计出激光敏感系数大的绿色推进剂。推进剂的设计原理如图 7.12 所示。为了实现有效地启动和关闭推进器,要求推进剂的化学反应热低于推进剂发生自持燃烧的能量阈值,但是考虑到激光控制燃烧的有效性,推进剂的能量应稍低于自持燃烧的能量阈值。在激光辐射作用下,化学反应热和激光辐射能量总和超过阈值后推进剂发生燃烧或分解,在激光辐射停止后,推进剂燃烧或分解产生的能量重新回到阈值以下,燃烧或分解终止。

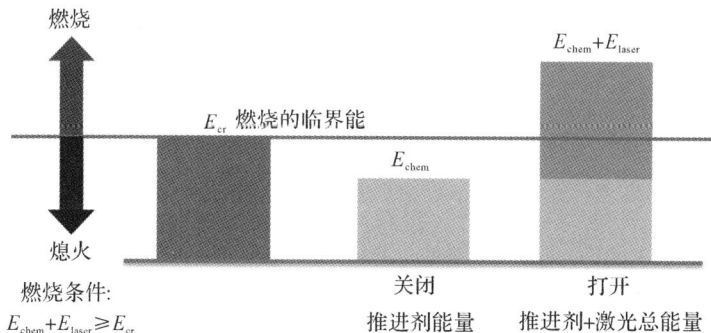

图 7.12　激光增强化学推进器的推进剂设计要求

激光增强化学推进器的光路设计有 3 种模式,如图 7.13 所示。模式 A 和模式 B 为反射模

式,其中模式 A 中激光倾斜辐射到推进剂表面,模式 B 中激光垂直辐射到推进剂表面。模式 C 为透射模式,激光从推进剂背面透射到推进剂层。推进器的设计将考虑到气流流动方向和激光辐射方向进行布局,有利于激光和燃气流布局,降低燃气流的烧蚀和对光学元器件的污染。

采用模式图 7.13(b)的推进器设计比较好地解决了气流流动与光路的分离,在结构上容易实现推进剂、喷管和激光光路的布局。推进器的原理和实物图如图 7.14 和图 7.15 所示。该推进器由推进器燃烧室、推进剂装药、绝热衬层、石英透窗和半导体激光器组件构成。推进剂采用了 5-氨基四唑/硝酸铵/碳黑配方,808 nm CW 半导体激光器功率为 35 W,推进器燃烧室尺寸为 $\Phi 8 \text{ mm} \times 10 \text{ mm}$,喷管喷喉直径为 $\Phi = 1 \text{ mm}$。

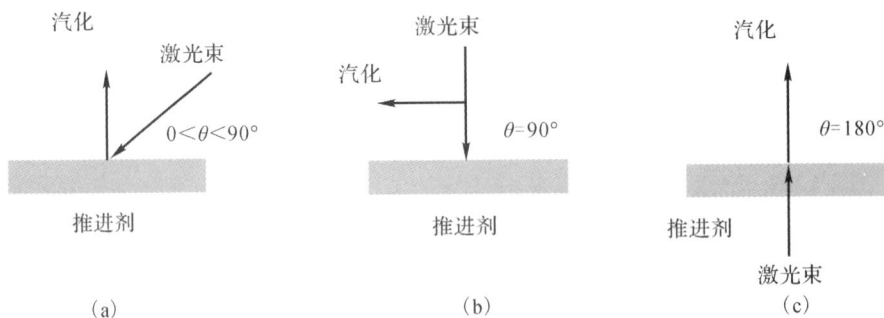

图 7.13 激光增强化学推进器的光路设计模式
(a)模型 A;(b)模型 B;(c)模型 C

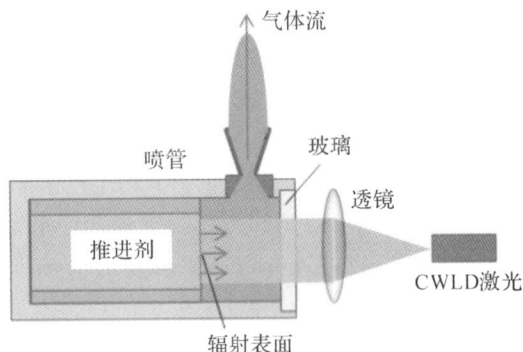

图 7.14 激光增强化学推进器结构原理图

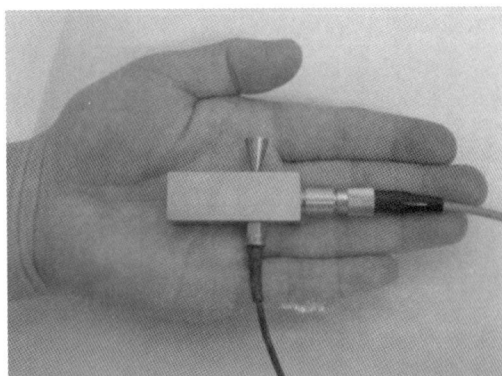

图 7.15 激光增强化学推进器实物图

7.6 结 论

激光增强化学推进技术是一类创新性强的推进技术,主要体现在激光能源可以与推进工质相分离,为实现远距离能量传递给推进系统提供了可能性。这种方式主要用于激光发射和远距离空间飞行的动力推进。作为空间飞行器的姿态控制和轨道保持任务,激光增强的化学推进技术提供了简单和高效的推进动力途径,即激光不仅是推进能源,也是推进剂燃烧的控制能源。这种推进方式利用了化学能和激光能,与其他激光推进技术中仅利用激光能量的效率更高。为了实现推进器的有效启动和关闭,以及大范围调控推力,推进剂需要具备不能自持燃烧和高的激光敏感系数的特性,以及要求不能对光学透窗和激光组件造成污染。富氮化合物能够提高少碳多氮的分解气体,其中包括硝酸铵、5-氨基四唑、硝酸胍和尿素等,是激光增强化学推进剂的主要成分。激光辐射下 5-氨基四唑推进剂与激光辐射强度存在近似的线性关系,这一关系可以从 Fourier 方程中理论推导而出。由于 5-氨基四唑推进剂的燃烧表面存在多孔的泡泡层,将会对激光效能的提升和稳定性提高造成影响,这种周期性的出现与激光辐射功率和环境压力有密切联系,功率和环境压力的增大,泡泡层消失的时间也延长。解决这一问题的途径是在推进剂中添加氧化剂,提高分解释放出的氧刻蚀泡泡层。激光增强化学推进器的弹道方程清楚地表明了激光功率或辐射通量与推力和比冲的关系。推力与辐射通量(q)正比关系,而比冲与 $\sqrt{q}$ 成反比关系。提供控制激光辐射功率或辐射通量,实现推力的控制。

参 考 文 献

[1] PHIPPS C, BIRKAN M, BOHN W A. Review:Laser-ablation Propulsion. Journal of Propulsion and Power,2010,26(4):610-637.

[2] MOLINA C P, HERDRICH G, LAU M, et al. Pulsed Plasma Thrusters:a Worldwide Review and Long Yearned Classification[J]. The 32nd International Electric Propulsion Conference,Wiesbaden,Germany,2011(9):11-15.

[3] KONDRIKOV B N, SUMMERFIELD M, OHLEMILLER T. Ignition and Gasification of a Double-Base Propellant Induced by CO_2 Laser Radiation[J]. Thirteenth International. Symposium on Combustion,1970(8):23-29.

[4] KONDRIKOV B N, OHLEMILLER T, SUMMERFIELD M. Ignition and Gasification of Double-Base Propellant Subjected to Radiation of CO_2 Laser. Voprosyteoriivzryvchatykhvestchestv (Problems of theory of explosives). Proceedings of Mendeleev Institute of Chemical Technology,Moscow,1974,83:67-78.

[5] DELUCA L T, CAVENY L H, OHLEMILLER T J, et al. Radiative Ignition of Double-Base Propellants:I. Some formulation Effects. AIAA Journal,1974,14(7):940-946.

[6] DELUCA L T, CAVENY L H, OHLEMILLER T J, et al. Radiative Ignition of Double – Base Propellants: II. Pre – ignition Events and Source Effects. AIAA Journal, 1976,14: 1111 – 1117.

[7] KONDRIKOV B N, DELUCA L T, CRISTOFORETTI S. Induced Gasification of Solid Propellants under Thermal Radiation. Space Solid Propulsion Conference, Rome, Italy,2000,11:21 – 24.

[8] SHEN R, KONDRIKOV B N. Thermophysical and Chemical Processes of Burning of Double – Base Solid Propellants under External Irradiation. Propellants, Explosives, Pyrotechnics, 2005,30(4): 256 – 263.

[9] CAVENY L H, OHLEMILLER T J, SUMMERFIELD M. Influence of Thermal Radiation on Solid Propellant Burning Rate. AIAA Journal, 1975,13: 202 – 205.

[10] DE LUCA L, OHLEMILLER T J, CAVENY L H, et al. "Solid Propellant Ignition and other Unsteady Combustion Phenomena Induced by Radiation," Technical Report, Department of Aerospace and Mechanical Sciences, Princeton University, Princeton, New Jersey, 1976.

[11] ESKER D R, BREWSTER M Q. Laser Pyrolisis of Hydroxyl – terminated Polybutadiene[J]. Journal of Propulsion and Power, 1966, 12:296 – 301.

[12] ZENIN A H, RDX: Combustion Mechanism and Influence on Modern Double – base Propellant Combustion, Journal of Propulsion and Power,1995,11: 752 – 758.

[13] DELUCA L T, COZZI F, GERMINASI G, LEY I, et al.Combustion mechanism of an RDX – based composite propellant. Combustion and flame, 1999(118):248 – 261.

[14] SIMONENKO V N, ZARKO V E, KISKIN A B.(1998)Characterization of Self – sustaining Combustion of Cyclic Nitramines, Energetic Materials: Production, Processing and Characterization, 29th Annual Conference of ICT, Karlsruhe, Germany.

[15] KONEV E V, KHLEVNOI S.Burning of A Powder in the Presence of Luminous Radiation. Fiz.GoreniyaVzryva, 1966,2(4): 33 – 41.

[16] QIN Z, SHEN R, DU J A.Combustion Characteristics of Solid Propellant under Laser Irradiation. International Autumn Seminar of Propellants, Explosives and Pyrotechnics, 2011:731 – 735.

[17] QIN Z, WU J, SHEN R, et al.Laser – Controlled Combustion of Solid Propellant. Advanced Materials Research, 2014,884 – 885: 87 – 90.

[18] WILLIAN D S. Smart Propulsion for Smart Missile [R]. Army Research, Development & Acquisition Bulletin,1992.

第8章 特种推进剂的开发与发展趋势

8.1 概　　述

随着科学技术不断的发展与进步,特种推进剂技术也处于相应的发展之中,其性能不断提高,配方种类也呈多样化发展。对于特种推进剂的长远发展而言,高性能的特种推进剂配方始终是不变的选择,国外最新型的特种发动机大都采用了高性能的特种推进剂配方。在特种推进剂性能调节方面,一旦新型高能含硼富燃料固体推进剂、高能水反应金属燃料推进剂、新型石蜡基固液混合推进剂、新型膏体推进剂成型工艺、铝冰低温推进剂燃烧性能的调控技术及激光增强化学推进剂的应用问题得到解决,燃烧效率将大幅度提高,以特种推进剂为燃料能源的特种发动机在与其他发动机的竞争中将具有显著优势。

8.2 新型含能材料的应用

8.2.1 纳米金属粒子

纳米材料研究是纳米科学领域中的一个重要的研究发展方向,金属燃料是一类具有高燃烧热值的金属膜板和金属粉体。近年来已在许多科学领域引起了广泛的重视,成为材料科学研究的热点。作为纳米材料的一个方面,金属及其合金纳米粒子在现代工业、国防和高技术发展中充当着重要的角色。

金属粉作为高能燃料广泛应用于火炸药,其氧化还原反应所释放的大量热已成为提高弹药毁伤威力和射程的重要途径之一。在火炸药领域研究发现,将金属粉纳米化,利用纳米材料的表面效应,能大幅提高金属的化学反应活性,并将得到许多更优异的性能,如烟火药中掺入纳米金属粉体,可提高烟火药燃烧的稳定性和持久性;炸药中添加金属粉能提高爆热,并使做功能力大幅度提高,如 TNT 炸药中添加 15% 的纳米铝粉,其能量可提高 20%,气体体积增加 30%;AP 粒度为 3 μm 的 HTPB 复合固体推进剂中,当铝粉的粒径分别为 30 μm,3 μm 和 40 nm 时,对应的推进剂燃速分别是 1.473 mm · s^{-1},1.524 mm · s^{-1} 和 48.126 mm · s^{-1},可以看出,当铝粉的粒径从微米级减小到纳米级时,其燃速可提高 30 多倍。因此,纳米金属粉的应用是提高炸药做功能力、改善火药燃烧性能重要的技术途径之一。

1.纳米金属粒子的基本效应

纳米粒子是尺寸为 1~100 nm 的超细粒子,纳米粒子的表面原子与总原子数之比随着粒径的减小而急剧增大,显示出强烈的体积效应(即小尺寸效应)、量子尺寸效应、表面效应和宏观量子隧道效应等。

(1)量子尺寸效应。当粒子尺寸达到纳米量级时,金属费米能级附近的电子能级由准连续变为分立能级的现象称为量子尺寸效应。能带理论表明,纳米金属粒子所包含的原子数有限,能级间距发生分裂。当能级间隔大于热能、磁能、静电能、静磁能、光子能量或超导态的凝聚能时,纳米粒子的磁、光、声、热、电及超导电性与宏观物体有显著的不同。例如,纳米粒子所含的电子数的奇偶性不同,低温下的热容、磁化率有极大差别;纳米粒子的光谱线频移、催化性质也与粒子所含电子数的奇偶性有关。

(2)体积效应。由于粒子尺寸变小所引起的宏观物理性质的变化称为体积效应。当纳米粒子的尺寸与德布罗意波长以及超导态的相干长度或透射深度等物理特征尺寸相当或更小时,晶体周期性的边界条件将破坏;非晶态纳米粒子的表面层附近原子密度减小,导致声、光、电、磁、热力学等特性呈现新的体积效应。例如,磁有序态向磁无序态、超导相向正常相的转变,光吸收显著增加,声子谱发生改变,强磁性纳米粒子(Fe_2Co 合金、氧化铁等)尺寸为单磁畴临界尺寸时,具有很高的矫顽力,纳米粒子的熔点远远低于块状金属,等离子体共振频率随颗粒尺寸改变。

(3)表面效应。表面效应是指纳米粒子的表面原子数与总原子数之比随着粒径减小而急剧增大后引起的性质上的改变。随着粒径减小,表面原子数迅速增加,粒子的表面张力和表面能增加。原子配位不足以及高的表面能,使原子表面具有很高的化学活性,极其不稳定,很容易与其他原子结合,这就是活性的原因。表面原子的活性引起了纳米粒子表面输运和构型的变化,也引起了表面原子自旋构象和电子能谱的变化。例如,化学惰性的 Pt 制成纳米微粒 Pt 后成为活性极好的催化剂。

(4)宏观量子隧道效应。微观粒子具有的穿越势垒的能力称为隧道效应。人们发现一些宏观量,例如微粒的磁化强度、量子相干器件中心的磁通量也具有隧道效应,称为宏观量子隧道效应。量子隧道效应是未来微电子器件的基础,它确定了现存微电子器件进一步微型化的极限。

2.纳米金属燃料在不同领域中的应用

经过近几年的研究,纳米金属粒子具有优良的性能以及与其他材料复合时表现出来的独特性能,一些最新的研究结果进一步证实了纳米金属燃料在不同的研究领域具有良好的应用。

(1)在推进剂领域中的应用。

1)提高金属粉反应活性。Valery 等人报道了一种生产纳米级锆粉和钛粉的新技术,研究其点火性能发现,与粒度大于 $1~\mu m$ 的粗糙的锆粉、钛粉相比,粒度小于 $100~nm$ 的纳米级金属粉活化性能更好,点火时间更短,表明含该纳米金属粉的推进剂将具有良好的燃烧性能。分析认为,该纳米金属粉与普通金属粉的燃烧机理完全不同,在燃烧火焰结构中,该纳米粉末在接近推进剂表面的燃烧,其燃烧产生的热量易于传递到燃面,因而能极大地提高推进剂的燃速。

K.Jayaraman 采用电线爆炸法制备了平均粒度为 $42~nm$ 的铝颗粒,并通过不含 Al、含纳米 Al、含普通 Al 的 3 个复合固体推进剂配方,比较了纳米 Al 的活性及对推进剂燃速的影响。结果表明,与含普通 Al 的推进剂相比,含纳米 Al 的推进剂燃速提高了 100%;在中等压强范围内,不含 Al 颗粒的推进剂的燃速较平稳,而含纳米 Al 颗粒的推进剂未出现此特征,相反,随着压强的增加其压强指数显著降低。进一步分析认为:推进剂燃烧表面附近纳米 Al 的完全燃烧,决定着推进剂的燃速;随着压强的升高,纳米 Al 的燃烧受到限制,因此在该压强范围内燃速压强指数较低。

纳米硼粉是一种高能量的燃烧组分,元素硼的体积热值($140\ MJ\cdot dm^{-3}$)和质量热值($59\ MJ\cdot kg^{-1}$)远远大于铝、镁等其他单分子含能材料,且硼粉是很好的燃料,特别是纳米硼粉具有较高的燃烧效率,因此将纳米硼粉添加到推进剂或炸药中能显著提高含能材料体系的能量性能,但因其表面能使纳米硼粉颗粒极易团聚,且在贮存过程中表面易氧化,形成的硼氧化物易与空气中的水反应生成硼酸,使纳米硼粉团聚更严重,造成硼粉在使用过程中出现点火困难、能量释放不彻底等问题,因此,对纳米硼粉进行表面改性可改善其性能。洪颖等人对纳米硼粉进行了改性,并研究了改性纳米硼粉对硼/硝化棉纳米纤维的影响。结果表明,改性对纳米硼粉的粒径影响不大,改性前后硼/硝化棉纳米纤维的平均粒径为 350 nm,改性后的纳米硼粉在硝化棉纳米纤维中分散更均匀,纤维粗细相对均匀,并与硼粉放热峰相比,B/NC 纳米纤维和改性 B/NC 纳米纤维中硼的放热峰温分别降低了 37.4℃ 和 71.9℃,这为纳米硼粉在含能材料中的进一步应用提供了参考。

作为纳米铝冰低温固体推进剂燃烧剂成分的纳米铝粉由于具有低的点火温度、对氧有较高的亲和力、火焰稳定和火焰温度高等优点,成为一种具有广阔应用前景的推进剂组分。由实验发现:纳米铝粉的点火温度可低达 600℃,其具体的点火温度还与其颗粒粒径大小有关,点火温度随着粒径的增大而升高;同时因为纳米铝粉具有非常高的比表面积比(SSA)和相对较小的尺寸效应,所以纳米铝粉的燃烧速度比微米铝粉更高。高的反应速率使纳米铝粉在推进剂表面释放出大量的能量,这些热量可以为推进剂药柱提供更多的热反馈,从而维持推进剂燃烧的顺利进行。

2)催化推进剂组分的热分解。刘磊力等人用热分析法(DTA)研究了纳米金属和复合金属粉(Cu、Ni、Al、NiCu、NiCuB 和 NiB)对 AP/HTPB 推进剂热分解的影响;结果表明,纳米金属和复合金属粉对 HTPB 推进剂的热分解具有明显的催化作用。纳米铜粉使 AP/HTPB 推进剂的低温和高温热分解温度分别降低了 51.16℃ 和 33.16℃,DTA 表观分解热增大为 317 kJ·g⁻¹,催化效果十分显著。纳米铜粉和含铜的纳米复合金属粉(NiCu 和 NiCuB)的催化效果强于其他纳米金属粉。纳米金属粉主要通过催化 AP/HTPB 推进剂中 AP 的热分解,表现出对 HTPB 推进剂具有较好的催化效果。

邓国栋等人采用化学还原法制备了颗粒尺寸均匀、粒度为 50～60nm 的球形纳米 Co 粉,用 DTA 测试了加入球形纳米 Co 粉后 AP 的热分解性能。结果表明,球形纳米 Co 粉能使 AP 热分解反应的高温分解峰温显著下降;添加质量分数 2% 的球形纳米 Co 粉,复合固体推进剂的燃速明显提高,燃速压力指数大幅降低。

徐景龙等人制备了 AP 20～40%,RDX 20%～50%,Al 10%～21%,黏合剂 5%～20%,硝酸酯 5%～20%,小组分 0.1%～5% 的推进剂配方,并对分别含有纳米铝粉、纳米镍粉的硝酸酯增塑高能推进剂的常压热分解性能和燃烧火焰结构进行了研究。各配方的热分解动力学参数和分解峰温见表8.1。

表 8.1　纳米金属粉对推进剂热分解性能影响

样　品	金属类别及含量/(%)	第一分解峰		第二分解峰		Δt /℃
		t_1/℃	E_1/(kJ·mol^{-1})	t_2/℃	E_2/(kJ·mol^{-1})	
0#	0	194.40	176.23	209.60	123.70	5.2
1#	1% nm 铝粉	194.61	212.62	210.41	150.23	15.8
2#	2% nm 铝粉	195.55	128.45	223.15	298.91	27.6
3#	3% nm 镍粉	202.41	192.78	213.51	198.81	11.1

从表 8.1 的结果可以看出,纳米 Al 粉、Ni 粉的加入对 AP 的晶型转变温度基本无影响,除配方 2# 外,纳米 Al 粉、Ni 粉的加入都没有降低高能推进剂分解活化能的作用;但是纳米 Al 粉、Ni 粉的加入使高能推进剂的第一分解、第二分解峰均升高,同时增大了表观活化能,纳米 Al 粉、Ni 粉对推进剂的凝相反应无化学催化作用。在同等压强下,与基础配方 0# 相比,添加纳米 Al 粉后形成的配方 1#、配方 2#,燃烧剧烈程度有所增加,燃烧表面的溅射趋于明显;在同等压强下,与基础配方 0# 相比,添加纳米 Ni 粉后形成的配方 3# 燃烧表面亮度增加明显,燃烧剧烈程度明显提高,燃烧火焰亮白区域增大,铝粉燃烧火焰向上喷射趋于密集和剧烈,明显改善了高能推进剂的燃烧效率。分析认为造成这一现象的原因是纳米金属粉的粒径比普通铝粉的粒径小得多,点火延迟时间比普通铝粉小几个数量级,燃烧所需的点火能远小于普通铝粉,部分纳米金属粉在燃面上以单个形式点火燃烧,从而降低了推进剂中铝粉的凝聚程度,改善了高能推进剂的燃烧效率。

将纳米金属粒子添加到火箭固体推进剂中,可以显著改善推进剂的燃烧性能,提高火箭推进能力和燃烧稳定性,可用作新型火箭固体燃料。美国、俄罗斯等国在固体火箭推进剂中添加一定量的超细铝粉或镍粉,使推进剂的燃烧效率明显提高,燃烧显著增大;粒径为 50～100 nm 的活性"Alex"不仅更易被氧化,而且释放出的能量更快、更完全,这方面的相关技术已经进入实用阶段。在 NEPE 推进剂中加入纳米碳酸铅或纳米氧化铅,可显著降低推进剂的燃速压力指数,使其接近大型导弹的应用水平。

综合上述文献可知,纳米铜粉、纳米钴粉等对推进剂中 AP 具有催化分解作用,而纳米铝粉、纳米镍粉的催化作用较弱,表明不同纳米金属粉的作用不尽相同。

(2)在炸药领域的应用。炸药中常用的金属燃料是 Al,而将铝粉纳米化能显著增加炸药的爆轰性能和做功能力。纳米金属燃料在凝聚相炸药和云爆炸药中均已开展理论和实际研究。

董素荣等人对含有材料装填缺陷所引起的弹药系统失效现象进行了研究,从提高弹药装药质量的角度,分析研究了某产品在两种不同条件下的装药对比实验结果。结果表明,在注装或塑态装药条件下,辅助于振动、粒度级配及纳米金属粉等技术途径,可获得高密度、致密均匀和低缺陷的药柱,能有效提高装药的能量利用率及终点毁伤效能。对于纳米金属粉的应用,分析认为,在混合炸药中应用纳米金属粉,可以增加各组分间接触的紧密性和表面积,从而增加爆轰反应的能量释放速率和金属粉的反应完全性。

黄辉等人研究了铝粉颗粒尺寸对含铝炸药爆轰性能的影响,通过小尺寸含铝炸药驱动金属平板实验装置所得结果见表8.2。

表 8.2　铝粉尺寸对炸药做功能力和爆轰反应时间的影响

样　品	配方组分	Al平均粒径	1 mm 厚铜板	
			$v_m/(km \cdot s^{-1})$	$t_m/\mu s$
1	RDX/Al/黏合剂＝76/20/4	50 nm	3.12	3.7
2	RDX/Al/黏合剂＝76/20/4	5 μm	3.11	5.0
3	RDX/Al/黏合剂＝76/20/4	50 μm	3.06	5.7
4	RDX/LiF/黏合剂＝76/20/4	50 μm	2.81	2.8

在表8.2中,铜板的最大速度值 v_m 代表含铝炸药驱动铜板的做功能力,铜板加速时间 t_m 表示炸药爆轰反应时间。1 mm 厚铜板试验表明,粒径 50 nm 的含铝炸药驱动铜板的最大速度(做功能力)明显高于含 5 μm 和 50 μm 铝粉的炸药,其反应时间分别缩短14.0％和58.3％,表明随着铝粉颗粒尺寸的减小,铝粉比表面积显著增大,参加反应时间缩短,炸药爆轰的能量释放速率明显增大,爆轰的非理想性小,对炸药的爆轰参数有明显贡献,因此,提高了含铝炸药在小尺寸装药和弱约束条件下的爆炸威力。

纳米铝粉所具有的优异性能与炸药的体系有关。Patrick Brousseau 等人比较了纳米铝粉与普通微米级铝粉对 PBX 炸药和 TNT 基炸药体系性能的影响结果表明,在 PBX 炸药体系,含纳米铝粉和含微米级铝粉炸药的爆轰性能无显著差异,而对于 TNT 与 Al 的混合炸药,含纳米铝粉炸药的爆速和平板试验的爆坑深度明显增加。

燃料空气炸药将是纳米金属粉应用的新领域。按照引爆方式,可以分为一次引爆型和二次引爆型。一次引爆型燃料空气炸药在云爆剂与空气混合过程同时完成引爆,其装药具有结构简单、不受复杂地理环境和气象条件影响、可靠性高等优点,已经成为发展的主要方向。早期的一次引爆型燃料空气炸药主要由挥发性液体组成,目前正在开展挥发性液体/金属粉和固体燃料/金属粉研究,其中,金属粉是该炸药性能的决定因素。智小琦等人根据炸药的热化学理论和爆轰理论,研究了金属粉种类、含量对典型的一次引爆型云爆剂配方爆速的影响,对于 $Mg/C_3H_7NO_3$ 体系,二者比例为 36/64,46/54 和 56/44 时,理论爆速分别为 2 985 m · s^{-1},3 047 m · s^{-1} 和 3 115 m · s^{-1};对于 $Al/C_3H_7NO_3$ 体系,二者比例为 36/64,46/54 和 56/44 时,理论爆速分别为 3 873 m · s^{-1},4 018 m · s^{-1} 和 4 174 m · s^{-1}。由以上结果可见,在一定的含量范围内,理论爆速随组分中金属粉含量的增加而增加;加入燃烧热值较高的金属粉,云爆剂的爆速较高,如在相同组分含量下,含 Al 粉的云爆剂比含 Mg 粉的云爆剂爆速高 1 000 m · s^{-1}。目前,关于纳米金属粉在燃料空气炸药中的应用研究尚未报道,但纳米金属粉较高的反应活性、较大的分散性将是解决该炸药存在问题的主要途径,如存在的固体颗粒分散性差、爆速低等问题。

另外,采用纳米技术制备的亚微米及纳米级含能材料具有许多优异的性能,可望用于雷管级装药和制造高能量钝感弹药。

1)起爆药。起爆药的主要特征是其具有高的比表面积和(或)高的纯度,在飞片雷管研制中发现,使用的炸药粉末比表面积越大、粒径越小,则装置起爆越敏感,可提高短脉冲起爆感度,如将 TATB、HNS 细微至亚微米级、纳米级时,其对飞片和冲击波敏感,可望用于雷管装药。

2)高能钝感炸药。炸药机械感度是炸药一项重要的性能指标,通过在高能炸药中添加钝感剂的方法虽然可以降低感度,但会影响炸药的其他性能。研究发现,当将高能量的 HMX,RDX 制备成亚微米级后,其撞击感度会明显降低,以 HMX,RDX 为基的钝感高能炸药的研制对提高武器性能、减小武器装置具有极为重要的现实意义。将纳米铝粉加入 RDX 中制备成含铝炸药可显著增加其反应速率,提高反应程度,爆轰能力及做功能力较含相同比例的微米级铝粉复合炸药显著提高。

(3)纳米金属粉在铝热剂中的应用。铝热剂属于一种化学反应性材料,通过较低的燃速燃烧而放热、产生强光。传统铝热剂一般是由大粒度 Al 粉和微米金属氧化物组成的简单混合体系,其主要缺点是 Al 粉氧化反应活性低,且氧化剂与还原剂的结合程度不高,导致药剂反应速度慢、实际放热量低、反应过程不集中,特别是反应的起始温度通常很高(高于 900℃),这直接影响到了它们的点火和燃烧性能,使其很难成为真正意义上的反应性材料,也难以在火炸药中获得应用,仅应用于金属焊条、民用烟火剂等方面。应用于炸药中的铝热剂是由氧化剂和燃料组成的固态混合物,其具有能量高、密度大、感度低、易于点火、燃烧速度快、配方灵活等优点,仅在强机械冲击力的作用下才可被引发剧烈的化学反应而释放出热能,产生非常高的爆温并显著增加爆炸效应。当该混合物粒度显著减小到纳米级,形成纳米级铝热剂时,其反应性远高于普通粒度的铝热剂,其将被应用于制造反应性破片("Reactive Fragments")、装填高速射弹、制造含能药型罩或爆炸成型弹丸等研究,可以大幅提高武器战斗部毁伤目标的威力。鉴于纳米级铝热剂优异的爆炸性能,国内外已针对纳米级铝热剂开展了广泛研究。与普通铝热剂相比,纳米铝热剂的优异性能如下。

1)燃速成倍增加。Valliappan 等人研究了纳米 Al 粉和金属氧化物的反应活性,在 WO_3,MoO_3,CuO 和 Fe_2O_3 等几种氧化物中,Al/CuO 体系燃烧火焰前沿平均速度受到表面包覆官能团的强烈影响,这些官能团显著改善了纳米铝热剂的分散和混合,并在含量低时增加火焰前沿平均速度;对于 Al/WO_3 体系,燃烧时火焰头部平均速度达到了 $412 \text{ m} \cdot \text{s}^{-1}$。Plantier 等人探讨了 Fe_2O_3 合成工艺对 Fe_2O_3/Al 纳米铝热剂(Al 粉粒径为 52 nm)铝热反应性能的影响。结果表明,通过溶胶-凝胶法合成的 Fe_2O_3 前驱体中含有杂质时,Fe_2O_3/Al 纳米铝热剂的燃烧波速度降低;同一种 Fe_2O_3 氧化剂在中等温度下燃烧时,这种新的热处理得到的 Fe_2O_3 性能明显改善,Fe_2O_3/Al 纳米铝热剂的燃烧波速度大约为 $900 \text{ m} \cdot \text{s}^{-1}$。

2)放热量大幅提高。王毅等人研究了 Fe_2O_3/Al 纳米复合铝热剂的反应特性。结果表明,利用溶胶-凝胶法制备的纳米 Al 和氧化铁的复合体中,Fe_2O_3 干凝胶粒子为无定形结构,尺寸约为 20 nm,Fe_2O_3 干凝胶粒子紧密地包覆着纳米 Al 粒子,形成核壳结构的 Fe_2O_3/Al 纳米复合物;通过 DSC 法侧得的 Fe_2O_3/Al 纳米铝热剂的热反应放热峰分别出现在 561.8℃ 和 773.2℃,总放热量达到 $1\ 648 \text{ J} \cdot \text{g}^{-1}$,而相同条件下,5 μm 的 Al 粉与 5~10 μm 的 Fe_2O_3 反应放热的放热峰温度为 983.8℃,放热量为 $842 \text{ J} \cdot \text{g}^{-1}$。以上数据表明,$Fe_2O_3$/Al 纳米铝热剂的点火温度明显降低、放热量也大幅增加,此外,Fe_2O_3/Al 纳米铝热剂的两个放热峰分别对应 $Al(s)$ 与 $Fe_2O_3(s)$ 之间固-固相反应和两者之间的液-固相反应,且固-固相反应放热峰所对应的面积明显大于液-固相反应,其热反应以固-固相反应为主,表明 Fe_2O_3/Al 纳米铝热剂的热反应机制也较传统铝热剂更加优越。

(4)催化剂。纳米粒子作为催化剂有着许多优点。首先是粒径小、比表面积大、催化效率高。纳米粒子生成的电子和空穴在达到表面之前大部分不会重新结合,电子和空穴到达表面的数量多,化学反应活性高;其次,纳米粒子分散在介质中往往具有透明性,容易运用光学手段和方法来观察界面间电荷转移、质子转移、半导体能级结构与表面态的影响。

纳米粒子在适当条件下可以催化断裂 H — H,C — H,C — C 和 C — O 键。由于其具有较高的表面活性和大的比表面积而被广泛用作催化剂,这种颗粒没有孔隙,可避免由于反应物向内孔的缓慢扩散而引起的某些副反应,因而其活性和选择性都高于同类的传统催化剂。例如,纳米级 Ni,Cu,Zn 粒子混合制成的加氢反应催化剂在同样加热条件下其选择性比雷尼 Ni 高 5～10 倍。乙烯氢化时,若加入纳米铂黑催化剂,其反应温度从 600℃ 降至室温,反应条件趋于温和。工业上利用纳米镍粉作为火箭固体燃料反应触媒,燃烧效率可以提高 100 倍以上。此外,利用纳米粒子的催化特性,并用高聚物作为载体,既能发挥纳米粒子的高催化性和选择催化性,又能通过高聚物的稳定作用使之具有长效稳定性。

另外,纳米金属粒子在医学材料、电磁功能材料、吸波材料、传感器元件材料和纳米复合材料方面也有广泛的应用,由于这些方面与本书主题不符合,且限于篇幅,这里不再赘述。

8.2.2 纳米填料

含能材料(炸药、推进剂和发射药等)是武器中起杀伤和破坏作用的关键材料。精确打击、高效毁伤能力和高生存能力是现代武器追求的目标,要实现这些目标,作为武器能量载体的含能材料必须满足高能量密度、低易损性和高环境适应性的要求。现有的含能材料尚不能同时满足这些要求,因而许多研究者展开了对新型含能材料的探索研究。目前,含能材料的研究有向着超细化和复合化发展的趋势。超细粒子粒度小、比表面积大,因而在宏观和微观上都表现出优异的性能,但同时由于单个粒子比表面能增大,活性增强,极不稳定且易吸附其他物质或粒子,从而使得超细粒子的实际使用效果较差,导致许多优异特性丧失。

纳米材料在物理和化学等领域有着许多传统材料不具备的特性。其中,纳米含能材料具有高释能速率和效率、起爆可靠、爆轰临界值低、感度低、爆速(爆压)高、装药密度高等特点,也可以改善火炸药的力学性能。对此,国内外学者已开展了一些理论和实验研究,主要集中于部分纳米级火工烟火药剂的制备以及部分纳米硝胺炸药的制备。

刘海营在超声波环境中制备了纳米 HMX/微米 RDX 复合炸药,研究了纳米 HMX 对复合炸药撞击感度的影响。结果表明,在超声波的环境下制备的不同配比的纳米 HMX(奥克托金)对微米 RDX(黑索金)复合炸药比纯 RDX 炸药敏感,且随 HMX 含量的增加,撞击感度降低,结果见表 8.3。

表 8.3　不同配比的纳米 HMX 微米 RDX 的撞击感度比较

样　品	特性落高(H_{50})/cm
微米 RDX	29.04
纳米 HMX/微米 RDX(5%)	26.12
纳米 HMX/微米 RDX(2%)	25.88
纳米 HMX/微米 RDX(1%)	22.70
纳米 HMX/微米 RDX(0.5%)	22.04

宋小兰等人采用溶胶-凝胶法制备了纳米 RDX 并研究了其机械感度和热分解特性。结果表明,制备的纳米 RDX 粒径为 $60\sim90$ nm;纳米 RDX 的撞击感度略低于微米 RDX,但其摩擦爆炸百分数却增加了 54%,热分析结果表明,纳米 RDX 的分解放热峰较微米 RDX 提前了 10.74℃,活化能降低了 18 020 J·mol^{-1}。陈厚和等人通过喷雾干燥法制备了含有纳米 RDX (粒径为 $40\sim60$ nm)的炸药粉体,其中纳米 RDX 的产率达到了 50% 以上,并且对其撞击感度进行了分析。结果发现,随着粒径的减小,RDX 的机械撞击感度降低,纳米 RDX 撞击感度的特性落高约为普通工业 RDX 的两倍。

张永旭等人采用重结晶法制备了纳米尺寸的 RDX 和 HMX 粉体,并建立了纳米炸药的结晶动力学模型,阐明了溶剂中炸药浓度与制备出的炸药颗粒大小间的关系;此外,他们还发现纳米 HMX 的热分解峰较微米 HMX 有一定提前,且纳米 HMX 具有更低的撞击感度,具有很大的应用前景。

高寒等人采用双向旋转研磨方法制备了纳米 CL - 20,并用 SEM、RDX 及激光粒度分析仪和机械感度测试装置测试了其形貌晶型及粒度分布和机械感度,分析了纳米 CL - 20 的粉碎机理。结果表明,制备的 CL - 20 为粒径 100 nm 的半球形颗粒,且粒度分布较窄。纳米炸药晶型与微米炸药一致,均为 ε 型。与微米 CL - 20 相比,纳米 CL - 20 的摩擦感度、撞击感度、冲击波感度分别下降 25.0%,116.2% 和 58.1%。

以上结果表明,尽管纳米填料及其在含能体系中的应用表现出一些优异的特性,但由于受到纳米填料颗粒尺寸等物化和结构等方面的限制,采用单一的纳米催化剂或纳米氧化剂或纳米炸药在实际使用时往往很难获得理想的效果,其主要原因是这些纳米粒子在与固体推进剂中其他成分混合时很难以单个粒子的形式均匀地分散于其他成分之中。因而纳米粒子的大比表面积、高表面能及高表面活性等优点不能充分发挥,因此,导致实际使用效果不佳。要解决上述问题,提高纳米填料在推进剂中的实际使用效果,一种有效的方法是将纳米、微米粒子进行复合处理,这样,可以使纳米填料的分散性获得很大的提高,其表面特性可以充分得到发挥,因而实际使用效果较好。另外,也可以充分发挥微米粒子的特性,使制得的纳米/微米复合粒子具有多功能性,同时还可减少纳米粒子的实际使用量,降低推进剂的成本。有研究发现,将纳米填料与微米氧化剂或金属粉或炸药进行复合后使用效果较好,可以使纳米填料的特性获得充分发挥。

8.2.3　纳米催化剂

燃烧催化剂是指以化学方法改变火炸药,特别是推进剂燃速的化合物,它是推进剂燃烧性能的主要调节剂,其作用主要表现在以下几方面。

(1)改变推进剂在低压燃烧时的化学反应速度。

(2)降低推进剂的燃速受温度、压力影响的敏感度。

(3)改善推进剂的点火性能。

(4)提高推进剂的燃烧稳定性。

(5)调节推进剂的燃速,实现发动机设计的不同推力方案。

燃烧催化剂的品种较多,常用的燃烧催化剂可归纳为以下三大类。

(1)无机金属化合物,如 CuO,PbO,Bi_2O_3,Fe_2O_3,Cu_2O,Fe_3O_4,TiO_2,La_2O_3,Al_2O_3,Cr_2O_3,$CaCO_3$,$PbCO_3$ 以及亚铬酸铜(氧化铜和氧化铬的混合物)。

(2)有机金属化合物,如水杨酸铅、苯甲酸铅、己二酸铜等。

(3)二茂铁及其衍生物,这是一类有机金属配合物。目前应用较多的有正丁基二茂铁、叔丁基二茂铁和高沸点的二茂铁衍生物卡托辛(Catocene)等。

虽然燃烧催化剂的种类较多,但实际配方中经常使用的主要是无机金属氧化物,其中一元金属氧化物最为常见。

目前已有文献报道的纳米燃烧催化剂有 Fe_2O_3,Cr_2O_3,Cu_2O,$CaCO_3$,CuO,$PbCO_3$,PbO,Bi_2O_3,La_2O 和亚铬酸铜等,制备方法主要有室温固相法、喷雾热解法等,其中室温固相法较多,这种方法的制备过程是将原料以化学计量比置于研钵中充分研磨,再洗涤、干燥后制得纳米粉末。该法合成工艺较简单,减少了由中间步骤和高温处理引起的粒子团聚、产物不纯等不足,但已有文献报道的纳米燃烧催化剂的团聚较严重,性能有待改进,而且要使其工业化也有一定的困难。

1996 年,美国 MACHI 公司 Kosowski B M 分开制备了一种纳米级 Fe_2O_3(NANOCAT SuPerfine Iron Oxide,SFIO),用 480 000 倍电子显微镜测量它的粒径为 3 mn,每个粒子大约包含 600 个铁原子和 900 个氧原子,它的体积密度极低,为 0.05 $g \cdot mL^{-1}$,比表面积为 250 $m^2 \cdot g^{-1}$。与使用效果较好的商业氧化铁 BASFL2817 比较,如用量均为 1 wt%,SFIO 可使丁羟复合固体推进剂的燃速提高 25%(从 22.10 $mm \cdot s^{-1}$ 提高到 27.69 $mm \cdot s^{-1}$),燃速压力指数从 0.50 降到 0.46。如果用 0.35% 的 SFIO 取代 1% 的 L2817 Fe_2O_3,燃速保持不变,增加 200 μm 的 AP 0.65% 维持固体含量 87%,则比冲增加了 12.74 $N \cdot s \cdot kg^{-1}$,燃速压力指数从 0.50 降至 0.35。当压强大于 6.9 MPa 时,其增速效果大于 Catocene。与 Catocene 等二茂铁衍生物相比,它有更好的安全性能和老化稳定性且价格便宜、不迁移、不挥发。Taylor 将近纳米级的 TiO_2,ZrO_2,SiO_2,Al_2O_3 加入固体推进剂中,得到了双平台推进剂,即在低压段和高压段分别出现了平台燃烧效应。邓鹏图等人研究了纳米 Cr_2O_3,Cu_2O,Fe_2O_3,$CaCO_3$ 对端羟基聚丁二烯/高氯酸铵/铝(HTPB/AP/Al)推进剂燃烧性能的影响,并与普通催化剂的催化燃烧性能进行了比较。结果表明,纳米 Cr_2O_3,Cu_2O,Fe_2O_3 较相应普通催化剂的催化效率高,且高压下催化效率增幅更大,含量增加粒度效应增强,纳米 Cu_2O 含量较低时,在 9 MPa 下的催化效率已接近辛基二茂铁,催化剂含量增大推进剂燃速升高;纳米 $CaCO_3$ 与微米级 $CaCO_3$ 相比是一种催化活性更高的燃速催化剂和降低燃速压力指数助剂;纳米 $CaCO_3$ 和普通 Cr_2O_3 在一定比例下具有催化协同效应,且高压下协同作用更强。

张汝冰等人用喷雾热解法制备了纳米亚铬酸铜和平均粒径为 $30\sim50$ nm 的针状 CuO,并用高能球磨法使纳米级 CuO 嵌入或黏附于氧化剂 AP 晶体表面而形成复合粒子,从而使 AP 的热分解温度提前程度增大,分解速度加快,分解总放热量增至 774.01 $J \cdot g^{-1}$。

陈福泰等人和马凤国等人分别研究了纳米 $PbCO_3$ 和 PbO 在硝酸酯增塑聚醚(NEPE)推进剂中的应用,发现它们在难以降低燃速压力指数的 NEPE 推进剂中均可显著降低其燃速压力指数(见表 8.4)。

表 8.4　NEPE 推进剂的燃速和燃速压力指数

样 品	燃速/$(mm \cdot s^{-1})$					燃速压力指数 n
	4 MPa	6 MPa	7 MPa	8 MPa	11 MPa	
1#	9.50	12.04	13.49	15.61	17.27	0.60
2#	9.95	12.21	13.49	15.91	17.37	0.56

注:1# 和 2# 分别是以纳米 $PbCO_3$ 和 PbO 为催化剂。

洪伟良等人采用室温固相反应制备了平均粒径 70 nm 的无规则 PbO 和平均粒径 59 nm 的多边形 α-Bi_2O_3,并用它们作燃速催化剂对黑索金-复合双基推进剂(DX-CDB 推进剂)进行了配方研究(见表 8.5)。

表 8.5　RDX-CMDB 推进剂的燃速和燃速压力指数

样 品	燃速/$(mm \cdot s^{-1})$					燃速压力指数 n
	2 MPa	4 MPa	6 MPa	8 MPa	10 MPa	
1#	2.96	4.38	6.82	8.75	10.75	0.80
2#	3.42	4.85	6.72	9.20	11.02	0.71
3#	2.84	4.48	6.31	8.68	11.67	0.85

注:1# 是无催化剂;2# 和 3# 分别为 Bi_2O_3 和 PbO 为催化剂。

由表 8.5 结果可以看出,与基础配方相比,加入纳米 Bi_2O_3 后,推进剂在 2 MPa 时的燃速提高 15.5%,而纳米 PbO 在低压段却使推进剂燃速降低。此外,纳米 Bi_2O_3 使推进剂的燃速压力指数从 0.80 降到 0.71,降幅达到 11.3%。综合提高燃速和降低燃速压力指数这两项指标,纳米 Bi_2O_3 的催化作用明显优于 PbO,但加入的纳米 Bi_2O_3 和纳米 PbO 均不能使 RDX-CMDB 推进剂产生平台燃烧效应。

洪伟良等人采用 DSC 考察了室温固相反应制备的平均粒径 10 nm 的 CuO(团聚严重)对 RDX 热分解的催化作用。结果表明,普通 CuO 粉使 RDX 分解放热峰温度向低温方向移动了 2.8℃,分解峰宽增大(表明 RDX 的分解速度降低),而纳米 CuO 粉则使 RDX 向低温方向移动了 6.3℃,且增大了 RDX 的分解速度,使 RDX 的分解放热更加集中,表明纳米 CuO 有利于

RDX 推进剂燃速的提高。

徐宏等人用 DSC 考察了室温固相反应制备的纳米级 La_2O_3 对 RDX 热分解的催化作用。结果表明,纳米 La_2O_3 虽对 RDX 分解放热峰温度无明显影响,但使放热峰变得陡直,RDX 分解热明显增大,增大了 RDX 的分解速度,因此,纳米 La_2O_3 对提高 RDX 推进剂的燃速也有效。

8.2.4 富氮化合物

近年来,富氮化合物具有高密度和生成焓,钝感热稳定,并有高的氧化能力,具有作为高能添加剂或部分取代氧化剂的潜力,而受到各国研究者的广泛关注。表 8-6 列出了几种典型的高能量密度富氮化合物的主要物化性能。

表 8.6 几种富氮化合物主要物化性能

名　称	结构式	N (%)	$\triangle H_f$ (kJ·g^{-1})	ρ (g·cm^{-3})	撞击感度/J	摩擦感度/N
5 - amino - 1H - tetrazole (5 - AT)		82.3	2.44	1.71	>100	>100
5,5′- bis(1H - tetrazolyl) amine		82.3	4.14	1.86	>30	>360
5,5′- hydrazine bistetrazole (HBT)		83.3	2.46	1.84	>30	>108
Hydrazinium 5 - aminotetrazolate		83.7	3.18	1.55	>100	>360
Triaminoguanidinium - 5,5′- azobis(1H - tetrazolate) (TAGzT)		82.3	2.87	1.60	>100	>360
Bishydrazinium 5,5′- azotetrazolate (BHaTz)		85.2	3.73	1.52	>30	>N.D

续 表

名 称	结构式	$\dfrac{N}{(\%)}$	$\dfrac{\triangle H_f}{(kJ \cdot g^{-1})}$	$\dfrac{\rho}{(g \cdot cm^{-3})}$	撞击感度/J	摩擦感度/N
3,4,5 - triamino - 1,2,4 - triazolium 5 - nitrotetrazolate（TTNT）		67.3	2.31	1.61	30	＞360
Guanidimium 5 - aminotetrazolate（GA）		77.8	1.54	1.54	＞50	＞360
HBT		83.3	2.46	1.77	＞30	＞100
BTA		82.3	4.13	1.85	＞30	＞360
DHT		78.8	3.77	1.61	＞16	＞N/A
HAT - NO₃		56.8	0.59	1.85	＞10	＞324

法国 SNPE 公司研究的含二硝基氧化偶氮二呋咱(DNAOF,密度为 1.91 g · cm^{-3},生成焓为 649 kJ · mol^{-1})洁净推进剂与采用相同黏合剂的 HMX 推进剂相比,比冲和密度比冲具有明显提高(见表 8.7)。

表 8.7 富氮化合物的应用性能

黏合剂	氧化剂	铝粉	比冲/(N·s·kg^{-1})	密度比冲/(N·s·dm^{-1})
GAP (15%)	HMX (85%)	0	2 560	4 660
	DNAOF (85%)	0	2 747	5 003
HTPB (15%)	HMX (85%)	0	2 256	3 728
	DNAOF (85%)	0	2 551	4 218
GAP (15%)	HMX (65%)	10	2 649	4 767
	DNAOF (65%)	10	2 757	4 954
	DNAOF (70%)	15	2 747	4 950

8.2.5 热塑性弹性体

热塑性弹性体(TPE)是在常温下显示橡胶弹性,而在高温下又能塑化成型的一类材料,其主要为嵌段或接枝聚合物,其中一相为橡胶相,贡献弹性,另一相为树脂,使热塑性弹性体具有强度,同时凭借链间作用力形成物理交联点,物理交联随温度的变化呈可逆变化,显示了热塑性弹性体的塑料加工特性。其特点是:分子中一部分是由具有橡胶弹性的柔性链段组成的,称为“橡胶段”或“软段”;另一部分约束成分可组成分子间的假性交联,起到约束大分子形变的作用,称为“塑料段”或“硬段”。约束成分形成的假性交联范围,则称之为“物理交联区域(Domains)”,这些无数的物理交联区域分散在周围大量的橡胶弹性链段之中,前者称为“分散相”,后者称为“连续相”。热塑性弹性体主要分为聚苯乙烯类、聚烯烃类、聚氨酯类、共聚酯类、聚酰亚胺类,其他类如,聚 1,2 -丁二烯类、异戊二烯类、粒子性、天然橡胶类等。

国外应用于推进剂及炸药的 TPE 主要有聚苯乙烯-乙烯-丁二烯-聚苯乙烯、乙烯和丙烯酸或丙烯酸酯嵌段共聚物、而塑性聚氨酯弹性体、聚苯乙烯-聚异戊二烯 TPE 等,主要应用在火箭发动机、气体发生器、枪炮、底排固体发动机、LOVA 发射药等。

BAMO/AMMO 等含能热塑性黏合剂(TPE)由于集合了热塑性和热固性黏合剂的优点,力学性能好、加工性能优良、环保,为实现固体推进剂重回收/重循环/重利用提供了可行的有效途径。

8.3 特种推进剂技术的发展趋势

提升火箭和导弹的射程,实现远程打击是多种高价值武器发射平台(隐形飞机、大型舰艇和武装直升机等)进行超视距精确攻击,规避战场损失的有效手段,而应用具有更高能量水平的新型高能推进剂是提升火箭和导弹射程的最有效途径之一,因此各种先进战术导弹和火箭武器对于高能推进剂具有强烈和明确的需求;但另一方面,随着推进剂的能量水平提高,导弹武器的安全性有下降趋势,其本体的安全性相应有所降低,对于外界的危险刺激(撞击、摩擦、加热等)的响应程度也日趋增强,影响高能推进剂的实用性,因而需要研制钝感、安全可靠的推进剂,以防止外界恶劣条件引起推进剂自燃或引爆,因此对推进剂的安全性提出了很高的要求。低易损性推进剂指其对外界刺激源的不敏感特性,对慢速烤燃、快速烤燃、枪击试验、殉爆、热碎片、破片等外部刺激感度低,具有防止发生从燃烧向爆轰转换特性的推进剂,在高温或火焰烤燃时只燃烧、不殉爆。许多新的高性能武器,通常要求具有很低的易损性,在这种情况下,主要要求采用钝感推进剂且应保持原有推进剂的性能,并降低可见信号特征。除不爆炸和低可见信号特征外,还必须综合考虑推进剂的燃速温度敏感系数和力学性能等特征参数。为此,国内外近年来对钝感固体推进剂进行了广泛、深入的研究,并取得较大进展。

1.固体推进剂危险性与钝感性的相关性

推进剂的危险性反映了固体推进剂自身的特性,而钝感性却与钝感弹药的评价方法密切相关,它不仅与推进剂本身有关,也与推进剂装填的发动机和环境状态有关。一般钝感推进剂一定是危险等级为1.3级的固体推进剂,而1.3级的推进剂却不一定是钝感推进剂,这是由它们的评价方法不同造成的。钝感推进剂是一种能达到规定的性能、战备和作战技术要求的弹药,当遭受未预料的刺激时,它能把反应激烈程度和随之出现的二次损害减小到最低限度。为了表征固体推进剂在受到外界刺激时的反应,评估推进剂是否满足钝感弹药的要求,美国国防部制定了钝感弹药的控制文件 MIL－STD－2105B。该标准将爆炸物危害程度分为5级:TYPEⅠ,爆轰;TYPEⅡ,部分爆轰;TYPEⅢ,爆炸;TYPEⅣ,爆燃或推进反应;TYPEⅤ,燃烧。钝感推进剂必须通过钝感弹药试验,才能称之为钝感推进剂。

2.降低感度的途径

为使在降低固体推进剂感度的同时不降低其他性能,目前主要采用以下3种技术途径:①降低固体推进剂药柱的易碎性和提高其韧性。具有良好延伸性能(尤其是低温下)的推进剂装药可吸收冲击波和撞击能量,使装药结构破坏程度降至最低,因而具有良好的对抗冲击波和撞击刺激的能力;②调控固体推进剂含量在各组分间的分配,即推进剂总含量在黏合剂体系和固体填料间合理分配。主要实现方法有以下4种:①降低固含量(包括质量分数和体积分数两方面),通常在保持推进剂总能量水平不变时降低固含量,可改善固体推进剂的力学性能和降低易爆轰性能;②控制填料粒径分布,采用合适的粒径分布可获得最佳的黏合剂/颗粒湿润效果和颗粒/颗粒黏接强度,例如采用精细研磨的硝胺(I－RDX)可降低浇铸固化型含能材料的冲击波感度;③采用低感度的固体组分(如用其他钝感组分取代或部分取代配方中的硝胺和AP、变换弹道改性剂等),这包括开发新型钝感固体填料组分和对各种已有固体填料组分进行钝感改性及重新组配使用;④开发可熄火的推进剂配方。这种推进剂在大气压下熄灭或仅能闷燃,可避免被意外引发后产生灾难性后果。

有研究报道,在推进剂配方中加入一种羟酯类的增塑剂是降低感度所采用的方法,可降低黏结剂的反应能力,从而使推进剂的感度减小。另外,Al 粉对固体推进剂或火炸药安全性有着重要的影响。Langer 研究了 Al 粉粒径的改变对摩擦感度和撞击感度的影响规律。王彩玲等人研究了 Al 粉含量对含黑索今的炸药感度的影响。结果表明,Al 粉含量越多,摩擦感度越低。对 RDX 或 HMX 为氧化剂的材料做适当的包覆,使推进剂具有良好的韧性和较低的危险性,这也是降低推进剂感度的一个有效途径。

新型氧化剂如 ADN、CL - 20 等的合成以及对降低推进剂感度的含能黏合剂如 GAP、BAMO、AMMO 等应用方面进行预先处理,可以很大程度上降低推进剂的感度。由于在复合固体推进剂中氧化剂占很大比例,且充当重要角色,所以对真正钝感的氧化剂研制将是今后工作的重点,而且还需要对降低推进剂感度的含能黏合剂如 GAP、BAMO、3 - 叠氮甲基 - 3 - 甲基环氧丁烷(AMMO)等和低感度的氧化剂如 ADN、CL - 20 等的合成及其在推进剂中的应用做大量研究,应加大对钝感推进剂尤其是对钝感推进剂中氧化剂的研究。

3.钝感推进剂评估试验方法

研究推进剂在各种刺激下的反应,是判断推进剂易损性的有效方法。钝感推进剂易损性试验进行前,首先,应用数值仿真软件对其进行模拟,非线性动力分析有限元程序在计算各种非线性结构的撞击、爆炸和烤燃等非线性动力冲击问题时极为方便,在武器结构设计、热传导设计、弹道设计、材料应用等方面得到了广泛的应用。利用数值模拟仿真手段,一方面可以判断设计的合理性,了解引起弹药燃烧或爆炸的机理,另一方面可以预估弹药在遭受机械或热刺激时可能引起的响应,优化结构设计,提高效率;其次,应当进行一系列小规模模拟试验。固体推进剂的易损性响应类型主要由样品自身、刺激源和约束条件决定,在样品、刺激源确定的情况下,易损性试验构件的结构形式、几何尺寸等因素会对固体推进剂易损性类型有影响,因此,在易损性试验设计时,尽可能准确地评估推进剂本质易损性,尽量避免外部因素对推进剂易损性的影响。

为了建立适合我国钝感弹药的安全性评估试验方法,模拟实际弹药在生产、储存、实战中可能发生的意外刺激和可能受到的不同威胁,通过研究样品不同量级、不同长径比等因素对响应结果的影响,获得大量的经验和技术,才能完成钝感弹药安全性评估试验方法研究并形成国军标。

4.钝感推进剂发展方向

我国在钝感推进剂方面和西方发达国家还存在很大的差距,主要表现在缺乏先进的不敏感材料的基础研究,没有完善的推进剂易损性评估技术,我们要充分认识未来错综复杂的国际环境中钝感推进剂在高价值武器平台中的地位,及时掌握了解国外钝感弹药研究的进展和发展,研制和开发适合本国发展的钝感推进剂的新技术和新途径,同时建立一套系统完整的检验钝感弹药的安全试验方法和评估标准,提高舰载、机载和车载武器的安全性能,提高我军武器装备的自主创新能力。只有研制和开发出符合要求的钝感推进剂,才能设计出满足低易损性的制导兵器推进系统。

总之,研制高能钝感推进剂是现代战争对导弹系统提出的一种新概念和新要求,也是火炸药领域重大发展机遇,只有研制和开发钝感推进剂,才能设计出具有低易损性的制导兵器推进系统。

参 考 文 献

[1] 庞维强,樊学忠,赵凤起. 含硼富燃料固体火箭推进剂技术[M]. 北京:国防工业出版社,2016.

[2] SUNDARAM D S, YANG V, ZARKO V E. Combustion of Nano Aluminum Particles (Review) [J]. Combustion, Explosion, and Shock Waves, 2015,51(2):173-196.

[3] 李贵安,苗润才. 纳米银明胶复合膜的制作[J]. 陕西师范大学学报,1999,7(2):37-39.

[4] 庞维强,樊学忠,张增平. 纳米金属粉的制备、表征及其在含能体系中的应用[M]. 北京:国防工业出版社,2016.

[5] 郑剑,侯林法,杨仲雄. 高能固体推进剂技术回顾与展望[J]. 固体火箭技术,2001, 24(1):28-34.

[6] DAY R W, HANI R. Nitramine-Containing Polyether Polymers and a Process for the preparation thereof：US, 49 l 6206[P]. 1994.

[7] 胥会祥,蔚红建,樊学忠,等. 富燃料推进剂的研制现状及展望[J].飞航导弹,2005(1):48-53.

[8] SHELUDAYK Y E, KASHPOROV L J, MALININ L A, et al. Thermophysical Properties of Component of Combustible System, Handbook, Ed. N. A. Silin, NPO "Information, Technical and Economic Research", Moscow, 1992.

[9] VALERY R, ALON G. Ignition Characteristics of Nanosize Zirconium and Titanium Powders[J]. AIAA, 2006:4406.

[10] JAYARAMAN K. Production and Characterization of Nano-Aluminum and its Effect in Solid Propellant Combustion[J]. AIAA,2007:1430.

[11] 庞维强,樊学忠,胥会祥,等. 富燃料固体火箭推进剂技术[M]. 西安:西北工业大学出版社,2016.

[12] 洪颖,李艳春,成一. 纳米硼粉的改性及其对硼/硝化棉纳米纤维的影响[J]. 火炸药学报,2016,39(2):27-31.

[13] 刘磊力,李凤生,杨毅,等. 纳米金属和复合金属粉对AP/HTPB推进剂热分解的影响[J]. 推进技术,2005, 26(5):458-461.

[14] 邓国栋,刘宏英,段红珍. AP/HTPB复合推进剂用纳米Co粉的制备[J]. 火炸药学报,2009, 32(5):66-70.

[15] 徐景龙,阳建红,王华. 含纳米金属粉高能推进剂热分解性能和燃烧火焰结构分析[J].飞航导弹,2006,12:47-49.

[16] KAMAT P V, DIMITRY N D. Solar Energy , 1990 , 44 : 83.

[17] CAVICCHI P E，SILSBEE R H. Phys Rew Lett，1984，52：1453.

[18] 董素荣,陈智刚,周海英,等. 弹药装药质量机理研究[J]. 弹箭与制导学报,2005,25 (2):59 - 60.

[19] 黄辉,黄勇,李尚斌.含纳米级铝粉的复合炸药研究[J]. 火炸药学报,2002,25(2):1 - 3.

[20] PATRICK B，HELEN E D，MATTHEW D C，et al. Detonation Properties of Explosives Containing Nanametric Aluminum Powder [C]. 12th International Detonation Symposium,August,2002.

[21] 智小琦. 一次引爆型云爆剂的爆速计算[J]. 火炸药学报,2005,28(3)：76 - 78.

[22] 李宇农,何建军,龙小兵. 纳米金属粉末研究进展[J]. 粉末冶金工业,2004,14 (1):34 - 39.

[23] 江淡兰. 纳米材料的性能与应用[J].兵器材料科学与工程,2001：64 - 66.

[24] 刘珍. 纳米材料准备方法及其研究进展[J]. 材料科学与工程,2000，(3)：107.

[25] 张中太. 纳米材料及其技术的应用前景[J]. 材料工程,2000，(3):46.

[26] LI Q，FAN S，SUN C. Coating of Carbon Nanotubes with Nicked by Electrolelss Plating Methods[J].Jpn J Appl Phys,1996，501 - 506.

[27] Stefanik P，Sebo P. Electroless Plating Graphite with Copper and Nickle[J]. Mater Sci Lett，1993，12：108 - 120.

[28] 王晓峰,郝仲璋.炸药发展中的新技术[J]. 火炸药学报,2002,25(4):35 - 38.

[29] 司林华. 纳米金属燃料[J]. 化学教育,2007,(1):311 - 12.

[30] 张坚,曹晓国,黄惠平. 纳米金属粉末的制备方法及应用[J]. 材料导报,2006,20(7): 149 - 151.

[31] VALLIAPPAN S，SWIATKIEWICZ J，PUSZYNSKI J A. Reactivity of aluminum nanopowder with metal oxides[J]. Powder Technology, 2005,156(2):164 - 169.

[32] KEITH B P，MICHELLE L P，ALEXANDER E G. Combustion Wave Speeds of Nanocomposite Al/Fe$_2$O$_3$：the Effects of Fe$_2$O$_3$ Particle Synthesis Technique[J]. Combustion and Flame, 2005,140(4):299 - 309.

[33] 王毅,李凤生,姜炜,等.Fe$_2$O$_3$/Al 纳米复合铝热剂的制备及其反应特性研究[J].火工品,2008,(4):11 - 14.

[34] GRANT A RISHA,TERRENCE L CONNELL，J MICHAEL WEISMILLER. Novel Energetic Materials for Space Propulsion[A]. Air Force Office of Scientific Research. Arlington,2011：1 - 110.

[35] 赵庆华,刘济威. 同体碳氢燃料的研究进展[J]. 火炸药学报,2008(6):82 - 86.

[36] 王国娟. 发展少烟复合固体推进剂技术途径研究[J]. 上海航天,1991(1):19 - 24.

[37] 魏建红,官建国,袁润章. 金属纳米粒子的制备与应用[J]. 武汉理工大学学报,2001 (3):1 - 4.

[38] BUCHER J P，DOUGLASS D C，BLOOMFIELD L A. Magnetic Properties of Free Cobalt Cluster [J]. Phy Rev Lett ,1991，66(23)：3052 - 3055.

[39] 胥会祥,李兴文,赵凤起,等. 纳米金属粉在火炸药中应用进展[J]. 含能材料,2011,19
　　　(2):232-239.

[40] 刘海营,张景林,王作山. 纳米 HMX/微米 RDX 复合炸药撞击感度的性能研究[J]. 山
　　　西化工,2007,27(5):15-16.

[41] 宋小兰,李凤生,张景林,等. 粒度和形貌及粒度分布对 RDX 安全和热分解性能的影
　　　响[J]. 固体火箭技术,2008,31(2):168-172.

[42] 陈厚和,孟庆刚,曹虎,等. 纳米 RDX 粉体的制备与撞击感度[J]. 爆炸与冲击,2004,
　　　24(4):382-384.

[43] 张永旭,吕春绪,刘大斌. 重结晶法制备纳米 RDX[J]. 火炸药学报,2005,28
　　　(1):49-51.

[44] 高寒,刘杰,郝嘎子,等. 纳米 CL-20 的制备、表征和粉碎机理研究[J]. 火炸药学报,
　　　2015,38(2):46-49.

[45] 胥会祥,攀学忠,刘关利. 纳米材料在推进剂应用中的研究进展[J]. 含能材料,2003,11
　　　(2):94-98.

[46] 彭翠枝,郑斌,秦涧,等. 颠覆性含能材料[J]. 含能材料,2018,26(3):198-200.

[47] 刘金宣. 纳米金属/聚合物复合粉体的制备及性能研究[D]. 大连:大连理工大学,2008.

[48] 黄远红,胡文军,袁仲国,等. 纳米粒子的包覆技术[J]. 材料导报,2002,16(7):55-57.

[49] 宋怀兵. 纳米金属/炭复合材料的制备及表征[D].南京:南京理工大学,2007.

[50] 郁卫飞,黄辉,聂福德,等. 纳米复合含能材料的研究进展[J]. 含能材料,2005,13(5):
　　　340-343.

[51] 邓鹏图,田德余,赵恂,等. 超细 $CaCO_3$ 对丁羟复合固体推进剂燃烧及工艺性能的影
　　　响[J]. 推进技术,1998,19(2):86-88.

[52] 张汝冰,刘宏英,李凤生. 含能催化复合纳米材料的制备研究[J]. 火炸药学报,2000,
　　　23(3):9-13.

[53] 陈福泰,罗运军,罗山国,等. 纳米级碳酸铅在 NEPE 推进剂中的应用[J]. 推进技术,
　　　2000,21(1)82-85.

[54] 马凤国,邵自强,宋缪毅,等. 纳米级氧化铅粉体的合成[J]. 合成化学,2001,9
　　　(5):449-451.

[55] 洪伟良,赵凤起,刘剑洪,等. 纳米 $Bi_2O_3 \cdot SnO_2$ 的制备及对 RDX 热分解特性的影响
　　　[J]. 火炸药学报,2003,26(1):37-46.

[56] 洪伟良,刘剑洪,陈沛,等.纳米 CuO 的制备及其对 RDX 热分解特性的影响[J]. 推进
　　　技术,2001,22(3):254-256.

[57] 徐宏,蔡弘华,罗仲宽,等.纳米氧化钕的制备及其催化性能的研究[J].无机化学学报.,
　　　2003,19(6):627-630.

[58] 廖林泉,胥会祥. HTPB 推进剂危险性实验研究[J].火炸药学报,2010,33(4):28-31.

[59] 庞维强,张教强. 21 世纪国外固体推进剂的研究与发展趋势[J].化学推进剂与高分子
　　　材料,2005,3(3):16-20.

[60] 赵凤起,李上文.国外新型钝感双基推进剂的研究[J].飞航导弹,1999,9:28-31.

[61] ANON. Guidance on the Development, Assessment and Testing of Insensitive Munitions, AOP-39[M]. EDITION.Nato Standardization Agency, North Atlantic Treaty Organization (NATO),1996.

[62] 刘建平.国外固体推进剂技术现状和发展趋势[J]. 固体火箭技术,2000,23(1):22-26.

[63] 张兴高,张炜,朱慧. 新型化学推进剂技术研究发展[A]. 长沙:国防科技大学航天与材料工程学院,2000:1-7.

[64] HATCHER R C, STEPHENS W D, STANLEY R L. Solid Fuel Gas Generator for Ducted Rocket Engine: US 6258188[P]. 2001.

[65] MECLENDEN S E, MILLER W H, HERTY C H. Fuel Selection Criteria for Ducted Rocket Application[D]. AIAA-1980-1120,1980.

[66] BAZYN T, EYER R, KRIER H, et al. Combustion Characteristics of Aluminum Hydride at Elevated Pressure and Temperature[J]. Propul. Power, 2004, 20 (3),427-431.

[67] BAZYN T, KRIER H, GLUMAC N. Oxidizer and Pressure Effects on the Combustion of 10mm Aluminum Particles. J. Propul. Power,2005,21(4), 577-582.

[68] CONNELL T L, RISHA G A, YETTER R A, et al. Combustion of Alane and Aluminum with Water for Hydrogen and Thermal Energy Generation. Proc. Combust. Inst, 2011,33(2), 1957-1965.

[69] Deluca L T, GALFETTI L, SEVERINT F, et al. Physical and Ballistic Characterization of AlH3-Based Space Propellants. Aerosp. Sci. Technol, 20017, 11, 18-25.

[70] TOKUI H, SAITOH T, HORI K, et al. Synthesis and Physico-Chemical Properties of Glycidyi Azide Poiymer(GAP) and the Application of GAP/ammonium Nitrate Based Propellants to a Small Motor [C]//21st Int Annu Conf ICT,1990:71-74.

[71] Iwama Akira. GAP/AN/AP/Al-Mg Propellants for Low Pollution and Waste Cost and Their Application to Φ70mm Motor [C]//23rd Int Annu Conf ICT,1 992:261-264.

[72] Sinditskii V P, Egorshev V Yu, Serushkin V V, et al. Combustion of Energetic Materials Controlled by Condensed-Phase Reactions, Comb., Explos., and Shock Waves, 2012, 48(1):81-99.

[73] RUSSELL P L. Solid Fuel Ramjet Infrared Signature, A992642[R]. 1991.

[74] Rafeev V A. Kinetics and Mechanism Physico-Chemical Reactions, Chernogolovka, OIChF, 1972, 5:52-53.

[75] MERZHANOV A G, DUBOVITSKII F I. Theory of Stationary Combustion of Propellants, Dokl. Akad. Nauk SSSR, 1959, 129(1):153-156.

[76] AHLUWALIA R K, HUA T Q, PENG J K. Automotive Storage of Hydrogen in Alane. Int. J. Hydrogen Energy, 2009,34:7731 - 7740

[77] GREGORY Y, ROHIT J, MICHAEL R. Zachariah. Hihg Pressure Ignition and Combustion of Aluminum Hydride[J]. Combust. Sci. Technol, 2015, 187: 1335 - 1350.

[78] SINDITSKII V P, EGORSHEV V Y, SERUSHKIN V V, et al. Evaluation of Decomposition Kinetics of Energetic Materials in the Combustion Wave, Thermochim. Acta, 2009, 496(1 - 2):1 - 12.

[79] SINDITSKII V P, EGORSHEV V Y., BEREZIN M V, et al. Combustion Behavior and Mechanism of High - Energy Caged Nitramine Hexanitrohexaazaisowurtzitane, Zh. Khim. Fiz. (Chemical Physics Reports), 2003, 22(7):69 - 74.

[80] SINDITSKII V P, EGORSHEV V Y., SERUSHKIN V V, et al. Combustion of Energetic Materials Governed by Reactions in the Condensed Phase, Inter. J. Ener. Materials and Chemical Propulsion, 2010, 9 (2):147 - 192.

[81] FISCHER N, KLAPOTKER T M, REYMANN M, et al. Nitrogen - Rich Salts of 1H, 1'H - 5, 5'- Bitetrazole - 1, 1'- diol: Energetic Materials with High Thermal Stability, Eur. J. Inorg. Chem., 2013, 12:2167 - 2180.

[82] 王毅. 纳米及纳米复合材料在铝热剂中的应用研究[D].南京:南京理工大学,2009.

[83]

[84] JUSTICE B H, CARR I H. The Heat of Formation of Propellant Ingredients[R]. AFRPL - TR - 67 - 311, AD 387455, December 1967.

[85] LUIGI T D, TORY S, VALERY P S, et al. Chemical Rocket Propulsion - A Comprehensive Survey of Energetic Materials[M]. Berlin:Springer, 2017.

[86] DELUCA L T, SHIMADA T, SINDITSKII V P, et al. An Introduction to Energetic Materials for Propulsion. In: DeLuca LT, Shimada T, Sinditskii VP, Calabro M (eds) Chemical Rocket Propulsion: A Comprehensive Survey of Energetic Materials [M]. Berlin:Springer, Cham.2016.

[87] KETTNER M A, KLAPOTKE T M. Synthesis of new Oxidizers for Potential Use in Chemical Rocket Propulsion. In: De Luca LT, Shimada T, Sinditskii VP, Calabro M (eds) Chemical rocket propulsion: A comprehensive survey of energetic materials [M]. Springer, 2016.

[88] SINGH H. Survey of New Energetic and eco - friendly Materials for Propulsion of Space Vehicles. In: DeLuca LT, Shimada T, Sinditskii VP, Calabro M (eds) Chemical rocket propulsion: A comprehensive survey of energetic materials[M]. Berlin:Springer,2016.

[89] KARABEYOGLU A. Performance Additives for Hybrid Rocket Engines. In: DeLuca LT, Shimada T, Sinditskii VP, Calabro M, et al. Chemical Rocket Propulsion: A

Comprehensive Survey of Energetic Materials[M]. Berlin:Springer,Cham.2016.

[90] 赵凤起,李上文,等.钝感推进剂及其研究方法[J].火炸药技术发展战略研究论文汇编,2002,322 - 328.

[91] STIERSTORTER J,TARANTIK K R,KLAPOTKE T M. New Energetic Materials:Functionalized 1 - ehyl - 5 - aminotetrazoles and 1 - ethyl - 5 - nitriminotetrazoles[J]. Chem Eur J,2009,5:5775 - 5792.

[92] 庞维强,樊学忠,胡松启,等. 化学火箭推进用新型含能材料[M]. 北京:国防工业出版社,2019.

[93] ALEXANDER G,ULRICH T. Metal Nanopowders,Production,Characterization,and Energetic Applications[M]. WILEY - VCH,2014.

[94] Teipel U. Energetic Materials[M]. Wiley - VCH Verlag GmbH,Wineham,2004.

[95] 赵凤起,覃光明,蔡炳源. 纳米材料在火炸药中的应用研究现状及发展方向[J]. 火炸药学报,2001,24(4):61 - 65.

[96] 李兆娜. 纳米铝热剂的制备及其表征[D].西安:西北大学,2009.

[97] 石小兵,庞维强.钝感推进剂研究进展及发展趋势[J].化学推进剂与高分子材料,2007,5(2):24 - 28.

[98] 莫红军,白娟. 国外研制的几种钝感固体推进剂[J].飞航导弹,2004(8):46 - 49.

[99] 杨中民,信文瑜,王月平. 纳米粒子及纳米化学研究进展[J]. 云南化工,2000,27(1):24 - 25.

[100] KESHAVARZ M H. A new Computer Code for Prediction of Enthalpy of Fusion and Melting Point of Energetic Materials,Prop. Explos. Pyrotech.,2015,40:150 - 155.

[101] 戴耀松.国外战术导弹固体火箭发动机低易损性技术分析[J].推进技术,1998,19(1):98 - 101.

附录 专业名词英文缩写及全拼

ADN,Ammonium Dinitramide,二硝酰胺铵

AGZT,Ammonium Guanidine Zotetrazole Salt,偶氮四唑氨基胍盐

Al,Aluminum,铝粉

AlH$_3$,Aluminum Hydride,氢化铝

AN,Ammonium Nitrate,硝酸铵

AP,Ammonium Perchlorate,高氯酸铵

AZT,Ammonium Azotetrazolate,偶氮四唑铵盐

BAMO,3,3 - Bis(azidomethy) Oxetane,3,3 -双(叠氮甲基)氧杂环丁烷

BAMO/THF,3,3 - Bis(azidomethy) Oxetane/Tetrahydrofuran,3,3 -双(叠氮甲基)氧杂环丁烷/四氢呋喃

BHN,Tetraethylammonium Dodecahydrododecaborates,十氢十硼酸双四乙基铵

BTTN,1,2,4 - Butanetriol Trinitrate,丁三醇三硝酸酯

Bu - NENA,N - Butyl Nitroxyethylnitramine,N -丁基硝氧乙基硝胺

C B,Carbon Black,碳黑

CDB,Cast Double Base,浇铸双基

CL - 20,Hexanitrohexaazaisowutzitane,六硝基六氮杂异伍兹烷

ClF$_5$,Chlorine Pentafluoride,五氟化氯

ClF$_3$O,Three Fluoro Oxychloride,三氟氧氯

CMDB,Composite Modified Double Base,复合改性双基推进剂

CSP,Cryogenic Solid Propulsion,低温固体推进剂

CTPB,Carboxyl Terminated Polybutadiene,端羧基聚丁二烯

CuO,Copper Oxide,氧化铜

DCPD,Dicyclopentadiene,二聚环戊二烯

DSC,Differential Scanning Calorimetry,扫描量热仪

DTA,Differential Thermal Analysis,差热分析

EDB,Extruding Double Base,压延双基

EDS,Energy Dispersive Spectrometry,光电子能谱

EPMA,Electron Probe Microanalysis,电子探针微分析

ESCA,Electronic Spectra for Chemical Analysis,化学分析用电子光谱

GAP,Glycidyl Azide Polymer,叠氮甘油缩水聚醚

GN,Guanidine Nitrate,硝酸胍

GZT,Guanidinium Azotetrazolate,偶氮四唑胍盐

$H_2B_{12}H_{12}$,Twelve Hydrogen Twelve Boric Acid,十二氢十二硼酸

HMX,Cyclotetramethylenetetranitroamine,奥克托金

H_2O_2,Hydrogen Peroxide,过氧化氢

HTPB,Hydroxyl Terminated Polybutediene,端羟基聚丁二烯

HTPE,Hydroxyl-Terminated Polyether,端羟基聚醚预聚物

IM,Insensitive Munitions,钝感弹药

IPDI,Isophorone Diisocyanate,异氟尔酮二异氰酸酯

KP,Potassium Perchlorate,高氯酸钾

LACPT,Laser Augmented Chemical Propulsion Technology,激光增强化学推进技术

LF_2,Liquid Fluorine,液氟

MA,Magnesium/Aluminum Alloy,镁铝合金

Mg,Magnesium,镁粉

MMH,Methyl Hydrazine,甲基肼

N-100,Multi-Isocyanate,多官能度异氰酸酯

nAl,Nano-Sized Aluminum Powder,纳米铝粉

NASA,National Aeronautics and Space Administration,美国国家航空航天局

NC,Nitrocellulose,硝化棉

NEPE,Nitrate Ester Plasticized Polyether,硝酸酯增塑聚醚

NG,Nitroglycerin,硝化甘油

NMMO,3-硝酸甲酯基-3-甲基氧杂环丁烷

NMR,Nuclear Magnetic Resonance,核磁共振

NTO-Pb,Lead 3-Nitro-1,2,4-Triazol-5-Onate,3-硝基1,2,4-三唑-5-酮铅

O/F,Oxygen/Fuel,氧燃比

PBAA,Polymer Butadiene Acrylic Acid,丙烯酸-丁二烯共聚物

PBAN,Polymer Butadiene Acrylonitrile Acroleic Acid,丙烯腈-丙烯酸-丁二烯共聚物

PBT,3,3-Bis(azidomethyl) Oxetane/Tetrahydrofuran Eopolymer,3,3-双(叠氮甲基)环氧丁烷-四氢呋喃共聚物

PEG,Polyethylene Glycol,聚乙二醇

PET,Polyoxytetramethylene-co-Oxyethylene,环氧乙烷-四氢呋喃共聚物

PU,Polyurethane,聚氨酯

RDX,Cyclotrimethylenetrinitramine,黑索金

SEM,Scanning Electron Microscope,扫描电镜

TAGZT,Triaminoguanidinium Azotetrazolate,偶氮四唑三氨基胍盐

TDl,2,4-Toluene Diisocyanate,2,4-甲苯二异氰酸酯

TEA,Triethanolamine,三乙醇胺

TEGDN,Triethyleneglycol Dinitrate,二缩三乙二醇二硝酸酯

TG，Thermogravimetry，热重

TGA，Thermogravimetric Analysis，热重分析

THF，Tetrahydrofuran，四氢呋喃

TMETN，Trimethylolethane Trinitrate，三羟甲基乙烷三硝酸酯

TMP，Trimethylolpropane，三羟甲基丙烷

XRD，X Ray Diffraction Spectrum，X -射线衍射光谱

XLDB，Cross - Linked Modified Double Base，交联改性双基

UDMH，Dimethylhydrazine，偏二甲肼

Viton - A，Fluorine Resin，氟树脂

5 - ATZ，5 - aminotetrazole，5 -氨基四唑